# 응용역학

전준태 · 홍창국 · 이대형 공저

# 머리말

 최근의 급속한 건설기술의 발달과 함께 구조물들이 점점 다양해지고, 복잡화되어 전자계산기를 이용한 구조설계가 일반화 되고있는 실정이다. 따라서, 설계자들에게는 구조계산의 기본이 되는 역학의 기본원리에 대한 중요성이 더욱 강조되고 있는 실정이다.

 본 교재는 대학과 산업체에서 15년간 교육과 실무를 담당하고 있는 저자들이 그 동안 사용하였던 강의노트와 실무에서 필요하다고 판단한 내용들을 모아 토목·건축 분야를 전공하는 학생들의 대학교재에 초점을 두고 집필하였으며, 특히 실무 기술자도 쉽게 접근하여 참고서로 활용할 수 있도록 역학에 관한 기초이론과 많은 예제들로 구성하였다.

 일반적으로, 역학은 정역학과 재료역학을 공부한 후에 구조역학을 배우는 것이 교육과정의 순서이나, 집필한 응용역학은 정역학, 재료역학, 구조역학의 핵심 내용들을 모아 순서대로 한 권의 책에 총괄적으로 다루었다.

 본서에서는 응용역학의 이론과 개념을 기초부터 상세히 다루고, 이를 숙달시키기 위해 필요한 예제를 다루었으며 각 장마다 연습문제로 마무리하게 구성하였다.

 따라서, 역학의 모든 부분을 짧은 시간에 공부하기에 적합하다고 사료되며, 분야가 상당히 넓어 본 저서에서 다루지 못한 부분은 참고문헌을 참조하기 바란다.

 본 저서는 아직도 많은 부분이 부족하다고 생각되어 앞으로 부족한 점과 내용들을 계속 수정·보완할 생각이며, 여러 선배, 동학 여러분들의 지도편달을 부탁드린다.

 끝으로 본 저서가 출판되기까지 수고해 주신 도서출판 예문사 정용수 사장님과 세심한 교정과 편집에 수고해 주신 편집부 여러분께 감사를 드린다.

저자

# Contents

**Chapter 01**
**응용역학 개론**

| | |
|---|---|
| 1.1 기초이론 | 3 |
|    1.1.1 서론 | 3 |
|    1.1.2 기본개념 | 4 |
|    1.1.3 스칼라와 벡터 | 5 |
|    1.1.4 하중의 종류 | 5 |
|    1.1.5 측정단위 | 9 |
| 1.2 힘 | 11 |
|    1.2.1 힘 | 12 |
|    1.2.2 힘의 합성과 분해 | 13 |
|    1.2.3 모멘트와 우력 | 24 |
|    1.2.4 힘의 평형 | 31 |
|    1.2.5 구조물의 분류 | 33 |
|    ■ 연습문제 | 39 |

## Chapter 02 재료의 역학적 성질

- 2.1 응력과 변형률의 정의 ... 45
- 2.2 Hook's Law와 탄성계수(modulus of elasticity) ... 48
- 2.3 축방향 응력 ... 51
- 2.4 포아슨비(Poisson's ratio) ... 53
- 2.5 탄성계수의 상관관계 ... 54
- 2.6 허용응력과 안전율 ... 55
- 2.7 경사면의 응력 ... 56
    - 2.7.1 경사단면의 수직응력(normal stress) ... 57
    - 2.7.2 경사단면의 전단응력(shearing stress) ... 57
    - 2.7.3 단축응력의 모아의 원 ... 58
    - 2.7.4 2축응력과 Mohr 원 ... 59
- 2.8 평면응력(plane stress) ... 63
    - 2.8.1 경사단면의 수직응력(normal stress) ... 63
    - 2.8.2 경사단면의 전단응력, $\tau_\theta$ ... 64
- 2.9 주응력(principal stress) ... 65
    - 2.9.1 주평면 및 주응력 ... 65
    - 2.9.2 최대 전단응력 $\tau_{max}$ ... 67
    - 2.9.3 주응력의 모아의 응력원(mohr's circle for principal stress) ... 68
- 2.10 전단과 구조물의 이음 ... 70
    - 2.10.1 전단응력과 전단변형률 ... 70
    - 2.10.2 구조물의 이음 ... 72
- 2.11 비틀림 응력(torsional stress) ... 74
- 2.12 반복응력 ... 76
- 2.13 응력집중 ... 77
    - ■ 연습문제 ... 79

# Contents

**Chapter 03 단면의 성질**

- 3.1 서론 .................................................. 83
- 3.2 단면 1차 모멘트 .................................. 84
- 3.3 단면의 도심 ....................................... 86
  - 3.3.1 단면의 도심 ................................ 86
  - 3.3.2 파푸스의 정리 ............................. 91
- 3.4 전단중심(center of shear) ................. 92
  - 3.4.1 전단중심 .................................... 92
  - 3.4.2 각종 단면의 전단중심 ................. 93
- 3.5 단면 2차 모멘트 .................................. 94
  - 3.5.1 직사각형 단면의 단면 2차 모멘트 ... 95
  - 3.5.2 삼각형 단면의 단면 2차 모멘트 ..... 96
  - 3.5.3 원형 단면의 단면 2차 모멘트 ........ 97
- 3.6 단면계수 ........................................... 101
  - 3.6.1 직사각형 단면 ........................... 102
  - 3.6.2 삼각형 단면 .............................. 102
  - 3.6.3 원형 단면 ................................. 103
- 3.7 단면 2차 반경 ................................... 103
  - 3.7.1 직사각형 단면의 회전반경 ......... 104
  - 3.7.2 삼각형 단면의 회전반경 ............ 105
  - 3.7.3 원형 단면의 회전반경 ............... 105
- 3.8 단면 2차 극 모멘트 ............................ 107
- 3.9 단면상승 모멘트 ................................ 109
  - ■ 연습문제 ........................................ 111

# Chapter 04 정정보

- 4.1 보의 정의와 분류 ... 117
- 4.2 구조물의 부정정차수 ... 119
  - 4.2.1 외적으로 안정, 불안정, 정정, ... 119
  - 4.2.2 내적으로 안정, 불안정, 정정, 부정정 ... 119
  - 4.2.3 내외적 부정정차수 ... 120
- 4.3 보의 하중과 해석적 표현 ... 122
- 4.4 보의 평형조건과 단면력 ... 124
  - 4.4.1 평형조건 ... 124
  - 4.4.2 단면력 ... 125
- 4.5 보의 하중, 전단력 및 휨모멘트 사이의 관계 ... 127
- 4.6 보의 전단력도와 휨모멘트도 ... 128
- 4.7 단순보 ... 128
  - 4.7.1 집중하중을 받는 단순보 ... 128
  - 4.7.2 중첩의 원리 ... 135
  - 4.7.3 등분포하중을 받는 단순보 ... 137
  - 4.7.4 삼각형 분포하중을 받는 단순보 ... 143
  - 4.7.5 간접하중을 받는 단순보 ... 144
  - 4.7.6 이동하중을 받는 단순보의 영향선 ... 149
  - 4.7.7 간접하중을 받는 단순보의 영향선 ... 157
  - 4.7.8 반력 및 단면력의 최대값 ... 157
- 4.8 캔틸레버보(cantilever beam) ... 171
  - 4.8.1 집중하중을 받을 경우 ... 172
  - 4.8.2 등분포하중을 받는 경우 ... 173
  - 4.8.3 캔틸레버보의 영향선 ... 175

# Contents

| | |
|---|---|
| 4.9 내민보와 게르버보 | 178 |
|     4.9.1 내민보 | 178 |
|     4.9.2 내민보의 영향선 | 180 |
|     4.9.3 게르버보 | 183 |
|     4.9.4 게르버보의 영향선 | 187 |
| 4.10 복잡한 보 | 189 |
|     ■ 연습문제 | 194 |

## Chapter 05 보의 응력

| | |
|---|---|
| 5.1 휨 응력 | 201 |
|     5.1.1 순수 휨(pure bending) | 201 |
|     5.1.2 휨 응력 | 202 |
| 5.2 전단응력 | 207 |
|     5.2.1 구형단면의 전단응력 | 210 |
|     5.2.2 삼각형단면의 전단응력 | 211 |
|     5.2.3 원형단면의 전단응력 | 212 |
|     5.2.4 I형단면의 전단응력 | 213 |
| 5.3 보에서의 주응력 | 213 |
|     ■ 연습문제 | 221 |

## Chapter 06 트러스

- 6.1 **트러스의 기본구조와 역학적 특성** … 226
  - 6.1.1 트러스의 기본구조 … 226
  - 6.1.2 트러스구조의 역학적 특성 … 227
- 6.2 **트러스의 안정과 정정** … 228
  - 6.2.1 트러스의 안정과 불안정 … 228
  - 6.2.2 트러스의 판별식 … 230
- 6.3 **트러스의 구조와 종류** … 231
  - 6.3.1 트러스 구조와 각부의 명칭 … 231
  - 6.3.2 트러스의 종류 … 232
- 6.4 **트러스의 해법** … 234
  - 6.4.1 절점법 … 234
  - 6.4.2 단면법 … 235
- 6.5 **트러스의 부재력** … 240
- 6.6 **트러스의 영향선** … 249
  - 6.6.1 와랜트러스의 영향선 … 249
  - 6.6.2 여러 가지 기본트러스의 영향선 … 253
- 6.7 **트러스의 설계** … 258
  - 6.7.1 부재력계산 … 258
  - 6.7.2 단면산정과 재료의 허용응력 … 259
  - ■ 연습문제 … 261

## Chapter 07 정정라멘

| | | |
|---|---|---|
| 7.1 | 기본정정라멘구조의 해석 | 268 |
| 7.2 | 문형라멘 | 270 |
| | 7.2.1 캔틸레버라멘 | 271 |
| | 7.2.2 단순보형 등각라멘 | 274 |
| | 7.2.3 3힌지 라멘 | 277 |
| | ■ 연습문제 | 282 |

## Chapter 08 케이블과 아치(Arch)

| | | |
|---|---|---|
| 8.1 | 개설 | 287 |
| 8.2 | 아치의 형상과 기초역학 | 288 |
| | 8.2.1 아치구조의 명칭 | 288 |
| | 8.2.2 케이블과 아치의 역학적특성 | 289 |
| | 8.2.3 아치의 형상과 보의 휨모멘트 | 290 |
| | 8.2.4 아치부재의 형상 | 294 |
| 8.3 | 3힌지아치의 해석과 영향선 | 295 |
| | 8.3.1 지점반력 | 295 |
| | 8.3.2 단면력 | 296 |
| | ■ 연습문제 | 301 |

## Chapter 09 기둥

| | | |
|---|---|---|
| 9.1 | 개설 | 305 |
| 9.2 | 단주(短柱, short column) | 307 |
| | 9.2.1 중심 축 방향 하중을 받는 단주 | 307 |
| | 9.2.2 한 방향 편심을 받는 단주 | 308 |
| | 9.2.3 두 방향 편심축 하중이 작용하는 단주 | 310 |
| 9.3 | 단면의 핵(Core), 핵점(Core Point) | 312 |
| 9.4 | 장주(長柱, long column) | 315 |
| | 9.4.1 양단 힌지의 기둥 | 316 |
| | 9.4.2 일단자유, 타단고정인 기둥 | 318 |
| | 9.4.3 일단회전, 타단고정의 기둥 | 319 |
| | 9.4.4 양단 고정인 기둥 | 322 |
| | 9.4.5 편심 축하중을 받는 장주(secant 공식) | 327 |
| 9.5 | 기둥의 실험공식과 설계공식 | 329 |
| | 9.5.1 테트마이어(Tetmaier)공식 | 330 |
| | 9.5.2 골든랜킨(Gorden-Rankine)공식 | 330 |
| | 9.5.3 죤슨(Johnson)공식 | 331 |
| | 9.5.4 도로교 시방서의 설계공식 | 331 |
| | ■ 연습문제 | 334 |

# Contents

**Chapter 10 구조물의 처짐**

| | |
|---|---|
| 10.1 개요 | 339 |
| 10.2 탄성곡선 | 340 |
| 10.3 이중적분법(Double integration method) | 343 |
| 10.4 모멘트 면적법(Moment-area method) | 350 |
| 10.5 탄성하중법과 공액보법 | 353 |
|     10.5.1 탄성하중법(elastic load method) | 353 |
|     10.5.2 공액보법(conjugate-beam method) | 355 |
| 10.6 가상일의 원리와 캐스틸리아노 정리 | 366 |
|     10.6.1 가상일의 원리 | 366 |
|     10.6.2 캐스틸리아노 정리(theory of Castigliano) | 374 |
|     ■ 연습문제 | 380 |

## Chapter 11 부정정 구조

| | |
|---|---|
| 11.1 개요 | 387 |
| 11.2 변위일치법(method of consistent displacement) | 388 |
| 11.3 3연모멘트법(three-moment method) | 401 |
| 11.4 처짐각법(slope-deflection method) | 408 |
|     11.4.1 처짐각방정식 | 408 |
|     11.4.2 처짐각 기본방정식 | 411 |
|     11.4.3 평형조건식 | 412 |
| 11.5 모멘트 분배법(Moment distributed method) | 424 |
|     11.5.1 휨강성도 또는 강성도계수 | 424 |
|     11.5.2 전달률 | 425 |
|     11.5.3 분배율 | 425 |
|     11.5.4 고정단모멘트 | 426 |
|     11.5.5 수정 휨강성도 | 427 |
|     11.5.6 불균형 모멘트 | 428 |
|     ■ 연습문제 | 440 |

| | |
|---|---|
| 참고문헌 | 445 |
| Index | 447 |

# 제1장 응용역학 개론

1.1 기초이론

1.2 힘

# chapter 1 응용역학 개론

## 1.1 기초이론

### 1.1.1 서론

인류의 역사가 시작되면서 역학의 원리를 이용하였다. 역학의 원리는 고대 그리스에서부터 이집트, 로마시대를 거치면서 점진적으로 발전해 왔으며 건축물, 교량 등의 구조물을 제작할 때 경험적으로 역학이나 응력의 원리를 이용하였다. 고대 이집트인이 피라미드의 축조에 이용하였던 이러한 역학의 원리는 르네상스의 시기를 거치면서 발전을 거듭하여 왔으며 이때 변형에 대한 기본개념을 이해하기 시작하였다.

이러한 역학의 원리는 Leonardo da vinci(1452~1519)의 가상변위의 원리를 거쳐 Galileo Galilei(1564~1642)의 동역학의 원리에 지대한 공헌을 하였다. 그 후 Hooke(1635~1703)의 힘과 변위의 관계를 설명한 Hooke의 법칙, Newton(1642~1727)의 운동법칙과 중력의 법칙을 정립하였으며 Varinon, Euler, d'Alembert, Laplace 등 많은 연구자들에 의해 역학은 급속도로 발전하게 되었다.

역학은 힘과 운동에 관한 학문이다. 역학에는 힘, 질량, 길이 및 시간과 같은 기초개념이 포함되어 있다. 이러한 기초개념은 상호 연결되어 있으며 이와 같은 상호관계와 약간의 가정으로부터 출발하여 이론적인 결론에 도달하게 된다. 따라서, 응용역학은 역학의 원리를 구조적 재료에 응용하는 학문이며 이 역학적 거동을 이해하고 설계에 필요한 합리적인 원칙을 연구하는 학문이다.

### 1.1.2 기본개념

대부분의 구조물은 여러 강체(rigid material)의 연결 또는 합성으로 이루어져 다양한 모양을 가지며 그 모양을 유지한다. 따라서, 여러 복합적인 내/외력이 작용하게 된다. 인장력(tension), 압축력(compression), 굽힘(bending), 비틀림(torsion), 온도 및 재료의 물리적 특성에 따른 팽창, 수축 등의 외력이 작용하게 된다. 이러한 힘을 설명하기 위해서는 다음과 같은 요소들의 이해가 선행되어져야 한다.

### (1) 공간

공간은 물체 또는 물체등에 의해 점유되어지는 기하학적 영역이다. 이러한 공간은 선을 다루는 1차원과 면적을 다루는 2차원, 체적을 다루는 3차원으로 정의된다.

### (2) 힘

힘은 정지하고 있는 임의 물체를 움직이거나 또는 움직이는 물체의 방향이나 속도를 바꾸는 원인이 되는 작용이다. 이 작용은 직접적인 접촉에 의해 발생되기도 하고 중력이나 자기와 같이 물리적으로 떨어져있는 물체사이에서도 작용되어질 수 있다. 즉, 힘은 방향이 있는 물체사이의 상호 작용이다. 이러한 힘을 설명하기 위해서는 힘의 크기, 힘의 방향 및 작용점이 필요하며 이를 힘의 3요소라 한다. 또한 힘은 작용선의 위치가 바뀌게 되면 반력(reaction)이 변하게 된다. 따라서 토목구조물에서 보의 지지력은 하중의 크기나 방향뿐만 아니라 작용선의 위치도 상당히 중요하다.

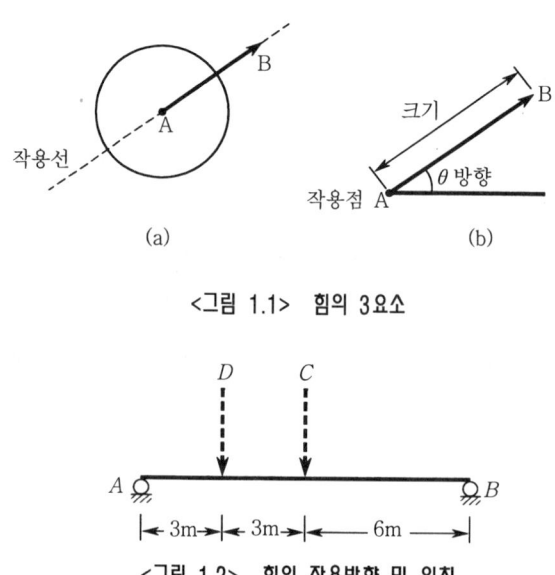

<그림 1.1>  힘의 3요소

<그림 1.2>  힘의 작용방향 및 위치

### (3) 시간

시간은 연속성을 측정하는 물리량이며 동역학(mechanics of dynamic)에 기본적으로 고려되는 물리량이다. 하지만, 응용역학의 기초개념을 주로 다루는 정역학(mechanics of static)에서는 시간을 무시하여 시간에 따른 모든 물리량이 일정한 것으로 가정한다. 근래에 와서 토목공학에서도 지진, 풍하중 및 진동의 영향이 커짐에 따라 동역학에 대한 개념이 많이 이용되어지고 있다.

### 1.1.3 스칼라와 벡터

역학에서 사용되는 힘, 온도, 질량, 가속도, 면적, 체적, 무게 등의 물리량은 스칼라량 혹은 벡터량으로 표시된다. 이중 온도나 면적과 같이 크기만 갖는 물리량을 스칼라량(scalar quantity)이라 하고 크기와 방향을 모두 갖는 속도, 가속도, 힘과 같은 물리량을 벡터량(vector quantity)이라고 한다. 다시 말하면 크기와 방향을 갖는 벡터량은 방향을 가진 선분으로 나타낼 수 있으며 앞으로 설명할 평형사변형의 법칙이나 벡터의 가감을 만족시키는 물리량을 벡터량이라고 한다.

질량, 부피, 시간 등은 스칼라량으로 구분된다. $3m^2$만큼의 체적은 방향이 없는 스칼라량이다. 그러나 하중이 5t이라고 한다면 분명한 의미가 전달되지 않는다. 상향하중인지 하향하중인지 횡방향 하중인지 방향에 따라 달라지는 불확실한 의미이다. 따라서 이러한 하중은 벡터량의 한 예이다. 이 책에서는 벡터와 스칼라량의 표기를 벡터의 경우 고딕체를 사용하고 스칼라량은 보통 글씨체를 사용한다. 이러한 표기법은 다른 참고도서와 같은 표현일 것이다.

### 1.1.4 하중의 종류

물체에 작용하는 힘은 다음 그림 1.3(a)와 같이 점 O로부터 작용선상의 임의의 점 O'으로 이동시킬 수 있다. 또한 힘과 물체의 관계에서 그림1.3(b)와 같이 물체 A에서 B로 힘이 작용하는 경우 A에 화살표가 위치하도록 하며 이로서 A에 인장력이 작용함을 알 수 있고 반대로 압축의 경우는 반대로 표시한다. 또한 응용역학에서는 힘을 간단하게 표시하는 경우가 많이 있으며 이는 해석을 간편화하기 위해서이다. 예로서 그림1.3(c)와 같이 하중은 4다리를 통하여 전달되나 이를 단순화하여 무게중심에 하나의 하중으로 표시하기도 한다.

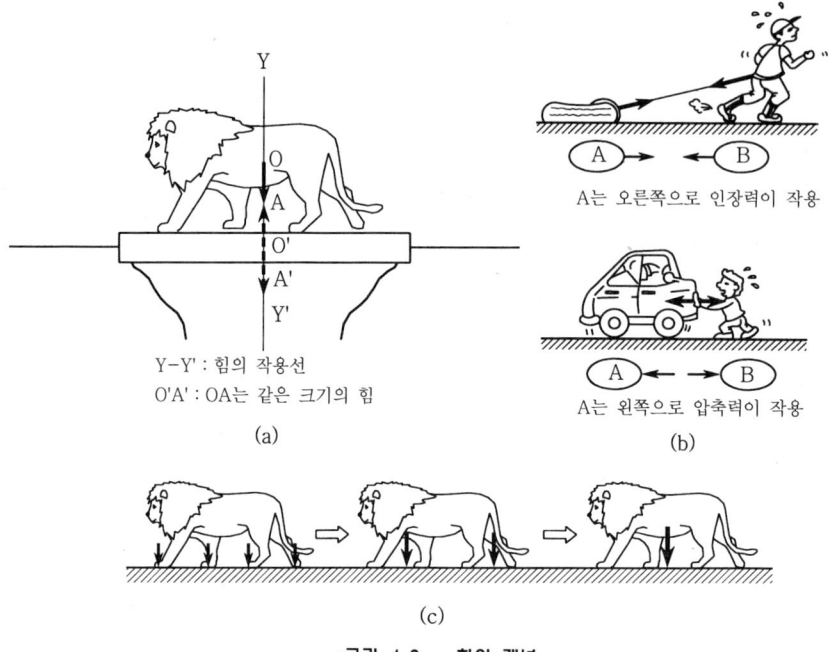

<그림 1.3> 힘의 개념

　이처럼 물체에 작용하는 여러 종류의 외력(external force)을 하중(load)이라 한다. 이러한 하중은 시간적 개념과 공간적 개념으로 크게 나누어 고려할 수 있으며 전자와 같은 하중은 크게 정하중(static load)과 동하중(dynamic load)으로 나눌 수 있고, 후자의 경우 축하중, 전단하중, 비틀림 하중 및 굽힘 하중으로 구분되어 진다.

(1) 시간적 분류

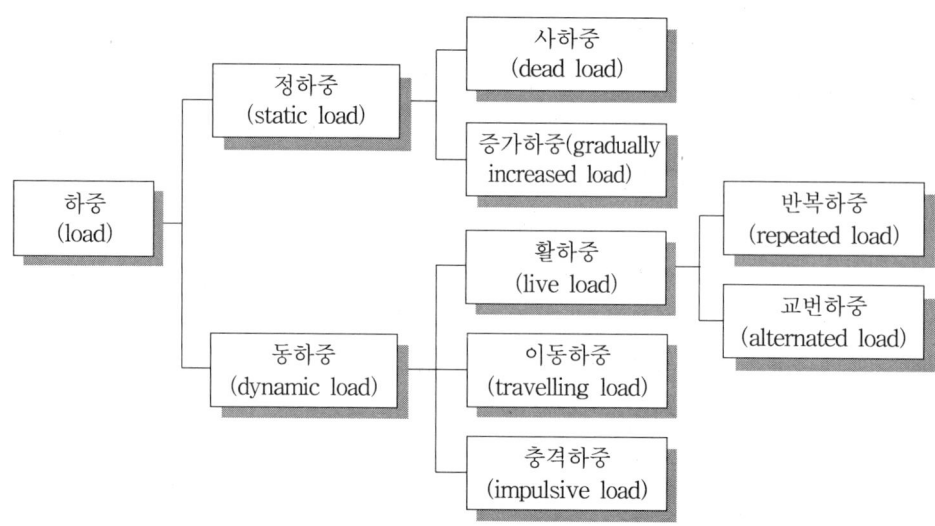

① 정하중 : 정지상태에서 가해져 변하지 않는 하중 혹은 서서히 변화하는 하중
   ex) 물탱크, 토압
② 사하중 : 자중에 의한 하중으로 크기와 방향이 일정한 하중
   ex) slab, column, beam
③ 동하중 : 항상 변화하며 크기가 변하는 하중
④ 활하중 : 충격은 그다지 크지 않으나 움직이는 하중
⑤ 반복하중 : 하중의 크기와 방향이 같고 일정한 하중이 되풀이 되는 하중
⑥ 교번하중 : 하중의 크기와 방향이 변화하는 인장력과 압축력이 상호 연속적으로 거듭하는 하중
⑦ 충격하중 : 순간적으로 충격을 주는 하중
⑧ 이동하중 : 구조물위를 항상 이동하여 가해지는 하중

(2) 공간적 분류

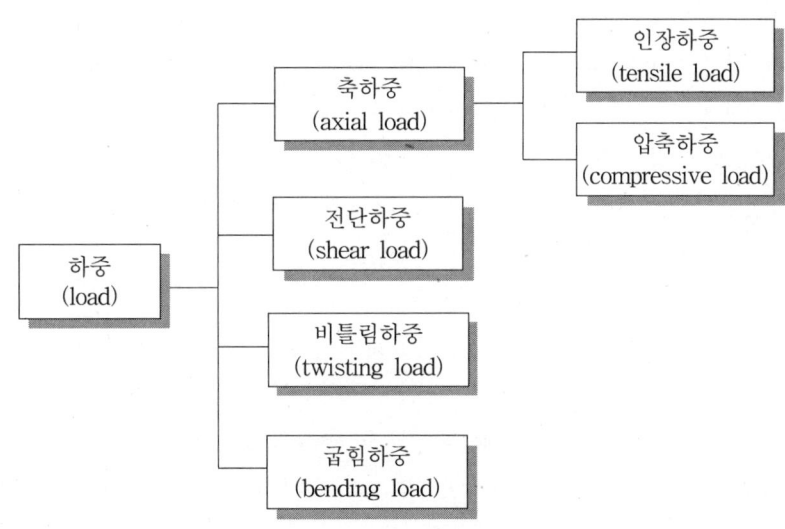

① 축하중 : 집중하중인 경우 작용선이 축선에 일치하고 분포하중인 경우 그 합력의 작용선이 축선에 일치하는 하중
② 전단하중 : 물체면에 평행으로 전단작용을 하는 하중
③ 비틀림 하중 : 축중심에서 떨어져 작용하여 축의 주위에 모멘트를 일으키고, 재료의 단면에 상반된 하중으로 비틀림 현상을 일으키는 하중
④ 굽힘하중 : 재료의 축에 대하여 각도를 이루며 작용하고 굽힘현상을 일으키는 하중

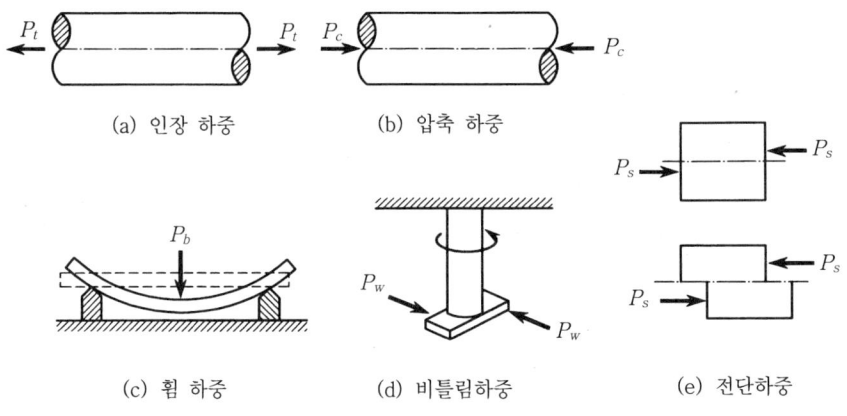

<그림 1.4> 하중의 종류

### (3) 도로교 시방서 규정

일반적으로 건설분야에서 다루어지는 하중의 종류는 구조물의 시공 중 혹은 시공 후 구조물에 작용하는 모든 연직활하중, 사하중 및 횡하중(풍하중 및 지진력)외에 프리스트레스 힘, 크레인 하중, 진동, 충격, 건조수축, 크리프와 온도변화 및 탄성수축, 지점의 부등 침하 등의 영향을 고려하여야 한다. 도로교시방서에서 규정하는 하중의 종류는 다음과 같다.

(1) 사하중 : 사하중 값의 산출은 설계도서의 치수에 기초해 수행하는 것을 원칙으로 하며 재료의 단위중량으로 산출되며 강재는 7850kgf/m$^3$, 콘크리트의 경우 2350kgf/m$^3$으로 규정하고 있다.
(2) 활하중 : 활하중 값은 하중의 변동을 고려하여 정하여야 하며 일반적으로 차량하중으로 규정되며 DB-24의 경우 전체적으로 43.2tonf 정도이다.
(3) 토 압 : 토압의 크기는 구조물의 종류, 토질에 따라 좌우된다. 토압의 공식에는 Rankine, Coulomb, Terzaghi의 토압공식 등 여러 식이 있지만 원칙적으로 Coulomb의 토압공식을 사용하기로 한다.
(4) 수압, 유체력 및 파력 : 구조물에 작용하는 유체 및 파도에 의한 하중으로 수압 및 파력은 구조물의 종류에 따라 결정된다.
(5) 온도변화 : 구조물의 설계 시 온도변화에 따른 하중을 의미하며 콘크리트 및 철근의 온도팽창계수에 따라 달라질 수 있다.
(6) 지진의 영향 : 지역과 구조물의 특성상 지진의 영향을 고려하고자 할 때는 구

조물의 중량 및 실린 중량에 기인하는 관성력, 지진시의 토압, 지진시의 동수압을 고려하여 공인된 방법에 의하여 정한다.

(7) 풍하중 : 풍하중은 바람에 의한 하중으로 구조물의 종류와 환경조건, 부재의 치수 등에 의해 결정된다.

(8) 설하중 : 지역의 실제 상황을 고려하여 설하중을 고려한다.

(9) 프리스트레스 힘 : 실제 사용되는 프리스트레스 힘을 사용한다.

(10) 콘크리트의 건조수축 및 크리프 : 구조물의 설계조건에 따라 콘크리트의 건조수축 및 크리프의 영향을 고려한다.

(11) 시공하중 : 시공시와 완성시 다른하중이 작용한다면 시공시 하중을 고려한다.

(12) 부력 및 양압력 : 부력 및 양압력은 연직방향으로 작용하는 것으로 하고 구조물에 가장 불리하도록 재하한다.

(13) 기타하중 : 사하중 이외에 고려하여야 할 필요가 있는 경우 상황에 따라 고려한다.

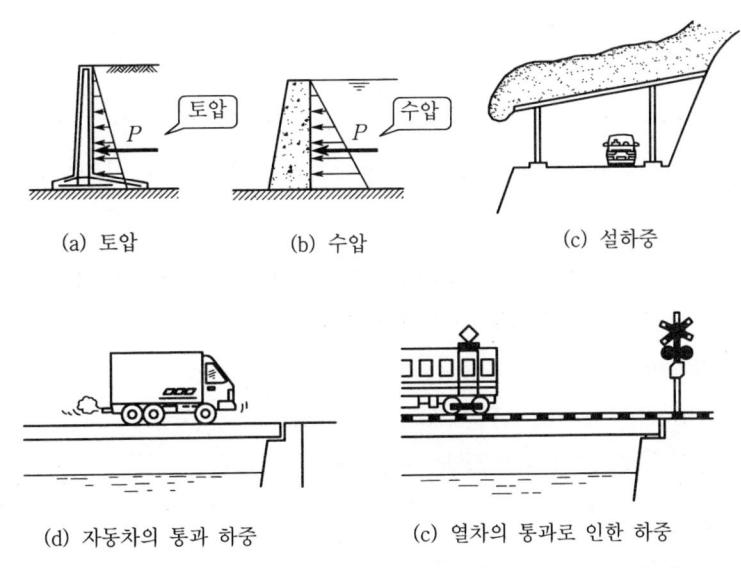

<그림 1.5> 하중의 예

## 1.1.5 측정단위

(1) 힘의 단위

### 1 CGS단위(절대단위계)

길이(cm), 질량(g), 시간(second)을 기본으로 하는 단위를 CGS단위라 하며 힘의 단위는 질량 1gr의 물체가 1cm/sec²의 가속도에 저항하는 힘을 1dyne이라 한다.

- 1dyne = 1gr · cm/sec²

### ② 중력단위계(공학단위)

절대단위계와 마찬가지로 길이(meter), 질량(kg), 시간(second)을 기본단위로 하여 힘을 표시하는 단위이며 질량 1kg의 물체가 중력가속도($9.8m/sec^2$)에 저항하는 힘을 1kg중, 1kgf등으로 표시한다.

- $1kg중 = 1kg \cdot 9.8m/sec^2 = 1000g \cdot 9.8 \times 100cm/sec^2$
$$= 9.8 \times 10^5 dyne$$

### ③ 국제단위계

국제단위계는 단위계의 통일을 위하여 국제 도량형 총회에서 권고한 단위계로서 기본적으로 길이(cm), 질량(g), 시간(second)으로 구성되며 이를 여러 단위로 조합하여 힘, 에너지, 주파수, 가속도, 속도, 면적 등과 같은 유도된 단위가 있다. 국제단위계에서 힘의 단위는 newton(N)이며 질량 1kg에 $1m/sec^2$의 가속도를 주는 힘으로 정의된다.

- $1N = (1kg)(1m/sec^2) = 1kg \cdot m/sec^2 = 1,000gr \cdot 100cm/sec^2 = 10^5 dyne$

## (2) 단위환산

본 장에서는 단위를 서로 환산하는 방법에 대하여 간단히 설명하고자 한다. 먼저 종합적으로 각 단위계로의 변환을 위해서는 환산계수를 이용하면 편리할 것이다.

### ① 길이

정의에 의하여 1ft=0.3048m이므로 1mile을 미터로 나타내면

1mile = 5280ft = 5280(0.3048m) = 1609m

마찬가지로

1inch = 1/12ft = 1/12(0.3048m) = 0.0254m

결론적으로 1inch = 2.54cm = 25.4mm

### ② 힘

미국단위계에서 힘의 단위는 파운드(lb)이다. 해수면에서 1lb는 0.4536kg이고 중력가속도 g=9.807m/sec²이므로

- $1lb = (0.4536kg)(9.807m/sec^2) = 4.448kg \cdot m/sec^2 = 4.448N$

### ③ 질량

미국단위계에서 질량의 단위는 slug이다. 질량과 힘의 단위계사이의 관계는 다음과 같이 변환될 수 있다.

- $1slug = 1lb \cdot s^2/ft = \dfrac{1lb}{1ft/s^2} = \dfrac{4.448N}{0.3048m/s^2} = 14.593 N \cdot s^2/m$

$1kg = 1N \cdot s^2/m$이므로 1 slug = 14.593kg이 된다.

〈표 1.1〉 SI단위계에 대한 접두어

| 계수 | 접두사 | 기호 | 계수 | 접두사 | 기호 |
|---|---|---|---|---|---|
| $10^{12}$ | 테라(tera) | T | $10^{-1}$ | 데시(deci) | $d$ |
| $10^9$ | 기가(giga) | G | $10^{-2}$ | 센티(centi) | $c$ |
| $10^6$ | 메가(mega) | M | $10^{-3}$ | 밀리(milli) | $m$ |
| $10^5$ | 헥토 킬로(hacto kilo) | $hk$ | $10^{-4}$ | 데시 밀리(deci milli) | $dm$ |
| $10^4$ | 미이라(myria) | $ma$ | $10^{-5}$ | 센티 밀리(centi milli) | $cm$ |
| $10^3$ | 킬로(kilo) | $k$ | $10^{-6}$ | 마이크로(micro) | $\mu$ |
| $10^2$ | 헥토(hacto) | $h$ | $10^{-9}$ | 나노(nano) | $n$ |
| 10 | 데카(deca) | da | $10^{-12}$ | 피고(pico) | $p$ |
| 1 | 모노(mono) | | | | |

〈표 1.2〉 희랍문자

| 대문자 | 소문자 | 호칭 | 대문자 | 소문자 | 호칭 |
|---|---|---|---|---|---|
| $A$ | $\alpha$ | Alpha(알파) | $N$ | $\nu$ | Nu(누) |
| $B$ | $\beta$ | Beta(베타) | $\Xi$ | $\xi$ | Xi(크사이, 크시) |
| $\Gamma$ | $\gamma$ | Gamma(감마) | $O$ | $o$ | Omicron(오미크론) |
| $\Delta$ | $\delta$ | Delta(델타) | $\Pi$ | $\pi$ | Pi(파이) |
| $E$ | $\varepsilon$ | Epsilon(이프실론) | $P$ | $\rho$ | Rho(로) |
| $Z$ | $\zeta$ | Zeta(체타) | $\Sigma$ | $\sigma$ | Sigma(시그마) |
| $H$ | $\eta$ | Eta(이타) | $T$ | $\tau$ | Tau(타우) |
| $\Theta$ | $\theta$ | Theta(씨타) | $\Upsilon$ | $\upsilon$ | Upsilon(우푸실론) |
| $I$ | $\iota$ | Iota(이오타) | $\Phi$ | $\varphi$ | Phi(프화이, 피) |
| $K$ | $\kappa$ | Kappa(캅파) | $X$ | $\chi$ | Chi(카이) |
| $\Lambda$ | $\lambda$ | Lambda(람다) | $\Psi$ | $\psi$ | Psi(프사이, 프시) |
| $M$ | $\mu$ | Mu(뮤) | $\Omega$ | $\omega$ | Omega(오메가) |

## 1.2 힘

앞 절에서 힘에 대한 물리량과 역학에 대한 기초적인 것을 다루어 보았다. 본 절에서는 힘에 대하여 보다 상세하게 다루어 보고자 한다. 힘은 크기와 방향을 가진 벡터량이므로 이에 대한 효과와 물체의 평형에 대하여 다루고자 한다.

## 1.2.1 힘

### (1) 힘과 전달원리

힘이란 정지하고 있는 물체를 움직이거나 움직이는 물체의 속도를 변화시키는 원인이 되는 것으로 물체의 운동상태를 변화 시키거나 물체의 형태를 변화시켜 변형(deformation) 또는 변위(displacement)를 발생시키는 것을 말한다. 저울에 나타나는 무게를 간단하게 힘으로 생각하면 토목공학에서 사용되는 힘은 무게(활하중 및 사하중), 토압, 수압, 지진력, 풍력 등이 있다.

임의의 강체의 한 점에 작용하는 힘 P를 크기와 방향이 같고 작용점이 다르다 하더라도 두 힘의 작용선이 일치한다면 평형조건이나 운동조건은 일치한다. 이러한 원리를 전달원리(transfer principal)라 한다. 그림 1.6에서 두 힘 P와 P′은 강체에 같은 영향을 미치며 이 때 두 힘은 같다고 한다.

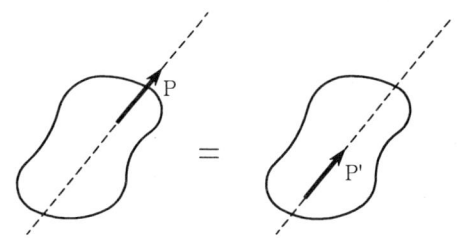

<그림 1.6> 전달원리

### (2) 외력과 내력

역학에서 대부분의 물체는 강체로 가정하며 절점사이의 변위는 없는 것으로 가정한다. 하지만 실제 구조물은 강체가 아니므로 하중이 작용하면 변형이 발생한다. 이 변형은 아주 미세하므로 구조물을 해석하기 위한 평형방정식이나 운동방정식에서는 일반적으로 무시하는 것이 보통이다. 강체에 작용하는 힘은 외력과 내력이 있으며 다음과 같이 설명되어진다.

① 외력

임의의 강체가 다른 물체로부터의 작용을 의미한다. 이러한 외력에 의해 임의의 물체는 운동을 하거나 정지상태를 유지한다.

② 내력

임의의 강체를 형성하고 있는 입자들을 결합시키는 힘을 내력이라 한다. 이러한 내력은 구조물을 결합시키는 역할도 한다.

외력에 관한 한 예로서 그림 1.7과 같은 트럭에 로우프를 연결하여 끈다고 가정한다면 이러한 자유물체도(free-body diagram)에서 고려되어야 하는 외력은 로우프를 통한 인장 및 트럭의 자체 하중이 중력에 의해 작용하게 될 것이다. 만약 지반이 트럭을 지탱하고 있지 않으면 트럭은 지구의 중심으로 끌려갈 것이다. 따라서 트럭의 바퀴에는 지반 반력이 작용하게 되고, 이러한 힘들이 작용하여 트럭은 오른쪽으로 움직이게 될 것이며 지반이 평형이라면 트럭의 자중과 반력은 평형을 이룰 것이다. 여기에서 트럭의 여러 마찰 등을 무시한다면 트럭은 힘 F에 의해 오른쪽으로 움직일 것이다.

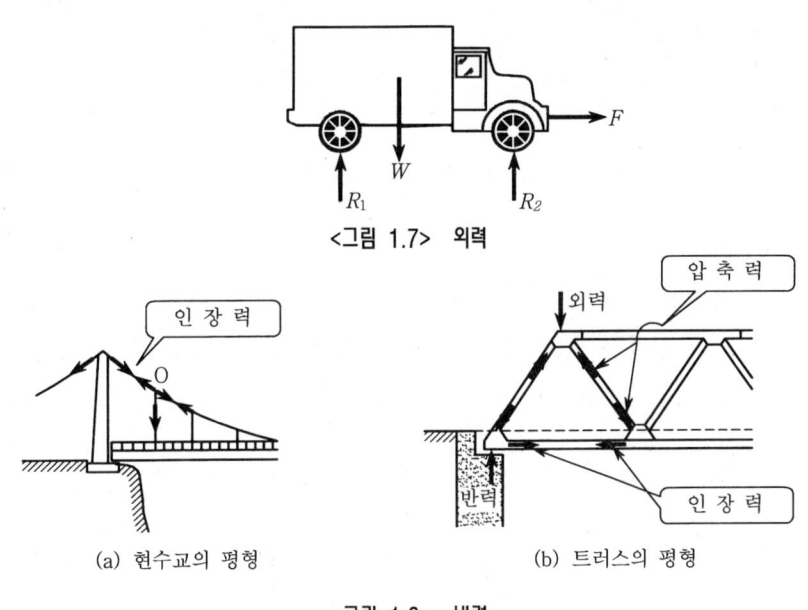

<그림 1.7> 외력

(a) 현수교의 평형　　　　(b) 트러스의 평형

<그림 1.8> 내력

마찬가지로 그림 1.8은 내력의 예를 나타낸다. 외력이 작용할 경우 이에 비례하여 현수교의 로우프와 트러스에서의 인장 및 압축력이 발생하게 된다. 즉, 이러한 외력과 내력이 평행을 이루어 구조물은 평형을 유지하게 된다.

### 1.2.2 힘의 합성과 분해

**(1) 힘의 합성**

임의의 강체에 여러 힘이 동시에 작용하는 경우 이들은 강체의 운동에 영향을 미치게 된다. 이러한 여러 힘이 강체에 미치는 영향과 같은 효과를 발휘하는 하나의 힘으로 여러 힘을 치환할 수 있다. 이러한 하나의 힘을 여러 힘들의 합력(resultant)이라 한다. 이와 같이 여러 힘과 같은 영향을 미치는 하나의 힘을 찾는 과정을 힘의 합성(composition of forces)이라 한다.

### 1 도해법

다음 그림 1.9와 같이 힘을 합성하는 데는 도해법을 이용할 수 있다. 먼저 점 C에서 힘 $P_1$에 평행하게 그어 점 D를 얻고 AD를 연결하여 두 힘 $P_1$과 $P_2$의 합력 R을 구한다. 또는 점 B에서 힘 $P_2$와 평형하게 그어 점 D를 얻어 합력을 R을 구한다. 여기에서 구한 사각형 ABCD를 힘의 평행사변형이라 한다.

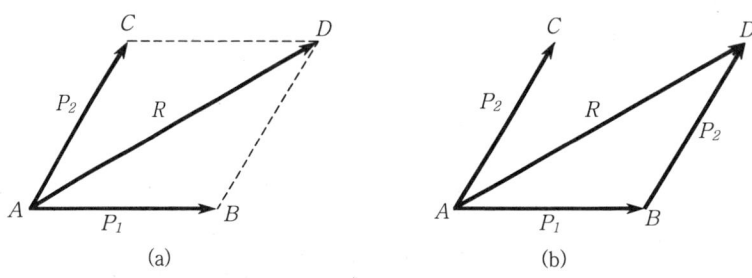

<그림 1.9> 도해법에 의한 힘의 합성

### 2 해석법

① α=90°인 경우

힘의 삼각형 ABD에서 피타고라스의 정리에 의해 AD = R을 구하면

$$R2 = P_1^2 + P_2^2, \quad \therefore R = \sqrt{P_1^2 + P_2^2} \quad \cdots\cdots (1.1)$$

$$\tan\theta = \frac{P_2}{P_1} \quad \cdots\cdots (1.2)$$

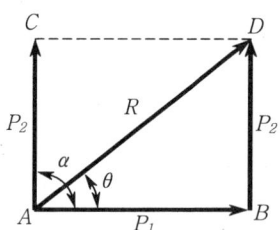

<그림 1.10> 해석법에 의한 힘의 합성

② α가 임의각인 경우

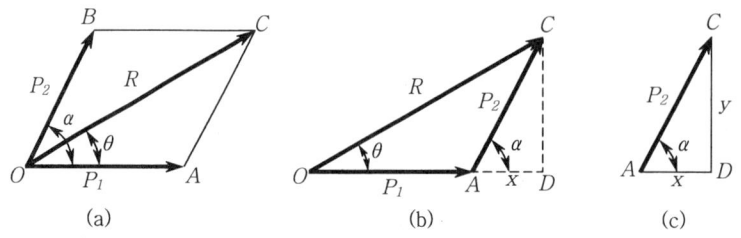

<그림 1.11> 해석법에 의한 힘의 합성

임의의 각으로 두개의 벡터를 합성하는 경우 ΔOCD에서 $AD = P_2\cos\alpha$, $CD = P_2\sin\alpha$ 이고 피타고라스의 정리를 이용하면

$$\overline{OC^2} = \overline{OD^2} + \overline{CD^2} = \overline{(OA+AD)^2} + \overline{CD^2} = (P_1 + P_2\cos\alpha)^2 + (P_2\sin\alpha)^2$$

$$R^2 = \overline{OD^2} + \overline{CD^2} = P_1^2 + 2P_1P_2\cos\alpha + P_2^2\cos^2\alpha + P_2^2\sin^2\alpha$$

$$= P_1^2 + 2P_1P_2\cos\alpha + P_2^2(\cos^2\alpha + \sin^2\alpha)$$

$$\therefore R = \sqrt{P_1^2 + P_2^2 + 2P_1P_2\cos\alpha} \quad \cdots\cdots (1.3)$$

$$\tan\theta = \frac{CD}{OD} = \frac{P_2\sin\alpha}{P_1 + P_2\cos\alpha}$$

$$\therefore \theta = \tan^{-1}\left[\frac{P_2\sin\alpha}{P_1 + P_2\cos\alpha}\right] \quad \cdots\cdots (1.4)$$

또한, 다음과 같은 특수한 경우에는 Sine법칙이나 Cosine법칙과 같은 삼각함수를 이용하여 해를 간단히 구할 수 있다.

- 각도를 알고 힘을 구하는 경우

  Sine 법칙

$$\frac{A}{\sin\alpha} = \frac{B}{\sin\beta} = \frac{C}{\sin[180-(\alpha+\beta)]} \quad \cdots\cdots (1.5)$$

- 힘을 알고 각을 구하는 경우

  Cosine 법칙

$$C^2 = A^2 + B^2 - 2AB\cos[180-(\alpha+\beta)] \quad \cdots\cdots (1.6)$$

> **참고**  삼각함수
>
> 직각삼각형 ABC
>
> $\dfrac{b}{c} = \sin\alpha \quad \dfrac{c}{b} = \dfrac{1}{\sin\alpha} = \csc\alpha$
>
> $\dfrac{a}{c} = \cos\alpha \quad \dfrac{c}{a} = \dfrac{1}{\cos\alpha} = \sec\alpha$
>
> $\dfrac{b}{a} = \tan\alpha \quad \dfrac{a}{b} = \dfrac{1}{\tan\alpha} = \cot\alpha$
>
> 정삼각형 ABC
>
> 이등변직각삼각형 ABC

|  | 0° | 30° | 45° | 60° | 90° | (90°+θ) | (180°+θ) | (270°+θ) |
|---|---|---|---|---|---|---|---|---|
| sin | 0 | $\frac{1}{2}$ | $\frac{1}{\sqrt{2}}$ | $\frac{\sqrt{3}}{2}$ | 1 | $\cos\theta$ | $-\sin\theta$ | $-\cos\theta$ |
| cos | 1 | $\frac{\sqrt{3}}{2}$ | $\frac{1}{\sqrt{2}}$ | $\frac{1}{2}$ | 0 | $\sin\theta$ | $-\cos\theta$ | $\sin\theta$ |
| tan | 0 | $\frac{1}{\sqrt{3}}$ | 1 | $\sqrt{3}$ | ±∞ | $-\cot\theta$ | $\tan\theta$ | $-\cot\theta$ |

예 : $\sin 120° = \sin(90°+30°) = \cos 30° = \frac{\sqrt{3}}{2}$

$\cos 240° = \cos(180°+60°) = -\cos 60° = -\frac{1}{2}$

$\tan 315° = \tan(270°+45°) = -\cot 45° = -1$

### 예제 1-1

다음 그림 1.12와 같은 두 힘의 합력과 합력 R과 $P_1$이 이루는 각 $\theta$를 구하여라.

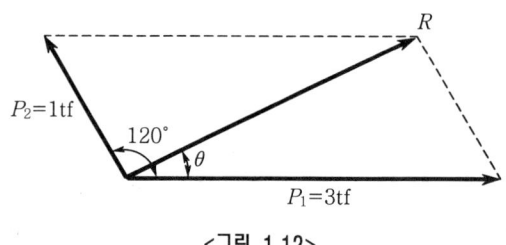

<그림 1.12>

**풀이** (1) 임의 각에 대한 힘의 합성이므로 식(1.3) 및 (1.4)를 이용하여 구한다.

$R = \sqrt{P_1^2 + P_2^2 + 2P_1P_2\cos\alpha} = \sqrt{3^2 + 1^2 + 2(3)(1)\cos 120°} = 2.646 \text{ (tonf)}$

$\tan\theta = \frac{P_2\sin\alpha}{P_1 + P_2\cos\alpha} = \frac{(1)\sin 120°}{3+(1)\cos 120} = \frac{0.866}{2.5} = 0.35$

$\theta = \tan^{-1} 0.35 = 19.3°$

(2) $P_1$과 $P_2$를 직각 좌표계로 나타내면

| 하중 \ 분력 | X방향 분력 | Y방향 분력 |
|---|---|---|
| $P_1$ | 3 | 0 |
| $P_2$ | $P_2\cos 120°=-0.5$ | $P_2\sin 120°=0.866$ |
| 합 | 2.5 | 0.866 |

피타고라스의 정리에 의하여

$R = \sqrt{P_x^2 + P_y^2} = 2.646 \text{ (tonf)}$

$\tan\theta = \dfrac{P_y}{P_x}$ 이므로

$\theta = \tan^{-1}\left(\dfrac{P_y}{P_x}\right) = \tan^{-1}\left(\dfrac{0.866}{2.5}\right) = 19.1°$

## 예제 1-2

다음 그림 1.13과 같은 동일점에 작용하는 여러 힘의 합력 R과 방향각 $\theta$를 구하시오.

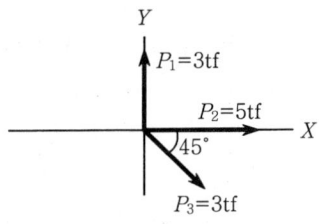

<그림 1.13>

앞 예제에서 풀이 2를 이용하여 풀이하도록 한다. 각각의 힘을 직각 좌표계로 나타내면

| 분력<br>하중 | X방향 분력 | Y방향분력 |
|---|---|---|
| $P_1$ | 0 | 3 |
| $P_2$ | 5 | 0 |
| $P_3$ | 3×cos315°=2.121 | 3×sin315°=-2.121 |
| 합 | 7.121 | 0.879 |

피타고라스의 정리에 의하여

$R = \sqrt{P_x^2 + P_y^2} = 7.175\,(\text{tonf})$

$\tan\theta = \dfrac{P_y}{P_x}$ 이므로

$\theta = \tan^{-1}\left(\dfrac{P_y}{P_x}\right) = \tan^{-1}\left(\dfrac{0.879}{7.121}\right) = 7.04°$

### (2) 힘의 분해

하나의 힘이 물체에 작용하는 경우 이 힘을 계산상 편의를 위하여 여러 힘으로 분해하는 경우가 있다. 이러한 대표적인 경우가 임의 방향의 힘을 수평축(horizontal axis, $x$축)과 수직축(vertical axis, $y$축)방향의 힘으로 분해하는 경우이다. 이처럼 하나의 힘을 여러 힘으로 나누었을 때 이 여러 힘을 분력(component)이라 하고 분력을 구하는 과정을 힘의 분해(decomposition of a force)라 한다.

#### 1 도해법

그림 1.14과 같이 하나의 힘 R을 OA, OB방향으로 분해할 경우 점 C에서 $P_2$에 평행하게 그려 점 A를 찾고 $P_1$에 평행하게 그어 점 B를 찾아 평행사변형을 만든다. 여기에서 평행하게 그은 $\overline{OA}$는 $P_1$이 되고 $\overline{OB}$는 $P_2$가 된다.

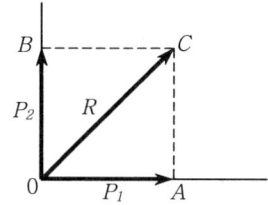

<그림 1.14> 힘의 분해(도해법)

#### 2 해석법

하나의 힘을 $P_1$과 $P_2$로 분해할 경우 해석적인 방법으로 다음과 같이 구할 수 있다.

먼저 하나의 힘을 $P_1$과 $P_2$로 직각이 되는 두개의 힘으로 분해할 경우에는 삼각함수를 이용하여 다음 그림 1.15과 같이 구할 수 있다. 여기에서

$$P_1 = R \cos \alpha \quad \cdots\cdots\cdots\cdots\cdots\cdots\cdots\cdots\cdots\cdots\cdots\cdots\cdots\cdots\cdots\cdots\cdots\cdots\cdots\cdots\cdots\cdots\cdots\cdots\cdots\cdots\cdots \text{(a)}$$

$$P_2 = R \sin \alpha \quad \cdots\cdots\cdots\cdots\cdots\cdots\cdots\cdots\cdots\cdots\cdots\cdots\cdots\cdots\cdots\cdots\cdots\cdots\cdots\cdots\cdots\cdots\cdots\cdots\cdots\cdots\cdots \text{(b)}$$

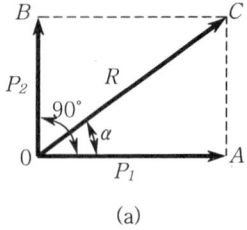
(a)

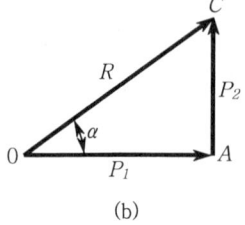
(b)

<그림 1.15> 힘의 분해(해석적 방법)

마찬가지로 하나의 힘을 $P_1$과 $P_2$로 임의의 방향을 갖는 경우 sine법칙을 이용하여 다음 그림 1.16과 같이 구할 수 있다. 여기에서

$$\frac{P_2}{\sin\alpha} = \frac{R}{\sin(180-\theta)} = \frac{P_1}{\sin\beta} \quad \cdots\cdots (1.7)$$

이므로 $P_1$과 $P_2$는 다음과 같다.

$$\left.\begin{array}{l} P_1 = \dfrac{\sin\beta}{\sin(180-\theta)} \times R = \dfrac{\sin\beta}{\sin\theta} \times R \\ P_2 = \dfrac{\sin\alpha}{\sin(180-\theta)} \times R = \dfrac{\sin\alpha}{\sin\theta} \times R \end{array}\right\} \quad \cdots\cdots (1.8)$$

참고  $\sin(180-\theta) = \sin\theta$

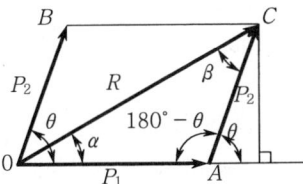 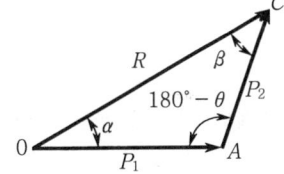

<그림 1.16>  힘의 분해(해석적 방법)

### 예제 1-3

다음 그림 1.17과 같이 힘 R=500kgf을 $\alpha=30°$, $\beta=45°$의 두 방향으로 분해 할 경우 그 분력의 크기를 구하시오.

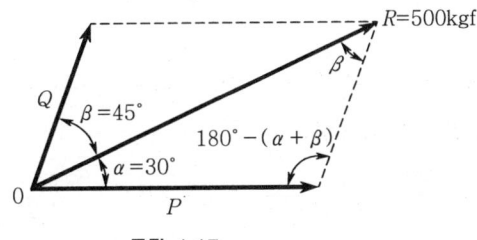

<그림 1.17>

**풀이** sine 법칙을 적용하면

$$P = \frac{\sin\beta}{\sin[180°-(\alpha+\beta)]} \times R$$

$$= \frac{\sin 45°}{\sin 105°} \times 500 = \frac{0.7071}{0.9659 \times 50} 0 = 366.03 \text{ (kgf)}$$

$$Q = \frac{\sin\alpha}{\sin[180°-(\alpha+\beta)]} \times R$$

$$= \frac{\sin 30°}{\sin 105°} \times 500 = \frac{0.5}{0.9659} \times 500 = 258.83 \text{ (kgf)}$$

### 예제 1-4

다음 그림과 같이 힘 R = 600 kgf을 $P_1$ = 500 kgf, $P_2$ = 300 kgf으로 분해할 경우 그 방향 각을 구하시오.

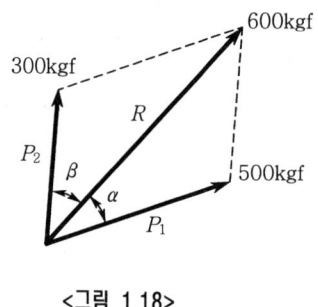

<그림 1.18>

**풀이** 문제의 그림 1.18을 이해를 돕기 위하여 다음과 같은 그림 1.19로 바꿀 수 있다.

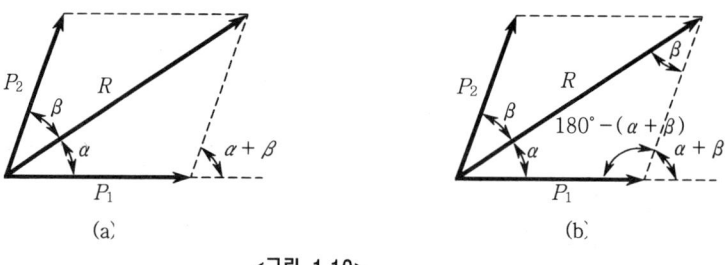

<그림 1.19>

하나의 합력을 분력 $P_1$, $P_2$로 나누고 이 힘을 알고 방향각을 알고자 하는 경우 cosine법칙을 이용한다.

$$\cos\alpha = \frac{P_1^2 + R^2 - P_2^2}{2P_1R}, \quad \cos\beta = \frac{P_2^2 + R^2 - P_1^2}{2P_2R}$$

따라서,

$$\cos\alpha = \frac{500^2 + 600^2 - 300^2}{2(500)(600)} = 0.867, \quad \alpha = 29.92°$$

마찬가지로

$$\cos\beta = \frac{300^2 + 600^2 - 500^2}{2(300)(600)} = 0.56, \quad \beta = 56.25°$$

### (3) 한 점에 작용하는 여러 힘의 합성과 분해

#### ① 도해적 방법

한 점 O에 여러 하중 $P_1$, $P_2$, $P_3$, $P_4$가 작용할 경우 도해법으로 그 합력을 구할 수 있다. 먼저 $P_1$과 $P_2$의 합력 $R_{1\sim2}$을 평행사변형법으로 구한다. 다음으로 구한 합력 $R_{1\sim2}$과 $P$와의 합력을 구한다. 같은 방법을 반복하여 최종적인 합력 $R$을 구한다. 그림 1.20(b)에서와 같이 임의점 O를 잡아 각 힘이 평행하게 $P_1$, $P_2$, $P_3$, $P_4$를 연결하고 O와 $R_{1\sim4}$를 연결하면 합력 R의 크기와 방향이 구해지며 이때 그림 1.20(b)를 힘의 다각형 또는 시력도(force diagram)라고 한다.

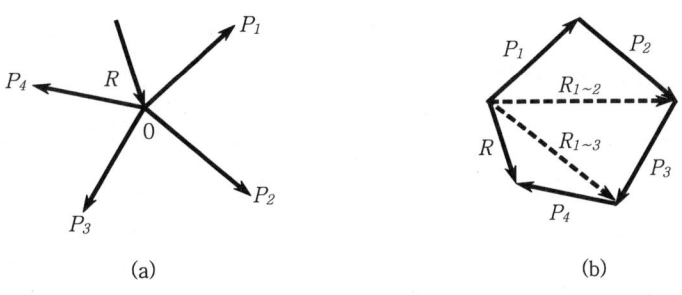

<그림 1.20>  힘의 합성과 시력도

#### ② 해석적 방법

한 점 O에 여러 하중 $P_1$, $P_2$, $P_3$, $P_4$가 작용할 경우 해석적으로 수평분력과 수직분력으로 각 힘을 나누어 합력을 구할 수 있다.

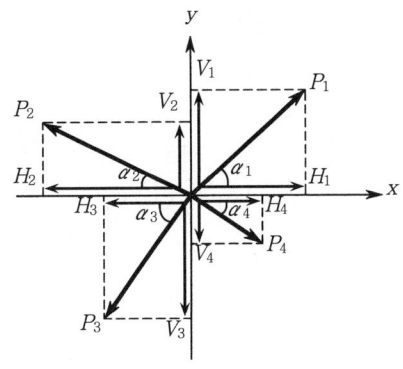

<그림 1.21>  해석적 방법

수평분력의 총합 ($\sum H$)

$$\sum H = H_1 + H_2 + H_3 + H_4$$
$$= P_1 \cos \alpha_1 - P_2 \cos \alpha_2 - P_3 \cos \alpha_3 + P_4 \cos \alpha_4 \quad \cdots\cdots\cdots (a)$$

수직분력의 총합 ($\sum V$)

$$\sum V = V_1 + V_2 + V_3 + V_4$$
$$= P_1 \sin \alpha_1 + P_2 \sin \alpha_2 - P_3 \sin \alpha_3 - P_4 \sin \alpha_4 \quad \cdots\cdots\cdots (b)$$

$$\therefore R = \sqrt{(\sum H)^2 + (\sum V)^2} \quad \cdots\cdots\cdots (1.9)$$

$$\therefore \tan \theta = \frac{\sum V}{\sum H} \quad \cdots\cdots\cdots (1.10)$$

### (4) 한 점에 작용하지 않는 여러 힘의 합성과 분해

#### 1 도해법

그림 1.22와 같이 한 점에 작용하지 않는 세 힘 $P_1$, $P_2$, $P_3$를 도해법으로 합성해 보자. 먼저 $P_1$과 $P_2$를 각각 작용선상에서 평형 이동하여 교점 A를 구한다. 이 두 힘의 합력 $R_{1-2}$를 구한다. 다음으로 이 합력을 다시 이동시켜 $P_3$와의 교점 D를 구하고 평형사변형의 법칙을 이용하여 최종적으로 합력 R 을 구한다.

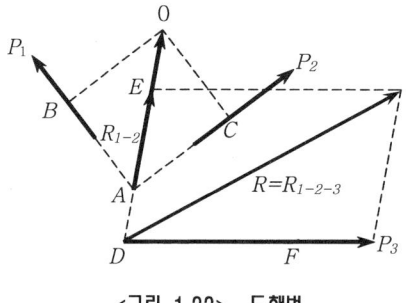

<그림 1.22> 도해법

#### 2 교차법

같은 점에 작용하지 않는 3개의 힘에 대한 합력을 구하기 위해서 시력도를 이용한다. 먼저 힘 $P_1$, $P_2$, $P_3$의 힘을 평형이동시켜 합력의 크기와 방향을 구하고 다시 $P_1$, $P_2$의 교점 A를 구하여 $R_{1-2}$와 나란한 선을 구한다. $R_{1-2}$의 연장선과 $P_3$와의 교점 B가 합력 R의 작용점이 된다.

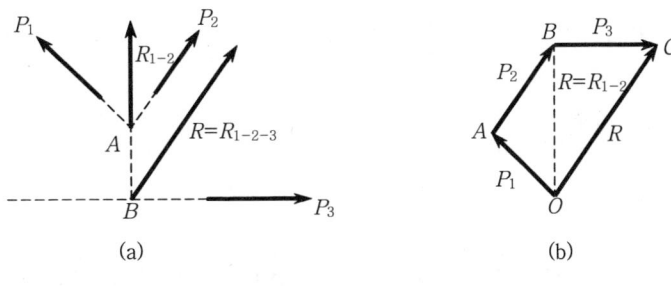

<그림 1.23> 교차법

### ③ 해석법

한 점에 작용하지 않는 여러 힘의 합성도 해석법을 이용할 경우 한 점에 작용하는 힘의 합성과 분해와 마찬가지로 수평력의 합과 수직력을 합을 구하여 합력R을 구할 수 있다.

### (5) 연력도에 의한 해법

다음 그림 1.24와 같이 세 힘 $P_1$, $P_2$, $P_3$가 임의로 작용할 경우 연력도에 의하여 합력을 구한다. 그림 1.24(b)와 같이 임의 점 a에서 $P_1$에 나란하게, b에서 $P_2$에 나란하게, c에서 $P_3$에 나란하게 연결하여 점 abcd를 구한다. 여기에서 a와 d를 연결하면 합력 R의 크기와 방향을 결정한다.

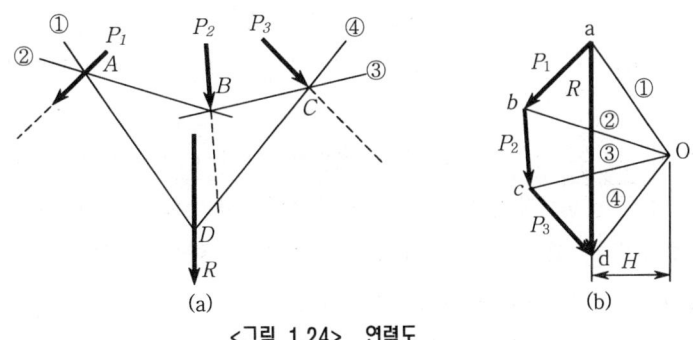

<그림 1.24> 연력도

이들의 힘으로 시력도를 그려보면 먼저 임의의 점 O를 정하고 이 점에서 각 힘의 작용점을 연결하여 ①, ②, ③, ④의 선을 구한다. 이를 극사선(polar line)이라 하고 점 O를 극점(polar) 거리 H를 극거(polar distance)라 한다. 그림 1.24 (a)에서와 같이 극사선 ①, ②, ③, ④와 나란하게 그어 ①과 ④선이 만나는 점 D를 구하면, 점 D가 합력 R의 작용점이 된다. 이때 ① ABC ④를 연력도(funicular polygram)라 한

다. 시력도에서 구한 R을 그림 1.24(a)에 점 D로 크기와 방향을 평행이동시키면 합력 R을 구할 수 있다.

### 1.2.3 모멘트와 우력

#### (1) 모멘트

점에 대한 힘의 모멘트(moment)는 점에서부터 힘의 작용선까지의 수직한 거리를 곱한 힘으로 정의된다. 모멘트는 힘의 회전효과(rotational effect)를 나타낸다. 다음 그림 1.25와 같이 점 O에 관한 힘 P의 모멘트는 다음 식(1.11)과 같다.

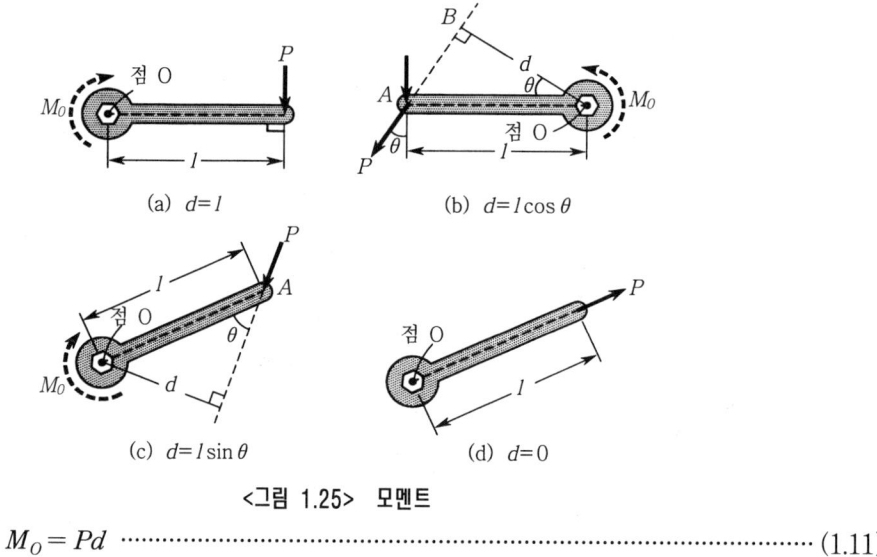

<그림 1.25> 모멘트

$$M_O = Pd \quad\quad\quad (1.11)$$

여기서 $M_O$는 점 O에 관한 모멘트의 크기이고 P는 힘의 크기이다. 힘 P에서 O 점까지의 수직한 거리를 d로 나타내었다. 여기에서 모멘트는 힘과 수직한 거리에 관한 함수임을 알 수 있다. 따라서 모멘트의 단위는 힘과 거리의 곱이며 일반적으로 tonf·m 또는 kgf·cm로 표시된다.

모멘트의 방향은 힘이 임의의 점에 대하여 그 물체를 회전시키려는 방향과 같고 표시는 일반적으로 굽은 화살 또는 겹친 화살표로 나타낸다.

한 예로 그림 1.25와 같이 볼트를 조이기 위하여 사용되는 렌치를 예로 든다면 힘 P는 렌치의 핸들에 수직하게 아래쪽으로 작용한다. 볼트 중심 O에 대한 모멘트의 크기는 단순히 힘 P의 크기와 수직 거리의 곱이다. 그림 1.25(b)에서 힘 P의 작용은 렌치의 손잡이의 축과 θ만큼의 각도를 이루고 있으므로 힘과 O점과의 수직 거리와 길이 $l$이 서로 다름을 알 수 있을 것이다. 따라서 그림 1.25(b)에서 $M_O$는 다음과 같이 쓸 수 있다.
$$M_O = Pl \cos \theta \quad \cdots\cdots\cdots\cdots\cdots\cdots\cdots\cdots\cdots\cdots\cdots\cdots\cdots\cdots\cdots\cdots\cdots\cdots \text{(1.12)}$$
마찬가지로 그림 1.25(c)의 경우는 힘 P가 렌치와 볼트를 반시계 방향으로 회전시키려고 하기 때문에 $M_O$의 방향은 반시계 방향이며 다음과 같이 쓸 수 있다.
$$M_O = Pl \sin \theta \quad \cdots\cdots\cdots\cdots\cdots\cdots\cdots\cdots\cdots\cdots\cdots\cdots\cdots\cdots\cdots\cdots\cdots\cdots\cdots \text{(1.13)}$$
결국, 그림 1.25(d)에서 렌치축과 공유선인 힘 P를 받는 렌치의 경우 점O와 같은 작용선상에 위치하므로 $M_O$는 0이다. 즉, 점 O를 끌어당기는 효과만을 가지며 회전시키는 효과는 없다. 이를 수학적으로 풀어보면
$$M_O = Pl \cos \theta = Pl \cos 90° = 0$$

### 예제 1-5

다음 그림 1.26과 같이 하중이 작용하는 경우 점 O에 대한 모멘트를 구하시오.

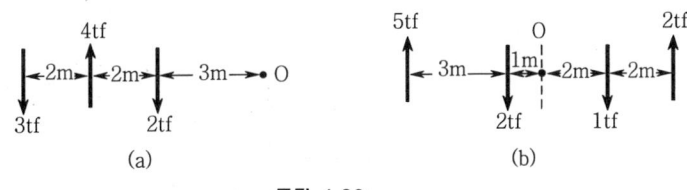

<그림 1.26>

(a) 일반적으로 시계방향을 (+)모멘트로 규정하므로
$$M_O = -3(7) + 4(5) - 2(3) = -21 + 20 - 6 = -7 \text{ (tonf} \cdot \text{m)}$$
(b) (a)와 마찬가지로
$$M_O = 5(4) - 2(1) + 1(2) - 2(4) = 20 - 2 + 2 - 8 = 12 \text{ (tonf} \cdot \text{m)}$$

### 예제 1-6

다음 그림 1.27과 같은 물체를 전도(overturning)시키기 위한 최소한의 힘 P를 구하시오.

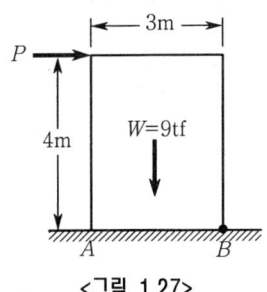

<그림 1.27>

그림과 같은 물체에 하중 P가 → 방향으로 작용하면 B점을 중심으로 전도가 일어날 것이다.

따라서, 점 B에서 발생되는 모멘트를 구하여 시계방향(+) 모멘트가 발생하는 순간 전도가 일어날 것이다. 또한 사각형 물체의 자중은 무게중심에 작용한다.

$\sum M_B = 0$로 놓으면

$P \times 4 - 9 \times \dfrac{3}{2} = 0$

$\therefore P = \dfrac{27}{8} = 3.38$ (tonf)

## 예제 1-7

다음 그림 1.28과 같이 10cm높이의 장애물을 하중 5tf의 차륜이 넘어가는데 필요한 최소의 힘 P를 구하시오.

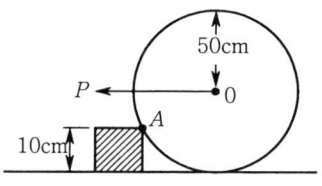

<그림 1.28>

**풀이** 문제의 차륜에 작용하는 하중을 자유물체도로 나타내면

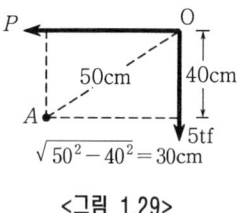

<그림 1.29>

점 A에서의 모멘트를 0이라 하면

$\sum M_A = 0$
$\quad = 5(30) - P \times 40$

$\therefore P = \dfrac{5(30)}{40} = 3.75$ (tonf)

## 예제 1-8

다음 그림 1.30과 같은 부재에서 부재 BD에 작용하는 하중의 크기를 구하시오.

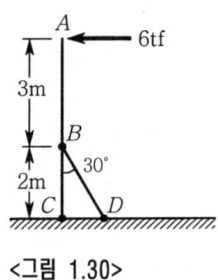

<그림 1.30>

**풀이** 방법 (1)

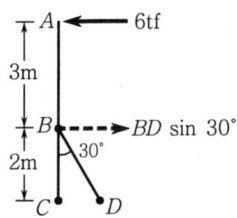

<그림 1.31>

점 C에서의 모멘트의 합을 0으로 보면,
$\sum M_c = -6 \times 5 + \overline{BD} \sin 30° \times 2 = 0$
$\therefore \overline{BD} = 30$ (tonf) (인장)

방법 (2)

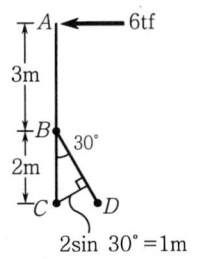

<그림 1.32>

위의 그림 1.32와 같이 점 C에서의 모멘트를 구하기 위해 먼저 BD부재와 점 C사이의 수직거리를 구한다.
$\sum M_c = -6 \times 5 + \overline{BD} \times 2\sin 30° = 0$
$\therefore \overline{BD} = 30$ (tonf) (인장)

[Note]

$\sum H = 0$를 이용해서는 안된다. 왜냐하면 이 공식을 이용할 경우 수평하중이 위, 아래의 어디에 위치하더라도 항상 같은 값을 얻을 수 있다.

### (2) 바리농의 정리

힘계에 대한 모멘트의 원리에 의하면 "각 힘에 의하여 임의의 점이나 축에 발생되는 모멘트의 합은 이들 힘의 합력에 의하여 임의의 점이나 축에 발생되는 모멘트와 같다." 이를 바리농의 정리(Varignon's theorm)라 한다. 이는 임의 점에 관한 힘의 성분에 대한 모멘트의 합으로서 한 점에 관한 힘의 모멘트를 결정하는 방법으로서 모멘트를 결정하는 가장 편리한 방법이다. 이러한 바리농의 정리는 다음과 같이 여러 가지로 표현되어 질 수 있다.

① 합력이 일으키는 모멘트는 분력이 일으키는 모멘트의 합과 같다.
② 합력모멘트는 분력 모멘트의 합과 같다
③ 여러 개의 평면력이 그 평면 내에 있는 한 점에 대한 모멘트의 합(대수합)은 그들의 합력이 그 점에 대한 모멘트와 같다.

**예제 1-9**

다음 그림 1.33과 같이 여러 하중이 작용하는 힘계에서 이들의 합력과 합력의 위치를 구하시오.

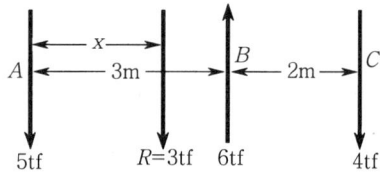

<그림 1.33>

**풀이** 우선, 3힘의 합력은
$$R = -5 + 6 - 4 = -3 \text{ (tonf)}$$
합력 -3t의 위치를 구하기 위하여 점 A에서 각 힘에 의한 모멘트와 합력에 의한 모멘트가 같다는 바리농의 정리를 이용하면,
$$-6(3) + 4(5) = R(x)$$
$$\therefore x = \frac{2}{3} = 0.67 \text{ (m)}$$

### (3) 짝힘

짝힘은 크기가 같고 방향이 반대인 평행한 한 쌍의 힘이다. 짝힘의 특징은 방향이 반대인 같은 크기의 힘이 작용하므로 평행이동은 없고 물체의 회전을 일으킨다. 따라서 짝힘은 위치가 바뀌더라도 발생되는 모멘트는 같다. 그림 1.34에 나타낸 바와 같이 크기가 같고 방향이 반대인 한 쌍의 힘 P와 -P를 고려한다면 그들의 평행한 작용선 사이의 수직거리는 d이다. 두 힘은 크기는 같으나 방향이 반대이므로 합력은 0이다. 따라서 이 두 힘은 물체를 평행이동 시킬 수 없으나 짝힘은 물체를 회전시키려는 경향이 있다. 왜냐하면 물체의 임의 점에서의 짝힘을 이루는 두 힘의 모멘트는 0가 아니기 때문이다. 짝힘의 모멘트는 짝힘을 이루는 두 힘의 복합 회전효과인 짝힘의 회전효과에 대한 척도이며 이 모멘트의 크기는 다음과 같다.

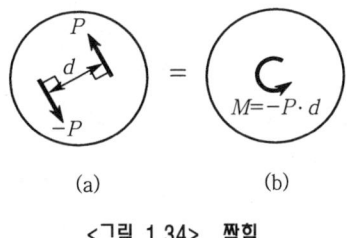

<그림 1.34>  짝힘

$$M = Pd \quad\quad\quad\quad\quad\quad\quad\quad\quad\quad\quad\quad\quad\quad\quad (1.14)$$

여기서 M은 짝힘 모멘트의 크기, P는 짝힘을 이루는 힘의 크기이고 d는 힘의 평행한 작용선사이의 직선거리이다. 짝힘 모멘트의 단위는 힘의 모멘트의 단위와 같은 tonf·m 또는 kgf·cm를 사용한다.

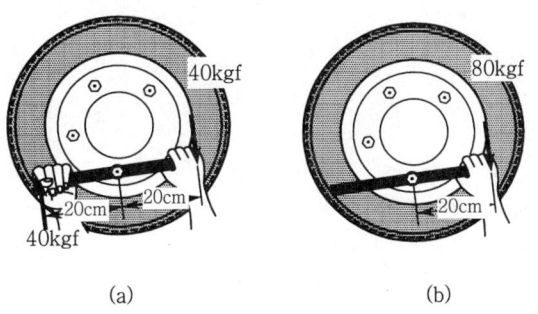

<그림 1.35>  짝힘 모멘트와 단일 힘 모멘트의 비교

짝힘 모멘트와 단일 힘 모멘트의 차이를 알아보기로 하자. 그림 1.35와 같이 바퀴의 볼트를 조이는 렌치를 보면 그림 1.35(a)에서는 40kgf의 힘으로 양손으로 볼트를

조인다면 볼트에 가해지는 모멘트는 40kgf×40cm가 되어 1600kgf·cm가 된다. 하지만 그림 1.35(b)에서 한 손으로 렌치를 움직인다면 양손으로 하는 동작에 비해 2배의 힘을 가하여야 같은 효과를 얻을 수 있을 것이다.

또한 임의 점에서의 짝힘의 크기는 항상 같다. 그림 1.36에서와 같이 점 A와 점 B에서의 짝힘모멘트는 항상 같음을 알 수 있다. 즉,

$$\sum M_A = 3 \times 2 = 6 \text{ (tonf·m)}$$
$$\sum M_B = 3 \times 5 - 3 \times 3 = 6 \text{ (tonf·m)}$$

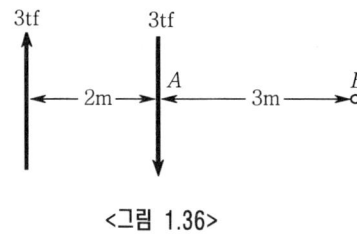

<그림 1.36>

### 예제 1-10

다음 그림 1.37과 같은 짝힘이 작용할 경우 점 A, B, C 및 D에서의 모멘트를 구하시오.

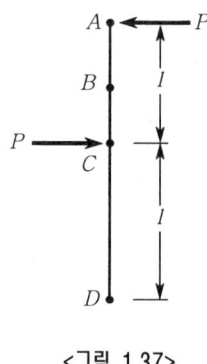

<그림 1.37>

**풀이** 시계방향의 모멘트를 (+)라 하면,

$$M_A = -P \times l = -Pl$$
$$M_B = -P \times \frac{l}{2} - P \times \frac{l}{2} = -Pl$$
$$M_C = -P \times l = -Pl$$
$$M_D = -P \times 2l + P \times l = -Pl$$

이상과 같이 짝힘이 작용하는 경우 모든 점에서의 모멘트는 일정함을 알 수 있다.

### 1.2.4. 힘의 평형

임의의 물체에 여러 개의 힘이 작용하여 그 물체가 이동하지 않으며 회전하지 않고 정지되어 있는 상태를 평형상태라 한다. 다음 그림 1.38은 평형상태를 나타내는 예이다.

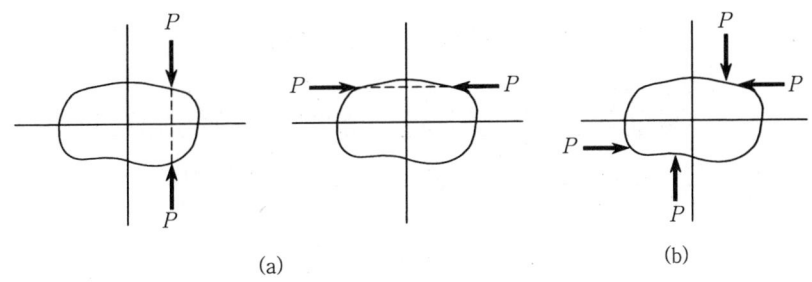

<그림 1.38> 평형상태

**(1) 평형방정식**

그림 1.38(a)와 같이 수직력의 합이 0이 되고 수평력의 합이 0이 되어 물체는 평형상태에 있으나 그림 1.38(b)는 수직, 수평력의 합은 0이 되나 물체는 회전할 것이다. 이는 힘이 한 점에 작용하지 않으므로 생기는 결과로 물체에 모멘트를 유발시키기 때문이다. 이처럼 임의의 물체가 평형이 되려면 수직 및 수평으로 움직임이 없어야 하고 회전도 하지 않아야 한다. 즉 수직력 및 수평력의 합이 0이 되어야 하며 모멘트의 합도 0이 되어야 한다. 다시 말하면 다음과 같은 평형방정식(equilibrium equation)을 만족하여야 한다.

$\sum V = 0$ : 모든 힘의 수직분력의 합은 0이다. ································ (1.15)

$\sum H = 0$ : 모든 힘의 수평분력의 합은 0이다. ································ (1.16)

$\sum M = 0$ : 모든 힘의 임의의 한점에 대한 모멘트의 합은 0이다. ········ (1.17)

여기서 $V$는 수직력, $H$는 수평력, $M$은 모멘트이다.

**(2) 라미의 정리**

그림 1.39와 같이 3개의 힘이 서로 평형을 이루고 있는 경우 이 3힘은 같은 평면상에 있고 한 점에서 만난다. 이러한 정리를 라미의 정리(lami's theorm)라 한다. 폐합 삼각형 ABC에서 세 힘은 동일 평면상에 있고 $P_1$과 $P_2$의 합력은 $P_3$의 작용선상에 있어야 하므로 세 힘은 한 점에서 만난다. 따라서 삼각형의 sine법칙에 의해

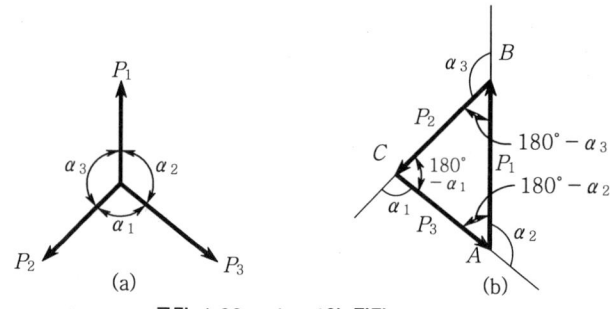

<그림 1.39> Lami의 정리

$$\frac{P_1}{\sin(180-\alpha_1)} = \frac{P_2}{\sin(180-\alpha_2)} = \frac{P_3}{\sin(180-\alpha_3)} \quad \cdots\cdots\cdots\cdots\cdots (1.18)$$

가 성립되고 다음과 같은 Lami의 정리로 쓸 수 있다.

$$\therefore \frac{P_1}{\sin\alpha_1} = \frac{P_2}{\sin\alpha_2} = \frac{P_3}{\sin\alpha_3} \quad \cdots\cdots\cdots\cdots\cdots\cdots\cdots\cdots\cdots\cdots\cdots\cdots\cdots (1.19)$$

### 예제 1-11

다음 그림 1.40과 같이 10 tonf의 하중을 지지할 경우 AO, BO에 작용하는 힘 $F_{OA}$, $F_{OB}$를 구하시오.

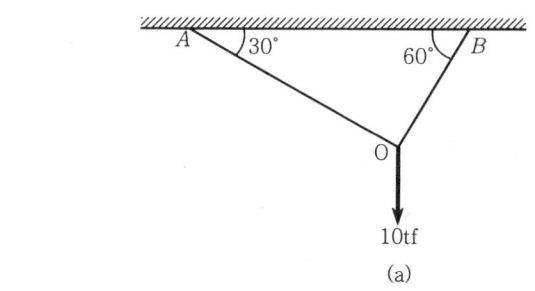

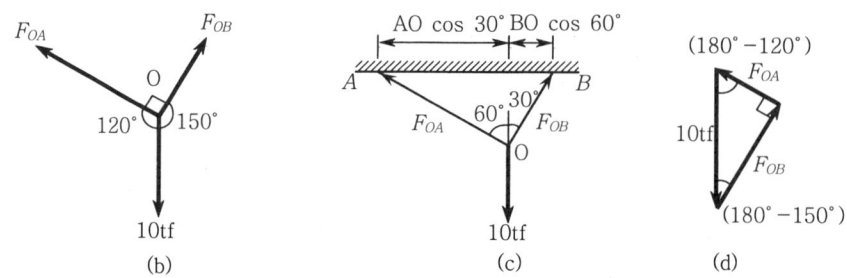

<그림 1.40>

**풀이** (1) 라미의 정리

라미의 정리를 이용하기 위하여 문제의 그림을 (b)와 같이 놓을 수 있다.

$$\therefore \frac{10}{\sin 90°} = \frac{F_{OA}}{\sin 150°} = \frac{F_{OB}}{\sin 120°}$$

그러므로, $F_{OA} = \dfrac{10 \times \sin 150°}{\sin 90°} = 5$ (tonf)

$$F_{OB} = \dfrac{10 \times \sin 120°}{\sin 90°} = 8.66 \text{ (tonf)}$$

(2) 평형방정식의 정리

$\sum V = 0$ 이므로

$$F_{OA} \sin 30° + F_{OB} \sin 60° - 10 = 0$$
$$F_{OA} \times 0.5 + F_{OB} \times 0.866 - 10 = 0 \qquad (1)$$

$\sum H = 0$ 이므로,

$$-F_{OA} \cos 30° + F_{OB} \cos 60° = 0$$
$$-F_{OA} \times 0.866 + F_{OB} \times 0.5 = 0 \qquad (2)$$

식 ①, ②를 연립방정식으로 풀면

$F_{OA} = 5$ (tonf), $F_{OB} = 8.66$ (tonf)

(3) 그림 1.40(c)에서 각 점에서의 모멘트를 이용

$$\sum M_B = F_{OA} \times \overline{BO} - 10 \times \overline{BO} \cos 60° = 0$$

∴ $F_{OA} = 10 \cos 60° = 5$ (tonf)

$$\sum M_A = -F_{OB} \times \overline{AO} + 10 \times \overline{AO} \cos 30° = 0$$

∴ $F_{OB} = 10 \cos 30° = 8.66$ (tonf)

## 1.2.5 구조물의 분류

### (1) 지지 및 연결형태

구조물은 본래의 역할, 즉 사용성을 유지하기 위해 공간내에서 자유로운 움직임이 발생하지 않도록 구속(restraint)을 시켜야 한다. 이러한 역할을 담당하는 것이 지점이다. 이러한 지점은 구조물을 지지하고 구조물에 작용하는 하중을 하부구조, 기초지반 또는 타구조물에 전달하는 역할을 담당한다. 구조물을 구성하는 재료의 강성과 구조물에 작용하는 하중, 하중이 작용하는 지점은 가정된 값들이기 때문에 엄격한 의미에서 정확한 구조 해석이 불가능하므로 실용적인 구조해석을 위해서 구조물의 모델화가 필수적이다. 따라서 다음 표 1.3과 같이 모델화한 자유물체도를 이용하여 구조해석을 행하는 것이 보통이다.

이러한 반력의 형태 또는 반력성분은 지점의 형태에 따라 좌우된다. 즉, 특정방향으로의 이동을 구속하는 지점은 구조물에 그 방향으로의 반력을 발생시킨다. 마찬가지로, 특정 축에 대한 회전을 구속하는 지점은 구조물에 우력(couple)을 발생시킨다. 구조물의 지점 및 연결형태는 다음 표 1.3과 같이 크게 3종류로 구별되며 각각

의 특징은 다음과 같다.

① 이동지점(roller support)
 구조물이 이동, 회전할 수 있고 수직으로 움직일 수 없는 지점으로 수직반력만 발생한다.

② 회전지점(hinge support)
 구조물이 회전만 할 수 있고 수직, 수평으로 움직일 수 없는 지점으로 수직, 수평 2개의 반력이 발생한다.

③ 고정지점(fixed support)
 구조물이 완전히 고정되어 수직, 수평으로 변위가 없고 회전도 불가능한 지점으로 수직반력, 수평반력 및 모멘트 반력이 발생한다.

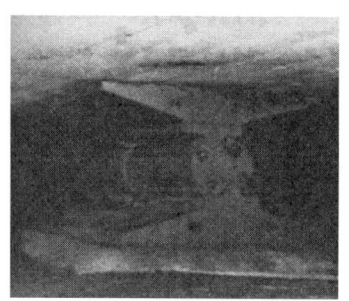 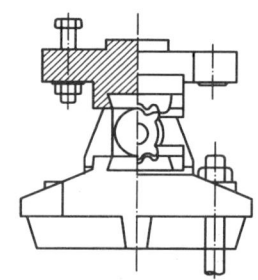

(a) 이동지점(roller support)

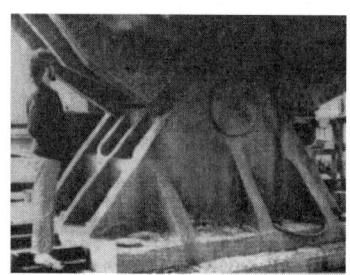 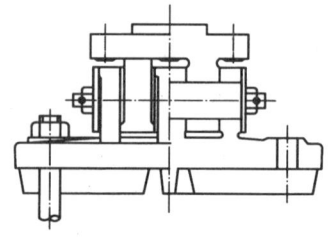

(b) 회전지점(hinge support)

<그림 1.41> 받침

〈표 1.3〉 지지 및 연결형태

| 종류 | 지지 또는 연결형태 | 반력의 형태 | 미지수의 개수 |
|---|---|---|---|
| I | 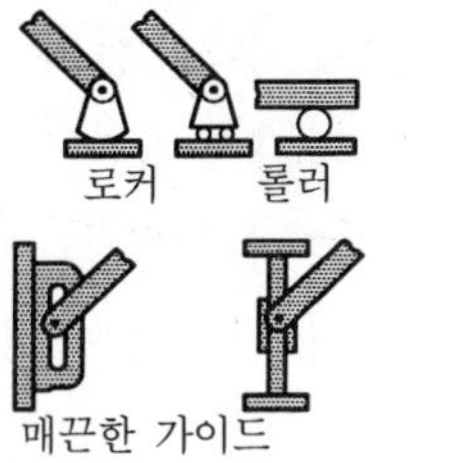 로커, 롤러, 매끈한 가이드 | 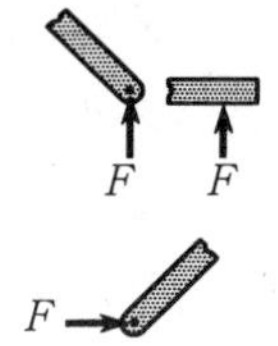 $F$ | 1개<br>반력은 지지면에 수직한 방향이고 물체 안쪽 또는 바깥쪽으로 작용한다. 반력의 크기는 미지수이다. |
| |  링크 |  $F$, $\theta$ | 1개<br>반력은 링크의 방향으로 있고, 물체 안쪽 또는 바깥쪽으로 작용한다. 반력의 크기는 미지수이다. |
| Ia | 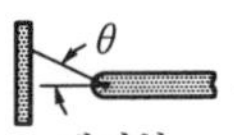 케이블 | 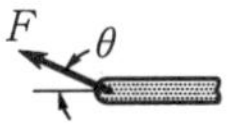 $F$, $\theta$ | 1개<br>반력은 케이블의 방향에서 물체의 바깥쪽으로 작용한다. 반력의 크기는 미지수이다. |
| | 매끈한 표면  |  $F$ | 1개<br>반력은 표면에 수직한 방향으로 표면에서 물체 쪽으로 작용한다.<br>반력의 크기는 미지수이다. |
| II |  매끈한 힌지 또는 핀지지 | 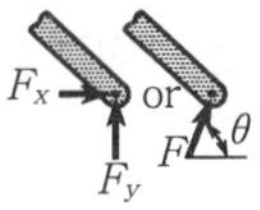 $F_x$, $F_y$ or $F$, $\theta$ | 2개<br>반력은 미지의 크기 및 방향의 힘이다. 반력은 일반적으로 2개 성분의 크기는 미지수이다. |
| IIa |  거친 표면 | 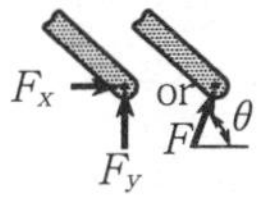 $F_x$, $F_y$ or $F$, $\theta$ | 2개<br>반력은 표면에서 물체쪽으로 작용하는 미지의 크기 및 방향의 힘이다. 반력은 일반적으로 그 직각성분으로 표시된다.<br>2개 성분의 크기는 미지수이다. |
| III | 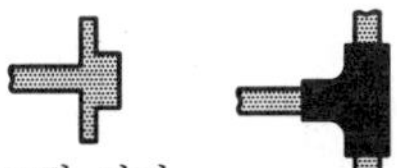 고정 지지, 강체 연결 | 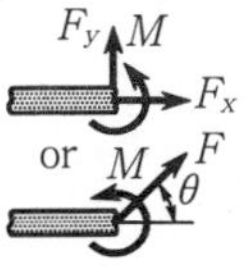 $F_y$, $M$, $F_x$ or $M$, $F$, $\theta$ | 3개<br>반력은 미지 크기 및 방향의 힘과 미지크기의 짝힘으로 이루어진다. 반력은 일반적으로 그 직각성분으로 표시된다. 2개 힘 성분의 크기와 반작용 짝힘 모멘트의 크기는 미지수이다. |

또한, 구조물을 구성하는 요소를 부재(member)라 하며 이 부재가 단일로서 구조물이 되는 경우가 있지만 대부분의 경우 여러 부재가 결합되어 있다. 이처럼 부재

를 연결하는 경우 부재와 부재가 연결된 점을 절점(joint) 또는 격점이라 한다. 이 절점은 크게 활절과 강결로 구별된다.

① **활절(hinge)**

활절은 부재가 핀(pin)으로 연결된 형태이므로 수직 및 수평력을 전달하나 회전이 자유로워 모멘트는 전달되지 않는다. 따라서 임의의 활절에서 수평 및 수직변위는 같으나 회전각은 부재의 강성에 따라 다르다. 트러스 구조물의 경우 모든 절점이 활절(hinge)이므로 모멘트가 발생하지 않는다.

② **강결(rigid or fixed joint)**

강결은 부재와 부재를 완전히 일체가 되도록 연결된 형태이다. 따라서 수평 및 수직 변위가 같고 회전이 되지 않으므로 회전각도 같다. 또한 변형후에도 부재사이의 각이 일치한다. 구조물 중 라멘 구조의 절점이 대표적으로 강결이다.

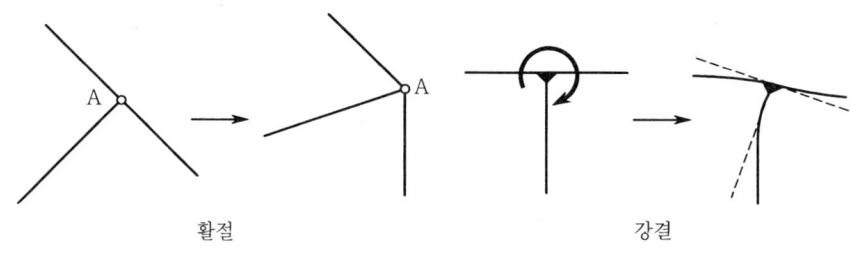

<그림 1.42> 활절 및 강결

(2) 자유물체도

임의 물체의 자유물체도(free-body diagram)는 그 지지로부터 분리되거나 자유이고 그곳에 작용하는 모든 외부의 힘을 보여주는 물체도 이다. 자유물체도의 작성은 물체의 평형해석에 있어 가장 중요한 단계이며 이는 추후 구조물 해석에 반드시 필요한 단계이다. 일반적으로 물체의 자유물체도를 그리는 순서는 다음과 같다.

① 해석하고자 하는 물체를 연결된 다른 물체와 분리하여 물체의 대략적인 윤곽을 그린다.
② 화살표를 이용하여 외력 및 우력을 표시하여 힘의 크기를 나타낸다.
③ x-y좌표계의 원점을 설정하고 일반적으로 이들 좌표는 수평 및 수직축으로 한다.
④ 물체가 지지 또는 연결된 지점에 미지반력을 나타내며 반력의 수는 지지 또는 연결형태에 따라 달라진다.

(3) 구조물의 종류

구조물(structure)은 여러 가지 재료를 이용하여 외부 하중에 저항하도록 만들어진 물체로 여러 물체를 연결하기도 하고 다양한 형태로 구성되어지기도 한다. 이러한 구조물의 종류는 크게 다음 6가지로 구별된다.

① 보(beam)

단면의 치수에 비하여 길이가 긴 구조용 부재가 적당한 방법으로 지지되어 축선에 수직방향의 하중을 받아 주로 휨(bending)에 저항하도록 만들어진 구조물로서 단순보, 연속보, 고정보, 외팔보, 내민보, 게르버보 등이 있다.

② 트러스(truss)

여러 개의 직선부재가 마찰이 전혀 없는 활절(hinge)로 연결되어 있고 외력은 절점(joint)에만 작용하도록 한 부재로 모멘트가 발생되지 않고 축방향 인장(tension) 및 압축(compression)만 발생한다.

③ 라멘(rahmen)

2개 이상의 부재가 회전되지 않는 강절로 되어 있는 구조로서 각 부재의 연결이 고정절점으로 되어 있어서 구조물이 외력을 받아 변형하더라도 각 절점에서 이루고 있는 부재의 각은 변하지 않는다. 이는 절점이 강결(rigid joint)로 구성되어 있기 때문이다.

④ 아치(arch)

라멘의 직선재 대신 곡선재로 구성되어 외력에 저항하도록 만든 구조로서 단면에 여러 가지 단면력이 생기나 주로 축방향 압축력에 저항하는 구조물이다.

⑤ 슬래브(slab)

평면판으로 외력에 저항하도록 만들어진 구조물로서 교량의 상부구조, 건물의 바닥 등이 이에 속한다. 구조해석 시 일반적으로 1방향 슬래브 또는 2방향 슬래브로 해석하거나 단위 폭을 가지는 보로 해석하기도 한다.

⑥ 기둥(column)

연직방향의 압축력을 받도록 만들어진 부재로서 교량의 기둥이 대표적이며 건물의 기둥이 이에 속한다.

(a) beam

(b) truss

(c) rahmen

(d) arch

(e) slab

(f) column

<그림 1.43> 구조물의 종류

# 연습문제

**1** 주어진 두 힘의 합력 R과 방향 θ를 구하시오.

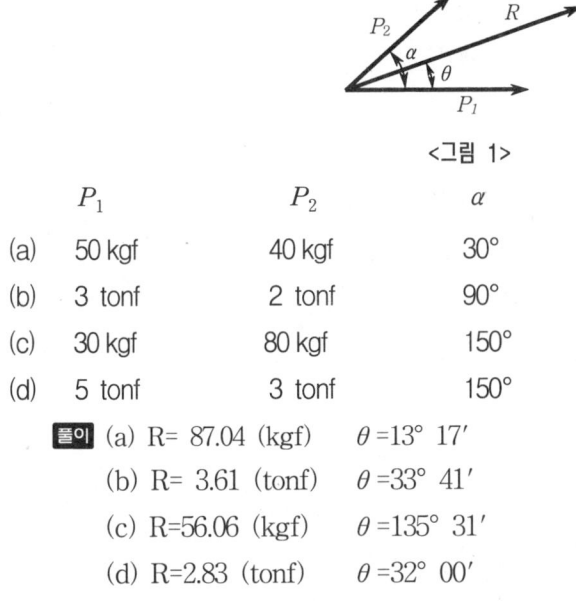

<그림 1>

| | $P_1$ | $P_2$ | $\alpha$ |
|---|---|---|---|
| (a) | 50 kgf | 40 kgf | 30° |
| (b) | 3 tonf | 2 tonf | 90° |
| (c) | 30 kgf | 80 kgf | 150° |
| (d) | 5 tonf | 3 tonf | 150° |

**풀이** (a) R= 87.04 (kgf)　θ =13° 17′
　　　(b) R= 3.61 (tonf)　θ =33° 41′
　　　(c) R=56.06 (kgf)　θ =135° 31′
　　　(d) R=2.83 (tonf)　θ =32° 00′

**2** 다음 그림과 같은 힘의 합력과 방향을 계산하시오.

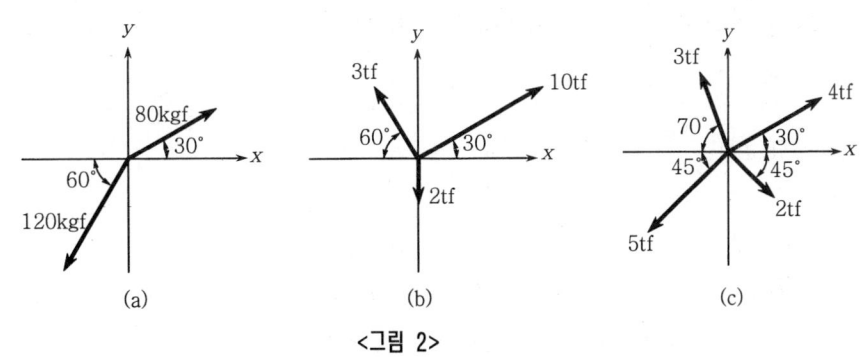

<그림 2>

**풀이** (a) R=64.59 (kgf)　θ =278° 16′
　　　(b) R=9.08 (tonf)　θ =38° 01′
　　　(c) R=0.34 (tonf)　θ =337° 29′

**3** 주어진 합력 R을 그림과 같이 주어진 $\alpha$, $\theta$로 분해하시오.

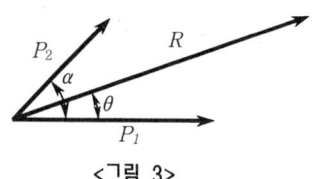

<그림 3>

|   | R | $\alpha$ | $\theta$ |
|---|---|---|---|
| (a) | 80 kgf | 30° | 25° |
| (b) | 2 tonf | 90° | 40° |
| (c) | 30 kgf | 150° | 30° |
| (d) | 5 tonf | 150° | 40° |

**풀이** (a) $P_1 = 13.94$ (kgf)　$P_2 = 67.62$ (kgf)

　　　(b) $P_1 = 1.532$ (tonf)　$P_2 = 1.28$ (tonf)

　　　(c) $P_1 = 51.96$ (kgf)　$P_2 = 30.0$ (kgf)

　　　(d) $P_1 = 9.397$ (tonf)　$P_2 = 6.429$ (tonf)

**4** 합력 R을 그림과 같이 평행한 2힘으로 분해하시오.

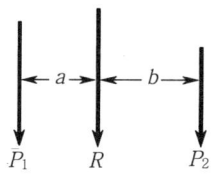

<그림 4>

|   | R | a(m) | b (m) |
|---|---|---|---|
| (a) | 10 tonf | 3 | 4 |
| (b) | 8 tonf | 6 | 2 |
| (c) | 6 tonf | 1 | 5 |

**풀이** (a) $P_1 = 5.71$ (tonf)　$P_2 = 4.29$ (tonf)

　　　(b) $P_1 = 2$ (tonf)　$P_2 = 6$ (tonf)

　　　(c) $P_1 = 5$ (tonf)　$P_2 = 1$ (tonf)

**5.** 다음 그림(a)와 같이 힘 P에 의한 점 O에서의 모멘트는 $Pl$이 된다. 이는 P의 수평분력과 연직분력, H, V라 하면 $Pl = Hy + Vx$이다. 이를 이용하여 다음 그림(b), (c), (d)에서 O점에 대한 모멘트를 구하시오.

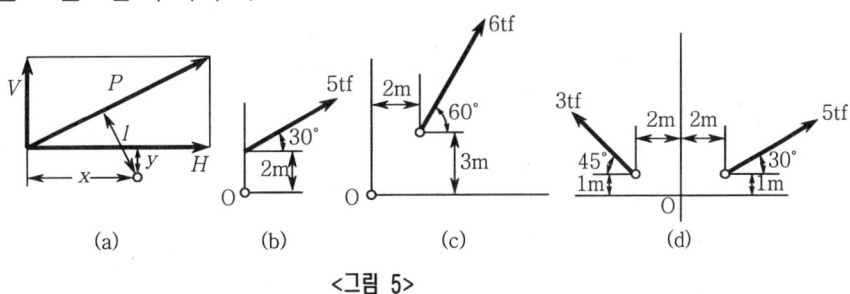

<그림 5>

**풀이** (b)  $M_O$=8.66 (tonf·m)
 (c)  $M_O$=-1.39 (tonf·m)
 (d)  $M_O$=1.452 (tonf·m)

**6.** 다음 그림과 같이 50kgf의 하중이 작용할 경우 AC, BC에 걸리는 장력을 구하시오. 또한, 점 A와 B에 작용하는 수직 및 수평분력을 구하시오.

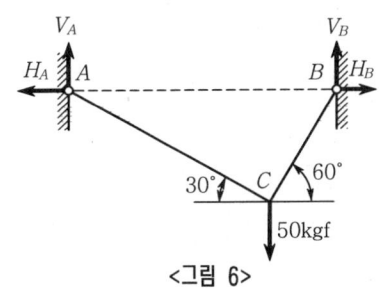

<그림 6>

**풀이**  AC=25 (kgf),    BC=43.3 (kgf)
 $H_A$=21.65 (kgf),   $V_A$=12.5 (kgf)
 $H_B$=21.66 (kgf),   $V_B$=37.5 (kgf)

**7.** 힘 P의 수평성분이 400 tonf이라면 힘 P에 의한 A점에서의 모멘트, 그리고 힘 P로부터의 작용선으로부터 A점 까지의 수직거리 d를 구하시오.

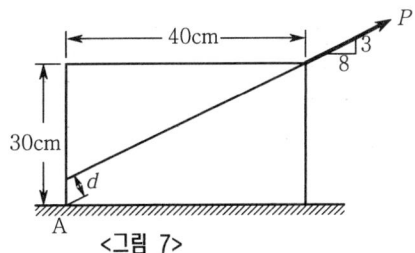

<그림 7>

**풀이**  $M_A = 60$ (tonf·m)
 $d = 14$cm

# 제 2 장   재료의 역학적 성질

2.1 응력과 변형률의 정의

2.2 Hook's Law와 탄성계수(modulus of elasticity)

2.3 축방향 응력

2.4 포아슨비(Poisson's ratio)

2.5 탄성계수의 상관관계

2.6 허용응력과 안전율

2.7 경사면의 응력

2.8 평면응력(plane stress)

2.9 주응력(principal stress)

2.10 전단과 구조물의 이음

2.11 비틀림 응력(torsional stress)

2.12 반복응력

2.13 응력집중

# chapter 2  재료의 역학적 성질

## 2.1 응력과 변형률의 정의

공학에서 사용되는 재료의 역학적 성질은 재료의 시편을 이용하여 실험으로 결정한다. 이 실험은 인장과 압축의 정하중(static load) 및 동하중(dynamic load)을 포함하여 시편에 여러 가지 형태로 하중을 가할 수 있는 시험기를 갖춘 재료 실험실에서 수행된다. 이러한 대표적인 시험기는 그림 2.1과 같은 만능재료시험기를 이용한다. 시편은 시험기의 두 단면사이에 위치시키고 인장 또는 압축을 가한다.

일반적으로 강 구조의 경우는 인장, 콘크리트의 경우는 압축강도를 측정한다. 실험결과를 쉽게 비교하기 위하여 시편의 치수와 하중을 가하는 방법이 표준화 되어있다. 주요한 표준기구의 하나가 미국 실험 및 재료협회(American Society for Testing and Materials, ASTM)이고, 국내에서는 한국공업규격(Korean Standards, KS)이 있다.

가장 기본적인 재료의 성질인 탄성계수 및 파괴 하중을 구하기 위해서 다음 그림 2.2와 같이 인장실험을 실시하며 신장률은 게이지를 이용하여 측정한다. 근래의 만능재료시험기는 대부분 컴퓨터를 이용하여 하중과 신장률을 자동으로 측정한다.

또한 휨, 전단 및 비틀림 등의 실험을 할 경우에는 재료의 변형률을 측정하기 위하여 스트레인게이지(strain gauge)를 추가로 설치한다. 즉, 시험기에서 하중을 읽고 실시간으로 스트레인 게이지를 이용하여 변형률을 측정하게 된다.

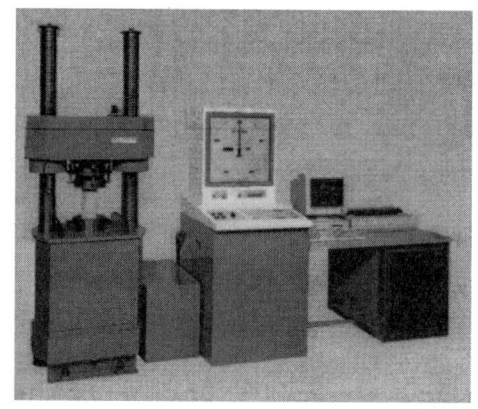

<그림 2.1> 만능재료시험기

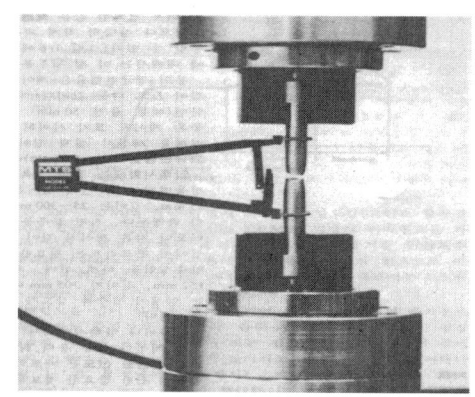

<그림 2.2> 인장시험

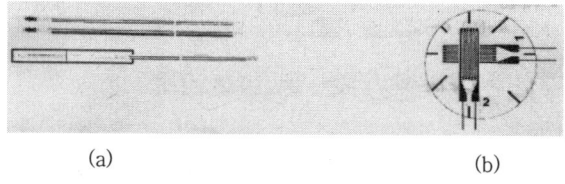

(a)　　　　　　　　　　　(b)

<그림 2.3> 스트레인 게이지

　이러한 인장 및 압축실험을 통하여 재료에 발생하는 응력(stress)을 측정하게 되며 시편의 축응력 $\sigma$는 축하중 P를 단면적 A로 나눈 값이다. 상세한 것은 2.3절에서 논하기로 한다.

　봉의 최초 단면적으로 나누었을 때의 응력을 공칭응력(nominal stress)이라 부른다. 이는 부재 내부에 발생하는 외력의 크기와 같은 저항력이며 단면의 단위면적에 일어나는 내력을 뜻한다. 이때 봉의 평균 변형률은 게이지 표지 사이의 늘어난 길이 $\delta$를 게이지 길이 L로 나눈 값이며 최초의 게이지 길이를 사용하면 공칭변형률(nominal strain)이 얻어진다.

인장이나 압축시험에서 여러 가지 하중값에 대하여 응력과 변형률을 계산한 다음 응력-변형률의 선도를 그릴 수 있다. 이러한 응력-변형률 선도는 재료의 특성을 나타내고 역학적 성질과 거동의 유형에 관한 중요한 정보를 제공한다.

인장을 받는 전형적인 구조용 강의 응력-변형률 선도가 그림 2.4(a) 이다. 변형률은 수평축에 응력은 수직축에 도시된다. 선도는 점 O에서 점A까지 직선으로 시작되며 이는 응력과 변형률이 비례함을 의미하며 Hooke의 법칙이 성립함을 의미한다. 하중을 계속 증가시키면, A점을 지나서 응력과 변형률 사이의 선형관계가 없어지게 되는데, 이때 A점의 응력을 비례한도(proportional limit)라 한다. 원점 O에서 A까지의 직선의 기울기를 탄성계수(elastic modulus)라고 부른다.

변형률은 단위가 없으므로 이 기울기는 응력과 같은 단위를 가진다. 비례한도를 넘어 하중을 증가시키면 변형률이 응력의 증가분 보다 훨씬 빨리 증가하기 시작하여 응력-변형률 곡선은 경사가 점점 작아지게 되다가 곡선이 수평이 되는 점 B에 도달한다. 이 점에서부터 인장력은 거의 증가하지 않더라도 상당한 변형이 일어난다. 이러한 현상을 재료의 항복이라고 하며 B점을 항복점(yield point)이라고 하며, 이때의 응력을 강의 항복 응력(yield stress)이라고 한다.

B점에서 C점까지의 영역에서는 재료가 완전 소성상태(plastic state)로 되어 작용하중의 증가 없이도 변형이 일어난다. BC영역의 항복과정 중 큰 변형률이 생긴 후, 강은 변형률 경화(strain hardening)가 시작되는데 이때 재료는 원자 및 결정구조의 변화를 일으키며 더 큰 변형에 대한 재료의 저항력을 증가시킨다. 따라서 인장이 증가해야 추가적인 신장이 생기며 응력-변형률 선도는 C점에서 D점까지 양(+)의 경사를 가지게 된다. 하중은 결국 최대치에 도달하며 이때의 응력을 극한응력(ultimate stress)이라 한다. 이 점을 넘어서면 하중이 감소하는데도 봉의 늘어남은 계속되어 E점에서 파괴된다.

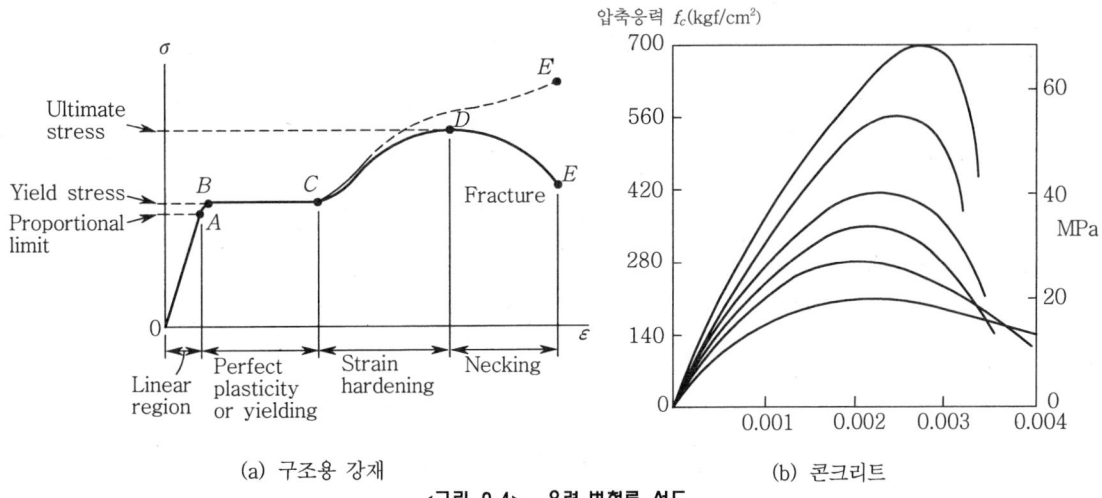

(a) 구조용 강재  (b) 콘크리트

&lt;그림 2.4&gt; 응력-변형률 선도

## 2.2 축방향 응력

임의의 직선 봉에서 각 단면의 도심을 지나는 점을 연결한 선을 그 부재의 축(axis)이라 한다. 이 직선의 양단을 축방향으로 동일한 힘 P를 가하면 이 직선 봉의 내부에서는 그 힘 P의 크기에 따라 변형을 일으킨다.

축하중에 의해 봉에 발생하는 내부 응력들을 알아보기 위하여 그림 2.5와 같이 면 m-n을 절단한다. 이 면은 봉의 길이 방향축에 대하여 직각이며, 이 면을 단면이라 한다. 이제 봉의 절단된 우측 부분을 자유물체도(free-body diagram)로 분리하면, 인장하중 P는 물체의 우측단에 작용하고, 좌측단에는 제거된 부분이 남아 있는 부분에 대하여 미치는 작용력을 나타낸다.

이 힘들은 마치 수압이, 물에 잠긴 물체의 수평면에 연속적으로 분포되는 것과 같이 전단면에 걸쳐 연속적으로 균일하게 분포하고 이 힘의 세기를 응력이라 하며 임의 단면을 갖는 균일단면봉이 축하중을 받을 때 응력을 구하는 공식은 다음과 같다.

$$\sigma = \frac{P}{A} \quad \cdots\cdots\cdots\cdots\cdots\cdots\cdots\cdots\cdots\cdots\cdots\cdots\cdots\cdots\cdots\cdots\cdots\cdots\cdots\cdots\cdots\cdots\cdots\cdots\cdots\cdots\cdots\cdots\cdots\cdots\cdots\cdots\cdots\cdots\cdots (2.1)$$

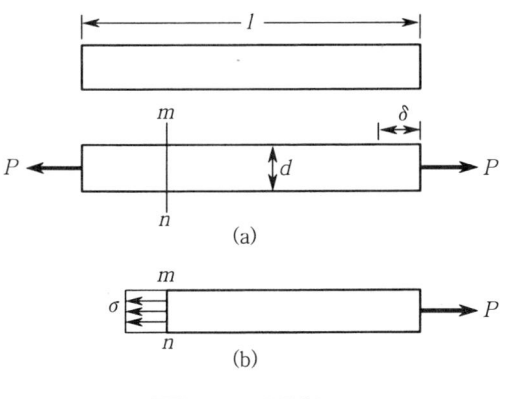

<그림 2.5> 수직응력

그림 2.5에서와 같이 하중 P에 의하여 늘어나는 경우의 응력은 인장응력(tension stress)이라 하고 하중의 방향이 반대로 되어 봉이 압축되는 경우의 응력을 압축응력(compressive stress)이라 한다. 이처럼 응력이 절단된 면에 수직으로 작용할 때에는 수직응력(normal stress)이라 부른다.

축하중을 받는 봉의 길이는 인장을 받을 때는 길어지고 압축을 받을 때는 줄어든다. 길이의 전체 신장량은 희랍문자인 $\delta$로 표기하며 이 신장량은 재료가 봉의 전 길이에 걸쳐 늘어나 누적된 결과이다. 봉의 단위 길이에 대한 신장량은 전 신장량 $\frac{\delta}{l}$이다. 이를 단위길이당 신장량인 변형률(strain)이라 정의한다.

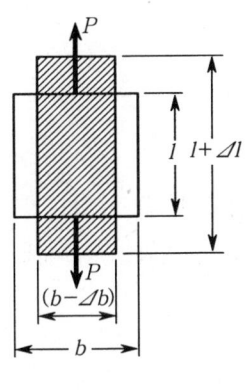

<그림 2.6>

봉이 인장을 받아 늘어났을 때의 변형률을 인장 변형률이라 부르고 봉이 압축을 받아 줄어들었을 때의 변형률을 압축변형률이라 한다. 인장변형률은 양(+)으로 압축변형률은 음(-)으로 표시하며 이때의 변형률을 수직변형률(normal strain)이라 한다.

세로변형률 $\varepsilon_t = \dfrac{\varDelta l}{l}$ ......................................................... (2.2)

가로변형률 $\varepsilon_c = \dfrac{\varDelta b}{l}$ ......................................................... (2.3)

그림 2.7에서와 같이 균일단면봉이 축방향 하중 P를 받는 다면 봉의 단면에는 앞에서 설명한 바와 같이 $\sigma = \dfrac{P}{A}$의 일정한 수직응력이 발생하며 이때 변형률은 $\varepsilon = \dfrac{\delta}{l}$이 된다. 재료가 선형탄성영역에서 Hooke의 법칙이 성립하면 식(2.6)과 식(2.7)에 의해

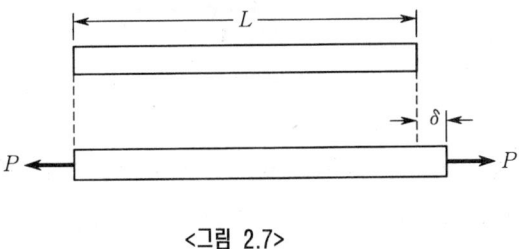

<그림 2.7>

$$\sigma = \dfrac{P}{A} = E\varepsilon$$

여기에서 $\varepsilon = \dfrac{\delta}{l}$ 이므로

$$\frac{P}{A} = E\frac{\delta}{l}$$

$$\therefore \delta = \frac{Pl}{AE} \quad\quad\quad\quad\quad\quad\quad\quad\quad\quad\quad\quad\quad\quad\quad\quad (2.4)$$

가 성립된다.

이 식에서 선형탄성재료로 된 균일 단면봉의 신장량은 하중 P와 길이 $l$에 비례하며, 탄성계수 E와 단면적 A와는 반비례 한다.

### 예제 2-1

직경 20mm의 강봉을 P=3300kgf의 힘으로 인장하였더니 $l = 10$cm에 대하여 $\Delta l = 0.005$cm의 변형이 일어났다. 이 강봉의 탄성계수를 구하시오.

**풀이** $E = \dfrac{\sigma}{\varepsilon} = \dfrac{\frac{P}{A}}{\frac{\Delta l}{l}} = \dfrac{P \cdot l}{A \Delta l} = \dfrac{3300 \times 10}{\frac{\pi \times 2^2}{4} \times 0.005} = 2,100,845 \text{ (kgf/cm}^2)$

### 예제 2-2

탄성이 다른 두 재료로 구성된 부재에 다음 그림과 같이 하중 P가 작용하고 있다. 이 하중에 일체로 저항할 경우 각각의 재료에 발생하는 응력을 구하시오.(단, 탄성계수와 단면적은 각각 $E_1, A_1, E_2, A_2$이다)

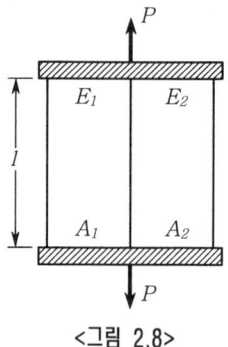

<그림 2.8>

**풀이** 이러한 부재를 조합 부재라 하고 하중P에 일체로 저항하므로 두 부재의 변형량은 같다. 변형률을 $\varepsilon$이라 한다면 이때의 응력 $\sigma_1, \sigma_2$는 다음의 관계가 성립된다.

$$\varepsilon = \frac{\Delta l}{l} = \frac{\sigma_1}{E_1} = \frac{\sigma_2}{E_2}$$

그러므로,

$$\sigma_1 = E_1 \varepsilon, \ \sigma_2 = E_2 \varepsilon \quad\quad\quad\quad\quad\quad\quad\quad (1)$$

이때 각 부재가 받는 하중을 각각 $P_1$, $P_2$라 한다면

$$P_1 + P_2 = P$$

$$P_1 = \sigma_1 A_1 = \varepsilon E_1 A_1, \quad P_2 = \sigma_2 A_2 = \varepsilon E_2 A_2$$

$$\varepsilon E_1 A_1 + \varepsilon E_2 A_2 = P$$

$$\varepsilon = \frac{P}{E_1 A_1 + E_2 A_2} \tag{2}$$

식(2)를 식(1)에 대입하면

$$\sigma_1 = \frac{PE_1}{E_1 A_1 + E_2 A_2}, \quad \sigma_2 = \frac{PE_2}{E_1 A_1 + E_2 A_2} \tag{3}$$

식(3)을 탄성계수비 $n = \dfrac{E_2}{E_1}$를 이용하여 표현해 보자. 분모와 분자를 $E_1$로 나누면

$$\left. \begin{array}{l} \sigma_1 = \dfrac{P}{A_1 + \dfrac{E_2}{E_1} A_2} = \dfrac{P}{A_1 + nA_2} \\[2ex] \sigma_2 = \dfrac{P\dfrac{E_2}{E_1}}{A_1 + \dfrac{E_2}{E_1} A_2} = \dfrac{nP}{A_1 + nA_2} \end{array} \right\} \tag{4}$$

로 표현된다.

## 2.3 포아숀비 (Poisson's ratio)

균일단면 봉이 축방향 인장하중을 받으면 축방향으로는 늘어나고, 축과 직각방향은 수축이 일어난다. 이러한 변화는 그림 2.9와 같으며 점선은 하중을 가하기 전의 모양을 나타내고 실선은 하중이 가해진 후의 모양을 나타낸다. 일반적으로 토목재료로 사용되는 콘크리트와 강재에서 변형량은 변화가 너무 적어 눈에 보이지 않는다.

봉의 어떤 점에서의 가로 변형률(lateral strain)이 재료가 선형탄성이면 같은 점에서의 축변형률에 비례한다. 그러나 가로변형이 전체 봉에 적용되기 위해서는 먼저 재료가 균질(homogeneous)이어야 하며, 균질이라는 것은 구조물을 구성하는 재료가 균등히 분포되어 모든 점에서 탄성성질이 같은 상태를 말한다. 그러나 재료가 균질이기 위해 탄성성질이 모든 방향에 대해 같을 필요는 없다. 예를 들면, 축방향의 탄성계수와 가로방향의 탄성계수는 다를 수도 있다. 이러한 조건이 만족되면 균일인장을 받는 봉의 가로 변형률은 봉의 모든 점에서 똑 같을 것이고, 모든 가로방향으로도 같을 것이다.

가로방향 변형률의 축방향 변형률에 대한 비가 Poisson비로 알려져 있으며 희랍문자 $\nu$(nu)로 표기한다. 또한 Poisson비의 역수 $m$을 Poisson수라 부르며, 재료에 대한

Poisson비만 알면 인장 또는 압축을 받는 부재의 체적 변화량도 계산할 수 있다. 다음 표 2.1은 대표적인 재료의 Poisson비와 Poisson수를 나타낸다.

$$\nu = \frac{\text{축과 직각방향 변형률}}{\text{축방향 변형률}} = \frac{1}{m} \quad \cdots\cdots (2.5)$$

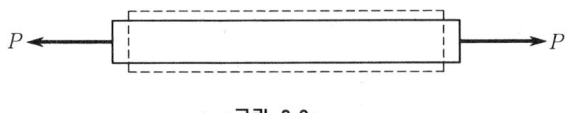

<그림 2.9>

〈표 2.1〉

| 재료 | m | ν | 재료 | m | ν |
|---|---|---|---|---|---|
| 유리 | 4.1 | 0.244 | 구리 | 2.0 | 0.333 |
| 주철 | 3.7 | 0.270 | 셀룰로이드 | 2.5 | 0.400 |
| 연철 | 3.6 | 0.278 | 납 | 2.32 | 0.430 |
| 연강 | 3.3 | 0.303 | 고무 | 2.00 | 0.500 |
| 황동 | 3.0 | 0.333 | | | |

### 예제 2-3

길이가 2m 이고 폭이 20cm인 재료에 하중을 가하였더니 축방향으로 0.2cm의 인장변형이 생기고 축과 직각방향으로는 0.01cm의 수축변형이 발생하였다. 이때 포아슨비 및 포아슨수를 구하시오.

**풀이** 식(2.8)에서 푸아송비는

$$\nu = \frac{\text{축과 직각방향 변형률}}{\text{축방향 변형률}} = \frac{1}{m}$$

이다. 여기서 축방향변형률과 축과 직각방향의 변형률은

$$\text{축방향 변형률} = \frac{0.2}{200} = 0.001$$

$$\text{축과 직각방향의 변형률} = \frac{0.01}{20} = 0.0005$$

그러므로, 포아슨비 및 포아슨수는

$$\nu = \frac{0.0005}{0.001} = 0.5$$

$$m = \frac{1}{0.5} = 2$$

## 2.4 Hook's Law와 탄성계수(modulus of elasticity)

대부분의 구조용 재료는 초기에는 응력-변형률이 탄성적으로 또는 선형적으로 거동한다. 구조용 강에 대한 응력-변형률 곡선위에 원점 O에서 A점의 비례한도까지의 영역이 하나의 예이다. 재료가 탄성적으로 거동하고 응력과 변형률 사이에 선형관계를 가질 때 이를 선형탄성(linearly elastic)이라고 부른다.

대부분의 구조물은 항복이나 소성으로 인하여 영구변형을 피하기 위하여 낮은 응력상태에서 기능을 발휘하도록 설계되기 때문에, 이러한 형태의 거동은 공학에서 매우 중요한 것이다. 선형탄성은 금속, 목재, 콘크리트, 플라스틱 및 세라믹을 포함한 많은 고체재료의 성질이다.

단순인장이나 압축을 받는 봉에 대한 응력과 변형률 사이의 선형적인 관계는 다음과 같은 식으로 나타낼 수 있다.

$$\sigma = E \varepsilon \quad \cdots \cdots (2.6)$$

여기서 E는 재료의 탄성계수(modulus of elasticity)이며 비례상수이다. 탄성계수는 선형탄성 영역에서 응력-변형률 선도의 기울기를 나타내며 그 값은 사용된 재료에 따라 다르다. 변형률은 무차원이므로 E의 단위는 응력의 단위와 같다.

식(2.6)은 유명한 영국 과학자인 Robert Hooke(1635~1703)의 이름을 따서 Hooke의 법칙이라 한다. 하지만 이러한 식은 단순인장과 압축에 의한 수직응력과 변형률에만 적용되므로 실제로 대단히 제한된 Hooke의 법칙을 표현한 식에 불과하다. 대부분의 구조물에서 발생되는 보다 복잡한 응력상태를 다루기 위해서는 보다 완성된 식이 요구된다.

탄성계수는 영국의 과학자인 Thomas Young(1773~1829)의 이름을 따라 Young 계수라고도 한다. 또한 전단응력 $\tau$와 그에 따른 전단탄성 변형률 $\gamma$와의 관계는 다음과 같이 나타낼 수 있다.

$$\tau = G \cdot \gamma \quad \cdots \cdots (2.7)$$

여기서 G는 횡탄성계수 또는 전단탄성계수(shear elastic modulus)라 한다.

앞에서 언급한 재료 이외에도 일정한 범위 이내에서 응력이 Hooke의 법칙에 근사적으로 성립된다고 가정한다. 동, 목재, 콘크리트, 석재 등이 이러한 재료이며 이들은 정확하게 Hooke의 법칙이 성립되지는 않으나 일반적으로 구조계산을 위하여 근사적으로 Hooke의 법칙이 성립된다고 가정하고 탄성계수를 이용하여 구조계산을 실시한다.

## 2.5 탄성계수의 상관관계

그림 2.10과 같이 $x$축방향으로 인장응력 $\sigma_x$, $y$축방향으로 같은 크기의 압축응력 $\sigma_y$가 작용하고 $z$축방향의 응력은 무시되는 정입방체 요소에서 축과 45°를 이루는 면 ab, bc, cd, da로 이루어지는 정마름모꼴의 요소를 고찰해 보기로 한다. 여기서 면 ab, bc, cd, da에는 수직응력은 작용하지 않고 전단응력만이 작용하는 즉, 순수전단의 상태이므로 길이의 변화는 일으키지 않는다고 가정하면 $\tau = \sigma_x = -\sigma_y$이다. 그러나 대각선 $\overline{ac}$, $\overline{bd}$는 $\sigma_y$와 $\sigma_x$의 영향으로 수축과 신장의 변화를 일으켜 $\overline{a_1c_1}$, $\overline{b_1d_1}$으로 변하게 된다.

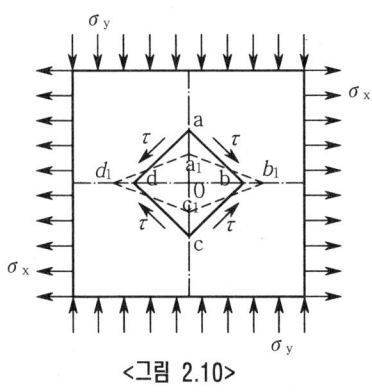

<그림 2.10>

따라서 점 b및 d점의 각도는 $\frac{\pi}{2} - \gamma$로 감소하며 점 a 및 점 c의 각도는 $\frac{\pi}{2} + \gamma$로 증가하게 된다. 이때 미소각 $\gamma$는 abcd의 마름모꼴이 $a_1b_1c_1d_1$으로 찌그러질 때 발생한 각도이다. 삼각형 oab에서 $\overline{ob}$의 신장과 $\overline{oa}$의 수축을 $\varepsilon_x$와 $\varepsilon_y$로 표시하면

$$\overline{ob_1} = \overline{ob}(1+\varepsilon_x), \quad \overline{oa_1} = \overline{oa}(1+\varepsilon_y)$$

$$\tan(\angle ob_1a_1) = \tan\left(\frac{\pi}{4} - \frac{\gamma}{2}\right) = \frac{\overline{oa_1}}{\overline{ob_1}} = \frac{(1+\varepsilon_y)\overline{oa}}{(1+\varepsilon_x)\overline{ob}} \quad \cdots\cdots\cdots (a)$$

$\sigma_x = -\sigma_y = \tau$이므로 $\varepsilon_x = -\varepsilon_y = \dfrac{\tau}{E} + \dfrac{\nu\tau}{E} = \dfrac{\tau(1+\nu)}{E}$

$$\tan\left(\frac{\pi}{4} - \frac{\gamma}{2}\right) = \frac{\tan\frac{\pi}{4} - \tan\frac{\gamma}{2}}{1 + \tan\frac{\pi}{4}\tan\frac{\gamma}{2}} = \frac{1 - \frac{\gamma}{2}}{1 + \frac{\gamma}{2}} \quad \cdots\cdots\cdots (b)$$

식 (a)와 (b)에서

$$\frac{1 - \frac{\gamma}{2}}{1 + \frac{\gamma}{2}} = \frac{1+\varepsilon_y}{1+\varepsilon_x} = \frac{1 - \frac{\tau(1+\nu)}{E}}{1 + \frac{\tau(1+\nu)}{E}}$$

$$\therefore \gamma = \frac{2\tau(1+\nu)}{E} \quad \cdots \quad (2.8)$$

식 (2.8)를 식 (2.2)에 대입하면 다음과 같은 관계식을 구할 수 있다.

$$G = \frac{\tau}{\gamma} = \frac{E}{2(1+\nu)} = \frac{mE}{2(m+1)} \quad \cdots \quad (2.9)$$

이 식은 $E$, $G$, $\nu$의 관계식이며 $E$와 $\nu$ 또는 $m$을 알면 $G$를 구할 수 있다.

### 예제 2-4

한변의 폭이 10cm이고 높이 20cm, 길이 10cm의 사각형 단면을 갖는 봉에 40tonf의 압축하중을 가하였다. 이때 부재의 길이가 0.15 mm줄어들었다. 이 부재의 탄성계수를 구하고 포아슨수가 5 일 경우 전단탄성계수를 구하시오.

**풀이** 이때 부재에 발생하는 수직응력은

$$\sigma = \frac{P}{A} = \frac{40 \times 10^3}{10 \times 20} = 200 \; (\text{kgf/cm}^2)$$

변형량이 0.015 cm이고 Hooke의 법칙, 식(2.1)을 이용하여

$$E = \frac{\sigma}{\varepsilon} = \frac{200}{0.015/10} = 133,333 = 1.33 \times 10^5 \; (\text{kg/cm}^2)$$

전단탄성계수는 식(2.9)와 같이

$$G = \frac{\tau}{\gamma} = \frac{E}{2(1+\nu)} = \frac{mE}{2(m+1)} = \frac{5 \times 1.33 \times 10^5}{2(5+1)} = 55,555.56 \; (\text{kgf/cm}^2)$$

## 2.6 허용응력과 안전율

구조물을 설계함에 있어서는 사용 조건하에서 그 구조물이 주어진 기능을 충분히 수행할 수 있다는 확실한 보장이 필요하다. 기계의 운전이나 구조물의 작용이 실제적으로 안전한 범위내에서 작용하고 있는 응력을 사용응력이라 하고 재료를 사용하는데 안전상 허용할 수 있는 최대응력으로 탄성한계 이내의 작은 값을 허용응력이라고 한다.

구조물에 작용하는 최대응력을 언제나 탄성한계 이하의 충분히 작은 값을 택하는 이유는 그래야만 하중을 가한 다음 제거할 때 영구변형이 생기지 않을 뿐 아니라 예상치 못한 과도한 하중의 작용이나 응력계산의 부정확이라든지 재료의 불균질 (nonhomogeneous) 등에서 생길 수 있는 부족함을 보충하고 각 부분의 충분한 안전과 더불어 경제적인 치수 결정을 할 수 있게 된다. 그러므로 안전을 위해서 취성재료의 경우는 극한응력($\sigma_u$), 연성재료의 경우는 항복응력($\sigma_y$)을 기준으로 이들과 허

용응력($\sigma_a$)과의 비를 안전계수(safety index)라 하며 이를 식으로 표현하면 다음과 같다.

$$S = \frac{\sigma_y}{\sigma_a} \quad \text{또는} \quad S = \frac{\sigma_u}{\sigma_a} \quad \text{..................................................} (2.10)$$

교량 등에서 일어나는 하중과 같이 그 하중이 동적이거나 오랫동안 반복적으로 작용하는 경우에는 피로파괴가 일어날 가능성이 있기 때문에 정하중 상태의 구조물보다 더 큰 안전계수가 필요하게 된다.

적당한 안전계수를 결정한다는 것은 대단히 복잡한 문제이다. 왜냐하면 안전계수나 허용응력을 결정하는 데는 재질이나 하중의 종류, 부재의 형상 및 사용장소, 온도, 마멸, 부식 등을 종합적으로 고려해야 하기 때문이다.

### 예제 2-5

지름이 25mm이고 항복응력이 $\sigma_y = 2000\text{kgf/cm}^2$인 강봉을 이용하여 4tonf의 물체를 들어올리고자 한다. 이때의 안전율을 구하시오.

**풀이** 이때 부재에 발생하는 허용응력은

$$\sigma = \frac{P}{A} = \frac{P}{\frac{\pi D^2}{4}} = \frac{4 \times 10^3}{\frac{\pi \times (2.5)^2}{4}} = 814.87 \; (\text{kgf/cm}^2)$$

그러므로 안전율은

$$S = \frac{\sigma_y}{\sigma_a} = \frac{2000}{814.87} = 2.45$$

## 2.7 경사면의 응력

그림 2.11과 같이 단면적이 A인 물체에 축방향 인장력 P가 작용할 경우 수직단면 상에는 균일한 수직응력 $\sigma = \frac{P}{A}$가 발생한다. 수직단면과 $\theta$의 각을 가진 단면에 대한 응력상태를 알아보기로 한다.

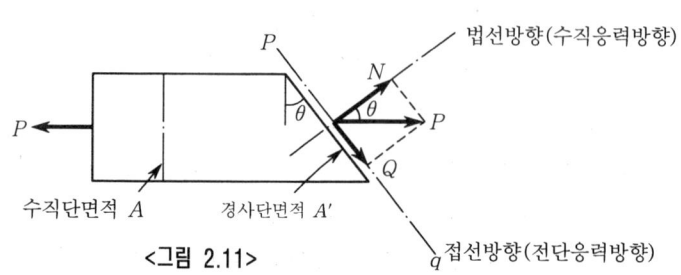

<그림 2.11>

그림 2.11에서

　　P의 법선방향 분력　$N = P\cos\theta$ ································································ (a)

　　P의 접선방향 분력　$Q = P\sin\theta$ ································································ (b)

또, 경사면에서의 단면적은

　　$A' = \dfrac{A}{\cos\theta}$ ···································································································· (c)

### 2.7.1 경사단면의 수직응력(normal stress)

경사단면에서의 수직응력은

$$\sigma_\theta = \frac{N}{A'} \quad \cdots\cdots\cdots (2.11)$$

여기서,
　　$N$ : 법선방향분력
　　$A'$ : 경사면의 단면적

이다. 따라서

$$\sigma_\theta = \frac{P\cos\theta}{\dfrac{A}{\cos\theta}} = \frac{P}{A}\cos^2\theta = \sigma \cdot \cos^2\theta = \frac{\sigma}{2}(1+\cos 2\theta) \quad \cdots\cdots (2.12)$$

이 경사면의 수직응력이 최대가 되기 위해서는 $\cos 2\theta = 1$이어야 하므로 $\theta = 0°$이어야 한다.

$$\sigma_{\theta,\,max} = \frac{P}{A} = \sigma$$

### 2.7.2 경사단면의 전단응력(shearing stress)

경사단면에서의 전단응력은

$$\tau_\theta = \frac{Q}{A'} \quad \cdots\cdots\cdots (2.13)$$

　　여기서,　$Q$ : 접선방향 분력
　　　　　　$A'$ : 경사면의 단면적

이다. 따라서

$$\tau_\theta = \frac{P\sin\theta}{\dfrac{A}{\cos\theta}} = \frac{P}{A}\sin\theta\cos\theta = \frac{P}{A}\frac{1}{2}\cdot\sin 2\theta = \frac{\sigma}{2}\sin 2\theta \quad \cdots\cdots (2.14)$$

이 경사면의 수직응력이 최대가 되기 위해서는 $\sin 2\theta = 1$이어야 하므로 $\theta = 45°$이어야 한다. 그러므로

$$\tau_{\theta,\,max} = \frac{\sigma}{2}$$

이다. 식(2.12)와 식(2.14)에서 보면 $\theta = 0°$일 때 경사면의 수직응력이 최대이며 $\theta$가 커지면 수직응력은 감소하고 전단응력은 증가하여 $\theta = 45°$일 때 최대가 됨을 알 수 있다.

### 2.7.3 단축응력의 모아의 원

수직응력과 전단응력을 하나의 원으로 나타냄으로서 수직응력과 전단응력의 상호관계를 명확히 알 수 있다. 이 원을 Mohr의 응력원(Mohr's stress circle)이라 한다.

식 (2.12)를 다음과 같이 나타낼 수 있다.

$$\sigma_n = \sigma \cdot \cos^2\theta = \frac{\sigma}{2}(1 + \cos 2\theta) = \frac{\sigma}{2} + \frac{\sigma}{2}\cos 2\theta \quad \cdots\cdots (2.15)$$

마찬가지로, 식(2.14)을 변형하면

$$\tau_\theta = \frac{\sigma}{2}\sin 2\theta \quad \cdots\cdots (2.16)$$

식(2.15)과 (2.16)의 양변을 제곱하여 합하면

$$\left(\sigma_n - \frac{\sigma}{2}\right)^2 + \tau^2\theta = \left(\frac{\sigma}{2}\right)^2 \quad \cdots\cdots (2.17)$$

식(2.17)은 원의 방정식의 형태가 되고 중심이 $\left(\frac{\sigma}{2}, 0\right)$이고 반경이 $\left(\frac{\sigma}{2}\right)$인 원의 방정식이다.

### 예제 2-6

다음 그림 2.12와 같은 2의 단면적을 갖는 강봉에 P=2tonf의 인장하중이 작용한다. 이 경우 a-b단면의 법선응력과 전단응력 및 모아의 응력원을 구하시오.

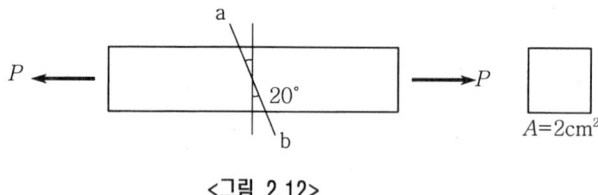

<그림 2.12>

**풀이** $\sigma = \dfrac{P}{A} = \dfrac{2,000}{2} = 1,000 \ (\text{kgf/cm}^2)$

(1) 수직응력 및 전단응력

$\sigma_n = \sigma \cdot \cos^2\theta = 1,000 \times \cos^2 20° = 883.02 \ (\text{kgf/cm}^2)$

$\tau_n = \dfrac{\sigma}{2} \cdot \sin 2\theta = 500 \times \sin 40° = 321.39 \ (\text{kgf/cm}^2)$

(2) 모아의 응력원

Step 1  $x$축이 $\sigma$, y축이 $\tau$인 직각 좌표계에서 원점 $A\left(\dfrac{\sigma}{2},\ 0\right)$을 잡는다.

Step 2  A점에서 반지름이 500 kgf/cm$^2$인 원을 그린다.

Step 3  A점에서 $\sigma$축과 $2\theta$의 각을 이루는 선을 긋는다.

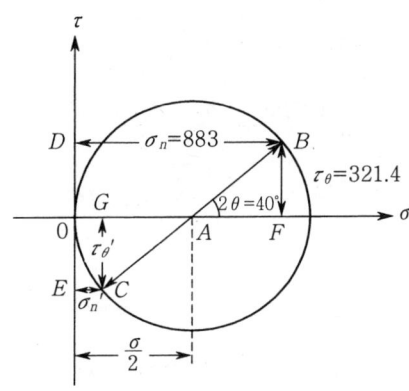

## 2.7.4 2축응력과 Mohr 원

2축응력 : 단순응력에 직각방향으로 인장 또는 압축이 동시에 작용할 때의 응력 ($\sigma_x$, $\sigma_y$)

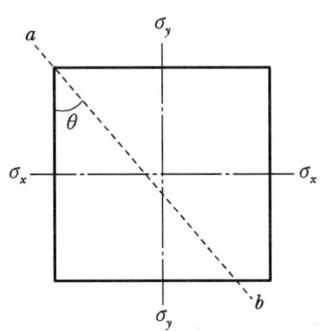 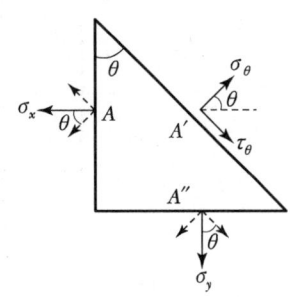

&lt;그림 2.13&gt;

윗 그림에서  $A'\cos\theta = A \rightarrow A' = A/\cos\theta$

$\tan\theta = A''/A \rightarrow A'' = A\tan\theta = A\sin\theta/\cos\theta$

(1) 수직응력($\sigma_\theta$)

평형조건 : $\sigma_\theta \cdot A' = (\sigma_x \cdot A)\cos\theta + (\sigma_y \cdot A'')\sin\theta$

$$\frac{\sigma_\theta \cdot A}{\cos\theta} = \sigma_x \cdot A\cos\theta + \sigma_y \cdot A \cdot \frac{\sin\theta}{\cos\theta} \cdot \sin\theta$$

$$\sigma_\theta = \sigma_x \cos^2\theta + \sigma_y \sin^2\theta$$

$$(\cos^2\theta = \frac{1+\cos2\theta}{2}, \quad \sin^2\theta = \frac{1-\cos2\theta}{2})$$

$$\sigma_\theta = \frac{\sigma_x + \sigma_x \cos2\theta}{2} + \frac{\sigma_y - \sigma_y \cos2\theta}{2}$$

$$\therefore \sigma_\theta = \frac{\sigma_x + \sigma_y}{2} + (\frac{\sigma_x - \sigma_y}{2})\cos2\theta \quad \cdots\cdots (2.18)$$

(2) 전단응력($\tau_\theta$)

평형조건 : $\tau_\theta \cdot A' = (\sigma_x \cdot A)\sin\theta - (\sigma_y \cdot A'')\cos\theta$

$$\frac{\tau_\theta \cdot A}{\cos\theta} = \sigma_x \cdot A\sin\theta - \sigma_y \cdot A \cdot \frac{\sin\theta}{\cos\theta} \cdot \cos\theta$$

$$\tau_\theta = \sigma_x \sin\theta\cos\theta - \sigma_y \sin\theta\cos\theta$$

$$= \frac{\sigma_x}{2}\sin2\theta - \frac{\sigma_y}{2}\sin2\theta$$

$$\therefore \tau_\theta = (\frac{\sigma_x - \sigma_y}{2})\sin2\theta \quad \cdots\cdots (2.19)$$

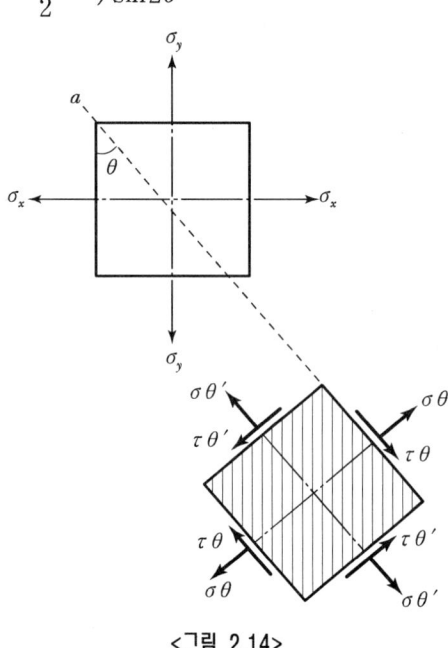

<그림 2.14>

ab 단면에 직교하는 a'b' 단면의 $\delta_\theta'$, $\tau_\theta'$를 구하기 위해
①, ② 식에서 $\theta \to (\theta+90)$를 대입하면,

$$\sigma_\theta' = (\frac{\sigma_x+\sigma_y}{2}) + (\frac{\sigma_x-\sigma_y}{2})\cos(2\theta+\pi)$$

$$= (\frac{\sigma_x+\sigma_y}{2}) - (\frac{\sigma_x-\sigma_y}{2})\cos 2\theta \quad \cdots \quad (2.20)$$

$$\tau_\theta' = (\frac{\sigma_x-\sigma_y}{2})\sin(2\theta+\pi)$$

$$= -(\frac{\sigma_x-\sigma_y}{2})\sin 2\theta \quad \cdots \quad (2.21)$$

공액응력 : $\sigma_\theta + \sigma_\theta' = \sigma_x + \sigma_y$

$$\tau_\theta = -\tau_\theta'$$

①식에서 $\theta=0 \to \delta_\theta=\delta_x$, $\theta=90 \to \delta_\theta=\delta_y$

σx, σy 가 법선응력의 최대, 최소가 되는 응력을 주응력(principal stress)이라 하며, 이 응력들이 작용하는 직교평면을 주면(principal plane)이라 한다.

### (3) 2축 응력의 모아의 응력원(Mohr's circle for biaxial stress)

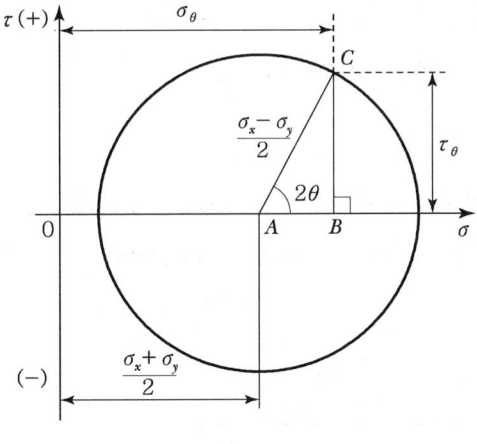

<그림 2.15>

$$\sigma_\theta - (\frac{\sigma_x+\sigma_y}{2}) = (\frac{\sigma_x-\sigma_y}{2})\cos 2\theta$$

$$\tau_\theta = (\frac{\sigma_x-\sigma_y}{2})\sin 2\theta$$

양변을 제곱하여 합하면,

$$(\sigma_\theta - \frac{\sigma_x+\sigma_y}{2})^2 + \tau_\theta^2 = (\frac{\sigma_x-\sigma_y}{2})^2$$

중심이 ($\frac{\sigma_x + \sigma_y}{2}$, 0 )이고,

반경이 ($\frac{\sigma_x - \sigma_y}{2}$)인 Mohr의 응력원으로 $\delta_\theta$, $\tau_\theta$를 구하면,

$$\therefore \sigma_\theta = \overline{OA} + \overline{AB} = \frac{\sigma_x + \sigma_y}{2} + (\frac{\sigma_x - \sigma_y}{2})\cos 2\theta$$

$$\therefore \tau_\theta = \overline{BC} = (\frac{\sigma_x - \sigma_y}{2})\sin 2\theta$$

### 예제 2-7

직경 2cm인 봉에 3,140kg의 인장력과 160kg의 횡압력($\delta_y$)이 작용하고 횡단면과 30°의 경사각을 이룰 때 수직응력($\delta_\theta$), 전단응력($\tau_\theta$), 합성응력($\delta_r$)은?

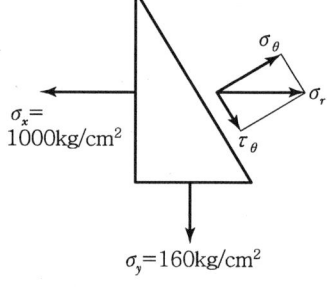

**풀이** 
$\delta_x = \frac{P}{A}$
$= \frac{4P}{\pi d^2} = \frac{4 \times 3,140}{\pi \times 2^2} = 1,000 \text{kg/cm}^2$

$\delta_\theta = \frac{\delta_x + \delta_y}{2} + \frac{\delta_x - \delta_y}{2} \cos 2\theta$
$= \frac{1,000 + 160}{2} + \frac{1,000 - 160}{2} \cos 60°$
$= 790 \text{kg/cm}^2$

$\tau_\theta = \frac{\delta_x - \delta_y}{2} \sin 2\theta = \frac{1000 - 160}{2} \sin 60° = 363.7 \text{kg/cm}^2$
$\delta_r = \sqrt{\delta_\theta^2 + \tau_\theta^2} = \sqrt{790^2 + 363.7^2} = 870 \text{kg/cm}^2$

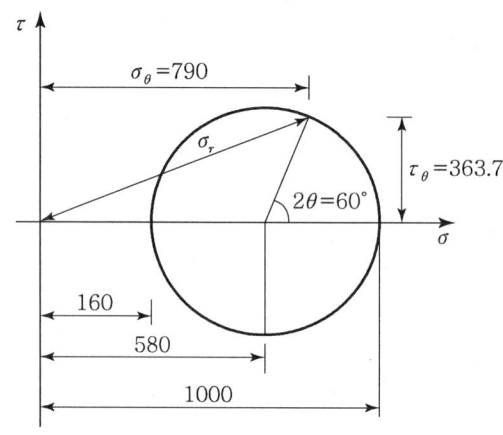

## 2.8 평면응력(plane stress)

평면응력은 직교하는 2축응력 ($\sigma_x$, $\sigma_y$)과 전단응력 ($\tau_{xy}$, $\tau_{yx}$)이 작용할 때 임의 방향의 수직응력 ($\sigma_\theta$)과 전단응력 ($\tau_\theta$)을 구한다.

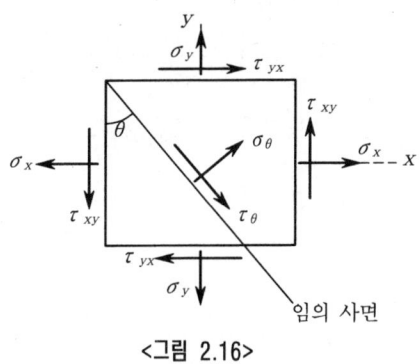

<그림 2.16>

### 2.8.1 경사단면의 수직응력(normal stress)

그림(2.17)에서 법선방향으로 응력의 평형방정식을 구해보자.

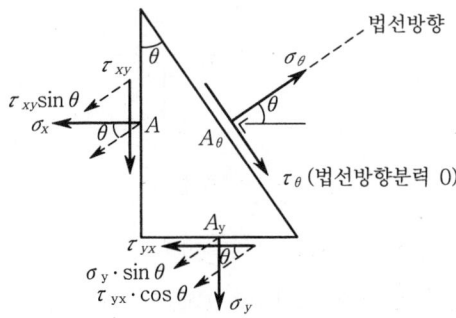

<그림 2.17>

$$A_\theta = \frac{A}{\cos\theta} \quad \cdots\cdots\cdots\cdots\cdots\cdots\cdots\cdots\cdots\cdots\cdots\cdots\cdots\cdots\cdots\cdots\cdots\cdots\cdots\cdots\cdots\cdots\text{(a)}$$

$$A_y = A\frac{\sin\theta}{\cos\theta} \quad \cdots\cdots\cdots\cdots\cdots\cdots\cdots\cdots\cdots\cdots\cdots\cdots\cdots\cdots\cdots\cdots\cdots\cdots\cdots\text{(b)}$$

$$\sigma_\theta \cdot A_\theta = \sigma_x \cos\theta \cdot A + \sigma_y \cdot \sin\theta \cdot A_y + \tau_{xy} \cdot \sin\theta \cdot A + \tau_{xy} \cdot \cos\theta \cdot A_y \cdots \text{(c)}$$

식(a)와 (b)를 식(c)에 대입하면

$$\frac{\sigma_\theta \cdot A}{\cos\theta} = \sigma_x \cdot \cos\theta \cdot A + \sigma_y \cdot \sin\theta \cdot \frac{\sin\theta}{\cos\theta} \cdot A + \tau_{xy} \cdot \sin\theta \cdot A +$$

$$\tau_{xy} \cdot \cos\theta \cdot \frac{\sin\theta}{\cos\theta} \cdot A \quad\cdots\cdots\cdots\cdots\cdots\cdots\cdots\text{(d)}$$

양변에 있는 A를 약분하고 양변에 $\cos\theta$를 곱하면

$$\sigma_\theta = \sigma_x \cdot \cos^2\theta + \sigma_y \sin^2\theta + \tau_{xy} \cdot \sin\theta \cdot \cos\theta + \tau_{xy}\cos\theta \cdot \sin\theta \quad\cdots\cdots\cdots\text{(e)}$$

식(e)는 다음과 같이 쓸 수 있다.

$$\sigma_\theta = \sigma_x \left(\frac{1+\cos 2\theta}{2}\right) + \sigma_y \left(\frac{1-\cos 2\theta}{2}\right) + 2\tau_{xy} \cdot \sin\theta\cos\theta \quad\cdots\cdots\cdots\text{(f)}$$

$$\therefore \sigma_\theta = \frac{\sigma_x + \sigma_y}{2} + \frac{\sigma_x - \sigma_y}{2} \cdot \cos 2\theta + \tau_{xy} \cdot \sin 2\theta \quad\cdots\cdots\cdots\cdots\text{(2.22)}$$

식(2.22)에서 $\tau_{xy}=0$이라면 2축응력과 같다.

## 2.8.2 경사단면의 전단응력, $\tau_\theta$

그림 2.18에서 접선방향(전단응력방향)의 평형방정식을 생각하면

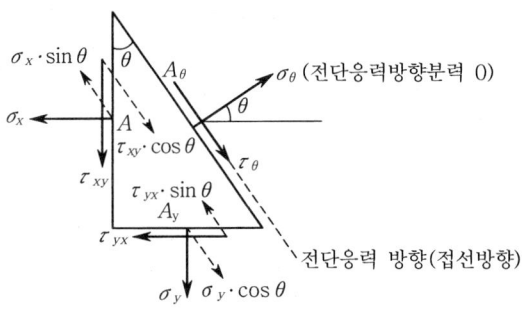

<그림 2.18>

다음과 같은 평형방정식이 성립한다.

$$\tau_\theta \cdot A_\theta = \sigma_x \sin\theta \cdot A - \sigma_y \cdot \cos\theta \cdot A_y - \tau_{xy} \cdot \cos\theta \cdot A + \tau_{yx}\sin\theta \cdot A_y \quad\cdots\text{(a)}$$

식(a)에 2.8.1절의 식(a) 및 (b)를 대입하고 정리하면

$$\tau_\theta = \sigma_x \cdot \sin\theta\cos\theta - \sigma_y \cdot \sin\theta\cos\theta - \tau_{xy} \cdot \cos^2\theta + \tau_{yx} \cdot \sin^2\theta$$

$$= (\sigma_x - \sigma_y)\sin\theta\cos\theta + \tau_{xy}(\sin^2\theta - \cos^2\theta) \quad\cdots\cdots\cdots\cdots\text{(b)}$$

삼각함수에서 $\sin 2\theta = 2\sin\theta\cos\theta$, $\cos^2\theta - \sin^2\theta = \cos 2\theta$이므로 식(b)는 다음과 같이 쓸 수 있다.

$$\therefore \tau_\theta = \frac{\sigma_x - \sigma_y}{2} \cdot \sin 2\theta - \tau_{xy} \cdot \cos 2\theta \quad\cdots\cdots\cdots\cdots\cdots\cdots\text{(2.23)}$$

여기서 $\tau_{xy}=0$이면 2축응력과 같다.

## 2.9 주응력(principal stress)

### 2.9.1 주평면 및 주응력

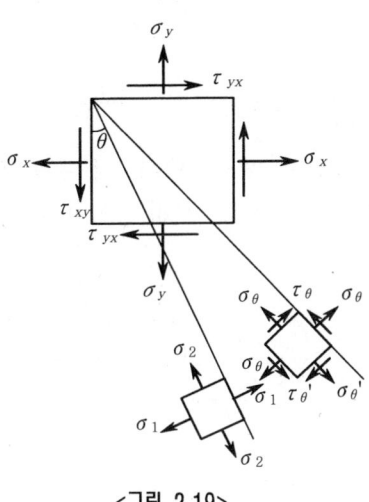

<그림 2.19>

식(2.22)과 (2.23)에서 $\theta$가 0°에서 360°사이로 변화하면 $\sigma_\theta$와 $\tau_\theta$의 값도 이에 따라 변하게 되며 임의 각 $\theta$에서 전단응력 $\tau_\theta$가 0이 되는 단면을 얻을 수 있다.

이 단면을 주단면(주평면, principal plane)이라 하며 이때 $\sigma_\theta$의 값은 극대 및 극소가 되며 이 수직응력을 주응력(principal stress)이라 한다.

이 때 극대값을 최대 주응력(maximum principal stress) $\sigma_1$, 극소값을 최소 주응력(minimum principal stress) $\sigma_2$라 한다.

$\tau_\theta = 0$인 주단면을 구하기 위해서는

$$\frac{\sigma_x - \sigma_y}{2} \cdot \sin 2\theta - \tau_{xy} \cdot \cos 2\theta = 0$$

$$\frac{\sin 2\theta}{\cos 2\theta} = \frac{\tau_{xy}}{\left(\dfrac{\sigma_x - \sigma_y}{2}\right)}$$

$$\therefore \tan 2\theta = \frac{2\tau_{xy}}{\sigma_x - \sigma_y} \quad \cdots\cdots (2.24)$$

$$\theta = \frac{1}{2}\tan^{-1}\left(\frac{2\tau_{xy}}{\sigma_x - \sigma_y}\right) \quad \cdots\cdots (2.25)$$

가 된다. 또한 이 식에서 계산된 $\theta$에서 주응력이 생긴다.

평면응력 에서 최대 및 최소 주응력을 구하기 위해서는 평면응력에 대한 $\theta$의 편도함수를 이용한다. 즉, $\dfrac{\partial \sigma_\theta}{\partial \theta} = 0$

$$\frac{\partial \sigma_\theta}{\partial \theta} = -\left(\frac{\sigma_x - \sigma_y}{2}\right)\sin 2\theta + \tau_{xy} \cdot \cos 2\theta = 0$$

따라서, 평면응력이 최대 및 최소가 되는 단면은 $\theta$가 다음 식(2.26)과 같을 경우이다.

$$\tan 2\theta = \frac{2\tau_{xy}}{\sigma_x - \sigma_y} \quad \cdots\cdots\cdots\cdots\cdots\cdots\cdots\cdots\cdots\cdots\cdots\cdots\cdots\cdots\cdots\cdots\cdots (2.26)$$

이는 식(2.24)과 동일함을 알 수 있다. 이 경우 식(2.26)를 이용하여 최대 및 최소 응력을 구해보자. 식(2.26)은 다음 그림 2.20과 같이 나타낼 수 있다.

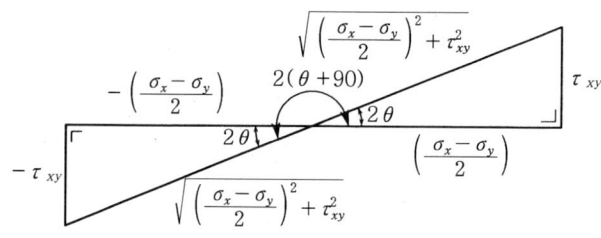

<그림 2.20>

여기서,

$$\sin 2\theta = \frac{\tau_{xy}}{\sqrt{\left(\frac{\sigma_x - \sigma_y}{2}\right)^2 + \tau_{xy}^2}} \quad \cdots\cdots\cdots\cdots\cdots\cdots\cdots\cdots\cdots\cdots\cdots\cdots\cdots (a)$$

$$\cos 2\theta = \frac{\frac{\sigma_x - \sigma_y}{2}}{\sqrt{\left(\frac{\sigma_x - \sigma_y}{2}\right)^2 + \tau_{xy}^2}} \quad \cdots\cdots\cdots\cdots\cdots\cdots\cdots\cdots\cdots\cdots\cdots\cdots\cdots (b)$$

식(a)와 (b)를 식(2.22)에 대입하여 정리하면 최대 주응력(maximum principal) $\sigma_1$은

$$\sigma_1 = \frac{\sigma_x + \sigma_y}{2} + \sqrt{\left(\frac{\sigma_x - \sigma_y}{2}\right)^2 + \tau_{xy}^2} \quad \cdots\cdots\cdots\cdots\cdots\cdots\cdots\cdots (2.27)$$

마찬가지로, 그림 2.20에서 $\theta$를 90°회전하면 최소 주응력을 구할 수 있다.

$$\sigma_2 = \frac{\sigma_x + \sigma_y}{2} - \sqrt{\left(\frac{\sigma_x - \sigma_y}{2}\right)^2 + \tau_{xy}^2} \quad \cdots\cdots\cdots\cdots\cdots\cdots\cdots\cdots (2.28)$$

식(2.27)과 (2.28)을 종합하여 표현하면,

$$\sigma_{1,2} = \frac{\sigma_x + \sigma_y}{2} \pm \sqrt{\left(\frac{\sigma_x - \sigma_y}{2}\right)^2 + \tau_{xy}^2} = \frac{\sigma_x + \sigma_y}{2} \pm \frac{1}{2}\sqrt{(\sigma_x - \sigma_y)^2 + 4\tau_{xy}^2}$$

여기서 (+)값이 최대 주응력 $\sigma_1$, (−)값이 최소 주응력 $\sigma_2$이다.

## 2.9.2 최대 전단응력 $\tau_{max}$

$\tau_\theta$가 최대가 되는 최대 전단응력을 구하기 위해서 식(2.23)에 대한 $\theta$의 편도함수를 이용한다. 즉,

$$\frac{\partial \tau_\theta}{\partial \theta} = \left(\frac{\sigma_x - \sigma_y}{2}\right)\cos 2\theta + \tau_{xy} \cdot \sin 2\theta = 0$$

$$\frac{\sin 2\theta}{\cos 2\theta} = -\frac{\left(\dfrac{\sigma_x - \sigma_y}{2}\right)}{\tau_{xy}}$$

따라서, $\cot 2\theta = -\dfrac{2\tau_{xy}}{\sigma_x - \sigma_y}$

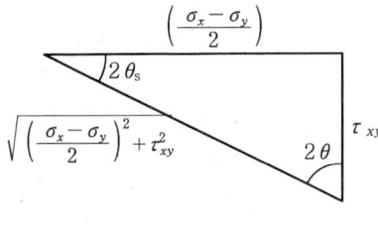

<그림 2.21>

이를 그림 2.21에서 $\theta_s$의 함수로 고치면

$$\tan 2\theta_s = +\frac{2\tau_{xy}}{\sigma_x - \sigma_y}$$

이며 $\tau_\theta$를 $\theta_s$의 함수로 고치면

$$\tau_{\theta s} = \frac{\sigma_x - \sigma_y}{2}\cos 2\theta_s - \tau_{xy}\sin 2\theta_s \quad\cdots\cdots\cdots\cdots (a)$$

그림 2.21에서 $\sin 2\theta$ 및 $\cos 2\theta$는

$$\sin 2\theta = \frac{\tau_{xy}}{\sqrt{\left(\dfrac{\sigma_x - \sigma_y}{2}\right)^2 + \tau_{xy}^2}} \quad\cdots\cdots\cdots\cdots (b)$$

$$\cos 2\theta = \frac{\dfrac{\sigma_x - \sigma_y}{2}}{\sqrt{\left(\dfrac{\sigma_x - \sigma_y}{2}\right)^2 + \tau_{xy}^2}} \quad\cdots\cdots\cdots\cdots (c)$$

식(b)와 (c)를 식(a)에 대입하면

$$\tau_{max} = \frac{\sigma_x - \sigma_y}{2}\left[\frac{\dfrac{\sigma_x - \sigma_y}{2}}{\sqrt{\left(\dfrac{\sigma_x - \sigma_y}{2}\right)^2 + \tau_{xy}^2}}\right] + \tau_{xy}\left[\frac{\tau_{xy}}{\sqrt{\left(\dfrac{\sigma_x - \sigma_y}{2}\right)^2 + \tau_{xy}^2}}\right] \cdots (d)$$

앞의 식을 정리하면,

$$\tau_{max} = \sqrt{\left(\frac{\sigma_x - \sigma_y}{2}\right)^2 + \tau_{xy}^2} \quad \cdots\cdots\cdots\cdots (2.29)$$

가 된다. 또한 식(2.27)과 (2.28)에서 최대 및 최소 주응력의 차는

$$\sigma_1 - \sigma_2 = \frac{\sigma_x + \sigma_y}{2} + \sqrt{\left(\frac{\sigma_x - \sigma_y}{2}\right)^2 + \tau_{xy}^2} - \frac{\sigma_x + \sigma_y}{2} + \sqrt{\left(\frac{\sigma_x - \sigma_y}{2}\right)^2 + \tau_{xy}^2}$$

$$= 2\sqrt{\left(\frac{\sigma_x - \sigma_y}{2}\right)^2 + \tau_{xy}^2} \quad \cdots\cdots\cdots\cdots (2.30)$$

따라서,

$$\tau_{max} = \frac{\sigma_1 - \sigma_2}{2} \quad \cdots\cdots\cdots\cdots (2.31)$$

또한, $\tan 2\theta = -\dfrac{1}{\tan 2\theta_s}$ 이므로 그림 2.22에서 알 수 있듯이 최대전단응력이 작용하는 면은 주면(principal plane)에서 45°떨어진 면이다.

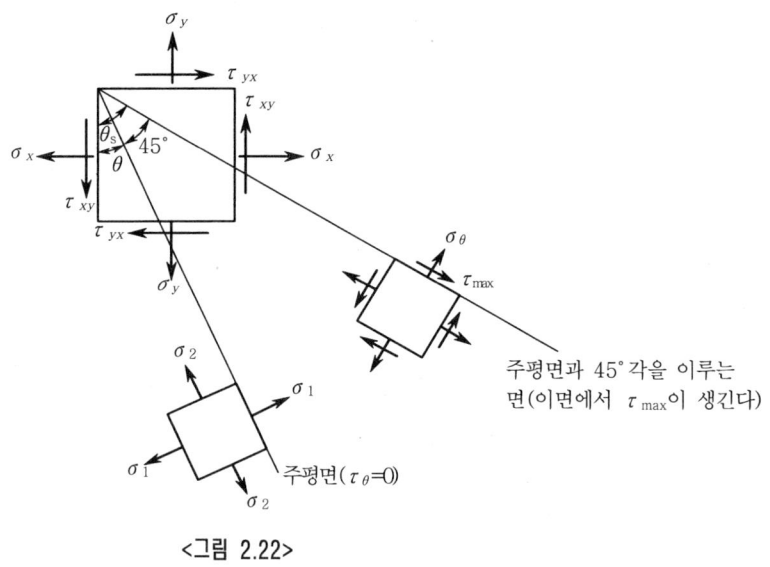

<그림 2.22>

### 2.9.3 주응력의 모아의 응력원(mohr's circle for principal stress)

평면응력에서 $\tau_\theta = 0$인 주응력의 모아의 응력원을 구해보자. 먼저 식(2.22)와 (2.23)을 양변을 제곱하여 합을 구하면,

$$\left(\sigma_\theta - \frac{\sigma_x + \sigma_y}{2}\right)^2 + \tau_\theta^2 = \left(\frac{\sigma_x - \sigma_y}{2}\right)^2 + \tau_{xy}^2 \quad \cdots\cdots\cdots\cdots (2.32)$$

이 식은 중심좌표가 $\left(\dfrac{\sigma_x + \sigma_y}{2}, 0\right)$ 이고 반경이 $\sqrt{\left(\dfrac{\sigma_x - \sigma_y}{2}\right)^2 + \tau_{xy}^2}$ 인 원의 방

정식이다

식(2.32)를 그림으로 나타내면 그림 2.23과 같다.

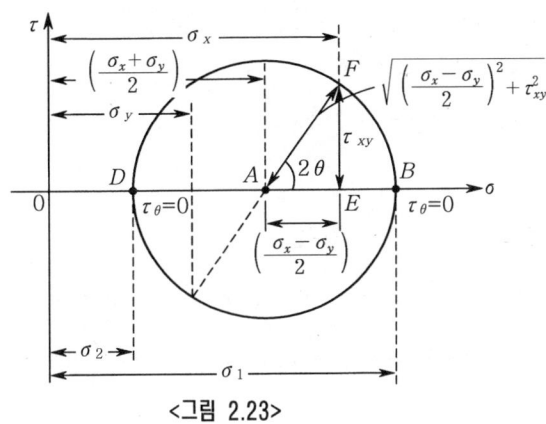

<그림 2.23>

그림 2.23의 응력원에서 최대 및 최소 주응력은

$$\sigma_1 = \overline{OA} + \overline{AB} = \frac{\sigma_x + \sigma_y}{2} + \sqrt{\left(\frac{\sigma_x - \sigma_y}{2}\right)^2 + \tau_{xy}^2} \quad \cdots \cdots (2.33)$$

$$\sigma_2 = \overline{OA} + \overline{DA} = \frac{\sigma_x + \sigma_y}{2} - \sqrt{\left(\frac{\sigma_x - \sigma_y}{2}\right)^2 + \tau_{xy}^2} \quad \cdots \cdots (2.34)$$

주응력면은 다음 식(2.35)와 같다.

$$\tan 2\theta = \frac{\overline{EF}}{\overline{AE}} = \frac{\tau_{xy}}{\frac{\sigma_x - \sigma_y}{2}} = \frac{2\tau_{xy}}{\sigma_x - \sigma_y} \quad \cdots \cdots (2.35)$$

### 예제 2-8

평면응력상태의 한 요소에 $\sigma_x = 1,500 \text{kgf/cm}^2$, $\sigma_y = 700 \text{kgf/cm}^2$, $\tau_{xy} = 500 \text{kgf/cm}^2$의 응력이 작용하고 있다. 이 경우 다음을 구하시오.

(1) 주단면 및 주응력
(2) 45°회전된 요소위에 작용하는 응력
(3) 최대전단응력
(4) 응력원

**풀이** $\dfrac{\sigma_x + \sigma_y}{2} = \dfrac{1,500 + 700}{2} = 1,100 \ (\text{kgf/cm}^2)$

$\dfrac{\sigma_x - \sigma_y}{2} = \dfrac{1,500 - 700}{2} = 400 \ (\text{kgf/cm}^2)$

(1) 주단면 및 주응력

$$\sigma_{1.2} = \frac{\sigma_x + \sigma_y}{2} \pm \sqrt{\left(\frac{\sigma_x - \sigma_y}{2}\right)^2 + \tau_{xy}^2} = 1,100 \pm \sqrt{400^2 + 500^2} = 1,100 \pm 640.31$$

$$\therefore \sigma_1 = 1,740 \ (\text{kgf/cm}^2)$$

$$\therefore \sigma_2 = 460 \ (\text{kgf/cm}^2)$$

$$\tan 2\theta = \frac{2\tau_{xy}}{\sigma_x - \sigma_y} = 1.25$$

$$\therefore \theta = 25.67°$$

(2) 45°회전된 요소의 응력

$$\sigma_\theta = \frac{\sigma_x + \sigma_y}{2} + \frac{\sigma_x - \sigma_y}{2} \cdot \cos 2\theta + \tau_{xy} \cdot \sin 2\theta = 600 \ (\text{kgf/cm}^2)$$

$$\tau_\theta = \frac{\sigma_x - \sigma_y}{2} \cdot \sin 2\theta - \tau_{xy} \cdot \cos 2\theta = 400 \ (\text{kgf/cm}^2)$$

(3) 최대전단응력

$$\tau_{max} = \frac{\sigma_1 - \sigma_2}{2} = 640 \ (\text{kgf/cm}^2)$$

(4) 모아의 응력원

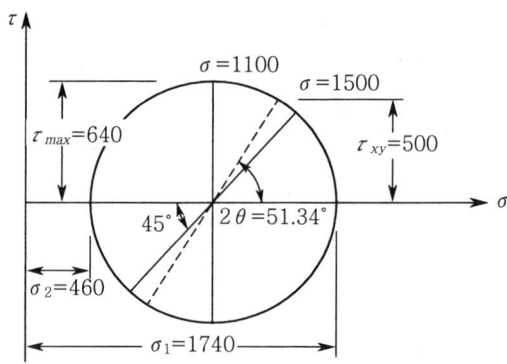

## 2.10 전단과 구조물의 이음

### 2.10.1 전단응력과 전단변형률

표면에 평행하게 작용하거나 접선방향으로 작용하는 응력을 전단응력이라고 한다. 전단응력이 존재하는 실제적인 예로 그림 2.24(c)에서와 같은 볼트 연결체를 관찰하기로 한다. 이 연결체는 봉 A와 U자형 링크 C 및 봉 A와 U자형 링크의 구멍을 관통하는 볼트 B로 구성되어 있다.

인장하중 P가 작용하면 봉 A와 U자형 링크는 이들이 지지하고 있는 볼트를 누르게 되며 지압응력이라 부르는 접촉응력이 볼트에 발생한다. 볼트에 전달되는 힘을 그림 2.24(b)와 같이 자유물체도로 나타내면 단면 mn과 pq를 따라 볼트를 전단하려는 힘이 있고 이 힘을 전단력이라 한다.

여기서, 전단력 S는 볼트의 절단면 위에 작용함을 알 수 있다. 단면적 mn위에 생기는 전단응력은 그림과 같이 작은 화살표로 표시된다. 이들 전단응력의 정확한 분포는 알 수 없으나 가운데 부분에서 최대치를 가지고 양쪽 끝에서는 영이 된다. 전단응력은 보통 희랍문자 $\tau$로 표기한다.

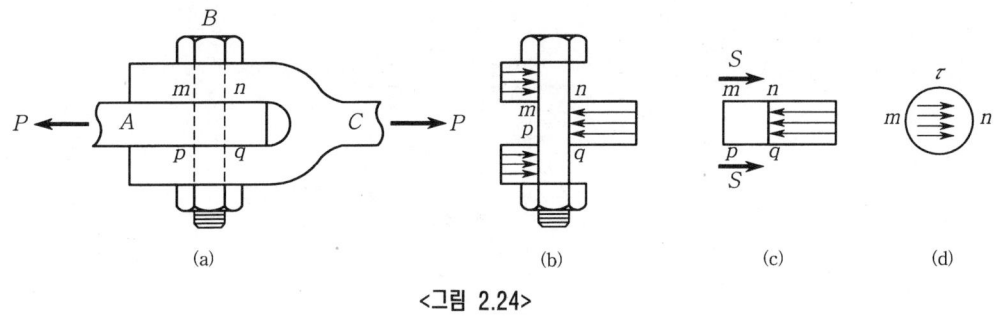

<그림 2.24>

볼트 단면적이 받는 평균전단응력은 전체 전단력 S를 이 힘이 작용한 면적 A로 나누어 구한다.

$$\tau_{aver} = \frac{S}{A} \quad \quad \quad \quad \quad \quad \quad \quad \quad \quad \quad \quad \quad \quad (2.36)$$

그림 2.25의 예에서는 전단력이 $\frac{P}{2}$이고 볼트의 단면적이 A이다. 식 (2.36)로부터 전단응력도 수직응력과 마찬가지로 힘의 세기 또는 단위면적당의 힘을 나타낸다. 따라서 전단응력의 단위도 수직응력의 단위와 같이 $kgf/cm^2$이다.

그림 2.25는 직접전단 또는 단순전단의 예로서 여기서는 전단응력이 재료를 절단시키도록 직접 작용한 힘에 의해 발생한다. 직접전단은 볼트, 핀, 리벳, 키 용접부 및 접착조인트 등의 설계에서 발생한다.

한편 그림 2.25는 단순전단응력과 전단변형율의 관계를 나타낸 것으로 그림 2.25(a)와 같은 리벳 조인트가 전단력을 받고 리벳이 전단될 때 변형되는 부분을 그림 2.25(c)와 같이 확대하여 보면 사각형 ABCD의 요소가 전단응력 $\tau$를 받아 평행사변형 ABC'D으로 변형되어 평형을 유지한다. 전단변형량 $\delta$와 원래의 길이 $l$과의 비 즉, 단위 길이에 대한 미끄러짐을 전단변형률이라 하며 다음 식 (2.37)으로 표현한다.

$$\varepsilon_s = \frac{CC'}{AC} = \frac{\delta}{l} = \tan\gamma \approx \gamma \quad \quad \quad \quad \quad \quad \quad \quad (2.37)$$

여기서 $\gamma$는 극히 작은 각이므로 $\tan\gamma$는 $\gamma$로 표시할 수 있으며 전단변형율은 전단응력면에 세운 수선이 변형에 의하여 경사지게 되는 각도를 radian으로 표시한 것을 말한다.

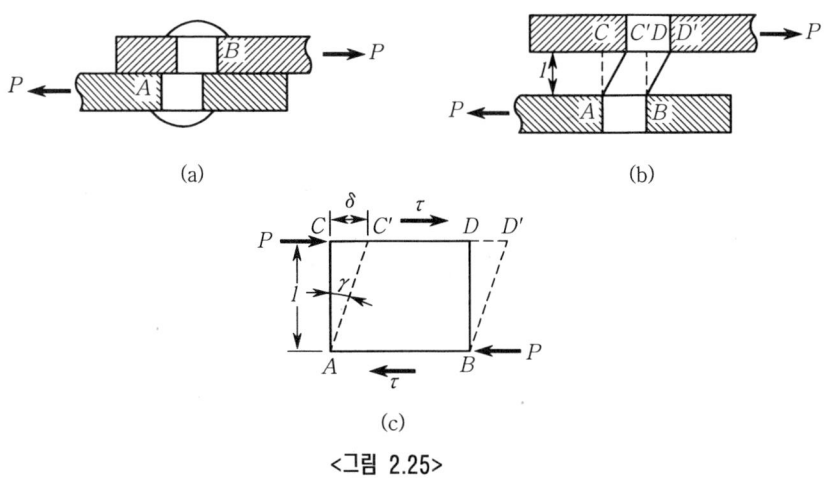

<그림 2.25>

전단응력의 부호 규약은 요소의 양면에 작용하는 전단응력은 그것이 좌표축의 (+)방향으로 작용하면 양(+)이고 축의 (-)방향으로 작용하면 음(-)이다. 또한 요소의 음면에 작용하는 전단응력은 그것이 축의 (-)방향으로 작용하면 양(+)이고 축의 (+)방향으로 작용하면 음(-)이다. 또한, 전단변형률의 부호규약은 응력에 대한 규약에 따른다. 요소에서의 전단변형률은 두 개의 양면 사이의 각이 줄어들면 양(+)이고 이 각이 증가하면 음(-)이다.

### 2.10.2 구조물의 이음

**(1) 1면전단**

그림 2.25(a)에서와 같이 1개의 단면에서 전단이 발생할 경우 이를 1면전단 또는 단전단이라 한다. 리벳의 지름 $d$, 리벳의 허용전단강도 $\tau_a$, 리벳 하나의 허용전단력 $S_o$는 다음과 같은 식이 성립된다.

$$\tau_a = \frac{S_0}{A}$$

여기서, 전단하중이 $P$이라 하고 리벳 하나의 단면적은 $\frac{\pi d^2}{4}$ 이므로

$$\tau_a = \frac{S_0}{A} = \frac{4P}{\pi d^2} \quad \cdots\cdots (2.38)$$

## (2) 2면전단

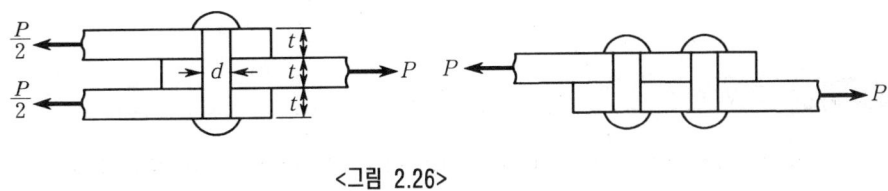

<그림 2.26>

그림 2.26과 같은 경우 리벳의 2면을 따라 전단된다. 이러한 전단의 경우를 복전단 또는 2면전단이라 한다. 리벳의 지름 $d$, 리벳의 허용전단강도 $\tau_a$, 리벳 하나의 허용전단력 $S_o$는 다음과 같은 식이 성립된다.

$$\tau_a = \frac{S_0}{A}$$

여기서, 전단하중은 P이고 전단되는 리벳의 단면적은 $\frac{\pi d^2}{2}$ 이므로

$$\tau_a = \frac{S_0}{A} = \frac{2P}{\pi d^2} \quad \cdots\cdots (2.39)$$

Rivet의 허용전단세기를 정리하면 아래와 같이 표현된다.

$$P_{sa} = \tau_a \cdot A \quad \cdots\cdots (2.40\text{-}1)$$

$$P_{sa} = \tau_a \cdot \frac{\pi d^2}{4} \text{ (single shear)} \quad \cdots\cdots (2.40\text{-}2)$$

$$P_{sa} = \tau_a \cdot \frac{\pi d^2}{2} \text{ (double shear)} \quad \cdots\cdots (2.40\text{-}3)$$

$\quad\left[\begin{array}{l} P_{sa} : \text{1개 rivet의 전단력크기(리벳의 허용전단세기)} \\ \tau_a : \text{리벳의 허용전단응력} \\ d : \text{리벳의 지름} \end{array}\right.$

또한 리벳이 압축력에 의해 변형되지 않으려면 리벳이 받는 압축전응력이 허용지압응력보다 커야 한다. 허용지압세기를 다음과 같이 쓸 수 있다.

$$P_{ba} = d \cdot t \cdot \sigma_{ba} \quad \cdots\cdots (2.41)$$

여기서, $d$ : 리벳지름
$\quad\quad\quad t$ : 판의 두께
$\quad\quad\quad \sigma_{ba}$ : 허용지압응력

리벳의 강도는 허용전단력과 허용지압세기에 따라 좌우된다. 이 중 작은 값을 리벳값이라 한다.

따라서 필요한 리벳의 수는 다음 식(2.42)와 같다.

$$n = \frac{P}{Min[\tau_a A, P_{ba}]} = \frac{P}{리벳값} \quad \cdots\cdots\cdots\cdots\cdots\cdots\cdots\cdots\cdots\cdots\cdots\cdots\cdots\cdots\cdots (2.42)$$

### 예제 2-9

두께 5mm, 폭 50cm의 강판을 겹이음 할 경우, 10tonf의 인장력이 작용하면 지름 22mm의 리벳이 몇 개가 필요한지 구하시오.(단 리벳의 허용전단응력은 $\tau_a = 800\,kgf/cm^2$, 허용지압응력 $\sigma_{ba} = 1,600\,kgf/cm^2$이고 철판의 허용인장강도는 $\sigma_{ta} = 1,200\,kgf/cm^2$이다.)

**풀이** 리벳의 허용전단력은 식(2.38)에서

$$S_0 = \tau_a \cdot A = 800 \times \frac{\pi \times 2.2^2}{4} = 3039.52 \ (kgf)$$

허용지압세기는

$$P_{ba} = d \cdot t \cdot \sigma_{ba} = 2.2 \times 0.5 \times 1,600 = 1,760\,kgf < S_o$$

따라서 리벳값은 1,760 kgf이며
리벳의 수는

$$n = \frac{P}{P_{ba}} = \frac{10,000}{1,760} = 5.68 \approx 6$$

리벳을 한줄로 배치할 경우 판의 인장강도를 구하기 위하여 순단면적을 구하면

$$A_n = t(b - nd) = 0.5 \times (50 - 6 \times 2.2) = 18.4 \ (cm^2)$$

그러므로

$$\sigma_t = \frac{10,000}{18.4} = 543.48\,kgf/cm^2 \quad OK$$

만약 전단응력만을 고려한다면 리벳의 수는

$$n = \frac{P}{\tau_a A} = \frac{10,000}{3039.52} = 3.29 \approx 4$$

순단면적은

$$A_n = t(b - nd) = 0.5 \times (50 - 4 \times 2.2) = 20.6 \ (cm^2)$$

그러므로

$$\sigma_t = \frac{10,000}{20.6} = 496.03 \ (kgf/cm^2) \quad OK$$

## 2.11 비틀림 응력(torsional stress)

직선 봉의 양단에 크기가 같고 작용방향이 반대인 우력이 작용하는 경우 이 부재

는 비틀림 현상이 발생한다. 이러한 비틀림에 저항하려는 비틀림 응력(torsional stress)이 부재의 내부에 발생하게 되며 이는 다음과 같이 나타낼 수 있다.

$$\tau = \frac{\rho}{r} \tau_1 \quad \text{················································································· (a)}$$

여기서 $\tau_1$은 반경 $r$인 최외연의 비틂전단응력이며 $\tau$는 임의의 반경 $\rho$에 연하여 분포된 전단응력이다.

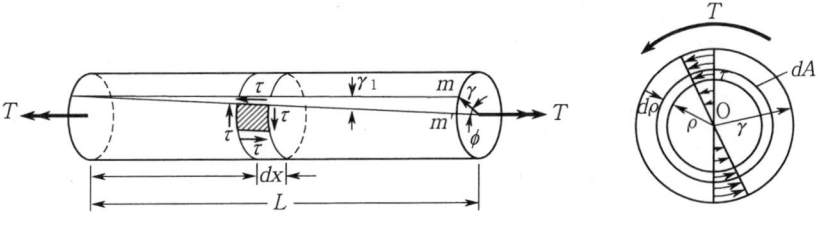

<그림 2.27>

비틀림 모멘트는

$$T = \int \rho(\tau dA) = \int \rho(\frac{\rho}{\gamma}\tau_1)dA = \frac{\tau_1}{\gamma}\int \rho^2 dA$$

$$\text{············································································································· (b)}$$

식(b)에서 $\int \rho^2 dA$는 단면 2차 극모멘트 J를 나타내므로

$$T = \frac{\tau_1}{\gamma} J \quad \text{···························································································· (2.43)}$$

식(2.43)을 비틀림 전단응력으로 나타내면

$$\tau_1 = \frac{Tr}{J} \quad \text{···································································································· (2.44)}$$

직선축이 균일한 단면으로 이루어졌다면 $\gamma_1 L = r\phi$의 관계가 성립하게 되고

$$\gamma_1 = r\frac{\phi}{L} \quad \text{····································································································· (c)}$$

식(c)에 식(2.7)를 대입하면

$$\gamma_1 = \frac{r}{\rho}\gamma \quad \text{······································································································ (d)}$$

그러므로 $\tau$와 $\phi$의 관계식은

$$\tau = G\rho\frac{\phi}{L} \quad \text{································································································· (2.45)}$$

따라서 $\frac{T\rho}{J} = G\rho\frac{\phi}{L}$ 이므로

$$\phi = \frac{TL}{GJ} \quad \cdots\cdots\cdots\cdots\cdots\cdots\cdots\cdots\cdots\cdots\cdots\cdots\cdots\cdots\cdots\cdots\cdots\cdots\cdots\cdots\cdots\cdots\cdots\cdots\cdots\cdots\cdots\cdots\cdots \quad (2.46)$$

### 예제 2-10

다음 그림 2.25와 같은 중공축에서 최외측의 비틂전단응력이 960kgf/cm²를 초과하지 않도록 축에 작용시킬 수 있는 최대비틂모멘트와 이때의 비틂각을 구하시오.(단, 전단탄성계수 G = 240000kgf/cm², J=579.6cm⁴이고 안쪽반경은 4cm, 바깥쪽 반경은 5cm 이다)

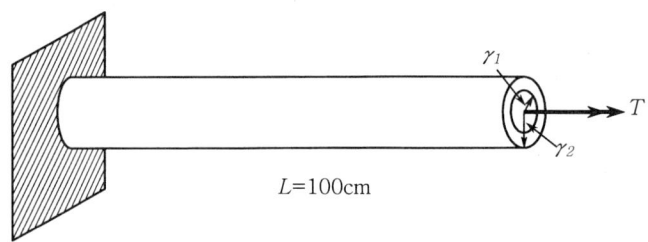

<그림 2.28>

**풀이** $T = \dfrac{\tau_{\max}}{r_2} J = \dfrac{960}{5}(579.6) = 111,283 \ (\text{kgf} \cdot \text{cm})$

$\phi = \dfrac{TL}{GJ} = \dfrac{111,283 \times 100}{240,000 \times 579.6} = 0.08 \ (rad) = 4.58°$

## 2.12 반복응력

임의의 부재가 시간적으로 크기가 변화하는 하중을 받으면 이 부재에 미치는 영향은 하중을 정적으로 작용시킨 경우와는 사뭇 다르다. 교량의 경우 매일 통과하는 차량에 의해 변화된 하중을 견디게 되는데 이는 교량의 사용기간동안 대단히 많은 횟수가 될 것이다. 이와 같은 하중을 반복하중 또는 피로하중이라 하며 이러한 하중에 저항하기 위해서 부재의 내부에 발생하는 응력이 피로응력 또는 반복응력이다.

우리 주변에서 흔히 볼 수 있는 피로현상은 철사를 구부렸다 폈다 하는 현상으로 이를 반복하게 되면 철사가 파단된다. 이처럼 재료가 수많은 횟수의 반복하중을 받으면 정하중에 의한 극한하중보다 훨씬 작은 하중에서도 파괴가 일어난다. 이처럼 재료의 저항력이 떨어지는 현상을 재료의 피로(fatigue)라 한다. 반복하중을 받는 구조물의 설계에는 공용기간을 고려한 반복횟수를 설계에 고려하여야 한다.

피로현상은 일반적으로 외력과 반복횟수의 관계로 표현되어 진다. 다음 그림 2.29는 용접이음 시험체에 일정진폭의 응력을 반복작용시킨 경우의 파단까지의 횟수(파단수명)를 양대수의 관계로 정리한 S-N선도이다. 여기서 종축은 작용응력 범위, 횡축은 반복횟수를 나타낸다. 이는 다음 식(2.47)과 같은 관계를 보인다.

$$Log N_f = C - m \cdot Log \Delta f \quad \cdots \cdots (2.47)$$

여기에, $\Delta f$ : 피로하중의 범위
$C, m$ : 재료상수

이다.

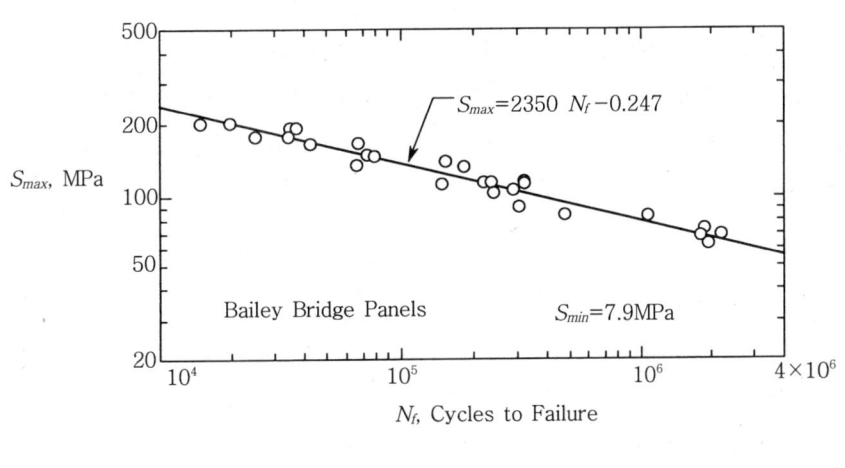

<그림 2.29>

## 2.13 응력집중

단면이 균일한 봉이나 판에 인장하중이 작용하면 응력은 단면에 균일하게 분포한다. 그러나 턱, 구멍, 홈 등과 같이 단면의 모양이 급변하는 노치(notch)가 단면에 있으면 이 부분에서는 마치 유체가 넓은 곳에서 좁은 곳으로 흐를 때 생기는 현상과 같이, 외력으로 인하여 발생될 응력 분포상태가 대단히 불균일하게 되어 부분적으로 응력이 매우 커진다. 이처럼 단면에 부분적으로 큰 응력이 집중되어 일어나는 현상을 응력집중(stress concentration)이라고 한다.

예를 들어 그림 2.30과 같이 폭 b, 두께가 t이며 중앙에 원형 구멍을 갖는 구형판에 인장하중이 작용할 때 발생하게 될 응력집중 현상을 고찰 해 보기로 하자. 이런 경우 단면의 변화가 급격한 구멍의 위치에서 멀리 떨어진 단면에서 발생되는 응력분포는 균일단면에서와 같이 일정하고 이를 식으로 나타내면 다음과 같다.

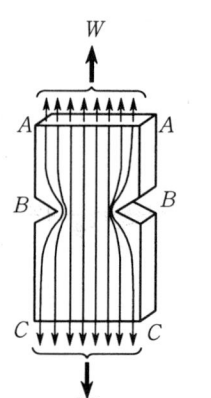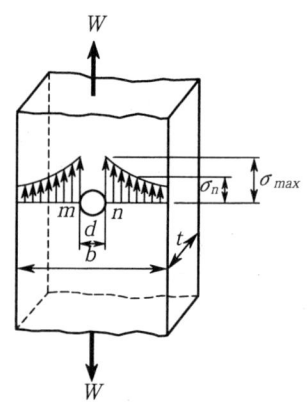

<그림 2.30>

$$\sigma = \frac{W}{bt} \quad \quad (2.48)$$

그러나 원형 구멍의 가장자리, 즉 m 및 n의 점에서는 단면이 급격히 변하는 곳이므로 응력집중 현상이 일어나 큰 응력이 발생하게 되며, 이 곳에서 거리가 멀어짐에 따라 응력이 점차 감소하다가 구멍에서 가장 먼 가장자리에서 최소가 된다. 이때 m 및 n점 부분에서 발생되는 국부응력(local stress)을 최대응력(maximum stress)으로 정하고 구멍부분을 제외한 나머지 전체 면적에 작용하는 응력을 공칭응력(nominal stress)또는 평균응력이라 하며 다음과 같이 표현한다.

$$\sigma_n = \sigma_{aver} = \frac{W}{(b-d)t} \quad \quad (a)$$

그리고 최대응력과 평균응력과의 비를 응력집중계수(factor of concentration) 또는 형상계수(form factor)라고도 하며, 다음과 같이 표현한다. 여기에서 형상계수는 노치의 형상에 의해서 결정됨을 의미한다.

$$a_k = \frac{\sigma_{max}}{\sigma_n} \quad \quad (2.49)$$

# 연습문제

**1.** 단면 20cm×20cm의 강봉이 P = 40 tonf의 축방향 인장하중을 받는 경우 발생되는 응력의 크기를 구하시오.

　　**풀이** $\sigma = 100\ (\text{kgf}/\text{cm}^2)$

**2.** 다음과 같은 강판을 2개의 직경 20mm의 리벳으로 맞대기 이음하였다. 이 경우 리벳에 발생하는 전단응력을 구하시오. (단, S = 2,826 kgf이다)

(힌트) 1면 전단이므로 1개의 리벳에 발생하는 전단응력은 다음과 같다.

$$\sigma_s = \frac{S}{2\dfrac{\pi d^2}{4}} = \frac{2S}{\pi d^2}$$

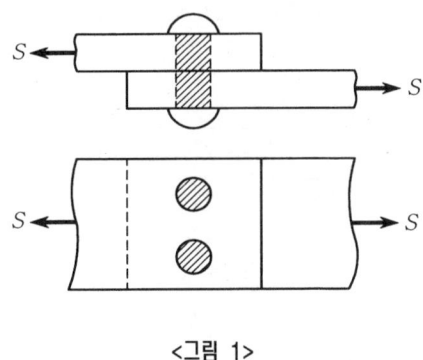

<그림 1>

　　**풀이** $\tau = 450\ (\text{kgf}/\text{cm}^2)$

**3.** 길이 20cm의 강봉에 인장력을 주었더니 20.04cm가 되었다. 이때 변형률을 구하시오.

　　**풀이** $\varepsilon = 0.002$

**4.** $\sigma_x = 500\,\text{kgf}/\text{cm}^2$, $\sigma_y = 300\,\text{kgf}/\text{cm}^2$, $\tau_{xy} = 75\,\text{kgf}/\text{cm}^2$의 평면응력 상태에서 주응력을 구하고 응력원을 그리시오.

　　**풀이** $\sigma_1 = 525\ (\text{kgf}/\text{cm}^2)$
　　　　　$\sigma_2 = 275\ (\text{kgf}/\text{cm}^2)$

**5.** 다음과 같은 구조물에서 AC 강봉의 최소 직경 D의 크기는? (단, 강봉의 허용응력은 $\sigma_a = 1,500 \ (\text{kgf/cm}^2)$으로 한다.)

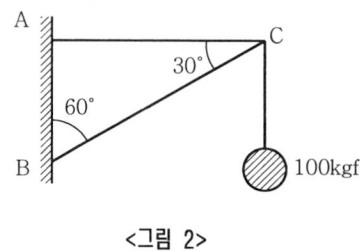

<그림 2>

풀이 $D \fallingdotseq 0.38 \ (\text{cm})$

**6.** 강관기둥에 축방향으로 30tf의 압축력이 가해지고 있다. 허용압축응력 $\sigma_{ca} = 1,200 \ (\text{kgf/cm}^2)$, 강관의 바깥지름의 10cm라면 최대 안지름은?

풀이 $8.3 \ (\text{cm})$

**7.** 다음과 같은 부재에서 축방향 변형량 $\delta$는 얼마인가? (단면적 A는 일정하다.)

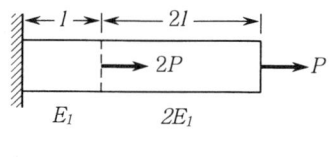

<그림 3>

풀이 $\dfrac{4Pl}{AE_1}$

# 제 3 장  단면의 성질

3.1 서론

3.2 단면 1차 모멘트

3.3. 단면의 도심

3.4 전단중심(center of shear)

3.5 단면 2차 모멘트

3.6 단면계수

3.7 단면 2차 반경

3.8 단면 2차 극 모멘트

3.9 단면상승 모멘트

# chapter 3 단면의 성질

## 3.1 서론

구조물을 구성하는 부재는 다양한 단면을 갖는다. 따라서 구조기술자는 이러한 부재가 가지는 단면의 성질을 파악하여 외부하중에 효과적으로 견딜 수 있는 단면형상을 선택할 수 있어야 한다.

또한, 구조해석을 실시하여 가장 안정적이면서 경제적인 단면을 선택하기 위하여 여러 형상의 부재단면의 성질을 정확하게 파악할 수 있어야 한다.

예를 들어 다음 그림 3.1과 같이 같은 단면적을 갖는 구조물이 있다면 임의의 하중을 지탱하기 위한 구조물로 사용할 경우 그림 3.1(b)와 같이 배치시키는 것이 유리하다는 사실을 경험적으로 알고 있다. 이처럼 경험적인 사실을 역학적으로 규명하기 위해서는 다음과 같은 단면의 기하학적 성질을 알아야 한다.
마찬가지로 같은 단면적을 갖는 재료를 다음 그림 3.2와 같이 단면의 형상을 바꿈으로서 구조적으로 유리하도록 할 수 있다.

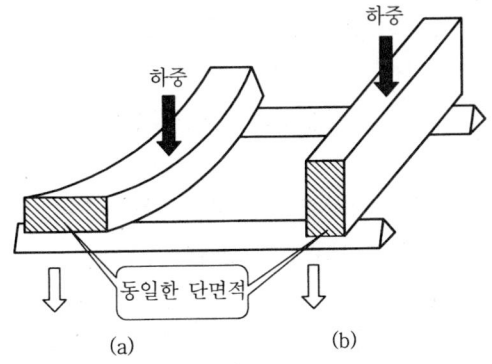

<그림 3.1> 단면형상에 따른 구조적 거동

<그림 3.2>  단면의 형상에 따른 강약

## 3.2 단면 1차 모멘트

임의의 평면을 무수히 많은 미소면적 $dA_1$, $dA_2$, $dA_3$, ……로 나누고 $x$축 및 $y$축에서 이 미소면적까지의 거리를 각각 $x_1$, $x_2$, $x_3$, …… 와 $y_1$, $y_2$, $y_3$, …… 라 하면 이 미소면적과 수직거리의 곱이 각각의 면적 모멘트가 되고 이를 전체 면적으로 적분하면 전면적의 $x$축 및 $y$축의 단면 1차 모멘트라 하고 차원은 면적×거리이므로 $cm^3$, $m^3$으로 표현된다. 일반적으로 기호 G를 사용한다.

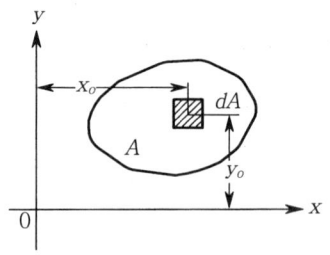

<그림 3.3>  단면1차모멘트

또한 특수한 단면 1차 모멘트는 다음과 같이 쓴다.

    $G_x$   $x$축에 대한 단면 1차 모멘트

        =단면적 × $x$축에서 그 단면의 도심까지의 거리 $y_o$

    $G_y$   $y$축에 대한 단면 1차 모멘트

        =단면적 × $y$축에서 그 단면의 도심까지의 거리 $x_o$

여기서, $x_o$, $y_o$는 각각 $y$축 및 $x$축에서 도심까지의 거리이다.

그림 3.3과 같은 단면의 도심은 쉽게 알 수 없는 것이 보통이다. 따라서 다음 식 (3.1)과 같이 유도하여야 한다.

$$G_x = \int_A y \cdot dA \quad \cdots\cdots\cdots\cdots\cdots\cdots\cdots\cdots\cdots\cdots\cdots\cdots\cdots\cdots\cdots\cdots\cdots\cdots\cdots\cdots\cdots\cdots\cdots (3.1)$$

여기서 $dA = z \cdot dy$ 이므로

$$\left.\begin{array}{l} G_x = \int_{y_1}^{y_2} z \cdot y \cdot dy \\ G_y = \int_{x_1}^{x_2} z' \cdot x \cdot dx \end{array}\right\}$$

또한 단면 1차 모멘트는 다음과 같은 특징이 있다.
① 단면 1차 모멘트는 단면적× 거리이다.
② 단면 1차 모멘트의 단위는 $cm^3$, $m^3$이다.
③ 임의의 축에 대한 단면 1차 모멘트는 알고 있는 단면 1차 모멘트와 단면적과 양축간 거리를 곱한 값과 같다.
④ 도심을 지나는 단면 1차 모멘트는 0 이 된다.

### 예제 3-1

다음 그림 3.4와 같은 삼각형 단면의 각 축에 대한 단면 1차 모멘트를 구하여라.

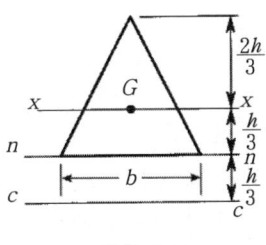

<그림 3.4>

**풀이** $G_x = \dfrac{1}{2} bh \cdot (0) = 0$

$G_n = \dfrac{1}{2} bh \cdot (\dfrac{1}{3} h) = \dfrac{bh^2}{6}$

$G_c = \dfrac{1}{2} bh \cdot \left(\dfrac{1}{3} h + \dfrac{1}{3} h\right) = \dfrac{1}{2} bh \cdot \left(\dfrac{2}{3} h\right) = \dfrac{bh^2}{3}$

### 예제 3-2

다음 그림 3.5와 같이 폭이 5cm이고 높이가 10cm인 단면이 X축과 4cm떨어져 있다면 사각형 단면의 X축에 대한 단면 1차 모멘트는 얼마인가.

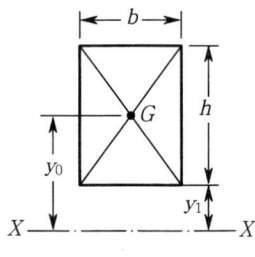

<그림 3.5>

**풀이** $G_x = A y_0 = bh\left(y_1 + \dfrac{h}{2}\right)$

b=5cm, h=10cm, $y_1$=4cm 이므로

$G_x = 5 \times 10 \left(4 + \dfrac{10}{2}\right) = 450 \ (\text{cm}^3)$

## 3.3 단면의 도심

### 3.3.1 단면의 도심

판의 두께가 일정한 도형의 중심을 도심이라 한다. 다시 말하면 한 점을 통과하는 임의의 직교축에 대한 단면 1차 모멘트가 각각 0 이 될 때, 이 점을 도형의 도심 또는 중심이라 한다. 즉,

$$x_0 = \frac{\sum a_i \cdot x_i}{A}, \quad y_0 = \frac{\sum a_i \cdot y_i}{A} \quad \cdots\cdots\cdots\cdots\cdots\cdots\cdots\cdots\cdots\cdots\cdots (3.2)$$

여기서 $\sum a_i \cdot x_i = \int_A x \cdot dA$ 이므로 y축에 대한 단면 1차 모멘트 $G_y$이고 $\sum a_i \cdot y_i = \int_A y \cdot dA$ 이므로 $G_x$이다. 따라서 단면 1차 모멘트와 도심사이에는 다음과 같은 관계가 성립된다.

$$x_o = \frac{\sum a \cdot x}{\sum A} = \frac{G_y}{A} = \frac{A_1x_1 + A_2x_2 + A_3x_3 + \cdots}{A_1 + A_2 + A_3 + \cdots}$$
$$y_o = \frac{\sum a \cdot y}{\sum A} = \frac{G_x}{A} = \frac{A_1y_1 + A_2y_2 + A_3y_3 + \cdots}{A_1 + A_2 + A_3 + \cdots}$$

다음 그림 3.6과 같은 삼각형에 대한 x축에서 도심까지의 거리를 단면 1차 모멘트를 이용하여 구해보면

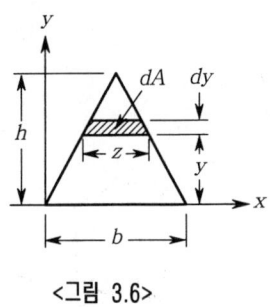

<그림 3.6>

$$\left. \begin{aligned} G_x &= \int_{y_1}^{y_2} z \cdot y \cdot dy \\ G_y &= \int_{x_1}^{x_2} z' \cdot x \cdot dx \end{aligned} \right\} \cdots\cdots\cdots\cdots\cdots\cdots\cdots\cdots\cdots\cdots\cdots\cdots\cdots\cdots\cdots\cdots \text{(a)}$$

$$G_x = \int_0^h z \cdot y \cdot dy \cdots\cdots\cdots\cdots\cdots\cdots\cdots\cdots\cdots\cdots\cdots\cdots\cdots\cdots\cdots\cdots\cdots\cdots\cdots \text{(b)}$$

여기서, $z = \dfrac{b \cdot (h-y)}{h}$ 이므로

$$G_x = \int_0^h b \cdot \frac{(h-y)}{h} \cdot y \cdot dy$$
$$= \frac{b}{h} \cdot \int_0^h (hy - y^2)\,dy = \frac{b}{h} \cdot \left[ \frac{hy^2}{2} - \frac{y^3}{3} \right]_0^h = \frac{bh^2}{6}$$

$$\therefore y_0 = \frac{G_x}{A} = \frac{\dfrac{bh^2}{6}}{\dfrac{bh}{2}} = \frac{h}{3}$$

만약, 삼각형의 도심이 $\dfrac{h}{3}$ 임을 이미 알고 있다면 단면 1차 모멘트는

$$G_x = A \cdot y_0 = \frac{bh}{2} \cdot \frac{h}{3} = \frac{bh^2}{6}$$

와 같이 쉽게 구할 수 있다.
일반적으로 역학에서 흔히 사용되는 단면의 도심은 다음과 같다.

① $y = \dfrac{h}{2}$  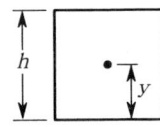  ② $y = \dfrac{D}{2}$  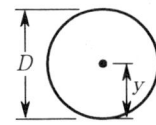  ③ $y_2 = \dfrac{h}{3}$, $y_1 = \dfrac{2h}{3}$

④ $y_1 = \dfrac{h}{3}$, $\dfrac{a+2b}{a+b}$

$y_2 = \dfrac{h}{3}$, $\dfrac{2a+b}{a+b}$

⑤ $y = \dfrac{4r}{3\pi}$

⑥ 포물선 단면

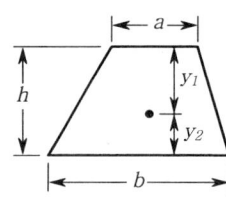 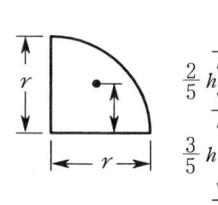 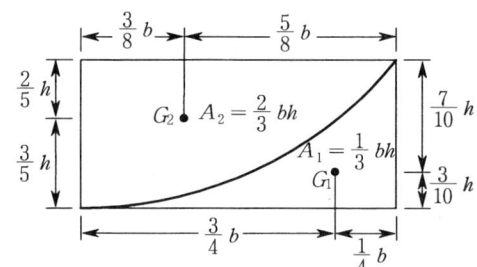

<그림 3.7> 단면의 도심

### 예제 3-3

다음 그림 3.8과 같은 사다리꼴에서 저변 AB로 부터 도심까지의 거리를 구하시오.

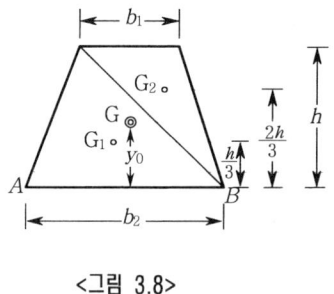

<그림 3.8>

**풀이** 사다리꼴 ABCD의 밑변 AB에 대한 단면 1차 모멘트 $G_x$, AB로 부터 도심까지의 거리 $y_0$로 하면,

$$y_0 = \dfrac{G_x}{A} = \dfrac{\dfrac{b_2 h}{2} \times \dfrac{h}{3} + \dfrac{b_1 h}{2} \times \dfrac{2h}{3}}{\dfrac{b_2 h + b_1 h}{2}}$$

$$\therefore y_0 = \dfrac{h}{3} \cdot \dfrac{2b_1 + b_2}{b_1 + b_2}$$

## 예제 3-4

다음 그림 3.9와 같이 면적 A'의 I형단면에 A''의 단면을 추가할 경우 도심의 이동거리를 구하시오.

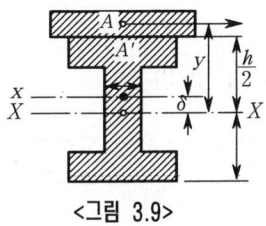

<그림 3.9>

**풀이** I형 단면의 도심축 X-X에 대한, A'과 A''과의 단면 1차모멘트의 합은 전체 단면적 (A'+A'')의 X축에 대한 단면 1차 모멘트와 같다.

$$A' \times 0 + A'' \times y = (A' + A'') \times \delta$$

$$\therefore \delta = \frac{A''y}{A+A''}$$

## 예제 3-5

다음 그림 3.10과 같이 좌우 대칭인 T형 단면의 도심을 구하시오.

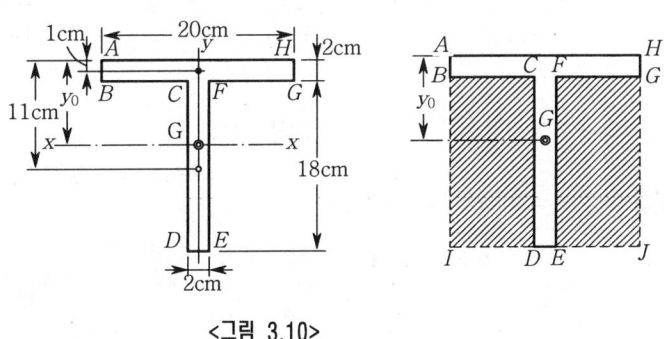

<그림 3.10>

**풀이** (1) 좌우 대칭 단면이므로 도심은 좌우의 중심인 $y$축 위에 있다. 그러므로, 도심의 위치는 AH로 부터 거리 $y_0$를 구하면 된다. T형단면의 AH축에 대한 단면 1차 모멘트를 $G_{AH}$라 하면,

$$y_o = \frac{G_{AH}}{A} = \frac{20 \times 2 \times (-1) + 2 \times 18 \times (-11)}{20 \times 2 + 2 \times 18} = -5.74 \text{ (cm)}$$

(2) 그림에서 T형 단면의 면적은

ABCDEFGH = □AIJH - □BIDC × 2
= 20 × 20 - 9 × 18 × 2 = 76cm²

$$y_0 = \frac{G_{AH}}{A} = \frac{20\times20\times(-10)-9\times18\times2\times(-11)}{76} = -5.74 \text{ (cm)}$$

(3) DE축에서부터 구하면

$$y_0 = \frac{G_{DE}}{A} = \frac{20\times2\times19+2\times18\times9}{76} = 14.26 \text{ (cm)}$$

(4) BC축에서부터 구하면

$$y_0 = \frac{G_{BC}}{A} = \frac{20\times2\times1+2\times18\times(-9)}{76} = -3.74 \text{ (cm)}$$

따라서, 어느 위치에서 구하든 도심의 위치는 같다.

### 예제 3-6

다음 그림 3.11과 같은 단면의 도심을 각각 구하여라.

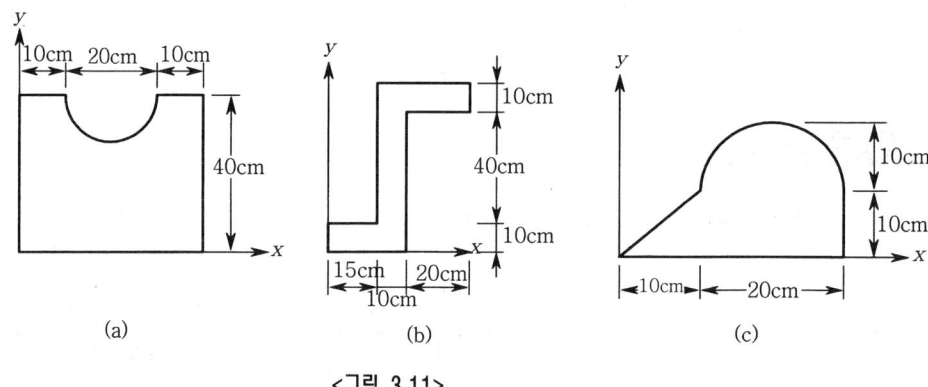

<그림 3.11>

**[풀이]** (a) $x_0 = 20\text{cm}(\because \text{좌우대칭})$

$$y_0 = \frac{(40\times40\times20)-(\frac{1}{2}\pi\times10^2)\times(40-\frac{4\times10}{3\pi})}{(40\times40-\frac{1}{2}\pi\times10^2)} = \frac{26386.67}{1443} = 18.29 \text{ (cm)}$$

(b) $x_0 = \dfrac{10\times30\times30+40\times10\times20+10\times25\times12.5}{10\times30+40\times10+10\times25} = \dfrac{20125}{950} = 21.18 \text{ (cm)}$

$y_0 = \dfrac{10\times30\times55+40\times10\times30+10\times25\times5}{10\times30+40\times10+10\times25} = \dfrac{29750}{950} = 31.32 \text{ (cm)}$

(c) $x_0 = \dfrac{\left(\frac{1}{2}\times10\times10\times\frac{20}{3}\right)+20\times10\times(10+\frac{20}{2})+\left\{\frac{1}{2}\pi\times10^2\times(10+\frac{20}{2})\right\}}{\frac{1}{2}\times10\times10+20\times10+\frac{1}{2}\pi\times10^2}$

$= \dfrac{7475.5}{407} = 18.37 \text{ (cm)}$

$$y_0 = \frac{\left(\frac{1}{2} \times 10 \times 10\right) \times \frac{10}{3} + (20 \times 10) \times 5 + \left(\frac{1}{2}\pi \times 10^2\right) \times \left(10 + \frac{4 \times 10}{3\pi}\right)}{\left(\frac{1}{2} \times 10 \times 10\right) + (20 \times 10) + \left(\frac{1}{2}\pi \times 10^2\right)}$$

$$= \frac{3403.37}{407} = 8.36 \text{ (cm)}$$

### 3.3.2 파푸스의 정리

파푸스의 정리는 회전체의 표면적과 체적을 구하는데 이용되며 제 1정리는 표면적, 제 2정리는 체적을 구한다. 또한 이 정리를 이용하면 간단히 중심의 이동거리를 구할 수 있다.

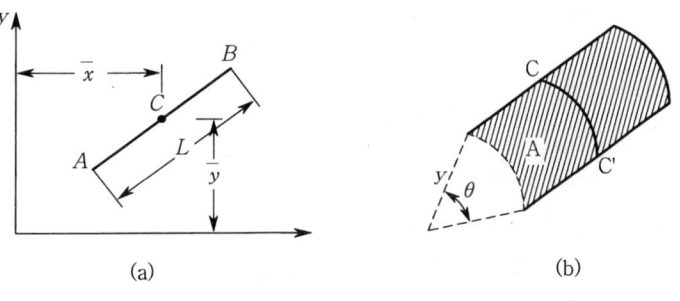

<그림 3.12>  파푸스의 정리

**(1) 파푸스의 제 1정리(면적의 정리)**

회전체의 표면적은 회전체를 형성시키기 위해 회전시킨 곡선의 길이와 곡선호의 중심이 이동한 거리의 곱과 같다. 이는 파푸스의 제 1정리로서 그림 3.12와 같이 길이가 L인 선분을 $x$축이나 $y$축을 중심으로 θ만큼 회전시킨 경우 표면적은 선분의 길이와 선분의 도심이 이동한 거리이다. 즉,

$$A = L \cdot \overline{y} \cdot \theta \quad \text{또는} \quad A = L \cdot \overline{x} \cdot \theta \quad\quad\quad\quad\quad (3.3)$$

여기에서 θ는 회전량으로 radian 값이고 $\overline{x}$ 및 $\overline{y}$는 각각 $x$축 및 $y$축에서 선분의 도심까지의 거리이다. 또한, 한바퀴 회전하였다면 $\theta = 2\pi$가 된다.

**(2) 파푸스의 제 2정리(체적에 대한 정리)**

회전체의 체적은 회전체를 형성시키기 위해 회전시킨 면적과 이 면적의 중심이 이동한 거리의 곱과 같다. 이는 파푸스의 제 2정리로서 단면적 A를 $x$축이나 $y$축을 중심으로 만큼 회전시킨 경우 회전체의 체적은 단면적과 평면의 도심이 이동한 거리의 곱이다. 즉,

$$V = A \cdot \overline{y} \cdot \theta \quad \text{또는} \quad V = A \cdot \overline{x} \cdot \theta \quad\quad\quad\quad\quad (3.4)$$

### 예제 3-7

다음 그림 3.13과 같은 선분 AB를 y축을 중심으로 한 바퀴 회전시켰을 때 생긴 표면적을 구하시오.

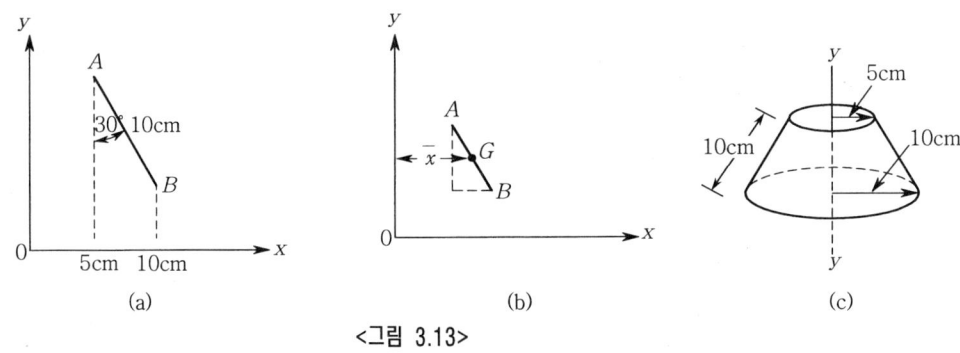

<그림 3.13>

**풀이** Pappus의 제 1 정리에 의하면

$$A = L \cdot \overline{x} \cdot \theta$$

여기에서 $L = \overline{AB} = 10\text{cm}$

$\theta = 2\pi$(한 바퀴) (Radian)

$\overline{x} = 5 + \dfrac{1}{2} \times 10 \sin 30° = 5 + \dfrac{1}{2} \times 5 = 7.5\text{cm}$

$\therefore A = 10 \times 2 \cdot \pi \times 7.5 = 471 \ (\text{cm}^2)$

## 3.4 전단중심(center of shear)

### 3.4.1 전단중심

임의 단면에 하중이 작용할 경우 단면 주축방향의 변형이 발생하나 비틀림 현상이 발생하지 않는 특정한 점을 그 단면의 전단중심 또는 비틀림 중심이라 한다. 다음 그림 3.14(a)와 같이 도심축을 따라 하중 P를 작용시키면 이러한 단면은 그림 3.14(b)와 같이 비틀림 변형이 발생한다. 하지만 그림 3.14(c)와 같이 특정한 점 C에 하중을 작용시키면 연직방향의 처짐만 발생하고 비틀림은 발생하지 않는다. 이러한 점 C를 전단중심이라 한다.

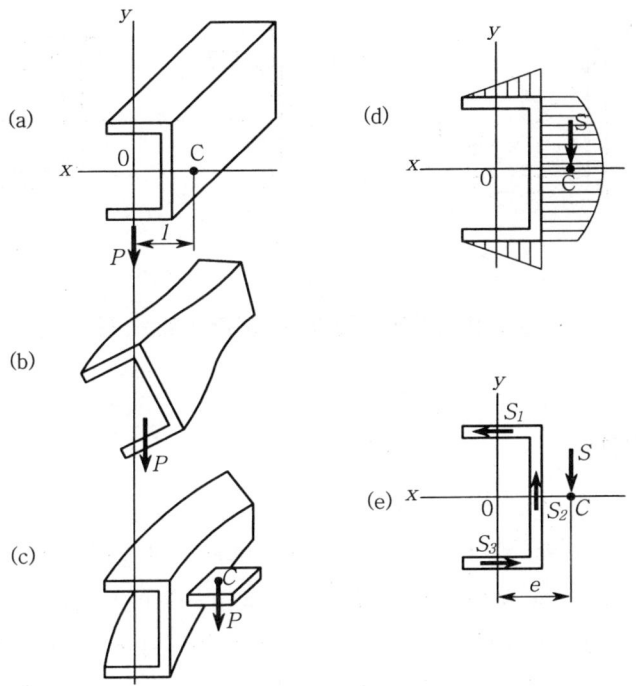

<그림 3.14> 전단중심

## 3.4.2 각종 단면의 전단중심

단면의 주축 $x$, $y$에 대하여 대칭인 도형과 도심에 대하여 점 대칭인 도형의 경우는 도심과 비틀림 중심 즉 전단중심이 일치한다. 하지만 단면 주축의 어느 한쪽 또는 양쪽에 대하여 비대칭인 경우에는 도심과 전단중심은 일치하지 않는다.

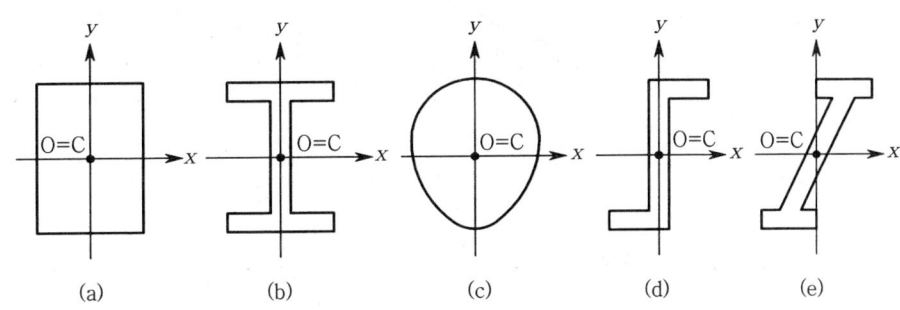

<그림 3.15> 도심과 전단중심이 일치하는 단면

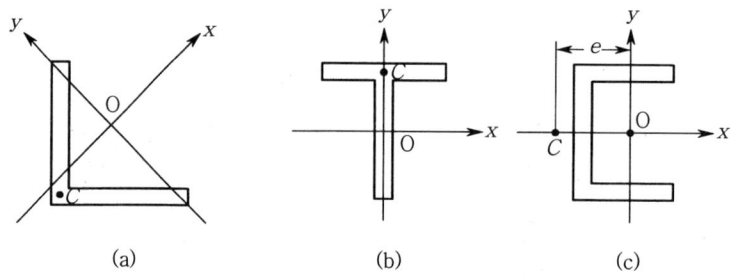

<그림 3.16> 도심과 전단중심이 일치하지 않는 단면

## 3.5 단면 2차 모멘트

단면 2차모멘트는 면적의 관성 모멘트(moment of inertia)라고도 하며 면적은 질량이 없는 양이므로 단면 2차 모멘트라 부르는 경우가 많다. 보와 같은 휨 부재에서 단면 2차 모멘트가 클수록 휨에 저항하는 능력이 커지며 처짐이나 기울기 등의 변위가 작아진다. 다음 그림 3.17과 같이 미소면적 dA와 직교축에서 이 미소면적 dA까지의 거리를 $x$, $y$라 할 경우 $y^2 dA$, $x^2 dA$를 $dA$의 $x$, $y$축에 대한 단면 2차 모멘트라 하며 이것을 전단면에 대해 적분하면 단면 2차 모멘트(second moment of area) 또는 관성모멘트(moment of inertia)라 한다.

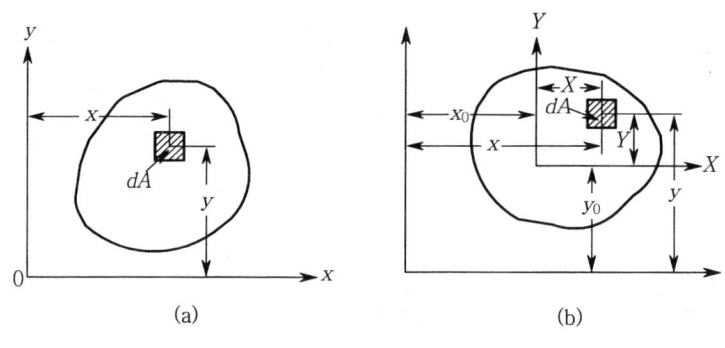

<그림 3.17>

$$I_x = \int_A y^2 dA = a_1 y_1^2 + a_2 y_2^2 + \cdots\cdots + a_n y_n^2 \quad\cdots\cdots\cdots (3.5)$$

$$I_y = \int_A x^2 dA = a_1 x_1^2 + a_2 x_2^2 + \cdots\cdots + a_n x_n^2 \quad\cdots\cdots\cdots (3.6)$$

단면 2차 모멘트의 단위는 길이의 제곱과 면적의 곱이므로 $cm^4$ 또는 $m^4$이다.

다음으로 임의축의 단면 2차 모멘트는 그림 3.17(b)와 같이 임의의 직교축 $X$, $Y$에 대한 단면 2차모멘트를 $I_X$, $I_Y$라 하고, 이 좌표축과 평행한 다른 좌표축 $x$, $y$에 대한 단면 2차모멘트를 $I_x$, $I_y$라 하면 이들 상호간의 관계식은 다음과 같다.

$$I_x = \int_A y^2 dA = \int_A (Y+y_0)^2 dA = \int_A (Y^2 + 2Yy_0 + y_0^2) dA$$

$$= \int_A Y^2 dA + 2y_0 \int_A Y dA + y_0^2 \int_A dA$$

$$= I_X + 2y_0 G_x + y_0^2 A$$

$$I_y = \int_A x^2 dA = \int_A (X+x_0)^2 dA = \int_A (X^2 + 2Xx_0 + x_0^2) dA$$

$$= \int_A X^2 dA + 2x_0 \int_A X dA + x_0^2 \int_A dA$$

$$= I_Y + 2x_0 G_y + x_0^2 A$$

여기에서 $\int_A y^2 dA$는 앞에서 언급한 바와 같이 중립축에 대한 단면 2차 모멘트 $I_x$이고 $\int_A y dA$는 중립축에 대한 단면 1차 모멘트는 0 이므로

$$I_x = I_X + y_0^2 A \dotfill (3.7)$$

$$I_y = I_Y + x_0^2 A \dotfill (3.8)$$

### 3.5.1 직사각형 단면의 단면 2차 모멘트

폭이 b이고 높이 h인 구형단면에 대한 단면 2 차 모멘트를 알아보자. 먼저 다음 그림 3.18에서 $x$축에 대한 단면 2 차 모멘트는

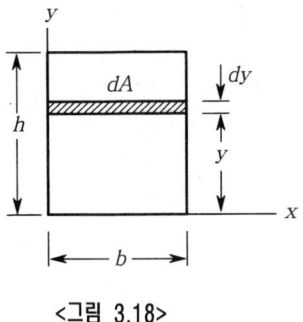

<그림 3.18>

$$I_x = \int_A y^2 \cdot dA = \int_0^h y^2 \cdot b \cdot dy = b \left[ \frac{y^3}{3} \right]_o^h$$

$$\therefore I_x = \frac{bh^3}{3} \dotfill (a)$$

마찬가지로 $y$축에 대한 단면 2 차 모멘트는

$$I_y = \int_A x^2 \cdot dA = \int_0^b x^2 \cdot h \cdot dx = h\left[\frac{x^3}{3}\right]_0^b = \frac{hb^3}{3} \quad\cdots\cdots\cdots\cdots\cdots\cdots\cdots\text{(b)}$$

이 된다. 또 도심에 대하여 단면 2 차 모멘트를 생각하면

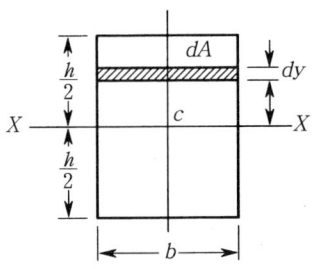

<그림 3.19>

$$I_X = \int_A y^2 \cdot dA = \int_{-\frac{h}{2}}^{\frac{h}{2}} y^2 \cdot b \cdot dy = b\left[\frac{y^3}{3}\right]_{-\frac{h}{2}}^{\frac{h}{2}} = b\left(\frac{h^3}{24} + \frac{h^3}{24}\right)$$

$$\therefore I_X = \frac{bh^3}{12}, \quad I_Y = \frac{b^3h}{12} \quad\cdots\cdots\cdots\cdots\cdots\cdots\cdots\cdots\cdots\cdots\cdots\text{(c)}$$

### 3.5.2 삼각형 단면의 단면 2차 모멘트

폭이 b이고 높이 h인 삼각형단면에 대한 단면 2 차 모멘트를 알아보자. 먼저 다음 그림 3.20에서 $x$축에 대한 단면 2 차 모멘트는

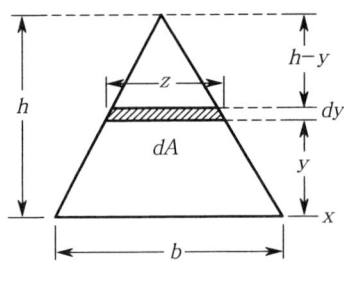

<그림 3.20>

$$I_x = \int_A y^2 \cdot dA = \int_0^h y^2 \cdot z \cdot dy$$

$z$를 $y$에 대한 함수로 나타내면

$$(h-y) : z = h : b$$

$$z = b \cdot \frac{(h-y)}{h}$$

$$I_x = \int_0^h y^2 \cdot \frac{b}{h}(h-y)dy = \frac{b}{h}\int_0^h (hy^2 - y^3)dy = \frac{b}{h}\left[\frac{hy^3}{3} - \frac{y^4}{4}\right] = \frac{bh^3}{12} \quad \cdots\cdots \text{(a)}$$

이 된다. 또 도심에 대하여 단면 2 차 모멘트를 생각하면

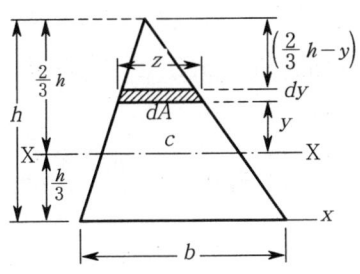

<그림 3.21>

$$I_x = \int_{-\frac{h}{3}}^{\frac{2h}{3}} y^2 \cdot z \cdot dy$$

z를 y에 대한 함수로 나타내면, $\left(\frac{2}{3}h - y\right) : z = h : b$

$$z = \frac{b}{h}\left(\frac{2}{3}h - y\right)$$

$$I_X = \int_{-\frac{h}{3}}^{\frac{2}{3}h} y^2 \cdot \frac{b}{h}\left(\frac{2}{3}h - y\right)dy = \frac{b}{h}\int_{-\frac{h}{3}}^{\frac{2}{3}h}\left(\frac{2}{3}hy^2 - y^3\right)dy = \frac{b}{h}\left[\frac{2}{9}hy^3 - \frac{y^4}{4}\right]_{-\frac{h}{3}}^{\frac{2}{3}h}$$

$$= \frac{27bh^3}{972} = \frac{bh^3}{36} \quad \cdots\cdots\cdots\cdots\cdots\cdots\cdots\cdots\cdots\cdots\cdots\cdots\cdots\cdots\cdots \text{(b)}$$

### 3.5.3 원형 단면의 단면 2차 모멘트

반지름이 $r$인 원형 단면에서 도심에 대한 단면 2 차 모멘트를 유도하면 원형단면 중심에서 $\rho$만큼 떨어진 곳의 미소단면을 $dA$라 하면

$$y = \rho \cdot \sin\theta$$

$$dA = d\rho \cdot \rho \cdot d\theta$$

$$I_x = \int_A y^2 \cdot dA = \int_A \rho^2 \cdot \sin^2\theta \cdot d\rho \cdot \rho \cdot d\theta = \int_A \rho^3 \cdot d\rho \cdot \sin^2\theta d\theta \quad \cdots\cdots \text{(a)}$$

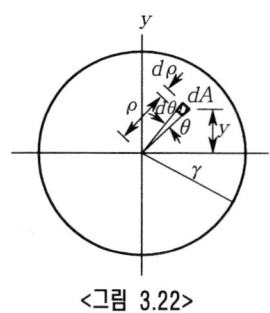

<그림 3.22>

여기에서 중적분(double integral)을 이용하여 $\rho$는 0에서 $r$까지 $\theta$는 0에서 $2\pi$까지 적분하면

$$I_x = \int_0^{2\pi} \left[ \int_0^r \rho^3 d\rho \right] \sin^2\theta d\theta = \int_0^{2\pi} \frac{r^4}{4} \sin^2\theta d\theta = \frac{r^4}{4} \int_0^{2\pi} \sin^2\theta d\theta$$

여기서,

$$\int \sin^2\theta d\theta = \frac{\theta}{2} - \frac{1}{4}\sin 2\theta \text{ 이므로}$$

$$I_x = \frac{r^4}{4}\left[\frac{\theta}{2} - \frac{1}{4}\sin 2\theta\right]_0^{2\pi} = \frac{r^4}{4}(\pi - 0) = \frac{\pi r^4}{4}$$

이를 직경으로 고치면 $r = \dfrac{D}{2}$ 이므로

$$I_x = \frac{\pi D^4}{64} \quad \cdots\cdots\cdots\cdots\cdots\cdots\cdots\cdots\cdots\cdots\cdots\cdots\cdots\cdots\cdots\cdots\cdots\cdots\cdots \text{(b)}$$

### 예제 3-8

다음 그림 3.23(a)와 같은 T형 단면의 X-X축에 대한 단면 2차 모멘트를 구하시오.

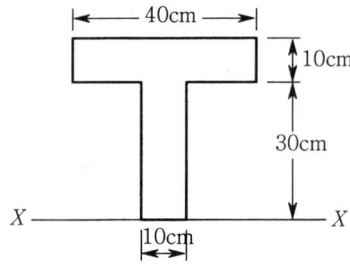

<그림 3.23(a)>

**풀이** 구형단면의 도심에 대한 단면 2차 모멘트는 $\dfrac{bh^3}{12}$ 이고

$$I_x = I_X + y_0^2 A$$

이므로 다음 그림과 같이 구형단면 2개로 분할하여 도심에 대한 단면 2차 모멘트에 축이 이동하여 생기는 2차 모멘트를 합한다.

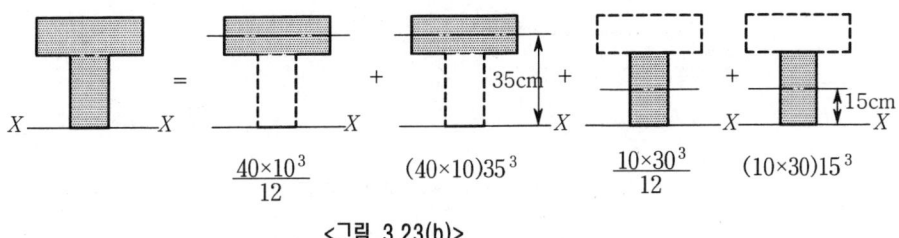

<그림 3.23(b)>

$$I_x = \frac{40 \times 10^3}{12} + 400 \times 35^2 + \frac{10 \times 30^3}{12} + 300 \times 15^2 = 583,333 \ (\text{cm}^4)$$

또한 3.5.1절의 식(a)를 이용하여 계산해 보면,

<그림 3.23 (c)>

$$I_x = \frac{40 \times 40^3}{3} - 2\frac{15 \times 30^3}{3} = 583,333 \ (\text{cm}^4)$$

## 예제 3-9

다음 그림 3.24와 같은 도형의 도심 및 밑변을 지나는 x축에 대한 단면 2차 모멘트를 구하시오.

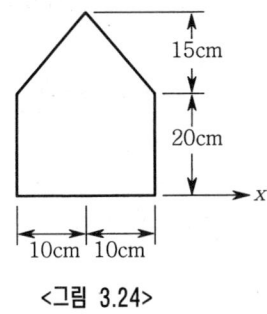

<그림 3.24>

**풀이** (1) 도심축에 대한 단면 2차 모멘트
먼저 도심축을 구하면

$$y_0 = \frac{Q_x}{A} = \frac{(20 \times 15 \times \frac{1}{2} \times 25) + (20 \times 20 \times 10)}{(20 \times 15 \times \frac{1}{2}) + (20 \times 20)} = 14.09 \text{cm}$$

평형축 정리에 의해

$$I_x = I_X + y_0^2 A$$

$$I_X = \frac{20 \times 15^3}{36} + (20 \times 15 \times \frac{1}{2}) \times (25 - 14.09)^2 + \frac{20 \times 20^3}{12} + (20 \times 20) \times (10 - 14.09)^2$$

$$= 1875 + 17854.21 + 13333.33 + 6691.24 = 39753.78 \ (\text{cm}^4)$$

(2) 밑변에 대한 단면 2차 모멘트
삼각형과 구형단면으로 나누어 생각하면,

$$I_x = \frac{20 \times 15^3}{36} + \left(20 \times 15 \times \frac{1}{2}\right) \times \left(20 + \frac{15}{3}\right)^2 + \frac{20 \times 20^3}{12} + (20 \times 20) \times 10^2$$

$$= 1875 + 93750 + 13333.33 + 40000 = 148{,}958.33 \ (\text{cm}^4)$$

### 예제 3-10

다음과 같은 단면의 도심에 대한 단면 2차 모멘트를 구하시오.

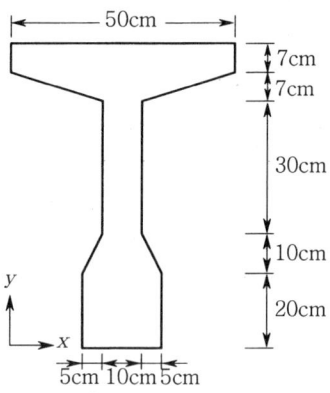

<그림 3.25>

**풀이** $x_0 = 25$ (cm)

$$y_0 = \frac{(50 \times 7 \times 70.5) + (10 \times 47 \times 43.5) + (20 \times 20 \times 10) + (20 \times 7 \times 64.67) + (5 \times 10 \times 23.3)}{(50 \times 7) + (10 \times 47) + (20 \times 20) + (20 \times 7) + (5 \times 10)}$$

$$= 42.09 \ (\text{cm})$$

$$I_y = \frac{7 \times 50^3}{12} + (7 \times 50)(25-25)^2 + \frac{47 \times 10^3}{12} + (47 \times 10)(25-25)^2$$
$$+ \frac{20 \times 20^3}{12} + (20 \times 20)(25-25)^2 + \left[\frac{7 \times 20^3}{36} + \left(7 \times 20 \times \frac{1}{2}\right)\left\{(25 - \left(20 \times \frac{2}{3}\right)\right\}^2\right] \times 2$$
$$+ \left[\frac{10 \times 5^3}{36} + \left(10 \times 5 \times \frac{1}{2}\right)\left\{10 - \left(5 \times \frac{2}{3}\right)\right\}^2\right] \times 2$$
$$= 114625 \ (\text{cm}^4)$$

$$I_x = \frac{50 \times 7^3}{12} + (50 \times 7)(42.09 - 70.5)^2 + \frac{10 \times 47^3}{12} + (10 \times 47)(42.09 - 43.5)^2$$
$$+ \frac{20 \times 20^3}{12} + (20 \times 20)(42.09 - 10)^2 + \left[\frac{5 \times 10^3}{36} + \left(5 \times 10 \times \frac{1}{2}\right)\left\{(42.09 - \left(10 \times \frac{1}{3} + 20\right)\right\}^2\right] \times 2$$
$$+ \left[\frac{20 \times 7^3}{36} + \left(7 \times 20 \times \frac{1}{2}\right)\left\{(42.09 - \left(7 \times \frac{2}{3} + 60\right)\right\}^2\right] \times 2$$
$$= 886226.48 \ (\text{cm}^4)$$

## 3.6 단면계수

단면의 도심을 지나는 축에 대한 단면 2차 모멘트 $I_x$를 그 축에서 상·하단까지의 거리로 나눈 값을 단면계수라 한다. 그림 3.26과 같이 단면의 도심을 지나는 축에 대한 단면 2차 모멘트를 $I_x$라 한다면 $x$-$x$축에 대한 단면계수는 다음과 같다.

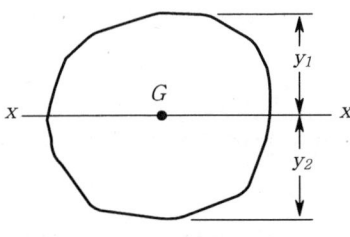

<그림 3.26 단면계수>

$$Z_{x1} = \frac{I_x}{y_1} \quad \cdots\cdots\cdots\cdots\cdots\cdots\cdots\cdots\cdots\cdots\cdots\cdots\cdots\cdots\cdots (3.9)$$

$$Z_{x2} = \frac{I_x}{y_2} \quad \cdots\cdots\cdots\cdots\cdots\cdots\cdots\cdots\cdots\cdots\cdots\cdots\cdots\cdots\cdots (3.10)$$

따라서 단면계수의 차원은 cm³이다. 이와 같은 단면계수는 재료의 강도와 밀접한 관계가 있는 단면 2차 모멘트에 대한 함수이므로 재료의 강도가 크면 단면계수도 크다. 또한 단면계수가 큰 부재는 휨에 강하며 도심축에 대한 단면계수는 0이다.

### 3.6.1 직사각형 단면

직사각형 단면의 단면 2차 모멘트는 3.5.1절의 식(c)와 같이

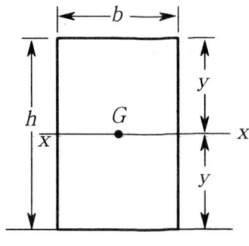

<그림 3.27>

$$I_x = \frac{bh^3}{12}, \quad y = \frac{h}{2}$$

와 같으며 식(3.9)와 (3.10)에 의해

$$\therefore Z = \frac{I}{y} = \frac{\frac{bh^3}{12}}{\frac{h}{2}} = \frac{bh^2}{6}$$

### 3.6.2 삼각형 단면

삼각형 단면의 단면 2차 모멘트는 3.5.2절의 식(b)와 같고

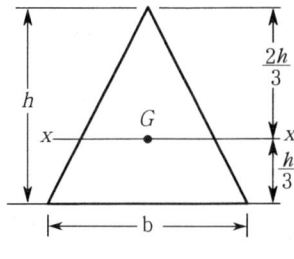

<그림 3.28>

$$I_x = \frac{bh^3}{36}, \quad y_1 = \frac{h}{3}, \quad y_2 = \frac{2h}{3}$$

따라서, 단면계수는

$$\therefore Z_1 = \frac{\frac{bh^3}{36}}{\frac{h}{3}} = \frac{bh^2}{12}$$

$$\therefore Z_2 = \frac{\frac{bh^3}{36}}{\frac{2h}{3}} = \frac{bh^2}{24}$$

### 3.6.3 원형 단면

원형 단면의 단면 2차 모멘트는 3.5.3절의 식(b)와 같으며 중심은 반지름과 같으므로

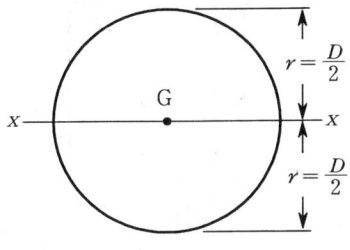

<그림 3.29>

$$I_x = \frac{\pi D^4}{64}, \quad y = \frac{D}{2}$$

따라서, 단면계수는

$$\therefore Z = \frac{I_x}{y} = \frac{\frac{\pi D^4}{64}}{\frac{D}{2}} = \frac{\pi D^3}{32}$$

## 3.7 단면 2차 반경

임의 축에 대한 단면 2차 모멘트를 단면적으로 나눈 값의 평방근을 그 축에 대한 단면 2차 반경 혹은 회전반경 이라 한다. 직교축 $x$, $y$에 대한 단면 2차 모멘트를 $I_x$, $I_y$ 단면적을 A라 하면 단면 2차 반경은 다음 식(3.11) 및 (3.12)와 같으며 단위는 cm 또는 m가 된다.

$$r_x = \sqrt{\frac{I_x}{A}} \quad \cdots\cdots (3.11)$$

$$r_y = \sqrt{\frac{I_y}{A}} \quad \cdots\cdots (3.12)$$

단면 2차 반경을 이용하여 단면 2차모멘트를 다시 구해보면,

$$I_x = A r_x^2$$

$$I_y = A r_y^2$$

직사각형, 삼각형 및 원형단면의 회전반경은 식(3.11)에 각각의 단면 2차모멘트를 대입하여 구할 수 있다. 각 단면의 회전반경은 다음과 같다.

### 3.7.1 직사각형 단면의 회전반경

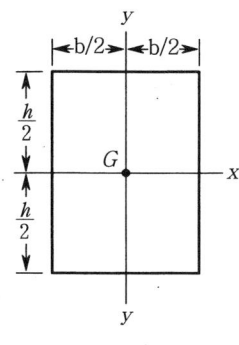

<그림 3.30>

$x$축 방향의 회전반경은

$$I_x = \frac{bh^3}{12}, \quad A = bh$$

$$\therefore r_x = \sqrt{\frac{I_x}{A}} = \sqrt{\frac{bh^3}{12} \times \frac{1}{bh}} = \frac{h}{\sqrt{12}} = \frac{h}{2\sqrt{3}} \quad \cdots\cdots (a)$$

마찬가지로 y방향의 회전반경은

$$I_y = \frac{hb^3}{12}, \quad A = bh$$

$$\therefore r_y = \sqrt{\frac{I_y}{A}} = \sqrt{\frac{hb^3}{12} \times \frac{1}{bh}} = \frac{b}{\sqrt{12}} = \frac{b}{2\sqrt{3}} \quad \cdots\cdots (b)$$

### 3.7.2 삼각형 단면의 회전반경

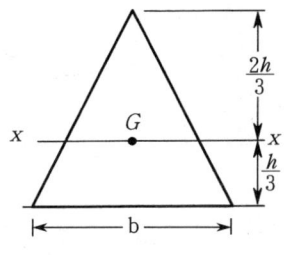

<그림 3.31>

$$I_x = \frac{bh^3}{36}, \quad A = \frac{bh}{2}$$

$$\therefore r = \sqrt{\frac{I_x}{A}} = \sqrt{\frac{bh^3}{36} \times \frac{2}{bh}} = \sqrt{\frac{h^2}{18}} = \frac{h}{3\sqrt{2}} \quad \cdots\cdots\cdots\cdots\cdots\cdots\cdots\cdots\cdots\cdots\cdots\cdots\cdots (a)$$

### 3.7.3 원형 단면의 회전반경

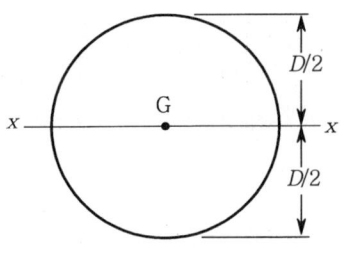

<그림 3.32>

$$I_x = \frac{\pi D^4}{64}, \quad A = \frac{\pi D^2}{4}$$

$$\therefore r = \sqrt{\frac{I_x}{A}} = \sqrt{\frac{\pi D^4}{64} \times \frac{4}{\pi D^2}} = \sqrt{\frac{D^2}{16}} = \frac{D}{4} \quad \cdots\cdots\cdots\cdots\cdots\cdots\cdots\cdots\cdots\cdots (a)$$

**예제 3-11**

그림 3.33과 같은 트러스교의 사재단면에서 2매의 형강 20cm×8cm×0.75cm을 이용하였다. 이 경우 최소회전반경을 구하시오.

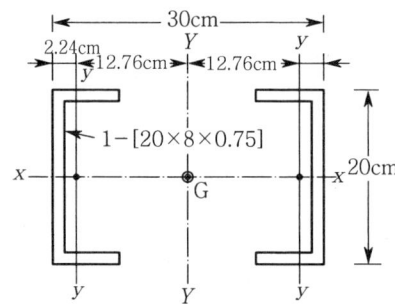

조합 부재의 도심이 그림에서 $x$축, $Y$축 위에 있다. 각축에 대한 형강의 $I_x$, $I_y$가 아니고 $I_x$, $I_Y$를 구하여 이중 작은 값을 이용하여 최소회전 반경을 구한다. 단면을 이용하여 단면 2차 모멘트를 구할 수 있으나 한국공업규격 강재표에 의하면 이 강재의 $I_x = 1,950\text{cm}^4$, $I_y = 177\text{cm}^4$, $A = 31.33\text{cm}^2$임을 알 수 있다. 따라서

$I_x = 1,950 \times 2 = 3,900$ (cm$^4$)

$I_Y = (177 + 31.33 \times 12.76^2) \times 2 = 10,556$ (cm$^4$)

∴ 최소회전반경은 $r_x = \sqrt{\dfrac{3,900}{31.33 \times 2}} = 7.89$ (cm)

⟨표 3.1⟩ 주요단면의 제원표

| 단면형상 | 단면적 A [cm²] | 도심축에서 연단까지의 거리 y[cm] | 단면 2차모멘트 I [cm⁴] | 단면계수 Z [cm³] | 단면2차반경 [cm] |
|---|---|---|---|---|---|
| (1) | $BH - bh$ | $\dfrac{H}{2}$ | $\dfrac{1}{12}(BH^3 - bh^3)$ | $\dfrac{1}{6H}(BH^3 - bh^3)$ | $\sqrt{\dfrac{BH^3 - bh^3}{12(BH - bh)}}$ |
| (2) | $BH + bh$ | $\dfrac{H}{2}$ | $\dfrac{1}{12}(BH^3 + bh^3)$ | $\dfrac{1}{6H}(BH^3 + bh^3)$ | $\sqrt{\dfrac{BH^3 + bh^3}{12(BH + bh)}}$ |
| (3) | $\dfrac{(a+b)h}{2}$ | $y_c = \dfrac{h}{3} \times \dfrac{2a+b}{a+b}$ <br> $y_t = \dfrac{h}{3} \times \dfrac{2a+b}{a+b}$ | $\dfrac{a^2 + 4ab + b^2}{36(a+b)} h^3$ | $Z_c = \dfrac{a^2 + 4ab + b^2}{12(2a+b)} h^2$ <br> $Z_t = \dfrac{a^2 + 4ab + b^2}{12(a+2b)} h^2$ | $\dfrac{h\sqrt{2(a^2 + 4ab + b^2)}}{6(a+b)}$ |
| (4) | $\dfrac{\pi}{4} \times (D^2 - d^2)$ | $\dfrac{D}{2}$ | $\dfrac{\pi}{64} \times (D^4 - d^4)$ | $\dfrac{\pi}{32} \times \dfrac{D^4 - d^4}{D}$ | $\sqrt{\dfrac{D^2 + d^2}{4}}$ |

## 3.8 단면 2차 극 모멘트

그림 3.34와 같은 임의의 단면에 있어서 $x$, $y$좌표의 원점 O에서 미소면적 $dA$까지의 거리를 $r$이라고 할 때, $r^2 dA$를 전단면적에 관하여 적분한 것을 단면 2차 극 모멘트 또는 극관성모멘트라고 한다.

단면 2차 극 모멘트를 $I_p$라 하면,

$$I_p = \int_A r^2 dA \quad \cdots\cdots (3.13)$$

여기에서 $r^2 = x^2 + y^2$이므로

$$I_p = \int_A r^2 dA = \int_A (x^2 + y^2) dA = \int_A x^2 dA + \int_A y^2 dA$$
$$= I_y + I_x \quad \cdots\cdots (3.14)$$

단면 2차 극 모멘트의 단위는 $cm^4$, $m^4$이다.

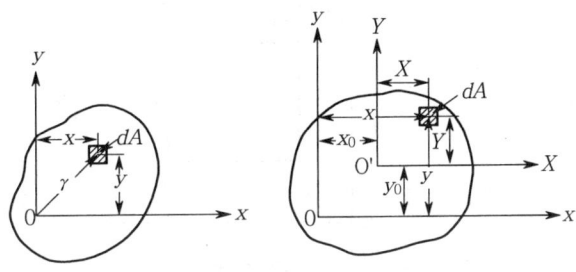

<그림 3.34>

### 예제 3-12

다음 그림 3.35와 같은 구형단면의 도심 및 꼭지점에 대한 극관성 모멘트를 구하시오.

**풀이** 1) 도심에 대하여

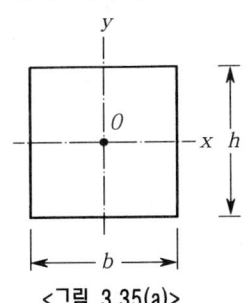

<그림 3.35(a)>

$$I_p = I_y + I_x = \frac{bh^3}{12} + \frac{b^3 h}{12}$$

$$\therefore I_p = \frac{bh}{12}(h^2 + b^2)$$

2) 꼭지점에 대하여

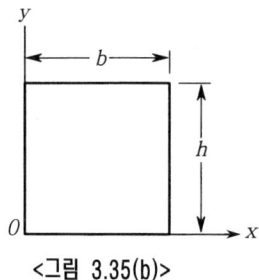

<그림 3.35(b)>

$$I_p = I_y + I_x = \frac{bh^3}{3} + \frac{b^3h}{3}$$

$$\therefore I_p = \frac{bh}{3}(h^2 + b^2)$$

**예제 3-13**

다음 그림 3.36과 같은 구형단면의 x, y축에 대한 단면 2차 극 모멘트를 구하시오.

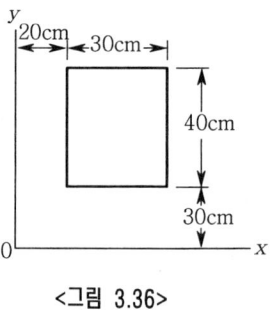

<그림 3.36>

**풀이** $I_p = I_y + I_x$

$= \dfrac{30 \times 40^3}{12} + 30 \times 40 \times 50^2 + \dfrac{40 \times 30^3}{12} + 30 \times 40 \times 35^2$

$= 4,720,000 \ (\text{cm}^4)$

## 3.9 단면상승 모멘트

한 단면의 $x$, $y$축에 대한 면적 A의 관성곱(product of inertia of an area)은 단면상승 모멘트라고 하며 다음과 같이 나타낸다.

$$I_{xy} = \int_A xy\,dA \quad \cdots\cdots\cdots\cdots\cdots\cdots\cdots\cdots\cdots\cdots\cdots\cdots\cdots\cdots\cdots\cdots\cdots\cdots \quad (3.15)$$

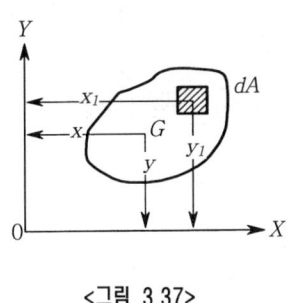

<그림 3.37>

여기에서 $x$와 $y$는 다음 그림에서와 같이 미소 면적 $dA$의 중심 좌표이다. 이식에서 $x$와 $y$의 값이 정(+), 부(-)에 따라 $I_{xy}$가 정(+), 부(-)또는 0이 될 수도 있다.

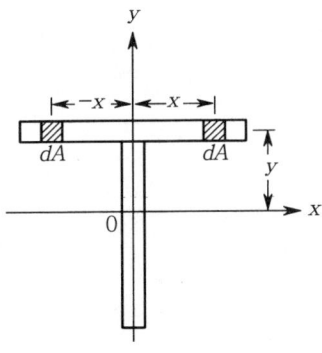

<그림 3.38>

만약 단면이 $x$와 $y$ 중 어느 한 축에 대해서 대칭이면 단면상승 모멘트는 0이 된다.

## 예제 3-14

다음 그림과 같은 단면의 xy축에 대한 단면상승 모멘트를 구하시오.

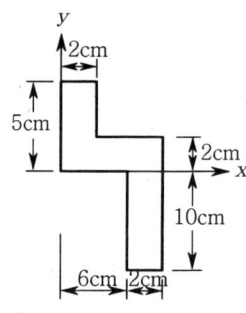

<그림 3.39>

**풀이** 단면을 3부분으로 나누어 생각하면,

$$I_{xy} = \int_A xy\,dA$$
$$= 2 \times 5 \times 1 \times 2.5 + 2 \times 6 \times 5 \times 1 + 2 \times 10 \times 7 \times (-5)$$
$$= -615 \ (\text{cm}^4)$$

# 연습문제

**1.** 다음 그림과 같은 단면에 대하여 X축에 대한 단면 1차 모멘트를 구하시오.

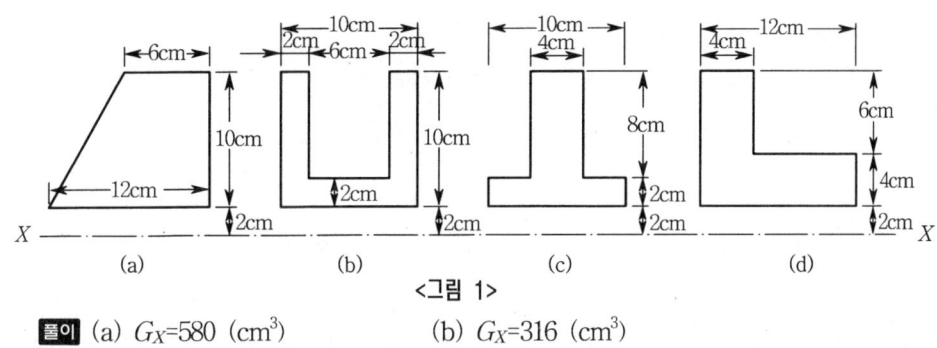

<그림 1>

**풀이** (a) $G_X$=580 (cm³)  (b) $G_X$=316 (cm³)
(c) $G_X$=316 (cm³)  (d) $G_X$=408 (cm³)

**2.** 다음 각 단면의 도심을 구하시오.

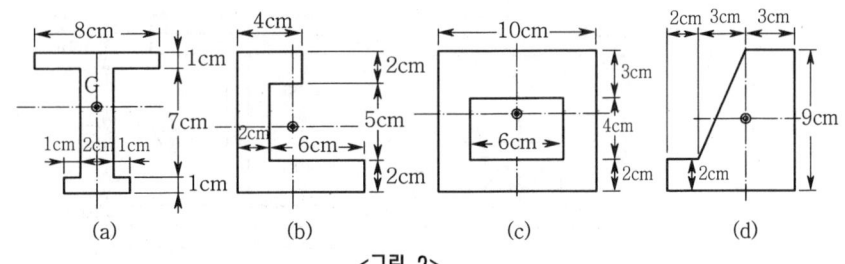

<그림 2>

**풀이** (a) $y_o$=5.11 (cm)  (b) $y_o$=3.68 (cm)
(c) $y_o$=4.68 (cm)  (d) $y_o$=3.72 (cm)

**3.** 다음 그림과 같은 벽체 단면의 도심을 구하시오.

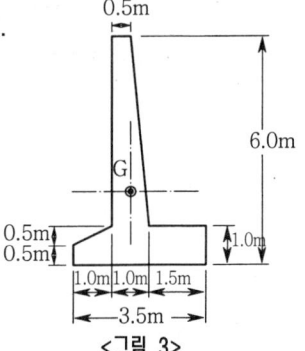

**풀이** $y_o$=1.95 (m)

<그림 3>

**4** 다음과 같은 단면의 X축 및 Y축에 대한 단면 2차 모멘트를 구하시오.

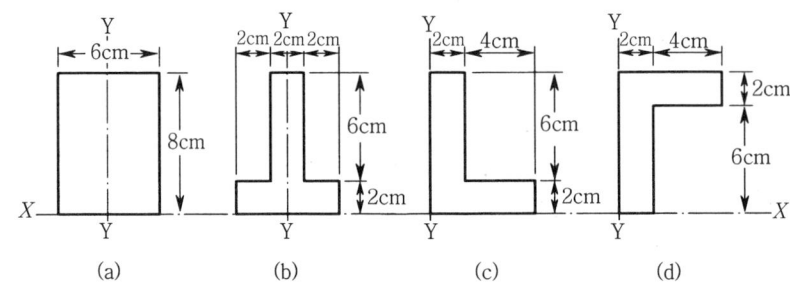

<그림 4>

풀이 (a) $I_X = 1024$ (cm⁴)  $I_Y = 144$ (cm⁴)

(b) $I_X = 352$ (cm⁴)  $I_Y = 40$ (cm⁴)

(c) $I_X = 352$ (cm⁴)  $I_Y = 160$ (cm⁴)

(d) $I_X = 736$ (cm⁴)  $I_Y = 160$ (cm⁴)

**5** 다음과 같은 단면에서 X축에 대한 단면 2차 모멘트와 도심을 통과하는 x축에 대한 단면 2차 모멘트를 구하시오.

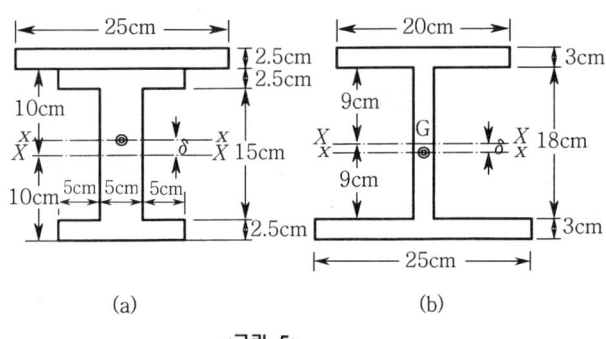

<그림 5>

풀이 (a) $I_X = 15130.21$ (cm⁴)  $I_x = 12803.69$ (cm⁴)

(b) $I_X = 16443$ (cm⁴)  $I_x = 16311.75$ (cm⁴)

**6** 다음과 같은 단면의 x축 및 y축에 대한 회전반경을 구하고 크기를 비교하시오.

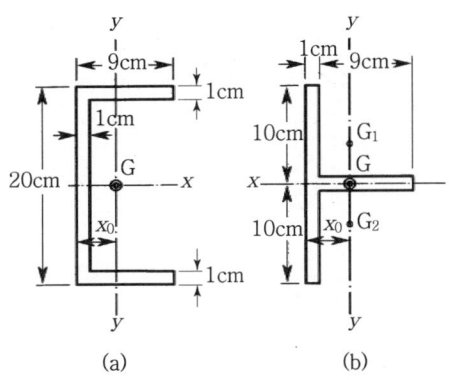

<그림 6>

**[풀이]** (a) $I_x = 2112 \ (\text{cm}^4) \quad I_y = 267 \ (\text{cm}^4)$

$r_x = 7.66 \ (\text{cm}) \quad r_y = 2.72 \ (\text{cm})$

(b) $I_x = 667.42 \ (\text{cm}^4) \quad I_y = 217.59 \ (\text{cm}^4)$

$r_x = 4.80 \ (\text{cm}) \quad r_y = 2.74 \ (\text{cm})$

**7** 다음과 같은 단면의 단면 계수를 구하시오.

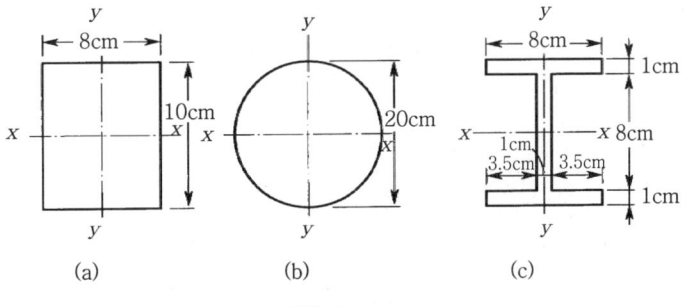

<그림 7>

**[풀이]** (a) $Z_x = 133.33 \ (\text{cm}^3) \quad Z_y = 106.66 \ (\text{cm}^3)$

(b) $Z_x = 785 \ (\text{cm}^3) \quad Z_y = 785 \ (\text{cm}^3)$

(c) $Z_x = 73.6 \ (\text{cm}^3) \quad Z_y = 21.5 \ (\text{cm}^3)$

# 제 4 장  정정보

4.1 보의 정의와 분류

4.2 구조물의 부정정차수

4.3 보의 하중과 해석적 표현

4.4 보의 평형조건과 단면력

4.5 보의 하중, 전단력 및 휨모멘트 사이의 관계

4.6 보의 전단력도와 휨모멘트도

4.7 단순보

4.8 캔틸레버보(cantilever beam)

4.9 내민보와 게르버보

4.10 복잡한 보

# chapter 4 정정보

## 4.1 보의 정의와 분류

단면치수에 비하여 길이가 긴 구조용부재가 적당한 방법으로 지지되고, 그 축선에 수직방향의 하중을 받고 있을 때 그 부재를 보(beam)라 한다. 보는 직선이나 곡선으로 될 수 있으며, 실제로 직선보가 주로 사용되기 때문에 이 장에서는 직선보에 대해서 다루기로 한다. 특히 보가 교량등에 사용될 때는 이를 형(桁, girder)이라 부르기도 한다.

보를 지지하는 지점구조는 일반적으로 표 4.1에 표시하는 3종류가 있다.

〈표 4.1〉 지점구조와 반력수

| 지점의 종류 | 구조 | 도시법 | 반력의 특성 | 반력수 |
|---|---|---|---|---|
| 가동지점 (a) |  힌지, 롤러 |  V | 수직방향 | 1 |
| 회전지점 (b) | 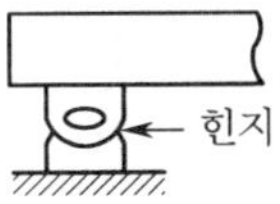 힌지 | 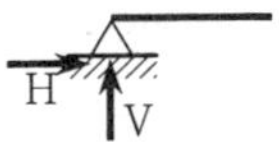 H, V | 수직방향<br>수평방향 | 2 |
| 고정지점 (c) | 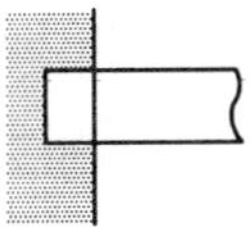  | 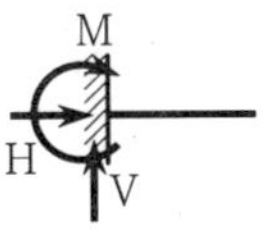 M, H, V | 수직방향<br>수평방향<br>모멘트 | 3 |

표 4.1(a)의 가동지점(roller)은 특정한 작용선상에 있는 힘, 즉 수직력만 저항할 수 있다. 회전지점(pin or hinge)은 평면의 모든 방향에서 작용하는 힘에 저항할 수 있다. 그러므로 이런 지점에서의 반력은 보통 두 개의 반력, 즉 수평분력과 수직분력을 가진다. 마지막으로 고정지점(fixed support, built-in support)은 임의 방향의 작용력 뿐만 아니라 우력이나 모멘트도 견딜 수 있다.

이들 지점의 조합에 따라 보를 분류하면 그림 4.1과 같다.

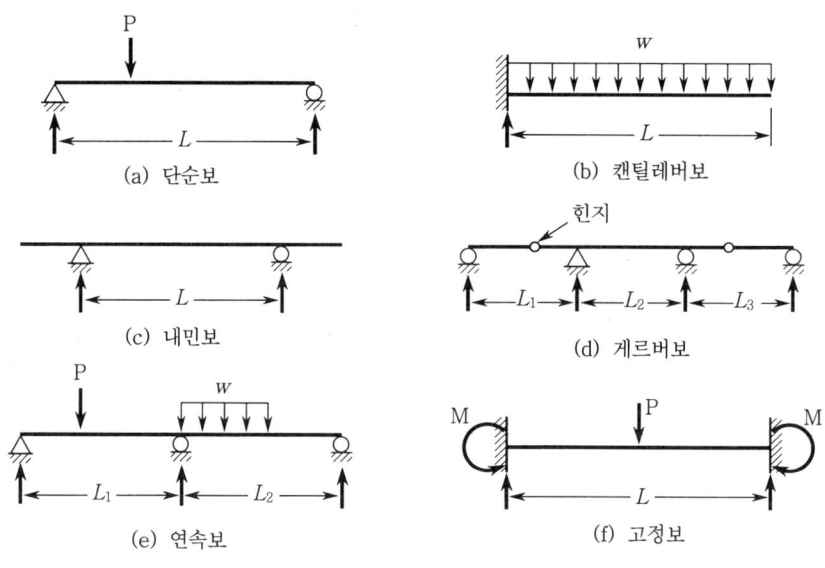

<그림 4.1> 보의 종류

① 단순보(simply supported beam or simply beam) : 단순히 양단을 지지한 것으로 보통 한 단은 회전지점이고 다른 단은 가동지점으로 되어 있다.[그림 4.1(a)]

② 캔틸레버보(cantilever beam) : 한단이 고정이고 다른 단은 자유인 것.[그림 4.1(b)]

③ 내민보(over hanging beam) : 보의 일부가 지점을 지나서 한 쪽 또는 양쪽으로 돌출되어 있다.[그림 4.1(c)]

④ 게르버보(gerber beam) : 지점의 수가 3개 이상인 보에서 부정정 차수의 수 만큼 지간내에 힌지를 두어 정정보로 만든 것.[그림 4.1(d)]

⑤ 연속보(continuous beam) : 연속부재에 대해서 중간지점이 있는 보.[그림 4.1(e)]

⑥ 고정보(fixed of built-in beam) : 양단이 고정된 것.[그림 4.1(f)]

그림 4.1의 (a)~(d)의 보에서는 지점반력이나 지점모멘트가 정역학적인 힘의 평형조건식만으로 구할 수 있기 때문에 정정보(statically determinate beam)라 하고, (e), (f)의 보는 지점반력이나 지점모멘트의 미지수가 3개 이상이 되므로 평형조건식뿐만 아니라 변형조건을 고려하여 해석한다. 이와 같은 보를 부정정보(statically indeterminate beam)라 한다.

## 4.2 구조물의 부정정차수

### 4.2.1 외적으로 안정, 불안정, 정정, 부정정

구조물과 지반을 결합하기 위해서 지점이 설치된다. 지점 구조에 따라 구조물이 외적으로 안정, 불안정, 정정, 부정정이 정해진다. 외적으로 안정된 구조물은 구조물에 외력이 작용했을 때 구조물이 이동하지 않고 원래 위치를 유지하며, 위치가 변경되면 불안정구조가 된다.

또한, 외적 정정구조물은 임의 외력이 작용했을 때, 3개의 평형조건($\Sigma V = 0$, $\Sigma H = 0$, $\Sigma M = 0$)에 의해 미지반력이 구해지는 것이고, 3개의 평형조건만으로 미지반력을 구할 수 없고 다른 조건이 필요할 때 부정정구조라 한다.

구조물이 외적으로 안정, 불안정, 정정, 부정정의 판별은 아래 식을 사용한다.

$$n_e = r - 3 \quad \cdots\cdots\cdots\cdots\cdots\cdots\cdots\cdots\cdots\cdots\cdots\cdots\cdots\cdots\cdots\cdots\cdots\cdots\cdots (4.1(a))$$

여기서, $r$ : 미지반력의 총수

$n_e$ : 외적부정정 차수 → $n_e < 0$ 불안정, $n_e = 0$ 정정, $n_e > 0$ 부정정

### 4.2.2 내적으로 안정, 불안정, 정정, 부정정

외적으로 정정인 구조라도 내적으로 불안정한 구조물은 완전한 구조물이라 말할 수 없다. 내적으로 안정된 구조물은 구조물에 임의의 외력이 작용했을 때에 구조물이 원래의 형상을 유지할 수 있으며, 원래의 형상을 유지할 수 없는 구조물은 내적 불안정구조가 된다.

구조물이 내적으로 안정, 불안정, 정정, 부정정의 판별은 식(4.1(b))에 의한다.

(1) 트러스 구조

$$n_i = (m+3) - 2j \quad \cdots\cdots\cdots\cdots\cdots\cdots\cdots\cdots\cdots\cdots\cdots\cdots\cdots\cdots\cdots (4.1(b))$$

여기서, $m$ : 부재 총수

$j$ : 절점총수

$n_i$ : 내적부정정차수 → $n_i < 0$ 불안정, $n_i = 0$ 정정, $n_i > 0$ 부정정

식(4.1(b))는 필요조건이지만 충분조건은 아니다. 트러스에 관한 판별은 제5장 트러스에서 상세하게 다루기로 한다.

### (2) 복합구조

예를 들면, 보, 라멘, 링크, 트러스, 아치 등이 결합된 구조물을 복합구조라 하며, 이들은 휨모멘트, 전단력, 축력에 저항하게 된다.

$$n_i = j - 3(m-1) \quad \cdots\cdots\cdots\cdots\cdots\cdots\cdots (4.1(c))$$

여기서, $m$ : 부재총수

$j$ : 구조물의 절점구속의 총수

$n_i$ : 내적부정정 차수 → $n_i < 0$ 불안정, $n_i = 0$ 정정, $n_i > 0$ 부정정

복합구조물의 절점종류에 따른 구속수($j$)는 <표 4.2>와 같다.

### 4.2.3 내외적 부정정차수

외적부정정차수와 내적부정정차수를 합하면 구조물의 전체 부정정 차수가 된다. 즉 식(4.1(a))와 식(4.1(c))에 의해

$$n = n_e + n_i = j - 3m + r \quad \cdots\cdots\cdots\cdots\cdots\cdots\cdots (4.1(d))$$

〈표 4.2〉 부재 결합에 따른 절점수

| 결점구조 |  ✚ |  ㄱ |  木 |  ㄱ |  ㅜ |  ✚ |
|---|---|---|---|---|---|---|
| 절점분해 |  ┤├ |  ┐ | 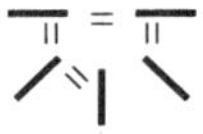 ㅈㅈ |  ㄱ |  ㅜ |  ┤├ |
| 구속수 | 8 | 2 | 8 | 3 | 5 | 9 |

## 예제 4-1

그림 4.2(a)에 보여준 구조물의 안정, 불안정, 정정, 부정정을 판별하시오.

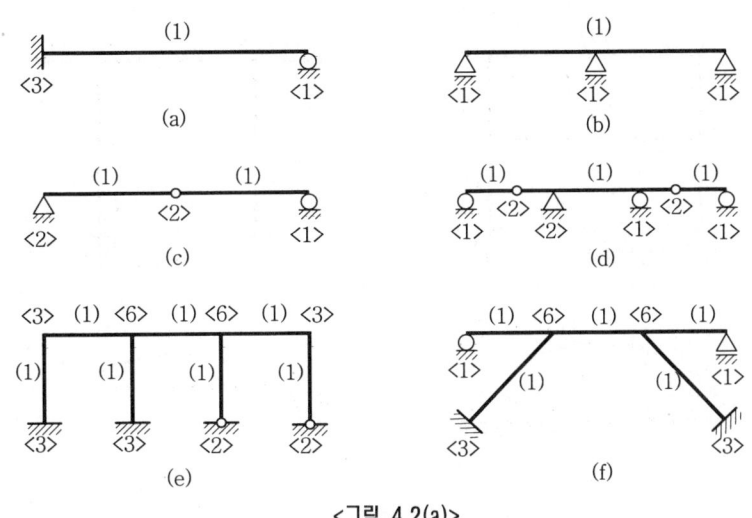

<그림 4.2(a)>

**풀이** 그림 4.2(a)에서 < >안에 숫자는 표 4.1과 표 4.2에 의해 계산된 반력수 $r$과 구속수 $j$, ( )안에 숫자는 부재수 m를 표시한다.

식(4.1(a))에 의해

   (a) $r=4$, $n_e=4-3=1$, ∴ 외적 1차 부정정

   (b) $r=3$, m=1(연속된 한개의 부재), $n_e=3-3=0$,

     ∴ 수평이동이 가능하므로 외적 불안정

식(4.1(d))에 의해, $n=j-3m+r=0-3×1+3=0$

   (c) $r=3$, $j=2$, m=2(힌지로 연결된 2개의 부재), $n=2-3×2+3=-1$

     ∴ 불안정구조

식(4.1(c))에 의해, $n_e=3-3=0$, $n_i=2-3(2-1)=-1$,

     ∴ 외적으로 정정이나 내적으로 불안정

   (d) $r=5$, $j=4$, m=3(힌지로 연결된 3개의 부재), $n=4-3×3+5=0$ ∴ 정정

   (e) $r=10$, $j=18$, m=7, $n=18-3×7+10=7$ ∴ 7차 부정정

     $n_i = 18-3(7-1)=0$, 내적 정정

   (f) $r=8$, $j=12$, m=5, $n=12-3×5+8=5$ ∴ 5차 부정정

식(4.19(c))에 의해,

     $n_i=12-3(5-1)=0$, $n=j-3m+r=12-3×5+8=5$차 부정정

∴ 외적5차 부정정, 내적 정정

### 예제 4-2

그림 4.2(b)에 보여준 복합구조물의 내적 안정, 불안정, 정정, 부정정을 판별하시오.

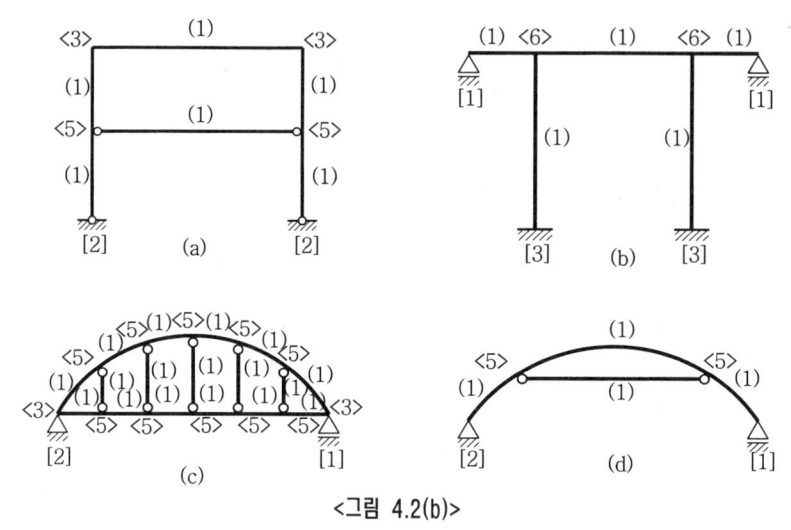

<그림 4.2(b)>

**풀이** 그림 4.2(b)에서 < >안에 숫자는 표 4.1과 표 4.2에 의해 계산된 반력수 $r$과 구속수 j, ( )안에 숫자는 부재수 m를 표시한다.

식(4.1(c))에 의해 내적부정정 차수와 식(4.1(d))로 전체 부정정차수를 계산하면

(a) m=6, j=16, $n_i$=16-3(6-1)=1,　내적 1차 부정정

　전체 부정정 차수 n=16-3×6+4=2,　∴ 2차 부정정(외적1차, 내적1차)

(b) m=5, j=12, $n_i$=12-3(5-1)=0,　내적 정정

　전체 부정정 차수 n=12-3×5+8=5,　∴ 5차 부정정(외적5차, 내적 정정)

(c) m=17, j=56, $n_i$=56-3(17-1)=8　내적 8차 부정정

　전체 부정정 차수 n=56-3×17+3=8　∴ 8차 부정정(외적 정정, 내적8차)

(d) m=4, j=10, $n_i$=10-3(4-1)=1　　　∴ 1차 부정정

　전체 부정정 차수 n=10-3×4+3=1,　∴ 1차 부정정(외적 정정, 내적1차)

## 4.3 보의 하중과 해석적 표현

보가 지지하는 하중은 그림 4.3(a)에 보여준 바와 같이 기둥, 매단물건, 그리고 용접결합부 등이 있을 수 있다. 이런 경우 보의 특정점에 힘을 작용시켜 보를 해석하려고 할 때에는 이 힘을 그림 4.3(c)와 같이 집중하중으로 이상화한다.

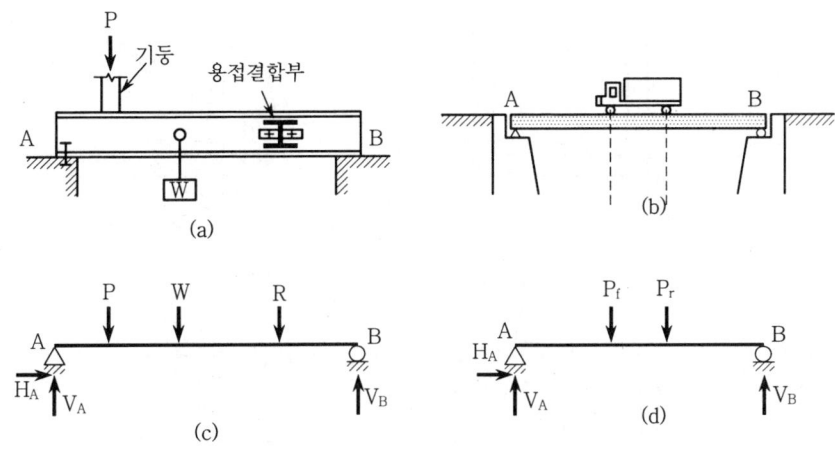

<그림 4.3>  보에 작용하는 집중하중

또한 그림 4.3(b)와 같이 보를 통과하는 자동차의 중량은 바퀴를 통해서 하중이 전달되므로 이를 해석할 때는 그림 4.3(d)와 같이 모델링할 수 있다.

반면 힘이 보의 전체에 걸쳐 작용할 때가 있다. 예를 들면 그림 4.4와 같이 보의 자중, 보위에 쌓인 눈, 창고에 일정한 높이로 쌓아 올린 물건 등은 보의 길이방향으로 그 크기가 같기 때문에 이런 힘을 등분포하중(uniformly distributed load)이라 하고, 이 하중의 크기는 보의 단위길이당의 하중(kgf/cm, tonf/m)으로 표시한다.

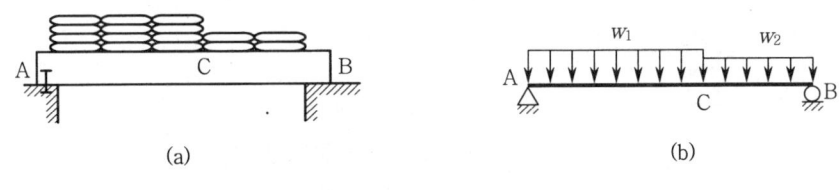

<그림 4.4>  등분포하중

옹벽에 작용하는 토압, 액체가 들어있는 용기의 수직벽과 경사벽에는 그림 4.5에서 보여준 바와 같이 깊이에 따라 같은 비율로 하중이 증가하기 때문에 등변분포하중(uniformly varying load)이라 한다.

그림 4.5에서 하중의 강도는 단위폭(1m)당의 크기로 나타낸다. 그림 4.5에서 $\gamma$는 액체나 흙의 단위중량이고 $k_a$는 토압계수이다.

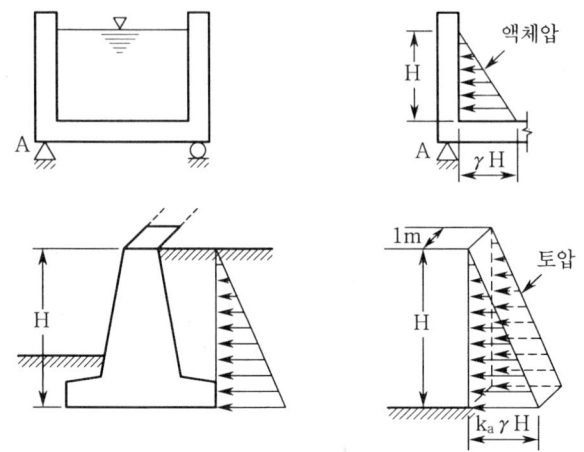

<그림 4.5> 등변분포하중

한편 보의 한점에 작용하는 우력모멘트나 모멘트를 받는 보를 생각해 보자. 이런 경우의 한 가지 가능한 예는 그림 4.6(a)이고 이상화시킨 모델은 그림 4.6(b)처럼 나타낼 수 있다.

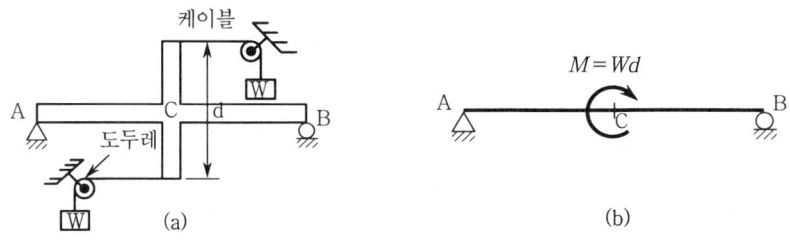

<그림 4.6> 보의 우력모멘트

## 4.4 보의 평형조건과 단면력

### 4.4.1 평형조건

보에 작용하는 외력으로는 하중과 반력들이 있고, 이들의 힘이 작용할 때 보가 평형상태를 유지하려면 정역학적 평형방정식이 성립되어야 한다. 이들 조건으로부터 지점의 미지반력을 구할 수 있다. 평형방정식은 다음과 같다.

$\Sigma H = 0, \quad \Sigma V = 0, \quad \Sigma M = 0$

이제 그림 4.7(a)와 같은 단순보의 반력 $R_A$, $R_B$를 위 조건식을 이용하여 구해보자. 먼저 수평방향의 하중이 없기 때문에 A점의 수평반력은 0이다.

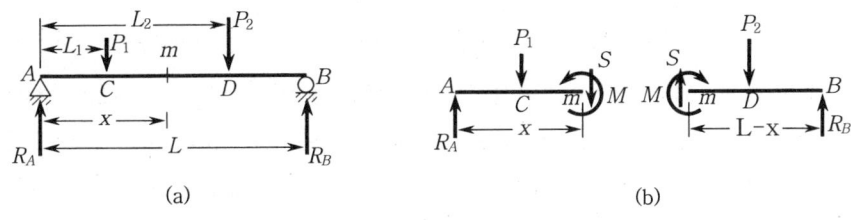

<그림 4.7>

$\Sigma V = 0$ 에서
$$P_1 + P_2 - R_A - R_B = 0 \quad\quad\quad\quad (4.2)$$
$\Sigma M_A = 0$ 에서
$$R_B \times L - P_1 \times L_1 - P_2 \times L_2 = 0 \quad\quad\quad\quad (4.3)$$
식(4.2)와 식(4.3)으로부터
$$R_B = \frac{P_1 \times L_1 + P_2 \times L_2}{L}$$
$$R_A = \frac{P_1(L-L_1) + P_2(L-L_2)}{L} \quad\quad\quad\quad (4.4)$$

### 4.4.2 단면력

 그림 4.7(b)에 표시한 것과 같이 A로부터 $x$거리에 있는 임의의 m 단면에서 보를 절단하여 분리할 때 왼쪽 보요소의 평형은 외력 $P_1$과 반력 $R_A$만 고려하면 안된다. 왜냐하면, 원래 이 보는 서로 연결되어 있기 때문에 절단된 단면 m에 균일분포하는 내력들, 즉 보의 오른쪽 부분이 왼쪽부분에 주는 힘들도 고려되어야 한다.

 따라서 그림 4.7(b)에 나타낸 왼쪽 요소는 외력 $P_1$, 반력 $R_A$, 그리고 절단면에 발생하는 내력을 포함시켜 평형조건식을 적용해야 한다. 이 절단면에서 보의 축선에 직각으로 작용하는 내력 S을 전단력(shear force)이라고 한다.

 식(4.2)에서 단면 m을 경계로 하여 왼쪽과 오른쪽의 외력을 각각 좌변 및 우변으로 이항하면
$$P_1 - R_A = -(P_2 - R_B)$$
$$\therefore \; S = P_1 - R_A = -(P_2 - R_B) \quad\quad\quad\quad (4.5)$$

식(4.5)의 물리적 의미는 임의단면 m에서의 전단력은 왼쪽 외력의 대수합 또는 오른쪽 외력의 대수합의 음(-)과 같다는 것을 알 수 있다.

임의 단면 m에 대한 외력의 모멘트의 대수합은 $\Sigma M = 0$ 이므로

$$R_A \times x - P_1(x-L_1) - P_2(L_2-x) + R_B(L-x) = 0$$

$$\therefore M = R_A \times x - P_1(x-L_1) = -[R_B(L-x) - P_2(L_2-x)] \cdots\cdots\cdots (4.6)$$

여기서, M은 보를 굽히려고 하기 때문에 굽힘모멘트(bending moment)또는 휨모멘트라고 한다. 역시 식(4.6)에 의하여 임의 단면 m의 굽힘모멘트 M은 단면 m의 도심에서 왼쪽에 있는 모든 외력들의 모멘트의 대수합과 같고, 또한 오른쪽에 있는 모든 외력들의 모멘트의 대수합에 음(-)을 붙인것과 같음을 알 수 있다.

그러므로 보의 임의점의 전단력이나 굽힘모멘트를 구할 때, 그 단면에서 계산이 편리한 어느 한쪽을 택하면 된다. 그리고 S와 M의 부호는 재료의 변형과 관계되기 때문에 부호규약을 하는 것이 편리하다.

전단력은 그림 4.8(a)와 같이 단면을 상호 절단하려는 힘이기 때문에, 보통 우하로 절단하려는 것을 정(+), 그 반대를 부(-)로 한다. 즉, 특정단면의 좌측으로부터 구한 합력은 상향을 정(+), 하향을 부(-)로 한다. 휨모멘트는 그림 4.8(b)와 같이 보를 휘려고 하는 힘이기 때문에 하측에 인장, 상측에 압축이 발생하도록 작용하는 것을 정(+), 그 반대를 부(-)로 한다. 다시말하면 특정단면의 좌측으로부터 구한 모멘트는 시계방향이 정(+), 반시계방향이 부(-)가 된다.(우측에서는 시계방향을 부(-), 반시계방향이 정(+)이다) 단면력의 부호규약

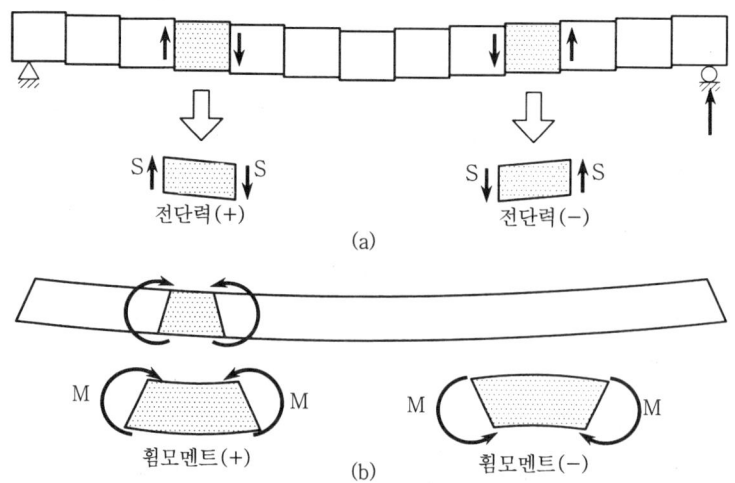

<그림 4.8> 단면력의 부호규약

## 4.5 보의 하중, 전단력 및 휨모멘트 사이의 관계

보의 임의 단면에서 전단력과 휨모멘트 사이의 관계를 규명하는 것은 보의 문제를 해결하는데 매우 중요하고 편리한 방법이다. 그림 4.9(a)에서 $x$ 거리 떨어진 두 인접단면 $dx$요소를 생각하고, 그 요소의 왼쪽 단면에 양의 전단력 $S_x$와 양의 휨모멘트 $M_x$가 작용한다고 가정하자. 두 인접단면사이에 외력이 작용하지 않는다면 $dx$ 떨어진 오른쪽 단면에도 양의 전단력 $S_x$와 양의 굽힘모멘트 $M_x + dM_x$가 작용하게 된다. $dM_x$은 미소단면사이의 굽힘모멘트의 변화량을 나타낸다.

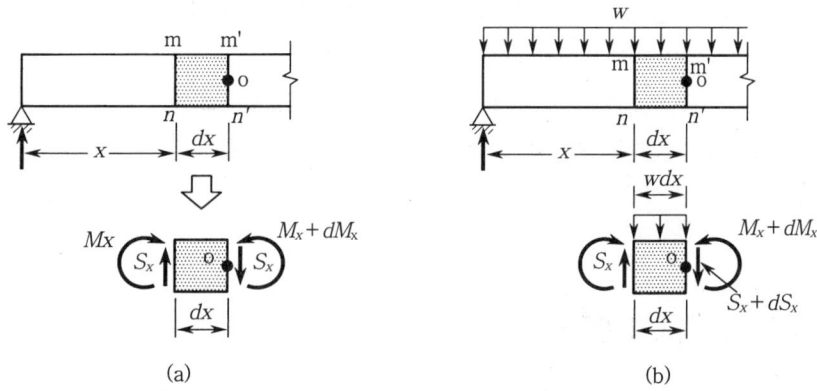

<그림 4.9> 보의 전단력과 휨모멘트

이 요소는 평형상태에 있으므로 O점에 대하여 모멘트의 대수합은 0이 되어야 한다.

$$M_x - (M_x + dM_x) + S_x dx = 0$$

$$\therefore \frac{dM_x}{dx} = S_x \quad \cdots\cdots\cdots\cdots\cdots\cdots\cdots\cdots\cdots\cdots\cdots\cdots\cdots\cdots\cdots\cdots (4.7)$$

그림 4.9(b)와 같이 분포하중 $w$가 작용할 때에도 O점에 대한 모멘트의 대수합은 0이 되어야 하므로

$$M_x - (M_x + dM_x) + S_x dx - w dx \frac{dx}{2} = 0 \quad \cdots\cdots\cdots\cdots\cdots (4.8)$$

식(4.8)의 마지막 항은 2차의 미소량이므로 무시하면, 역시 식(4.7)과 같은 결과를 얻게된다.

다음에 수직력들의 대수합을 0으로 놓으면

$$-S_x + (S_x + dS_x) + w d_x = 0$$

$$\therefore \frac{dS_x}{dx} = -w \quad \cdots\cdots\cdots\cdots\cdots\cdots\cdots\cdots\cdots\cdots\cdots\cdots\cdots\cdots\cdots\cdots (4.9)$$

식(4.7)과 식(4.9)로부터 다음 결과를 얻을 수 있다.

$$\frac{d^2M}{dx^2} = \frac{dS}{dx} = -w \quad \cdots\cdots\cdots\cdots\cdots\cdots\cdots\cdots\cdots\cdots\cdots\cdots\cdots (4.10)$$

이들 식(4.7), 식(4.9), 그리고 식(4.10)은 하중, 전단력, 그리고 휨모멘트와의 상호관계를 나타내고 있다. 이들 식으로부터 보를 해석하는데 필요한 몇가지 중요한 사실을 알 수 있다.

① 식(4.7)로부터 전단력이 0이 되는 위치에서 휨모멘트가 최대값이다.
② 식(4.9)로부터 비재하구간($w = 0$)에서는 전단력 S가 일정하고, 분포하중 $w$를 받는 구간의 전단력도는 $-w$의 기울기로 감소된다.
③ 식(4.7)로부터 전단력 S가 일정한 경우에는 휨모멘트는 직선변화하고, 분포하중을 받는 경우 휨모멘트는 $x$의 2차곡선, 즉 포물선이 된다.
④ 식(4.10)으로부터 서로 이웃한 단면사이의 하중의 적 및 전단력도의 면적은 그들 양단면간의 전단력과 휨모멘트의 변화와 같다.

이상의 고찰결과를 잘 이해하면 실제로 단면력의 형상을 검증할 때에 대단히 편리하다.

## 4.6 보의 전단력도와 휨모멘트도

보를 설계할 때 모든 단면의 전단력과 휨모멘트값을 구하는 것은 대단히 중요하다. 따라서 전단력과 휨모멘트가 보의 임의 거리 $x$와 더불어 어떻게 변화하는가를 보여 주는 그래프를 그려보면, 보의 단면력의 특성을 한눈에 파악할 수 있어 대단히 편리하다.

이러한 목적에서 단면의 위치를 나타내는 거리 $x$를 횡좌표에, 이에 대응하는 전단력 S 또는 휨모멘트의 값을 종좌표로 잡아 선도를 그린 것을 각각 전단력도(Shear-force diagram : S.F.D)와 휨모멘트도(bending-moment diagram : B.M.D)라 한다.

## 4.7 단순보

### 4.7.1 집중하중을 받는 단순보

그림 4.10(a)에 보여준 경간(Span) L인 단순보에 집중하중이 작용할 때 이 보의 전단력도(SFD)와 휨모멘트도(BMD)를 구해보자.

## (1) 지점반력

평형조건식을 사용하여 각 지점의 반력 $R_A$, $R_B$를 구하여야 한다.

$\Sigma M_B = 0$에서    $R_A \times L - P \times b = 0$

$\Sigma V = 0$에서    $P = R_A + R_B$

$$\therefore R_A = \frac{Pb}{L}, \ R_B = \frac{Pa}{L} \quad \cdots\cdots\cdots\cdots\cdots\cdots\cdots\cdots\cdots\cdots\cdots\cdots\cdots (4.11)$$

## (2) 전단력과 휨모멘트

하중이 작용하는 단면의 좌우에 따라 전단력과 휨모멘트에 관한 식이 변화한다.

### ① 전단력

AC구간($x < a$)    $S_{A \sim C} = R_A = \dfrac{Pb}{L}$

CB구간($a < x < L$)    $S_{C \sim B} = R_A - P = \dfrac{Pb}{L} - P = -\dfrac{Pa}{L}$ $\cdots\cdots\cdots\cdots$ (4.12)

이상의 결과를 전단력도로 나타내면 그림 4.10(b)와 같으며, 하중점 C에서 전단력 S는 정(+)에서 부(-)로 부호가 바뀌고 불연속이다. 그리고 일반적으로 전단력도에서 기준선의 윗면을 양의 전단력, 아랫면을 음의 전단력으로 나타낸다.

### ② 휨모멘트도

AC구간($x < a$)    $M_{A \sim C} = R_A x = \dfrac{Pb}{L} x$

CB구간($a < x < L$)    $M_{C \sim B} = R_A x - P(x-a) = \dfrac{Pb}{L} x - P(x-a)$ $\cdots$ (4.13)

휨모멘트도를 그리면 그림 4.10(c)와 같고, 전단력이 0인 C점에서 최대휨모멘트가 발생됨을 알 수 있다. 그리고 휨모멘트도에서 정(+)의 휨모멘트를 기준선의 아랫면에 그린다.

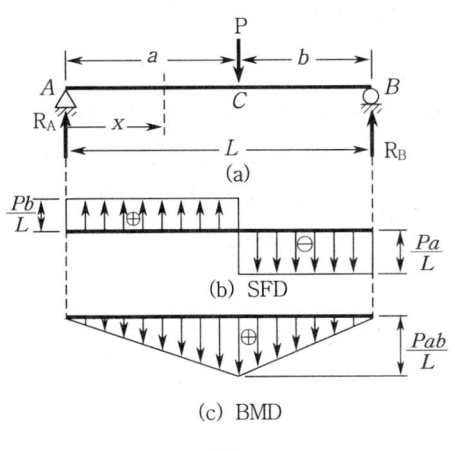

&lt;그림 4.10&gt;

식(4.13)에서 $x=a$인 단면에서 최대 휨모멘트값이 되고, 곳에서 단면이 가장 위험하므로 위험단면(dangerous section)이라고 한다. 만일 하중이 보의 중앙에 작용하면, 식(4.13)에서

$$x = a = b = \frac{L}{2}, \quad M_{max} = \frac{PL}{4}$$

### 예제 4-3

그림 4.11에 나타낸 두 개의 집중하중을 받는 단순보의 반력과 단면력도를 구하시오.

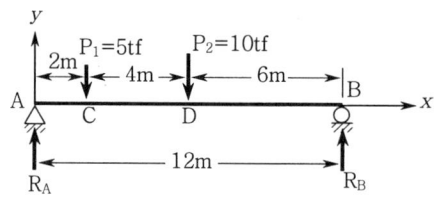

<그림 4.11>

**풀이** (1) 지점반력

하중은 $y$ 방향의 수직력만 존재하기 때문에 힌지지점인 A점의 수평반력은 0이고, 지점반력은 $R_A$ 및 $R_B$는 평형조건식으로부터 구한다.

$$\Sigma V = 0, \quad \Sigma V = R_A - 5 - 10 + R_B = 0 \tag{1}$$

A점이 힌지이므로 $\Sigma M_A = 0$이다.

$$\Sigma M_A = -2 \times 5 - 6 \times 10 + 12 \times R_B = 0 \tag{2}$$

식(1)와 식(2)를 연립하여 풀면 다음 값을 얻는다.

$$R_A = 9.17 \text{ (tonf)}, \quad R_B = 5.83 \text{ (tonf)} \tag{3}$$

(2) 단면력계산

단면력을 계산해보자. 단면력을 구하기 위해서 임의단면에서 보를 절단하고, 절단된 요소에 작용하는 모든 외력(반력도 포함)과 그 단면에 작용하는 단면력의 평형을 생각해 보자. 이 예제의 경우, 외력에 따라 AC, CD 및 DB 구간으로 나누고, 각 구간마다 외력의 상태가 다르기 때문에 구간마다 각각의 단면력을 구해야한다.

A점에서 거리 $x$인 단면을 고려해 보자. 그림 4.12(a)에 나타낸 자유물체도에 대해 평형조건식을 이용하여 해석하면 좋다.

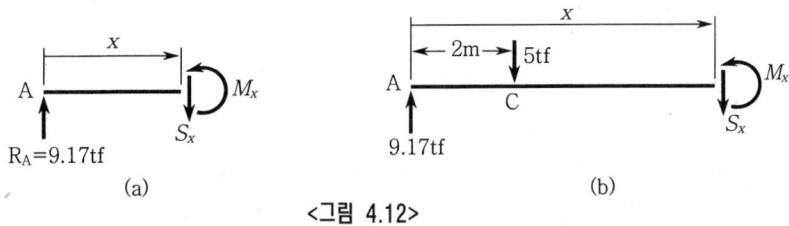

<그림 4.12>

① AC구간($0 \leq x \leq 2m$)에서

$\Sigma V = 0$, $9.17 - S_x = 0$

$\therefore S_x = 9.17$ (tonf)                       (4)

휨모멘트는 그림 4.12(a)의 절단면 위치에서 모멘트의 평형을 고려하면

$\Sigma M = 0$,   $9.17 \times x - M_x = 0$

$\therefore M_x = 9.17x$ (tonf·m)                  (5)

② CD구간($2m \leq x \leq 6m$)

AC구간과 마찬가지로 그림 4.12(b)을 참고하면

$\Sigma V = 0$,   $9.17 - 5 - S_x = 0$

$\therefore S_x = 4.17$ (tonf)                      (6)

절단면 위치에서 모멘트의 평형에 의해

$\Sigma M = 9.17 \times x - 5 \times (x-2) - M_x = 0$

$\therefore M_x = (4.17x + 10)$ (tonf·m)               (7)

③ DB구간($6m \leq x \leq 12m$)

그림 4.13(a)의 자유물체도에서

$\Sigma V = 0$,   $9.17 - 5 - 10 - S_x = 0$

$\therefore S_x = -5.83$ (tonf)                    (8)

전단력의 결과가 음(-)의 값이므로, 그림 4.13(a)에서 가정한 방향과 반대방향, 즉 부의 전단력이 발생하고 있음을 알 수 있다.

$\Sigma M = 0$,   $9.17 \times x - 5 \times (x-2) - 10 \times (x-6) - M_x = 0$

$\therefore M_x = (-5.83x + 70)$(tonf·m)             (9)

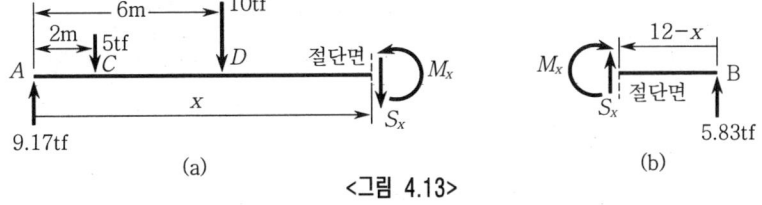

<그림 4.13>

DB구간에 대해서, 보의 우측요소를 고려해도 역시 같은 결과를 얻을 수 있다. 그림 4.13(b)와 같이 이 구간의 우측요소에 대한 평형을 고려해 보자.

$\Sigma V = 0, \quad S_x + 5.83 = 0$

$\therefore \ S_x = -5.83 \ (\text{tonf})$ \hfill (10)

그림 4.13(b)의 절단면상의 모멘트의 평형조건식을 적용하면

$\Sigma M = 0, \quad M_x - 5.83(12-x) = 0$

$\therefore \ M_x = (-5.83x + 70) \ (\text{tonf} \cdot \text{m})$ \hfill (11)

이상은 주어진 보를 3개요소로 나누고, A점에서 단면위치 $x$를 변수로 하여 휨모멘트 $M_x$와 전단력 $S_x$에 관한 식들이 (4)~(11)이다. 식(4), 식(6) 및 식(8)에 의해 전단력도(Shearing force diagram)를 그리면 그림 4.14(a)와 같고, 식(5), 식(7) 및 식(9)을 이용하여 휨모멘트도(bending moment diagram)를 그린 것이 그림 4.14(b)이다.

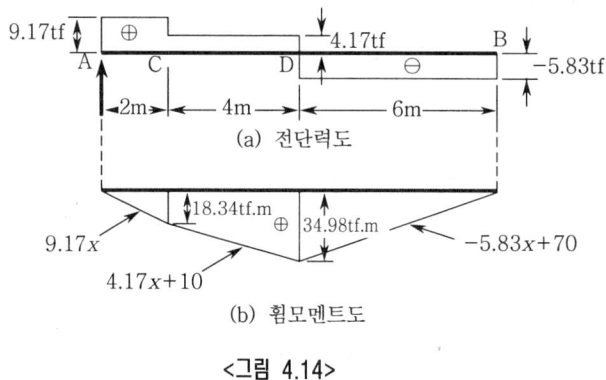

<그림 4.14>

전단력은 임의 단면의 좌측에 있는 반력을 포함한 모든 외력(상향을 +)의 합과 같다는 것을 알 수 있다. 예를 들면 CD구간의 임의 단면의 전단력은 그림 4.12(b)를 참고하여 구할 수 있다.

$S_x = 9.17 - 5 = 4.17 \ (\text{tonf})$

휨모멘트는 임의 단면 좌측에 작용하는 외력에 의한 모멘트(시계방향 +)를 누적하여 구한다.

$M_x = 9.17 \times x - 5 \times (x-2) = (4.17x + 10) \ (\text{tonf} \cdot \text{m})$

반대로 절단면의 우측요소을 고려할 때, 전단력에 대해서는 하향을 정(+)으로 하여 외력을 구하고, 휨모멘트에 대해서는 반시계방향을 정(+)으로 하여 외력에 의한 모멘트의 총화를 구하면 된다.

예를 들면, 그림 4.13(b)을 이용하여 CD구간의 임의 단면을 적용해 보자.

$S_x = -5.83 + 10 = 4.17$ (tonf)

$M_x = 5.83 \times (12-x) - 10 \times (6-x) = (4.17\,x + 10)$ (tonf·m)

역시 좌측요소을 고려한 경우와 같은 결과를 얻었다. 따라서 앞에서 언급한 바와 같이 단면력의 계산은 절단면상에서 하중체계가 복잡하지 않는 요소를 선택하여 계산하면 편리하다.

### 예제 4-4

그림 4.15와 같은 단순보에서 각 단면에 작용하는 단면력을 결정하고, 그 결과를 단면력도로 그려보시오.

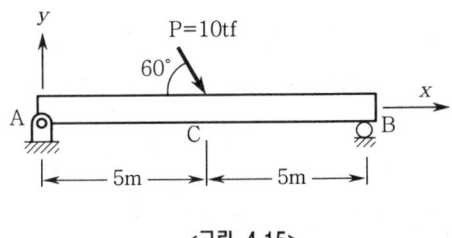

<그림 4.15>

**풀이** (1) 반력계산

경사하중으로 단순보는 2축하중을 받게되며, 보에 작용하는 반력을 먼저 결정해야 한다.

$\Sigma M_A = 0 \qquad -10 \times \sin 60° \times 5 + R_B \times 10 = 0$

$\qquad\qquad\qquad R_B = 4.33$ (tonf)(↑)

$\Sigma V = 0 \qquad R_A + R_B - 10 \times \sin 60° = 0$

$\qquad\qquad\qquad R_A = 4.33$ (tonf)(↑)

$\Sigma H = 0 \qquad 10 \times \cos 60° - H_A = 0$

$\qquad\qquad\qquad H_A = 5$ (tonf)(←)

작용하중의 수직분력은 단순보가 대칭구조이므로, A, B지점에서 1/2씩 분담하게 된다. 그리고 작용하중의 수평분력은 힌지인 A지점에서 모두 받아야 한다.

(2) 단면력 계산

① 전체 보의 하중평형상태

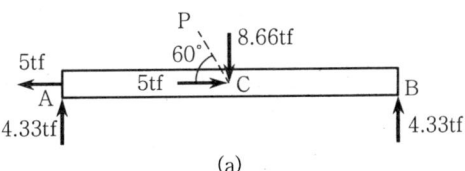

(a)

② 각 부재요소에 대한 하중평형상태(자유물체도)

전체 보의 하중평형상태[그림(a)]는 절단된 임의 부재에 대해서도 평형상태를 유지해야 한다. 그런데 AC구간과 CB구간에는 하중이 작용하지 않으므로 전체 보는 두 개의 부재로 나누어진다.

• AC부재의 자유물체도(단면 C의 왼쪽부분)

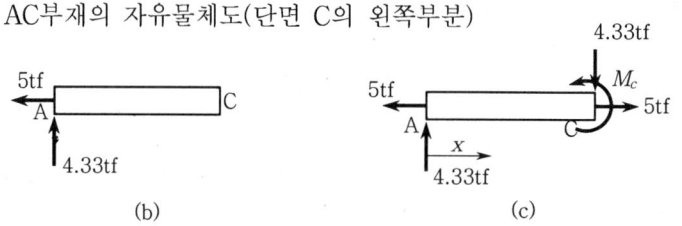

그림(b)의 A점의 반력은 단면 C의 단면력(내력)으로 평형을 유지해야 하므로 C점의 내력상태는 그림(c)와 같다. 그림(c)에서 $M_c$의 계산은 C점에서 모멘트에 관한 평형조건식으로부터 구할 수 있다.

$\Sigma M = 0$,     $4.33 \times x - M_x = 0$

단면C는 A점으로부터 5m 이므로, $M_c = 21.65$ (tonf·m)

그림(c)로부터 AC부재에는 축방향인장력 5(tonf), 양의 전단력 4.33(tonf), 그리고 굽힘모멘트는 A점에서 0로 C점에서 21.65 (tonf·m) 임을 알 수 있다.

• CB부재의 자유물체도(단면 C의 오른쪽부분)

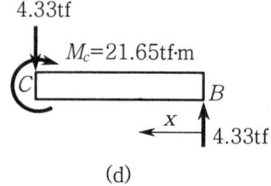

그림(d)를 관찰해 보면 부재CB는 평형조건식을 만족하고 있음을 알 수 있다. 역시 그림 (d)로부터 CB부재의 단면력으로는 부의 전단력 4.33tonf, 휨모멘트는 B점에서 0, C점에서 정의 모멘트 21.65(tonf·m)가 발생하고 있음을 알 수 있다. 그리고 그림(c)와 그림(d)를 조합하면 전체 보의 평형상태인 그림(a)가 된다. 또한, 단면C에서 양의 전단력이 음의 전단력으로 바뀌고 있다.

(3) 단면력도

그림(c)와 (d)로부터 전단력도, 휨모멘트도, 그리고 축방향력도를 그리면 그림(e)와 같이 나타낼 수가 있다.

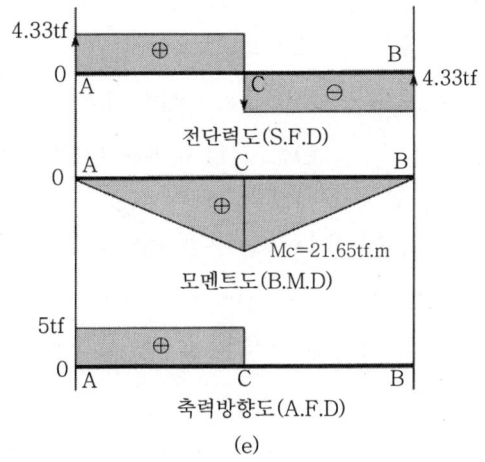

(e)

## 4.7.2 중첩의 원리

예제 4.3을 중첩의 원리로 설명해보자. 그림 4.11의 보에 작용하는 두 개의 집중하중을 각각 분리 독립시켜 그림 4.16(a) 및 (b)와 같다고 하자.

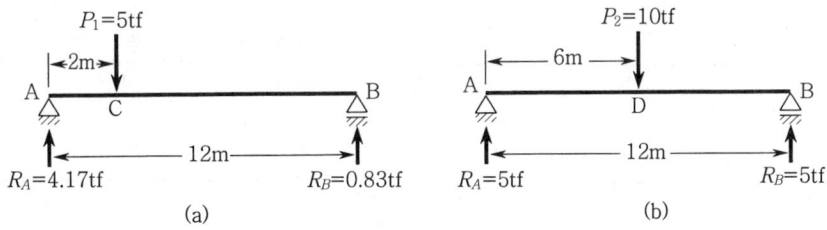

<그림 4.16>  보의 중첩의 원리

그림 4.16(a)의 보를 먼저 해석한다. 지점반력은 그림(a)에 나타낸 바와 같이 아래 값을 갖는다.

$$R_A^{(a)} = 4.17 \text{ (tonf)}, \quad R_B^{(a)} = 0.83 \text{ (tonf)} \quad \cdots\cdots\cdots\cdots\cdots\cdots\cdots\cdots (4.14)$$

단면력을 두구간으로 나누어 계산하면

AC구간($0 \leq x \leq 2m$)

$$S_x^{(a)} = 4.17 \text{ (tonf)} \quad \cdots\cdots\cdots\cdots\cdots\cdots\cdots\cdots\cdots\cdots\cdots\cdots\cdots\cdots (4.15)$$

$$M_x^{(a)} = (4.17\,x) \text{ (tonf·m)} \quad \cdots\cdots\cdots\cdots\cdots\cdots\cdots\cdots\cdots\cdots (4.16)$$

CB구간( $2m \leq x \leq 12m$ )

$$S_x^{(a)} = 4.17 - 5 = -0.83 \text{ (tonf)} \quad \cdots\cdots\cdots\cdots\cdots\cdots\cdots\cdots\cdots\cdots\cdots\cdots\cdots (4.17)$$

$$M_x^{(a)} = 4.17x - 5(x-2) = (-0.83x + 10) \text{ (tonf} \cdot \text{m)} \quad \cdots\cdots\cdots\cdots (4.18)$$

식(4.14)~식(4.18)의 상첨자(a)는 그림 4.16의 (a)보에 대한 해석을 의미하고, 그림 4.16(b)보와 구별하기 위한 것이다.

두번째 보인 그림 4.16(b)의 반력은 식(4.19)와 같다.

$$R_A^{(b)} = 5 \text{ (tonf)}, \quad R_B^{(b)} = 5 \text{ (tonf)} \quad \cdots\cdots\cdots\cdots\cdots\cdots\cdots\cdots\cdots\cdots\cdots\cdots (4.19)$$

(a)보와 마찬가지로 단면력을 두개 구간으로 나누어 계산한다.

AD구간( $0 \leq x \leq 6m$ )

$$S_x^{(b)} = 5 \text{ (tonf)} \quad \cdots\cdots\cdots\cdots\cdots\cdots\cdots\cdots\cdots\cdots\cdots\cdots\cdots\cdots\cdots\cdots\cdots\cdots (4.20)$$

$$M_x^{(b)} = (5x) \text{ (tonf} \cdot \text{m)} \quad \cdots\cdots\cdots\cdots\cdots\cdots\cdots\cdots\cdots\cdots\cdots\cdots\cdots\cdots (4.21)$$

DB구간( $6m \leq x \leq 12m$ )

$$S_x^{(b)} = 5 - 10 = -5 \text{ (tonf)} \quad \cdots\cdots\cdots\cdots\cdots\cdots\cdots\cdots\cdots\cdots\cdots\cdots\cdots (4.22)$$

$$M_x^{(b)} = 5x - 10(x-6) = (-5x + 60) \text{ (tonf} \cdot \text{m)} \quad \cdots\cdots\cdots\cdots\cdots (4.23)$$

위 식으로부터 전단력도와 휨모멘트도를 그리면, 각각 그림 4.16(a)에 대해서는 그림 4.17(a), 그림 4.16(b)의 보에 대해서는 그림 4.17(b)가 된다.

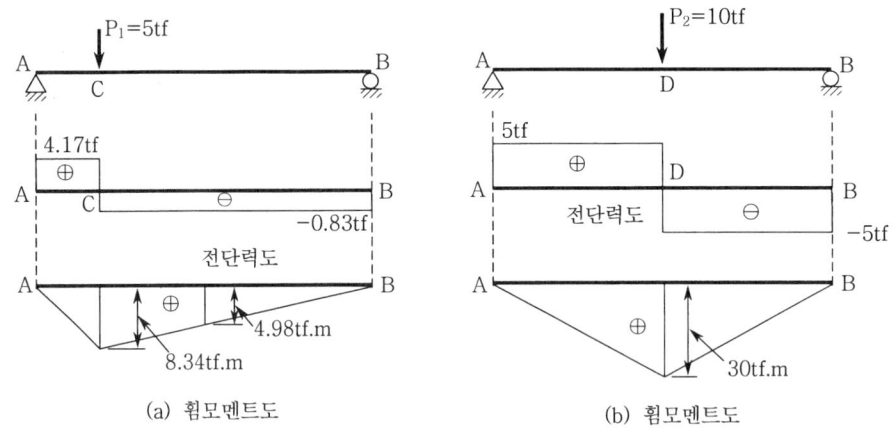

(a) 휨모멘트도   (b) 휨모멘트도

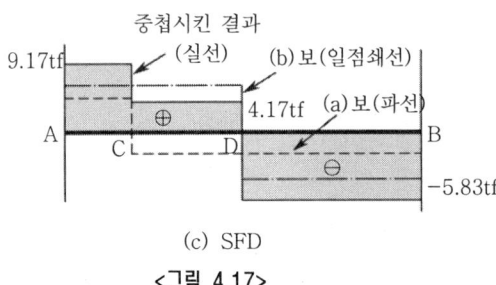

(c) SFD

<그림 4.17>

그림 4.17(a), (b)의 단면력도를 중첩(supperposition)시킨 결과가 그림 4.17(c)의 음영부분이다. 이것은 예제4.3의 그림 4.11 처럼 $P_1$ 및 $P_2$를 동시에 작용시켜 구한 단면력도와 같은 것을 알 수 있다.

즉, 반력은 식(4.14) 및 식(4.19)에 의해

$$R_A = R_A^{(a)} + R_A^{(b)} = 4.17 + 5 = 9.17 \text{ (tonf)}$$

$$R_B = R_B^{(a)} + R_B^{(b)} = 0.83 + 5 = 5.83 \text{ (tonf)}$$

단면력 계산은

AC구간( $0 \leq x \leq 2m$ )에서

전단력은 식(4.15)와 식(4.20)를, 휨모멘트는 식(4.16) 및 식(4.21)을 더하면

$$S_x = 4.17 + 5 = 9.17 \text{ (tonf)}$$

$$M_x = 4.17x + 5x = (9.17\,x) \text{ (tonf · m)}$$

CD구간( $2m \leq x \leq 6m$ )에서

전단력은 식(4.17)과 식(4.20)를, 휨모멘트는 식(4.18) 및 식(4.21)을 중첩시키면

$$S_x = -0.83 + 5 = 4.17 \text{ (tonf)}$$

$$M_x = (-0.83x + 10) + 5x = (4.17x + 10) \text{ (tonf · m)}$$

DB구간( $6m \leq x \leq 12m$ )에서

전단력은 식(4.17)과 식(4.22)를, 휨모멘트는 식(4.18)과 식(4.23)를 더하면

$$S_x = -0.83 + (-5) = -5.83 \text{ (tonf)}$$

$$M_x = (-0.83x + 10) + (-5x + 60) = (-5.83x + 70) \text{ (tonf · m)}$$

이상의 중첩된 결과식들은 예제 4.3의 식(4)~식(9)와 동일하다.

결론적으로, 다양하고 복잡한 하중이 작용하는 경우에 같은 특성의 하중들을 분해하여 각각 독립된 구조계로 만들어 단면력을 산출하고, 최종적으로 중첩의 원리를 이용하여 결과를 서로 중첩하면 쉽게 단면력을 구할 수 있는 이점이 있다.

### 4.7.3 등분포하중을 받는 단순보

보에 작용하는 하중에는 보를 구성하고 있는 재료의 중량, 즉 자중은 대단히 중요한 하중이 된다. 예를 들면, 개울가에 걸쳐놓은 통나무다리도 너무 길면, 사람이 그 위를 걷기 이전에 자체 중량을 견디지 못해 휘어져 버린 경우가 많이 있다. 통나무가 거의 같은 단면적의 균일한 봉이라 하면 단위 길이당 같은 강도(표 4.3)를 지닌 등분포하중으로 취급할 수가 있다.

교량의 주형설계에는 그 자체의 중량을 등분포하중으로 취급되며, 교량위를 달리는 자동차하중군도 설계모델에 따라 1개의 차선하중으로 다루기도 한다.

〈표 4.3〉 재료의 단위중량(kgf/m³)

| 재료 | 단위중량 | 재료 | 단위중량 |
|---|---|---|---|
| 강재, 주강 단강 | 7,850 | 콘크리트 | 2,350 |
| 주철 | 7,250 | 시멘트 모르터 | 2,150 |
| 알미늄 | 2,800 | 목재 | 800 |
| 철근콘크리트 | 2,500 | 역청재(방수용) | 1,100 |
| 프리스트레스트콘크리트 | 2,500 | 아스팔트 포장 | 2,300 |

그림 4.18과 같이 등분포하중을 받는 단순보를 해석해 보자. 보의 경간은 $L(m)$이고 단위길이당 $w$인 등분포하중이 작용한다.

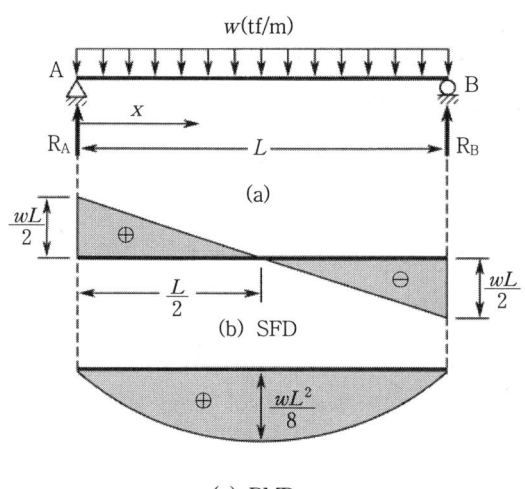

<그림 4.18>

좌우지점의 반력 $R_A$, $R_B$는 평형조건식으로부터

$$R_A + R_B = wL \quad \cdots\cdots (4.24)$$

$$\Sigma M_B = 0, \quad -(wL) \times \frac{L}{2} + R_A \times L = 0 \quad \cdots\cdots (4.25)$$

두 식으로부터 다음 값을 얻는다.

$$R_A = R_B = \frac{wL}{2} \quad \cdots\cdots (4.26)$$

A점으로부터 $x$ 위치인 임의단면에서의 전단력과 휨모멘트의 일반식은

$$S_x = R_A - wx = \frac{wL}{2} - wx \quad \cdots\cdots (4.27)$$

$$M_x = R_A x - (wx)\left(\frac{x}{2}\right) = \frac{wx(L-x)}{2} \quad \cdots \cdots (4.28)$$

식(4.27)에서 SFD는 그림 4.18(b)와 같이 기준선에 대해서 경사진 직선이 되고, 경간의 중앙 $x = \frac{L}{2}$ 에서 0이고 양단에서 $S_{max} = \pm \frac{wL}{2}$ 이 된다. 그리고 휨모멘트도는 식(4.28)에 의해 그림 4.18(c)와 같이 포물선으로 그려지며, 최대 휨모멘트는 전단력이 0인 경간 중앙에서 발생하고, 그 크기는 식(4.28)에 $x = \frac{L}{2}$ 을 대입하면

$$M_{max} = \frac{wL^2}{8} \quad \cdots \cdots (4.29)$$

그림 4.18의 결과를 다시 정리해 보면, 전단력은 A점에서 최대값이 되고 중앙으로 갈수록 직선적으로 감소하고, 중앙점에서 0이 된다. 다시 우측으로 진행하면서 부(-)의 값이 증가하여 B점에서 부(-)의 최대값이 된다. 보가 받는 전단작용은 전단력의 절대값을 고려하게 되므로 양단에서 크고, 보의 중앙부근에서 거의 무시할 수 있는 값이다. 따라서 등분포하중을 받는 단순보에서 전단력으로 인한 변형의 개략도를 그리면 그림 4.19(a)와 같다.

한편, 휨모멘트값은 보의 중앙에서 극대이므로 가장 큰 굽힘변형을 받고, 보는 그림 4.19(b)와 같은 변형상태를 보일 것이다. 보는 이처럼 2개의 단면력을 동시에 받기 때문에 그림 4.19(a)와 그림 4.19(b)가 서로 중첩된 상태로 변형을 일으키게 된다. 특히 양자 모두 중앙을 향해서 처지고 있음을 주목해야 한다. 이러한 처짐값의 계산은 제10장 보의 처짐에서 상세하게 다루도록 한다. 소전단변형

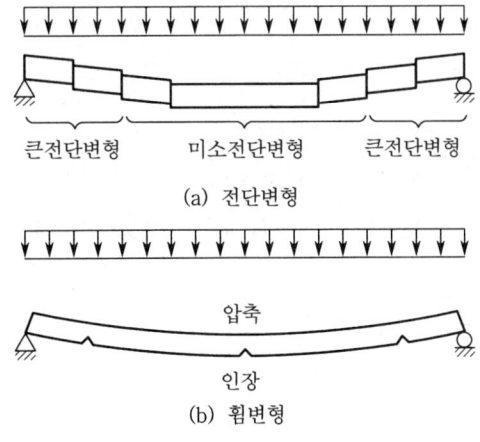

<그림 4.19> 보의 전단변형과 휨변형

## 예제 4-5

그림 4.20의 단순보에서 반력, 전단력, 휨모멘트를 구하고, 전단력도와 휨모멘트도를 그리시오.

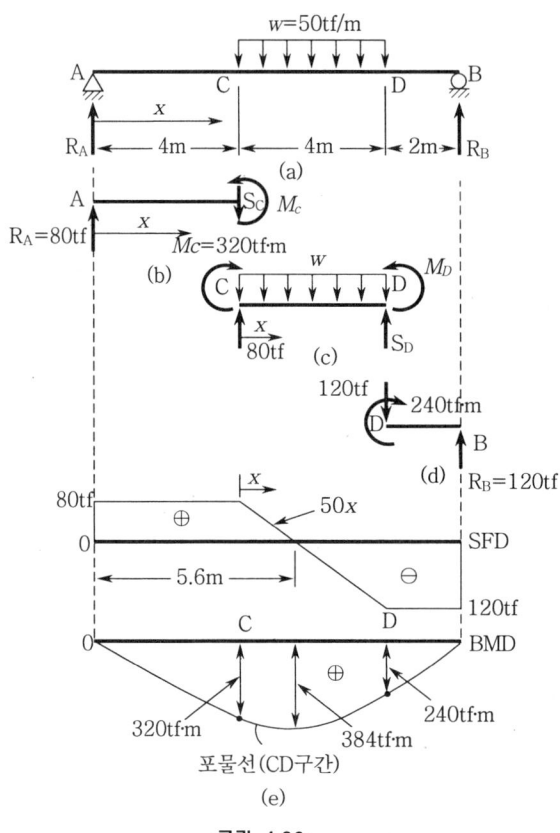

<그림 4.20>

**풀이** (1) 반력계산

보에 대한 반력을 먼저 계산한다.

$\Sigma M_A = 0$,  $R_B \times 10 - 4 \times 50 \times 6 = 0$,  $R_B = 120$ (tonf·m)

$\Sigma V = 0$,  $R_A + R_B = 50 \times 4$,  $R_A = 80$ (tonf·m)

(2) 단면력계산

단면력을 구하기 위하여 전체 보를 3개의 구간으로 분리하여 각각 계산한다.

① AC구간($0 \le x < 4m$)

AC부재에서 작용하중이 없기 때문에 하나의 구간으로 설정하여 정역학적 평형조건식을 적용한다.

$\Sigma V = 0$,  $S_c = R_A = 80$ (tonf)

C단면은 $x = 4m$ 이므로,  $R_A \times x - M_c = 0$,

∴ $M_c = 320$ (tonf·m)

② CD구간( $4 \leq x < 8m$ )

CD부재에는 등분포하중이 작용하고 있으며, C점의 절점평형을 고려하고, 그림 4.20(c)에서 D점( $x=4m$ )의 단면력을 구해보면

$\Sigma V = 0, \quad 80 - 50 \times 4 + S_D = 0, \quad S_D = 120$ (tonf)

$\Sigma M = 0, \quad 320 + 80 \times 4 - 50 \times 4 \times 2 - M_D = 0, \quad M_D = 240$ (tonf·m)

부호규약에서 전단력은 부재의 왼쪽단에서 상향은 양(+)이고, 부재의 오른쪽 단에서 상향은 음(-)이므로 CD부재는 양의 전단력에서 음의 전단력을 바뀌고 있다. 이러한 전단력의 반곡점, 즉 전단력이 0이 되는 곳은 아래 식으로 구할 수 있다.

$\Sigma V = 0, \quad 80 - 50 \times x = 0, \quad x = 1.6m$

따라서 전단력이 0인 점은 A점으로부터 5.6m인 곳이며, 이 단면에서 최대 휨모멘트가 발생하게 된다.

$M_{\max} = 320 + 80 \times 1.6 - 50 \times 1.6 \times 0.8 = 384$ (tonf·m)

③ DB구간(8m $\leq x \leq$ 10m)

역시 CD구간과 마찬가지로 DB부재는 D점의 절점평형을 고려하고, 자유물체도를 그리면 그림 4.20(d)와 같이 된다. 그림(d)에서 D점의 수직력과 B점의 반력이 서로 평형을 유지하고 있으며, B점에 관해 모멘트를 계산해도 $\Sigma M = 0$ 조건을 만족하고 있다.

(3) 단면력도

이상으로부터 단면력도는 그림 4.20(e)와 같으며, 작도는 그림(b), (c), (d)를 참조하면 쉽게 그려 나갈 수 있다.

**숙달** (1) 전단력도

지점반력을 구한 다음에 지점A로부터 반력 80tonf의 +전단력, AC구간에는 하중변화가 없기 때문에 그대로 80tonf이고, C점에서부터 하향의 등분포하중으로 인한 $50x$ 만큼 D점까지 감소하고, D점에서 B까지 역시 하중변화가 없기 때문에 D점의 -전단력값을 그대로 유지하고, 최종적으로 지점B에서 상향의 수직반력으로 인해 0이 된다.

(2) 휨모멘트도

전단력도의 면적을 누적시켜 가면서 그린다.

## 예제 4-6

길이 L=10m의 단순보에 그림 4.21(a)와 같이 집중하중 P=5tonf과 등분포하중 $w$ = 1 (tonf/m)가 지점 A로부터 6m인 곳에 작용할 때 전단력도와 휨모멘트도를 구하여라.

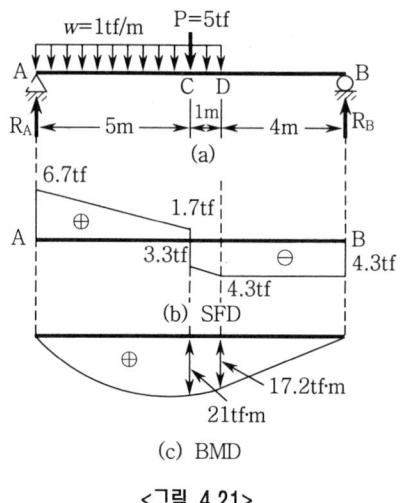

<그림 4.21>

**풀이** (1) 지점반력

$\Sigma M_B = 0$, $\quad R_A \times 10 - w \times 6 \times 7 - P \times 5 = 0$

$\Sigma V = 0$, $\quad w \times 6 + P = R_A + R_B \rightarrow 1 \times 6 + 5 = R_A + R_B$

$\therefore R_A = \dfrac{1}{10}(1 \times 6 \times 7 + 5 \times 5) = 6.7 \text{(tonf)}(\uparrow)$, $\quad R_B = 4.3 \text{ (tonf)}(\uparrow)$

(2) 단면력도

① 전단력도

$S_{AC} = R_A - wx = 6.7 - 1 \times x$

$S_A = 6.7$ (tonf), $\quad S_C = 6.7 - 1 \times 5 = 1.7$ (tonf)

$S_{CD} = R_A - wx - P$

$S_C = 6.7 - 1 \times 5 - 5 = -3.3$ (tonf)

$S_D = 6.7 - 1 \times 6 - 5 = -4.3$ (tonf)

여기서, S자 밑의 하첨자는 보의 구간이나 보의 특정점을 의미한다.

② 휨모멘트도

$M_{AC} = R_A \times x - \dfrac{wx^2}{2}$

$M_A = 0$, $\quad M_C = 6.7 \times 5 - \dfrac{1}{2}(1 \times 5^2) = 21.0$ (tonf · m)

$M_{CD} = R_A \times x - \dfrac{1}{2}wx^2 - P(x-5)$

$M_D = 6.7 \times 6 - \dfrac{1}{2}(1 \times 6^2) - 5(6-5) = 17.2$ (tonf · m)

$M_{BD} = R_B \times (10 - x)$

$M_B = 0$, $M_D = 4.3 \times (10-6) = 17.2$ (tonf·m)

최대 휨모멘트는 전단력이 0인 C점에서 발생한다. 그리고 단면력도는 그림 4.21(b), (c)와 같다.

---

### 4.7.4 삼각형 분포하중을 받는 단순보

적재하중의 일종인 그림 4.22(a)와 같은 삼각형 분포하중을 받는 단순보의 단면력을 구해보자. 그림에서 A점에서 0, B점에서 $w_o$ (tonf/m)의 하중강도를 갖고 있다.

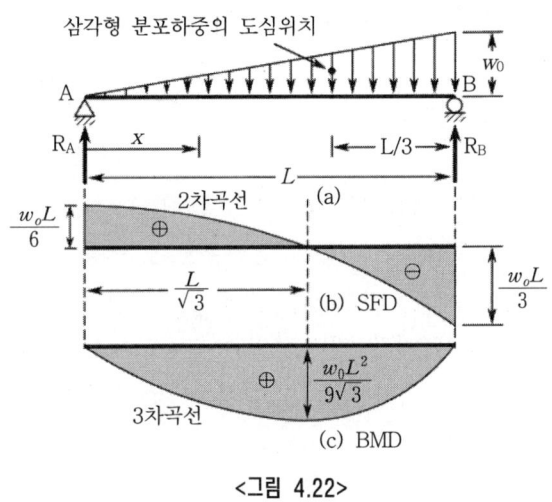

<그림 4.22>

지점반력을 구하기 위하여 $\Sigma V = 0$와 A점에서 모멘트를 취하면

$$\Sigma V = R_A + R_B - \frac{1}{2} w_o L = 0 \quad \cdots \cdots (4.30)$$

$$\Sigma M_A = -\left(\frac{1}{2} w_o L\right) \times \left(\frac{2}{3} L\right) + R_B \times L = 0 \quad \cdots \cdots (4.31)$$

식(4.30)과 식(4.31)에 의해

$$R_A = \frac{w_o L}{6}, \quad R_B = \frac{w_o L}{3} \quad \cdots \cdots (4.32)$$

먼저, A점에서 임의 거리 $x$인 단면의 휨모멘트를 구하면

$$M_x = R_A x - \left(\frac{1}{2} \times x \times \frac{w_o x}{L}\right) \times \left(\frac{x}{3}\right) = \frac{w_o L}{6} x - \frac{w_o}{6L} x^3 \quad \cdots \cdots (4.33)$$

그리고, 휨모멘트와 전단력의 상관식인 식(4.7)을 이용하여 전단력을 구해보자. 즉, 식(4.33)을 미분하면

$$S_x = \frac{dM_x}{dx} = \frac{w_o L}{6} - \frac{w_o}{2L}x^2 \quad \cdots\cdots\cdots\cdots\cdots\cdots\cdots\cdots\cdots\cdots\cdots\cdots\cdots\cdots\cdots (4.34)$$

식(4.33), 식(4.34)을 이용하여 변수 $x$에 따른 전단력도와 휨모멘트도를 나타내면 그림 4.22(b), 그림 4.22(c)와 같다.

최대 휨모멘트가 발생하는 위치는 식(4.34)을 0으로 놓고 구하면 된다.

$$\frac{w_o L}{6} - \frac{w_o}{2L}x^2 = 0$$

$$\therefore x = \frac{L}{\sqrt{3}} \quad \cdots\cdots\cdots\cdots\cdots\cdots\cdots\cdots\cdots\cdots\cdots\cdots\cdots\cdots\cdots\cdots\cdots\cdots\cdots\cdots (4.35)$$

식(4.35)을 식(4.33)에 대입하면 최대 모멘트값을 얻게된다.

$$M_{\max} = \frac{w_o L^2}{9\sqrt{3}} \quad \cdots\cdots\cdots\cdots\cdots\cdots\cdots\cdots\cdots\cdots\cdots\cdots\cdots\cdots\cdots\cdots\cdots (4.36)$$

### 4.7.5 간접하중을 받는 단순보

포획물 50kgf을 봉에 매단 두 사람이 그림 4.23(a)와 같이 통나무 다리를 건너갈 때 포획물의 중량은 두 사람을 통해 통나무로 전달될 것이다. 이런 상황을 하나의 구조계로 모델화하면 그림 4.23(b)와 같이 된다. 이 경우 통나무 다리는 단순보가 되고, 하중은 C와 D점을 통해 간접적으로 단순보에 작용하는 것을 알 수 있다. 이와 같은 하중을 간접하중이라 부르며 간접하중을 받는 보는 항상 특정한 점에서만 하중이 작용된다.

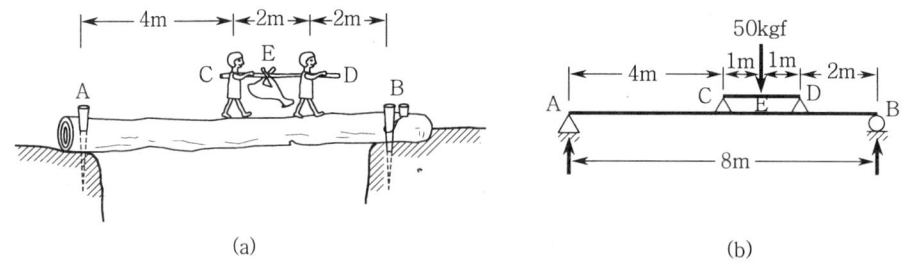

<그림 4.23> 간접하중

실제 구조물의 경우에도 몇 개의 평면구조가 입체적으로 서로 조립되어 있기 때문에 하중은 간접적으로 주구조에 작용하는 경우가 많다.

예를 들면, 그림 4.24(a)의 교량의 상부구조에서 보통 주형(main beam)의 중간에 일정한 간격으로 횡형(cross beam)을, 그리고 횡형 사이에는 종형(stringer)을 서로 연결시키고 그 위에 상판(slab)을 타설한다. 따라서 하중은 상판을 통해서 종형 →

횡형→주형순으로 전달된다. 결국 주형은 간접적으로 하중을 받게 되는 것이다. 따라서 주형 1개를 역학적으로 모델화 하면 그림 4.24(b)와 같이 된다.

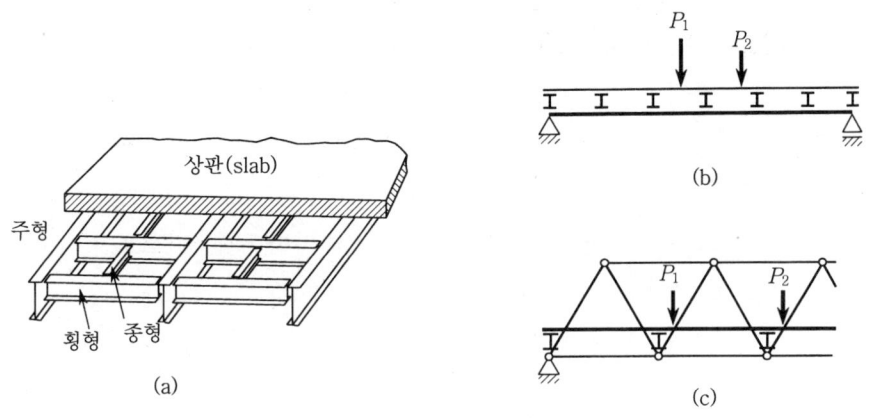

<그림 4.24>  간접하중의 작용 예

그림 4.24(c)는 트러스의 예이다. 하중은 바닥틀을 통해 트러스주구의 절점에 전달된다. 트러스 주구는 그 절점에서만 하중을 받는 구조로 되어 있다. 특히 그 절점은 회전이 자유로운 힌지로 되어 있기 때문에 축방향력만 전달하게 된다. 결론적으로 트러스주구는 그 하중을 간접적으로 절점에서 받게되는 것이다.

간접하중을 받는 단순보의 단면력을 검토해 보자. 예제 4.3의 직접재하된 보의 단면력과 비교하기 위하여, 그림 4.25(a)의 2개의 집중하중이 보에 간접적으로 작용하게 한다. 간접재하된 2개의 집중하중 $P_1$ 및 $P_2$는 각각 지점 E, F, G, H에 전달되고 단순보 AB에 작용하는 하중은 결국 그림 4.25(b)로 나타낼 수 있다.

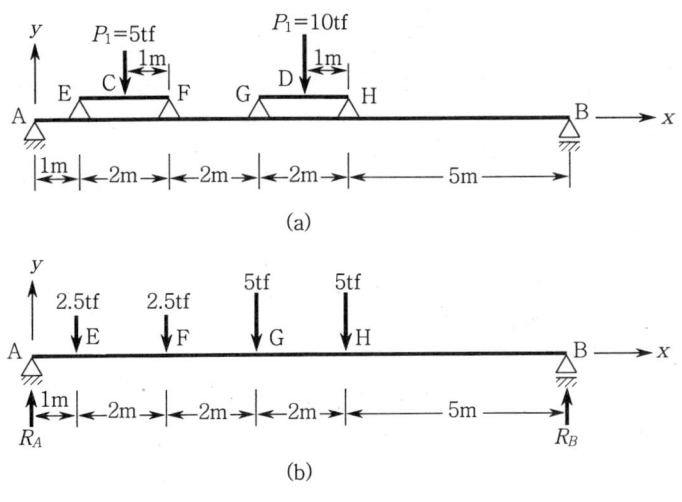

<그림 4.25>

(1) 지점반력

간접하중인 경우에도 직접하중으로 구한 양단의 지점반력값은 같게 된다. 독자들은 그림 4.25(b)에서 반력을 구해 확인해 보기 바란다.
$R_A = 9.17$ (tonf), $R_B = 5.83$ (tonf)

(2) 단면력

**1 전단력 $S_x$**

전단력 $S_x$의 계산은 하중작용위치을 고려하여 5개구간으로 나누어 계산한다.

① AE구간($0 \leq x \leq 1m$)
$$S_x = 9.17 \text{ (tonf)}$$

② EF구간($1m \leq x \leq 3m$)
$$S_x = 9.17 - 2.5 = 6.67 \text{ (tonf)}$$

③ FG구간($3m \leq x \leq 5m$)
$$S_x = 9.17 - 2.5 - 2.5 = 4.17 \text{ (tonf)}$$

④ GH구간($5m \leq x \leq 7m$)
$$S_x = 9.17 - 2.5 - 2.5 - 5 = -0.83 \text{ (tonf)}$$

⑤ HB구간($7m \leq x \leq 12m$)
$$S_x = -0.83 - 5 = -5.83 \text{ (tonf)}$$

**2 휨모멘트 $M_x$**

① AE구간($0 \leq x \leq 1m$)
$$M_x = (9.17\,x)(\text{tonf} \cdot \text{m})$$

② EF구간($1m \leq x \leq 3m$)
$$M_x = 9.17x - 2.5(x-1) = (6.67\,x + 2.5)(\text{tonf} \cdot \text{m})$$

③ FG구간($3m \leq x \leq 5m$)
$$M_x = 9.17x - 2.5(x-1) - 2.5(x-3) = (4.17x + 10)(\text{tonf} \cdot \text{m})$$

④ GH구간($5m \leq x \leq 7m$)
$$M_x = 4.17x + 10 - 5(x-5) = (-0.83x + 35)(\text{tonf} \cdot \text{m})$$

⑤ HB구간($7m \leq x \leq 12m$)
$$M_x = -0.83x + 35 - 5(x-7) = (-5.83x + 70)(\text{tonf} \cdot \text{m})$$

구간별 단면력도를 그리면 그림 4.26(a), (b)로 나타나며, 또한 그림에는 동시에 예제 4.3의 직접하중의 단면력도를 파선으로 나타내어 간접하중의 단면력특성을 쉽게 알아볼 수 있게 하였다.

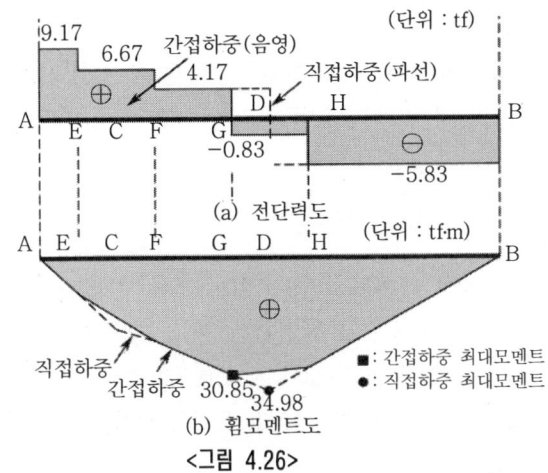

<그림 4.26>

그림 4.26에서 간접재하로 인한 휨모멘트는 EF 및 GH구간에서 직접재하에 비해 경감되고 있음을 알 수 있다. 즉, 파선과 실선과의 차액분은 주구조위에 설치한 횡형과 종형이 분담하는 것이다. 경감된 값은 EF 및 GH를 경간으로 하는 단순보의 중앙에 각각 5tonf 및 10tonf이 작용했을 때의 휨모멘트값이 된다. 결론적으로 간접재하에 의해 주보의 하중부담을 경감시킬 수 있다.

### 예제 4-7

그림 4.27은 등분포하중을 간접재하시킨 경우이다. 그림에서 주형에 작용하는 하중은 세로보에 작용하는 등분포하중 $w$(tonf/m)을 주형위에 $L/4$간격마다 놓여진 횡형을 통해 전달받는 구조로 되어있다. 역시 등분포하중이 직접 작용한 경우를 앞에서 다루었기 때문에, 이것과 단면력을 비교하면서 고찰해 보기로 한다.

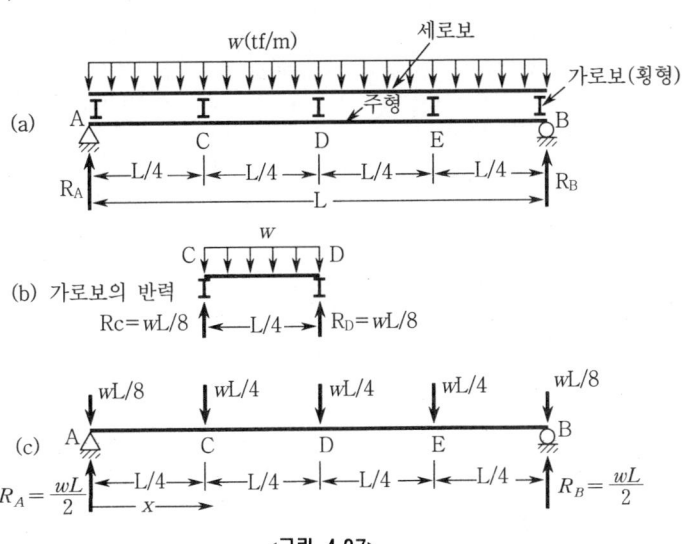

<그림 4.27>

**풀이** (1) 지점반력

그림 4.27(a)는 구조와 작용하중이 좌우 대칭이기 때문에 지점반력은 양단에서 똑같이 나누어 받게된다. 즉

$$R_A = R_B = \frac{wL}{2} \tag{1}$$

(2) 단면력

주형 AB의 단면력을 계산하기 전에 간접재하된 등분포하중을 가로보위치에 작용하는 집중하중으로 치환한 그림 4.27(c)로 모델화해야 한다.

예를 들면, 그림 4.27(b)의 세로보 CD에 작용하는 등분포하중은 가로보 C와 D로 분배되어 작용하는데, 이 값은 C와 D점의 지점반력과 같게 된다.

즉, 
$$R_C = R_D = \frac{1}{2} \times w \times \frac{L}{4} = \frac{wL}{8} \tag{2}$$

$R_C$ 및 $R_D$는 주형 AB에 작용하는 C 및 D점상의 집중하중이 되고, 다른 구간도 같은 원리로 계산하면 그림 4.27(c)와 같은 보로 치환 된다. 그런데 중간점 C, D, E에는 좌우의 세로보로부터 반력이 작용하게 되므로 식(2)의 두 배가되는 $wL/4$의 집중하중이 작용하게 된다.

① 휨모멘트

휨모멘트는 구조계가 대칭이므로 보의 중앙에서 좌측요소만 구하기로 한다.

- AC구간($0 \leq x \leq \frac{L}{4}$)

$$M_x = (\frac{wL}{2} - \frac{wL}{8})x = \frac{3wL}{8} x \tag{3}$$

- CD구간($\frac{L}{4} \leq x \leq \frac{L}{2}$)

$$M_x = \frac{3wL}{8} x - \frac{wL}{4}(x - \frac{L}{4}) = \frac{wL}{8} x + \frac{wL^2}{16} \tag{4}$$

② 전단력

전단력은 식(3), 식(4)를 미분하여 구한다.

- AC구간($0 \leq x \leq \frac{L}{4}$)

$$S_x = \frac{3wL}{8} \tag{5}$$

- CD구간($\frac{L}{4} \leq x \leq \frac{L}{2}$)

$$S_x = \frac{wL}{8} \tag{6}$$

이상을 정리하면, 전단력도 및 휨모멘트도는 그림 4.28과 같다. 그림에는 비교를 위해 직접재하된 단면력도를 파선으로 함께 표기하였다. 직접재하인 경우 전단력도의 기울기는 직선으로 나타나지만, 간접재하는 전단력이 경감된 계단형상을 띄고 있다.

간접재하에 의해 그림 4.28(b)의 휨모멘트값도 구간마다 경감되며, 포물선에 가까운 형상을 보여주고 있다. 가로보의 위치에서 간접 및 직접재하 모두 휨모멘트값은 같아진다. 그리고 가로보사이의 경감된 모멘트값은 물론 세로보가 부담하는 것이다.

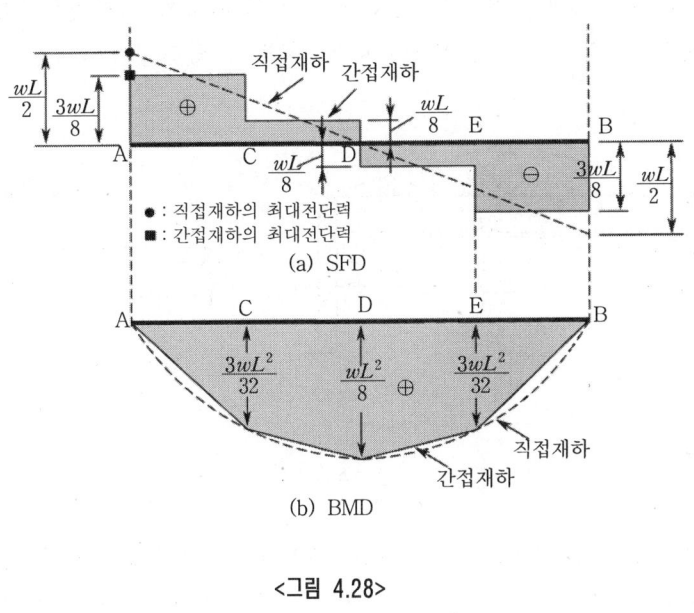

<그림 4.28>

### 4.7.6 이동하중을 받는 단순보의 영향선

지금까지 기술한 바와 같이 단순보가 정하중을 받을 때 발생하는 전단력과 휨모멘트값은 단면위치에 따라 각각 차이가 있었다. 그런 변화를 나타낸 것이 전단력도와 휨모멘트도이다. 그러나 구조물의 종류에 따라 하중이 정해진 위치에 작용하지 않고 그 작용위치가 변화하는 것이 많다. 예를 들면 그림 4.29의 교량을 구성하고 있는 보들은 자동차나 열차와 같은 이동하중을 받게 된다.

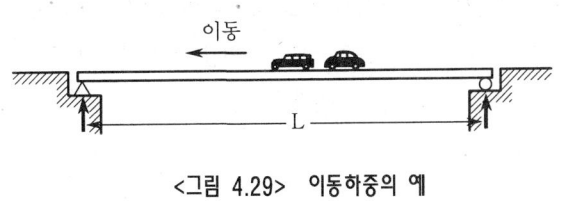

<그림 4.29> 이동하중의 예

그러므로 하중이 이동함에 따라 보에 발생하는 전단력과 휨모멘트값도 변화하기 때문에 보의 특정단면을 선택하여 전단력과 휨모멘트값이 어떻게 변화하는 가를 조

사해야 한다. 다시말하면 구조물을 안전하게 설계하기 위해서는 부재에 가장 불리한 위치에 하중을 작용시켜 가장 큰 단면력을 계산하고, 이 단면력에 대해 구조물이 충분히 안전한 가를 검토해야 한다.

그림 4.30(a)는 건물내의 양단에서 단순지지된 보위에 이동 크래인이 설치되어 있다. 크래인은 강재를 좌우로 이동 가능하다. 따라서 역학적모델은 그림 4.30(b)와 같이 이동 집중하중을 받는 단순보로 나타낼 수 있다.

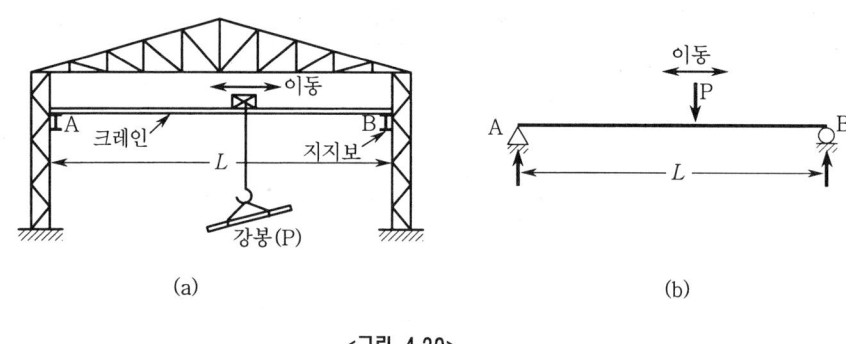

<그림 4.30>

그림 4.29의 교량상의 보와 그림 4.30(a)의 이동크레인에서 하중이 이동할 때, 이동하중의 위치변화에 따라 지점반력, 그리고 특정단면위치의 전단력과 휨모멘트의 물리량이 어떻게 변화하는 가를 나타내는 선을 영향선(influence line)이라 한다.

다시말하면 영향선이란 단위하중(P=1)이 구조물 위를 지나가는 동안에 지점반력뿐만아니라 주어진 단면의 전단력이나 휨모멘트의 크기를 하중이 이동할 때 마다 하중이 실린 바로 밑의 종거로 나타낸 선을 말한다. 반력에 관한 것을 반력의 영향선, 특정단면의 전단력과 휨모멘트에 대한 것을 각각 전단력의 영향선, 휨모멘트의 영향선이라 한다. 영향선은 반력, 전단력, 그리고 휨모멘트를 구하는 목적이외에, 단면력의 최대값과 그때의 하중위치를 구하는데 폭넓게 이용된다.

> **요점** 단면력도는 하중위치를 고정시킨 상태에서 단면위치를 이동시켜 가면서 단면력의 변화를 알아보는 것이고, 영향선은 보의 임의 단면을 선택하고 하중을 이동시켜 가면서 그단면의 단면력의 변화를 알아보는 것이다.

(1) 반력의 영향선

그림 4.31은 A점에서 $x$위치에 단위하중이 작용하고 있다. 이제, 이 단위하중을 이동시킴에 따라 반력의 영향선이 어떻게 그려지는 지를 알아보기로 한다.

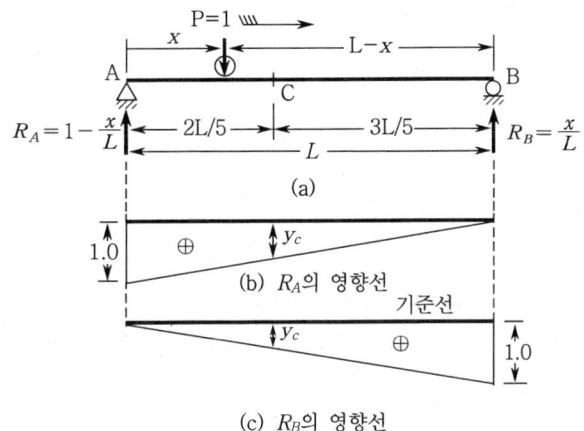

<그림 4.31> 반력의 영향선

단위하중이 A점에서 $x$ 위치에 있을 때 반력 $R_A$ 및 $R_B$는 다음과 같다.

$$R_A = P \times \frac{L-x}{L} = 1 - \frac{x}{L}$$

$$R_B = P \times \frac{x}{L} = \frac{x}{L} \quad \cdots\cdots\cdots\cdots\cdots\cdots\cdots\cdots\cdots\cdots\cdots\cdots\cdots\cdots (4.37)$$

식(4.37)의 반력값은 하중위치를 반영하는 변수 $x$에 관한 1차식이므로 직선으로 변하고 있음을 의미한다. 단위하중 P=1이 지점 A에 작용할 때 $x = 0$이다.

즉, $R_A = 1$, $R_B = 0$

또한 단위하중 P=1이 지점B에 작용할 때 $x = L$이다.

즉, $R_A = 0$, $R_B = 1$

따라서, $R_A$의 영향선은 그림 4.31(b)와 같이 보에 평행한 기준선을 잡고, 기준선에 수직방향으로 아래쪽을 정(+), 위쪽을 부(-)의 영역으로 한다. $R_A$의 영향선의 작도는 지점A에서 1, 지점B에서 0, 그리고 $R_B$의 영향선은 그림 4.31(c)와 같이 지점 B에서 1, 지점A에서 0이 되도록 적당한 축척으로 종거를 잡아 이 두점을 연결하면 된다.

그림 4.31(a)에서 P=1이 C점에 있을 때 $R_A$의 값은 그림 4.31(b)에 표시한 $y_c$값과 관계 있다. 만약 C점에 P=5(t)이 작용하면 C점의 영향선의 종거값 $y_c$를 이용하여 즉, $R_A$값을 쉽게 구할 수 있다.

$$R_A = P \times y_c = 5 \times 0.6 = 3.0 \text{ (tonf)}$$

### 예제 4-8

간접하중에서 풀어 본 그림 4.25(b)의 하중계를 영향선을 이용하여 지점반력 $R_A$를 구해보자.

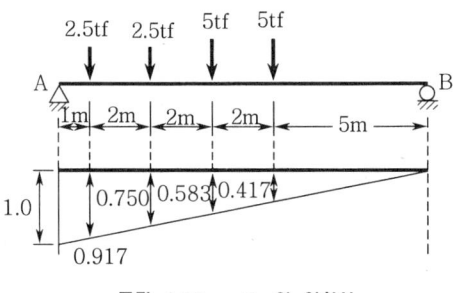

<그림 4.32> $R_A$의 영향선

**풀이** 그림 4.32에는 $R_A$의 영향선과 각각의 하중위치에서의 영향선의 종거값이 계산되어 있다.

이들 값을 이용하면 $R_A$는 다음과 같이 계산된다.

$R_A = 0.917 \times 2.5 + 0.750 \times 2.5 + 0.583 \times 5 + 0.417 \times 5 \cong 9.17$ (tonf)

이 값은 그림 4.25(b)에서 구한 결과와 일치하고 있다.

### 예제 4-9

그림 4.33(a)에 보여준 단순보의 반력 $R_A$, $R_B$을 영향선을 이용하여 구하시오.

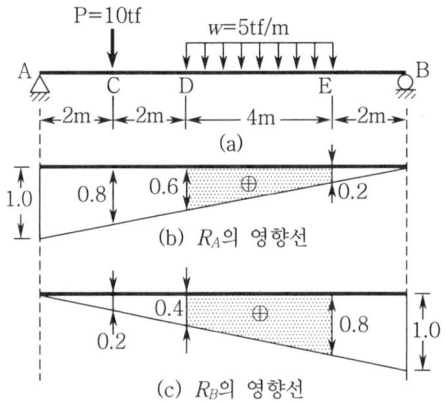

<그림 4.33>

**풀이** 등분포하중이 작용할 때 하중의 분포간에 있는 영향선의 면적을 곱하면 된다. 즉, 그림 4.33(b), (c)에서 음영부분의 면적이다.

$$R_A = 10 \times 0.8 + 5 \times \frac{(0.6+0.2)}{2} \times 4 = 16 \text{ (tonf)}$$

$$R_B = 10 \times 0.2 + 5 \times \frac{(0.8+0.4)}{2} \times 4 = 14 \text{ (tonf)}$$

◯ 검산 : $R_A + R_B = \Sigma P = 10 + 5 \times 4 = 30$ (tonf) (O.K)

---

### (2) 전단력의 영향선

그림 4.34(a)에서 단면C의 전단력의 영향선을 구해보자.
단위하중 P=1이 AC구간에 작용할 때( $A \leq x \leq C$ )

$$S_C = R_A - 1 = -R_B = -\frac{x}{L} \quad \cdots\cdots\cdots\cdots (4.38(a))$$

단위하중 P=1이 CB구간에 작용할 때( $C \leq x \leq B$ )

$$S_C = R_A = \frac{L-x}{L} \quad \cdots\cdots\cdots\cdots (4.38(b))$$

이와 같이 단위하중이 AC간을 이동할 때 $S_C$의 변화는 $-R_B$의 변화와 같고, 또한 CB간을 이동할 때 $S_C$의 변화는 $R_A$의 변화와 같다. 따라서 단면 C의 전단력 $S_C$의 영향선은 AC간에는 $-R_B$의 영향선을, CB간에는 $R_A$의 영향선을 그린 후, 이동하중의 작용영역을 만족시켜 그린 것이 그림 4.34(b)의 빗금영역이다.

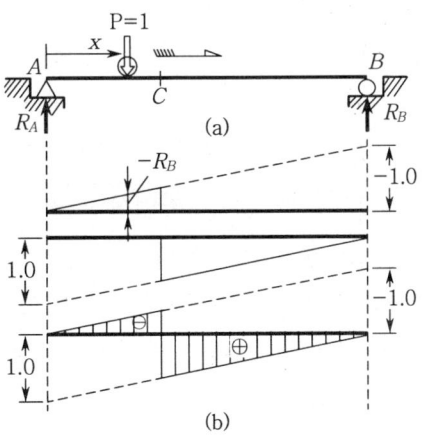

&lt;그림 4.34&gt;  전단력의 영향선

### 예제 4-10

영향선을 이용하여 그림 4.35(a)에 주어진 단순보에서 C점의 전단력을 구해보자.

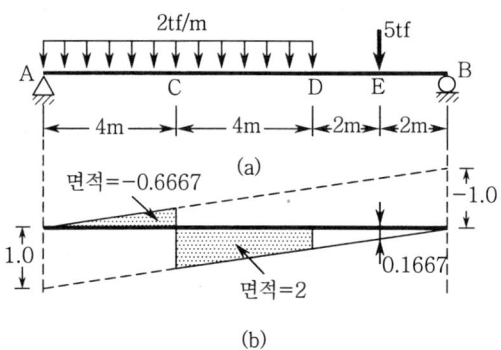

<그림 4.35>  C점 전단력의 영향선

**풀이** 그림 4.35(b)는 단면C의 전단력에 대한 영향선과 계산에 필요한 면적과 종거값을 보여 주고 있다. 전단력 $S_c$는 다음과 같이 계산된다.

$S_c = (-0.6667) \times 2 + 2 \times 2 + 5 \times 0.1667 = 3.5$ (tonf)

### (3) 휨모멘트의 영향선

그림 4.36(a)에서 단위하중 P=1이 AC구간에 작용할 때, 단면 C의 휨모멘트 $M_c$는 단면C의 우측에서 구하면 $M_c = R_B \times b$가 된다. 또한 CB구간에 작용할 때 단면 C의 휨모멘트 $M_c$는 $M_c = R_A \times a$이다.

따라서, 단면 C의 휨모멘트 $M_c$의 영향선은 AC구간에서는 그림 4.36(b)와 같이 $R_B$의 영향선을 b 배한 것이고, CB구간에서는 $R_A$의 영향선을 a배 한 것이므로, 이들을 합성하면 그림 4.36(c)와 같이 된다.

이 $M_c$의 영향선으로부터 $M_c$가 최대가 되는 것은, 집중하중의 경우 영향선의 종거가 가장 큰 단면 C에 작용할 때 이고, 등분포하중에 경우 보의 전장에 걸쳐 작용할 때 최대가 됨을 알 수 있다.

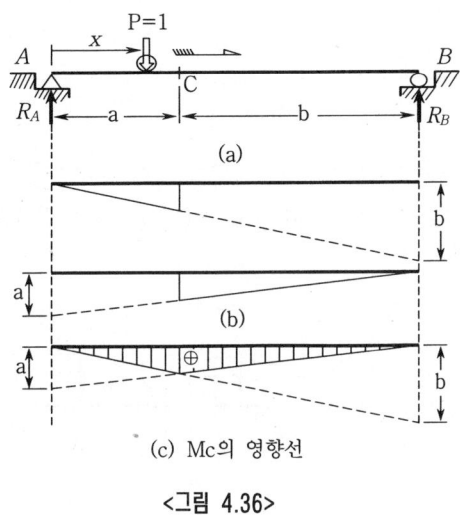

(c) Mc의 영향선

<그림 4.36>

## 예제 4-11

예제 4.10의 단순보에서 C점의 휨모멘트를 영향선을 이용하여 구해보자.

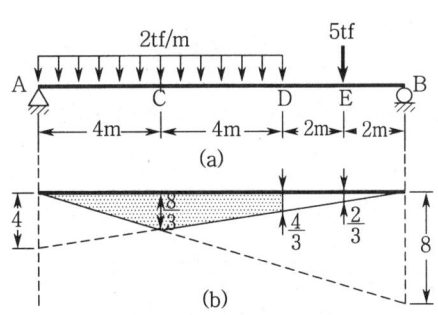

<그림 4.37> 단면 C의 휨모멘트의 영향선

그림 4.37(b)는 단면C의 휨모멘트의 영향선과 계산에 필요한 종거값을 보여 주고 있다. 그림(b)에서 음영부분의 면적은 $13\frac{1}{3}$이다. 휨모멘트 $M_c$의 계산은 아래와 같다.

$$M_c = 2 \times 13\frac{1}{3} + 5 \times \frac{2}{3} = 30 \text{ (tonf·m)}$$

다시 한번 강조하지만 휨모멘트의 영향선과 휨모멘트도의 정의를 명확히 알아야 한다. 휨모멘트도는 주어진 하중계에 대한 보의 각 단면에서 생기는 휨모멘트값을 단면위치에 따라 표시한 것이다. 그리고 휨모멘트의 영향선은 하중이 보를 이동할 때 주어진 단면에서의 휨모멘트값이 어떻게 변화하는가를 단위하중(P=1)의 위치함수 $x$로 표현한 것이다.

## 예제 4-12

그림 4.38(a)의 단순보에서 단면 m의 전단력과 휨모멘트를 영향선을 이용하여 구하시오.

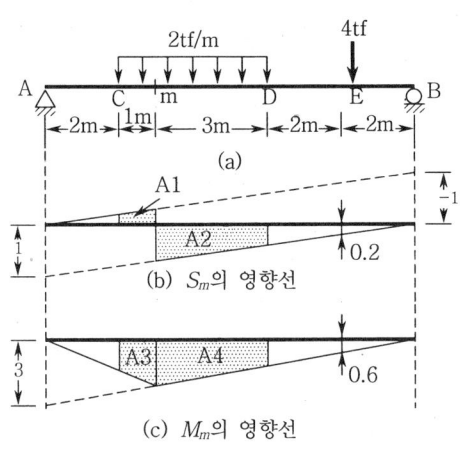

<그림 4.38>

**풀이** 단면 m의 전단력의 영향선은 그림 4.38(b)와 같으며 그림에서 음영면적 A1, A2를 계산하면

$$A1 = -\frac{(0.2+0.3)}{2} \times 1 = -0.25, \quad A2 = \frac{(0.7+0.4)}{2} \times 3 = 1.65$$

따라서, 전단력 $S_m$은 다음과 같이 계산된다.

$S_m$ = -0.25×2 + 1.65×2 + 0.2×4 = 3.6 (tonf)

휨모멘트의 영향선은 그림 4.38(c)와 같으며 그림에서 음영면적 A3, A4를 계산하면

$$A3 = \frac{(1.4+2.1)}{2} \times 1 = 1.75, \quad A4 = \frac{(2.1+1.2)}{2} \times 3 = 4.95$$

따라서, 휨모멘트 $M_m$은 다음과 같이 계산된다.

$M_m$ = 1.75×2 + 4.95×2 + 0.6×4 = 15.8 (tonf·m)

### 4.7.7 간접하중을 받는 단순보의 영향선

하중이 간접재하된 경우에도 반력은 직접재하된 경우와 같은 원리로 구해지기 때문에 그 영향선은 직접재하된 반력의 영향선과 같다.

전단력의 영향선은 그림 4.39(a)에서 격점CD 간의 임의점 F를 생각해보자. F가 있는 격간 이외에 단위하중 P=1이 작용하게 되면, 단면 F의 전단력은 직접하중이 작용할 때와 같기 때문에 그 영향선도 동일하다. 왜냐 하면 단면 F의 좌 또는 우에서 하중과 지점반력이 하중재하방법에 관계없이 같아지기 때문이다.

그리고 CD구간의 전단력과 휨모멘트가 모두 직선적으로 변화하기 때문에 C와 D점을 직선적으로 연결하면 된다.

이 같이 해서 구한 전단력과 휨모멘트의 영향선을 각각 그림 4.39(b), (c)에 나타내었고, 그림에는 비교를 위해 직접하중인 경우 단면력의 영향선을 파선으로 함께 나타내고 있다.

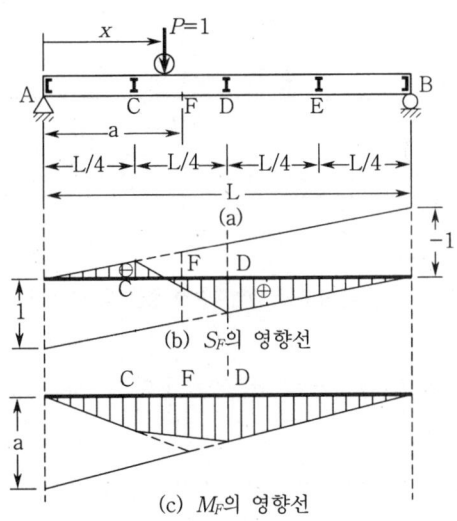

<그림 4.39> 간접하중을 받는 단순보의 영향선

### 4.7.8 반력 및 단면력의 최대값

이동하중에서 특히 열차나 자동차와 같이 일정간격을 유지하면서 이동하는 것을 연행하중이라 한다. 단순보가 연행하중을 받는 경우 보의 특정단면 m의 전단력과 휨모멘트는 하중이동에 따라 그 값이 변화한다. 따라서 영향선을 이용하여 m점의 단면력이 최대가 되는 연행하중의 작용위치와 최대값을 구해보자.

보를 설계할 때에는 최대 단면력과 반력을 정확하게 산출해야 한다. 다시 말하면, 가장 위험한 하중상태에서 보가 견딜 수 있는 단면으로 설계되어야 한다. 이제 주어진 연행하중에 대한 지점반력, 전단력, 그리고 휨모멘트의 최대 값을 계산해 보자.

(1) 보의 임의점의 최대전단력

그림 4.40(a)와 같은 연행하중이 작용할 때, m 단면에 전단력이 최대가 되는 것은 일반적으로 연행하중의 앞쪽에 있는 하중들이 m 단면에 위치할 때이다. 따라서 단면 m의 전단력을 그림 4.40(a)와 그림 4.40(c)의 경우에 대해 생각해 보자.

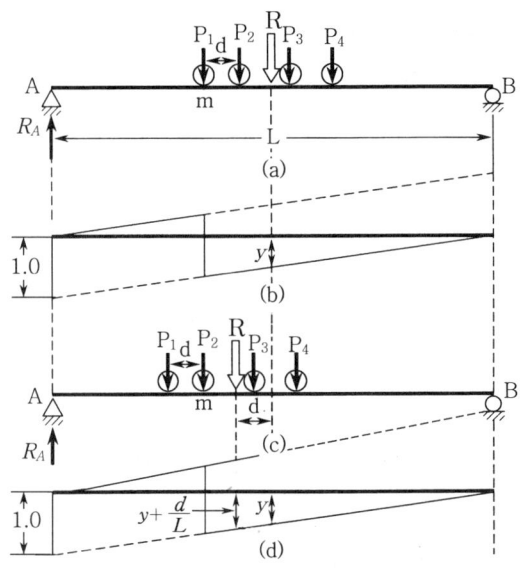

<그림 4.40> 연행하중에 의한 최대전단력

그림 4.40(a)에서 연행하중의 합력을 R이라 하고, R의 종거를 $y$라 하면 단면 m의 전단력은

$$S_{ma} = y \times R \qquad (4.39(a))$$

다음에 그림 4.40(c)와 같이 하중군이 d만큼 왼쪽으로 이동했을 때, 단면 m의 전단력은 m점의 좌측에 있는 외력의 합이므로

$$S_{mc} = R_A - P_1 \qquad (4.39(b))$$

여기서, $R_A$의 영향선은 그림 4.40(d)로 부터

$$R_A = \left(y + \frac{d}{L}\right) R \qquad (4.39(c))$$

식(4.39)(c)를 식(4.39)(b)에 대입하면

$$S_{mc} = \left(y + \frac{d}{L}\right) R - P_1 \qquad (4.39(d))$$

식(d)에서 식(a)를 뺀 두 전단력의 차를 $\Delta S$라 하면

$$\Delta S = S_{mc} - S_{ma} = \left(y + \frac{d}{L}\right)R - P_1 - (y \times R) \quad \cdots\cdots (4.39(e))$$

식(4.39)(e)의 결과를 정리하여 다시쓰면

$$\frac{R}{L} - \frac{P_1}{d} \gtreqless 0 \quad \rightarrow \quad S_{mc} \gtreqless S_{ma} \quad \cdots\cdots (4.39(f))$$

즉, 식(f)의 결과가 양(+)이면 그림 4.40(c)일 때, 음(-)이면 그림 4.40(a)일 때 최대전단력이 발생한다. 이상의 결과를 이용하여 그림 4.40(e)와 같은 연행하중이 작용할 때 단면 m의 전단력이 최대가 되기 위한 조건식은 아래와 같다.

$$\frac{P_r}{d_r} \geq \frac{R}{L} \quad \cdots\cdots (4.40)$$

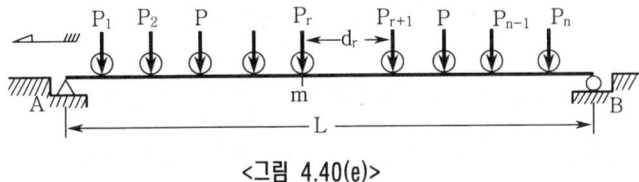

<그림 4.40(e)>

### 예제 4-13

그림 4.41과 같은 경간 10m의 단순보에 연행하중이 작용하는 경우, 단면 m의 최대전단력을 구하시오.

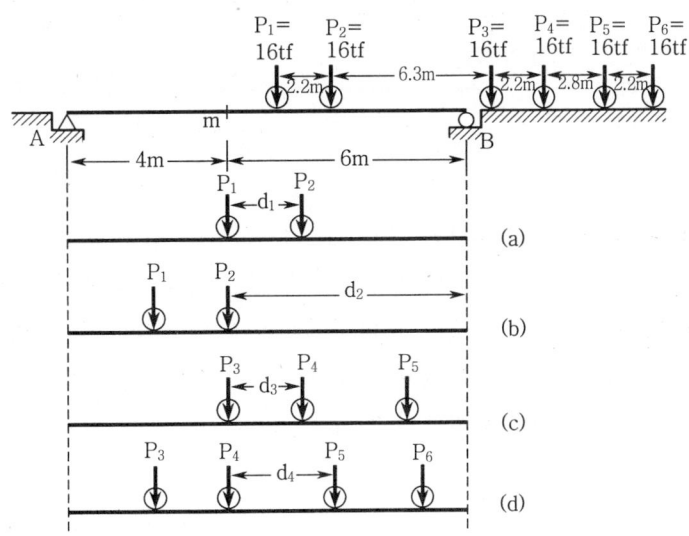

<그림 4.41>

**[풀이]** 그림 4.41(a)에서

$$\frac{R}{L} = \frac{(16+16)}{10} = 3.20 \text{ (tonf/m)}$$

$$\frac{P_1}{d_1} = \frac{16}{2.2} = 7.27 \text{ (tonf/m)} > \frac{R}{L} \rightarrow 만족한다.$$

$$\therefore S_{m1} = 0.6 \times 16 + 0.38 \times 16 = 15.68 \text{ (tonf)}$$

그림 4.41(b)에서

$$\frac{R}{L} = \frac{(16+16)}{10} = 3.20 \text{ (tonf/m)}$$

$d_2$는 보의 지점B까지의 거리로 한다.

$$\frac{P_2}{d_2} = \frac{16}{6} = 2.67 \text{ (tonf/m)} < \frac{R}{L} \rightarrow 만족하지 않는다.$$

그림 4.41(c)에서

$$\frac{R}{L} = \frac{(16+16+16)}{10} = 4.80 \text{ (tonf/m)}$$

$$\frac{P_3}{d_3} = \frac{16}{2.2} = 7.27 \text{ (tonf/m)} > \frac{R}{L} \rightarrow 만족한다.$$

$$\therefore S_{m3} = 0.6 \times 16 + 0.38 \times 16 + 0.1 \times 16 = 17.28 \text{ (tonf)}$$

그림 4.41(d)에서

$$\frac{R}{L} = \frac{(16+16+16+16)}{10} = 6.40 \text{ (tonf/m)}$$

$$\frac{P_4}{d_4} = \frac{16}{2.8} = 5.71 \text{ (tonf/m)} < \frac{R}{L} \rightarrow 만족하지 않는다.$$

위 계산에서 알 수 있듯이 식(4.40)을 만족하는 것은 그림(a)와 그림(c)의 경우이다. 따라서 이들 두 값중에서 그림(c)의 경우가 더 크기 때문에 단면 m의 최대전단력은 17.28tonf이다.

## (2) 절대최대전단력

연행하중이 보에 작용하는 경우, 보의 각 단면에 대한 최대전단력을 구할 수 있었다. 그들 최대전단력 중에서 가장 큰 값을 절대최대전단력이라 한다. 식(4.40)을 지점A 또는 지점B에 적용하면 절대최대전단력을 구할 수가 있다. 전단력의 영향선에서 종거가 가장 큰 지점A에서 정(+), 지점B에서 부(-)의 절대최대전단력이 발생하며, 또한 이 값은 최대반력이 된다.

## 예제 4-14

예제 4.13의 연행하중이 작용할 때, 절대최대전단력을 구해보자.

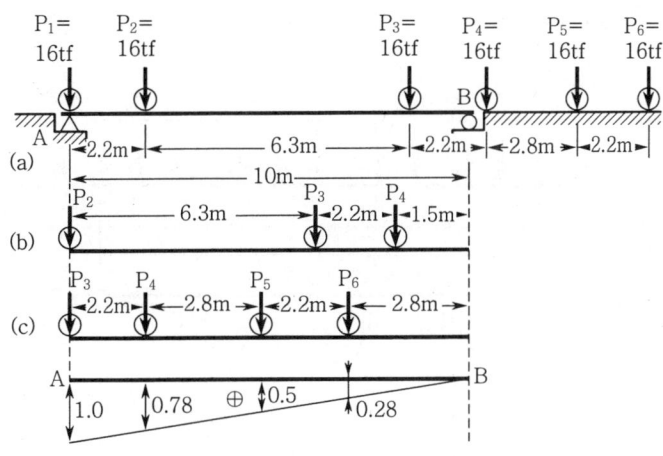

<그림 4.42>

**풀이** 그림 4.42(a)에서

$$\frac{R}{L} = \frac{(16+16+16)}{10} = 4.80 \text{ (tonf/m)}$$

$$\frac{P_1}{d_1} = \frac{16}{2.2} = 7.27 \text{ (tonf/m)} > \frac{R}{L} \rightarrow 만족한다.$$

그림 4.42(b)에서

$$\frac{P_2}{d_2} = \frac{16}{6.3} = 2.54 \text{ (tonf/m)} < \frac{R}{L} \rightarrow 만족하지 않는다.$$

그림 4.42(c)에서

$$\frac{R}{L} = \frac{(16+16+16+16)}{10} = 6.40 \text{ (tonf/m)}$$

$$\frac{P_3}{d_3} = \frac{16}{2.2} = 7.27 \text{ (tonf/m)} > \frac{R}{L} \rightarrow 만족한다.$$

따라서, 식(4.40)을 만족하는 것은 그림(a)와 그림(c)이지만, 영향선에 의해 그림(a)의 경우보다 그림(c)의 경우가 전단력이 더 큼을 알 수 있다.

절대최대전단력 $S_{max}$ = 16×1 + 16×0.78 + 16×0.5 + 16×0.28 = 40.96 (tonf)

### (3) 보의 임의점의 최대휨모멘트

이제 그림 4.43(a)의 단순보에서 단면 m의 휨모멘트가 최대가 되는 연행하중의 위치를 찾아보자. Am 사이에 작용하는 하중의 합력을 $R_1$, mB 사이에 작용하는 하중의 합력을 $R_2$라 하자. 단면 m의 휨모멘트는 각각의 하중에 대해 계산한 값이나, 이들의 합력 $R_1$, $R_2$를 사용하여 구한 값과 같기 때문에, 합력의 작용위치에서의 영향선의 종거를 각각 $y_1$, $y_2$라 하면, 단면 m의 휨모멘트 $M_m$은 아래 식으로 표시된다.

$$M_m = R_1 \times y_1 + R_2 \times y_2$$

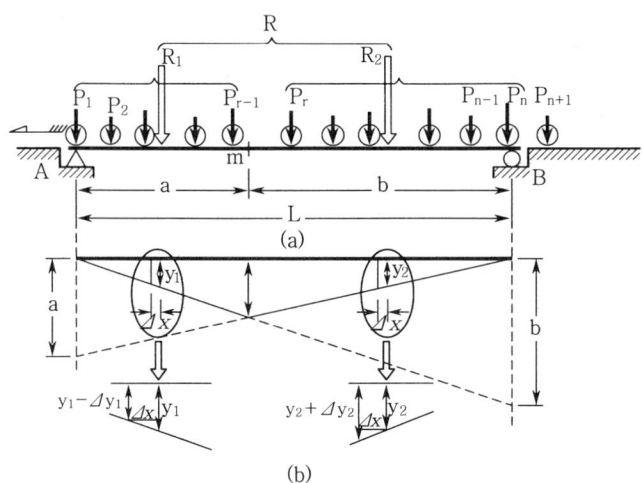

<그림 4.43> $M_m$을 최대로 하는 하중의 위치

이제, 연행하중이 왼쪽으로 미소거리 $\Delta x$만큼 이동했을 때 단면 m의 휨모멘트의 변화는 다음과 같다.

$$M_m + \Delta M_m = R_1 \times (y_1 - \Delta y_1) + R_2 \times (y_2 + \Delta y_2)$$

$$= R_1 \times \left(y_1 - \frac{b}{L}\Delta x\right) + R_2 \times \left(y_2 + \frac{a}{L}\Delta x\right)$$

$$= R_1 y_1 + R_2 y_2 + \left(\frac{a}{L}R_2 - \frac{b}{L}R_1\right)\Delta x = M_m + \left(\frac{a}{L}R_2 - \frac{b}{L}R_1\right)\Delta x$$

따라서, $M_m$의 증가분 $\Delta M_m$은

$$\Delta M_m = \left(\frac{a}{L}R_2 - \frac{b}{L}R_1\right)\Delta x$$

또한, $M_m$의 증가비율은

$$\frac{\Delta M_m}{\Delta x} = \left(\frac{a}{L}R_2 - \frac{b}{L}R_1\right) \quad \cdots\cdots\cdots\cdots\cdots\cdots\cdots\cdots\cdots (4.41)$$

식(4.41)에서, $R = R_1 + R_2$, $b = L - a$ 이므로 치환하여 다시 쓰면

$$\frac{\Delta M_m}{\Delta x} = \left(\frac{R}{L} - \frac{R_1}{a}\right) \quad \cdots\cdots\cdots\cdots\cdots\cdots\cdots\cdots\cdots (4.42)$$

그림 4.43의 하중군이 우에서 좌로 순서대로 이동할 때 마다 증가하고 있던 휨모멘트가 어느 순간 감소로 전환될 때, 단면 m의 휨모멘트를 최대로 하는 하중군이다. 즉 식(4.41)의 우변이 양(+)에서부터 0으로 접근하고 다시 음(-)으로 변해야 한

다. 그러므로 $a$, $b$가 일정하면 $R_2$값이 작아지든가 $R_1$값이 커질 수 밖에 없다.

또한 $M_m$이 최대가 되는 하중 배치는 반드시 단면m 위에 임의 하중 $P_r$이 놓이고, $P_r$을 $R_1$에 포함시켰을 때 식(4.41)이 양(+)에서 음(-)으로 변화는 것을 의미한다. 다시말하면 $M_m$을 최대로 하는 하중위치는 식(4.42)로부터

$$\frac{R}{L} - \frac{R_1}{a} \geq 0 \quad \text{그리고} \quad \frac{R}{L} - \frac{R_1 + P_r}{a} < 0$$

따라서,

$$\frac{R}{L} \geq \frac{R_1}{a} \quad \text{및} \quad \frac{R}{L} < \frac{R_1 + P_r}{a} \quad \rightarrow \quad \frac{R_1}{a} \leq \frac{R}{L} < \frac{R_1 + P_r}{a} \quad \cdots\cdots (4.43)$$

식(4.43)은 $M_m$을 최대로 하는 하중의 위치를 구하는 조건식이다. 식(4.43)을 만족하는 하중상태가 두 개 이상일 경우에는 각각의 하중상태에서 휨모멘트를 계산하고 그 중 가장 큰 것을 최대 휨모멘트로 하면 된다.

### 예제 4-15

그림 4.44(a)에 나타낸 지간 10m의 단순보에 연행하중(표준열차하중 중 LS-20)이 작용하는 경우, 단면 m의 최대 휨모멘트를 구해보자.

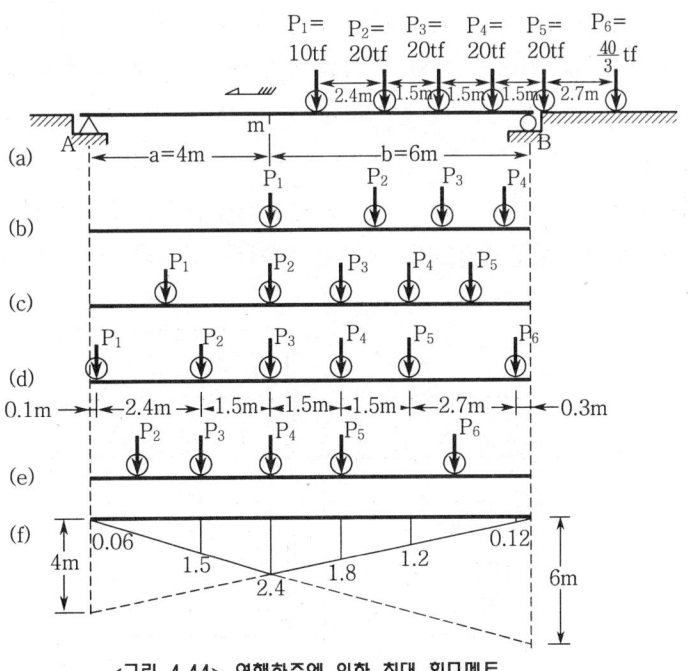

<그림 4.44> 연행하중에 의한 최대 휨모멘트

**풀이** 그림 (b), (c), (d) 및 (e)의 각각의 하중상태에 대한 식(4.43)의 조건식을 적용하기 위해서 표 4.4를 만들어 정리하기로 한다.

<표 4.4> 단면 m의 최대휨모멘트

| 하중상태 | 단면 m 위의 하중 ($P_r$) | Am 구간의 합력($R_1$) | AB간의 합력(R) | $\dfrac{R_1}{a}$ | < > | $\dfrac{R}{L}$ | < > | $\dfrac{R_1+P_r}{a}$ | 만족여부 |
|---|---|---|---|---|---|---|---|---|---|
| (b) | 10 | 0 | 70 | 0 | < | 7 | > | 2.5 | NG |
| (c) | 20 | 10 | 90 | 2.5 | < | 9 | > | 7.5 | NG |
| (d) | 20 | 30 | 103.3 | 7.5 | < | 10.33 | < | 12.5 | OK |
| (e) | 20 | 40 | 93.3 | 10 | > | 9.33 | < | 15 | NG |

표에서 조건식을 만족하는 경우는 그림(d) 이며, 그림(d)의 하중상태하에서 단면 m의 휨모멘트를 계산하기 위한 영향선의 종거를 그림(f)에 나타내었다.

단면 m의 최대 휨모멘트를 계산하면

$(M_m)_{max} = (10 \times 0.06) + (20 \times 1.5) + (20 \times 2.4) + (20 \times 1.8) + (20 \times 1.2) + (\dfrac{40}{3} \times 0.12)$

$= 140.2 \ (\text{tonf} \cdot \text{m})$

### (4) 절대 최대휨모멘트

단순보에 작용하는 하중이 이동하지 않고 고정되어 있을 때의 최대 휨모멘트값은 1개뿐이다. 예제4-13에서 살펴본 m점의 최대휨모멘트가 생기는 하중상태는 그림 4.43(d)였다. 결국 m점 이외에 임의 단면에 대한 최대 휨모멘트를 일으키는 하중상태 역시 식(4.43)의 조건식을 충족해야 한다. 그러므로 임의 단면의 최대휨모멘트를 일으키는 하중상태는 각단면에 따라 달라지게 된다. 이와 같이 보의 각단면에서의 최대휨모멘트 중에서 가장 큰 값을 절대최대휨모멘트라 한다.

이제, 절대최대휨모멘트가 생기는 단면의 위치와 그 값을 구하는 방법을 생각해 보자.

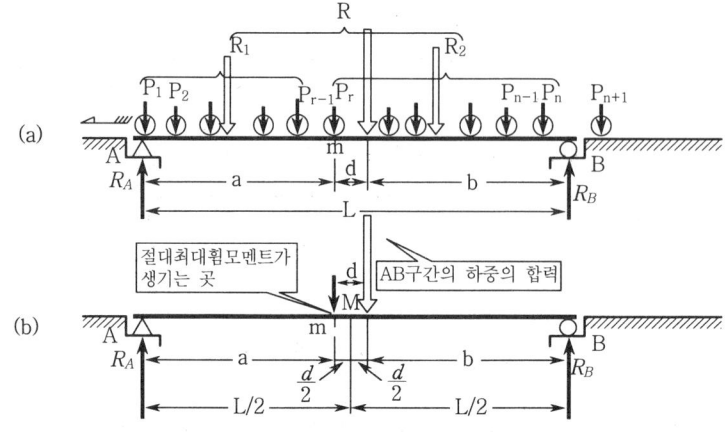

<그림 4.45> 절대최대휨모멘트가 생기는 단면의 위치

우선, 그림 4.45(a)가 단면 m에서 최대휨모멘트를 일으킨다고 하면, 단면 m에서 전단력은 0, 즉 $S_m = R_A - R_1 = 0$이다.

$$R_A = \frac{R \cdot b}{L} \quad \rightarrow \quad \frac{R \cdot b}{L} - R_1 = 0 \quad \rightarrow \quad \frac{R \cdot b}{L} = R_1$$

따라서,

$$\frac{R}{L} = \frac{R_1}{b} \quad \cdots\cdots\cdots\cdots\cdots\cdots\cdots\cdots\cdots\cdots\cdots\cdots\cdots\cdots\cdots\cdots (4.44)$$

식(4.42)에서 극대점은 우항이 0이어야 한다.

$$\text{즉,} \quad \frac{R_1}{a} = \frac{R}{L} \quad \cdots\cdots\cdots\cdots\cdots\cdots\cdots\cdots\cdots\cdots\cdots\cdots\cdots\cdots\cdots (4.45)$$

식(4.44)와 식(4.45)에 의해

$$\frac{R_1}{a} = \frac{R_1}{b} \quad \rightarrow \quad \therefore \ a = b$$

따라서, 보의 지간중앙점을 M이라 하면, M점은 합력 R과 m의 중앙이 되어야 한다.

이상을 정리하면 그림 4.45(b)에 보여준 바와 같이 보의 절대최대휨모멘트는 이동하중의 합력의 작용위치를 구하고, 합력에 가장 가까운 하중 $P_r$과의 거리를 d로 놓고, 지간의 중앙점에서 d를 2등분 할 때 $P_r$이 작용하는 단면에서 발생하게 된다.

### 예제 4-16

그림 4.45(c)와 같은 단순보에 DB-24인 표준트럭하중이 우에서 좌로 이동할 때 절대최대휨모멘트를 구해보자.

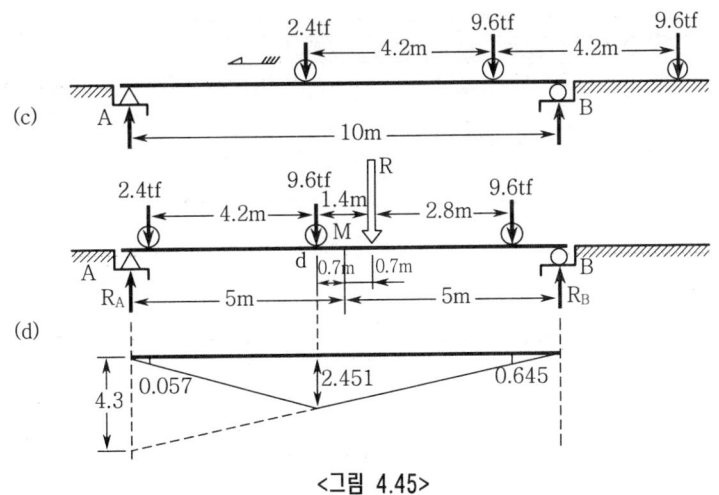

<그림 4.45>

**풀이** 합력R의 작용위치는 연행하중의 우측 끝에서 좌로 2.8m인 점이고, 합력 R과 가장 가까운 9.6tonf 까지의 거리가 1.4m 이므로, 이 거리를 2등분 한 M점을 지간의 중앙에 위치시킨 하중상태에서 절대최대휨모멘트가 발생하는 곳은 합력과 가장 가까운 하중위치인 점 d이다.

(1) 해석적방법

① 지점반력

그림 (d)의 하중상태에 대한 지점반력을 구하면

$\Sigma M_A = 0$, $R_B \times 10 - R \times 5.7 = 0$, $R_B = \dfrac{21.6 \times 5.7}{10} = 12.312$ (tonf)

$\Sigma V = 0$, $R_A + R_B = R$, $R_A = R - R_B = 21.6 - 12.312 = 9.288$ (tonf)

② 절대최대휨모멘트

$M_{ab\max} = R_A \times 4.3 - 2.4 \times 4.2 = 29.858$ (tonf·m)

(2) 영향선법

d점에 대한 휨모멘트의 영향선을 그림(d)에 함께 나타내었으며, 이를 이용하여 절대최대휨모멘트를 구하면 다음과 같다.

$M_{abmax} = 2.4 \times 0.057 + 9.6 \times 2.451 + 9.6 \times 0.645 = 29.858$ (tonf·m)

---

### 예제 4-17

그림 4.46의 1등교 교량에서 거더에 발생하는 최대모멘트값을 경간방향으로 2.5m 마다 그림으로 나타내 보시오. 횡단면에서 각 차선의 폭은 3.3m이고, 교량의 중량은 11.20(tonf/m)이다.

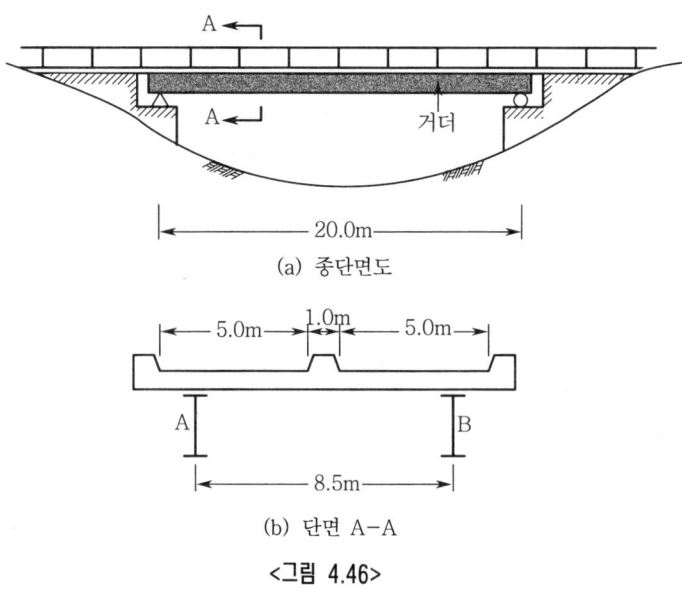

(a) 종단면도

(b) 단면 A-A

&lt;그림 4.46&gt;

**풀이** (1) 교량에 작용하는 하중

1) 차선하중

교량의 바닥판을 지지하고 있는 거더 B가 최대모멘트를 발생시키는 차선하중 재하는 그림(c)와 같다.

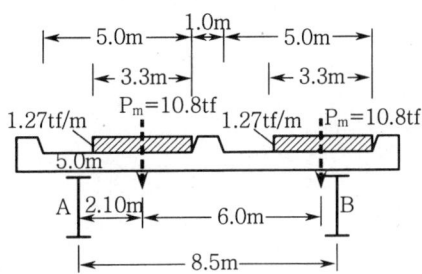

<그림(c)> 거더B에 최대모멘트를 일으키기 위한 차선하중의 위치

① 집중하중(차선당 10.8tonf)

$\Sigma M_A = 0$,   $-10.8(2.10+8.10)+8.5 \times R_B = 0$,   $R_B = 12.96$ (tonf)

② 분포하중(차선당 1.27tonf/m)

$\Sigma M_A = 0$,   $-1.27(2.10+8.10)+8.5 \times R_B = 0$,   $R_B = 1.524$ (tonf/m)

2) 표준 트럭하중(DB하중)

또한, 표준트럭하중으로 인한 B거더에 가장 불리한 한 대의 DB하중을 재하하는 방법을 그림(d)와 같다.

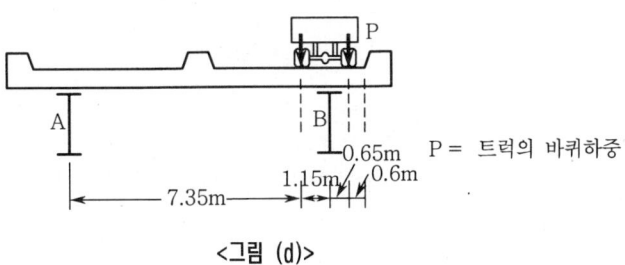

<그림 (d)>

$\Sigma M_A = 0$,   $-P(7.35+9.15)+8.5 \times R_B = 0$,   $R_B = 1.941 P$

교량은 일반적으로 왕복차선이므로 B거더에 영향을 주는 반대 차선에 재하되는 트럭하중도 고려해야만 한다. 이 같은 하중 재하 상태를 그림(e)에 보여주고 있다.

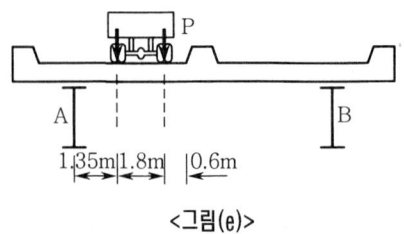

<그림(e)>

$$\Sigma M_A = 0, \quad -P(1.35+3.15)+8.5\times R_B = 0, \quad R_B = 0.529P$$

3) 하중조합과 횡분배

B거더의 최대모멘트를 구하기 위해서는 활하중 뿐만 아니라 고정하중(사하중)도 고려해야 한다.

- 고정하중(사하중) : $q = \dfrac{11.20}{2} = 5.6$ (tonf/m)

- 활하중은 다음 중에서 B거더에 불리한 값으로 결정된다.
  ① 집중하중 12.96tonf과 등분포하중 1.524(tonf/m)의 조합
  ② 그림 (f)에서 보여준 바와 같이 반대방향으로 움직이는 2개의 바퀴하중군

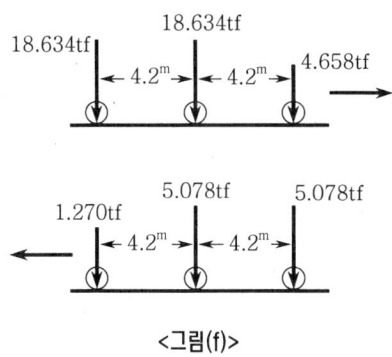

<그림(f)>

여기서, DB-24의 후륜하중은 9.6tonf이고 전륜하중은 2.4tonf이다. 따라서, 그림 (f)의 18.634tonf은 앞에서 구한 B거더의 반력값 1.941P에서 1.941은 활하중의 횡분배를 고려한 값이고, P는 DB-24의 후륜 또는 전륜하중으로 이들을 곱하여 구한 값이다. 따라서, 그림(f)의 나머지값들도 같은 방법으로 구하면 된다.

(2) 모멘트의 영향선

교량경간을 8등분으로 나누고, 각 등분점에 대한 모멘트의 영향선을 그리면 그림(g)와 같다.

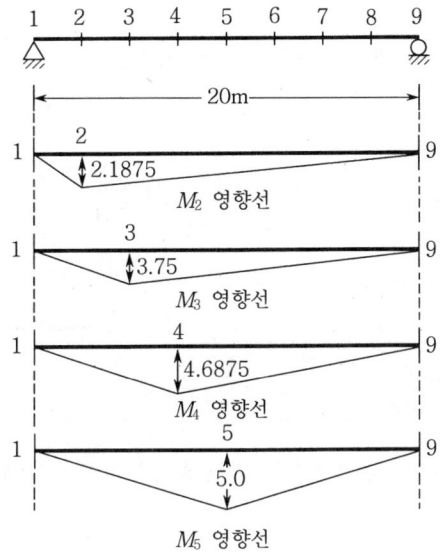

<그림(g)> 보의 등분점(2~5)에 대한 모멘트의 영향선

1) 고정하중(사하중)

그림(g)를 참조하여 고정하중으로 인한 등분점에 대한 휨모멘트는 다음과 같다.

$$M_2 = \frac{2.1875 \times 20 \times 5.6}{2} = 122.5 \text{ (tonf} \cdot \text{m)}$$

$$M_3 = \frac{3.75 \times 20 \times 5.6}{2} = 210.0 \text{ (tonf} \cdot \text{m)}$$

$$M_4 = \frac{4.6875 \times 20 \times 5.6}{2} = 262.5 \text{ (tonf} \cdot \text{m)}$$

$$M_5 = \frac{5.0 \times 20 \times 5.6}{2} = 280.0 \text{ (tonf} \cdot \text{m)}$$

2) 활하중

① 차선하중

또한, 집중하중 12.96tonf과 분포하중 1.524 (tonf/m) 의 조합으로 인한 최대모멘트는 다음과 같이 계산된다.

$$\max M_2 = 12.96 \times 2.1875 + \frac{1}{2} \times 20 \times 2.1875 \times 1.524 = 61.688 \text{ (tonf} \cdot \text{m)}$$

$$\max M_3 = 12.96 \times 3.75 + \frac{1}{2} \times 20 \times 3.75 \times 1.524 = 105.75 \text{ (tonf} \cdot \text{m)}$$

$$\max M_4 = 12.96 \times 4.6875 + \frac{1}{2} \times 20 \times 4.6875 \times 1.524 = 132.188 \text{ (tonf} \cdot \text{m)}$$

$$\max M_5 = 12.96 \times 5.0 + \frac{1}{2} \times 20 \times 5.0 \times 1.524 = 141.0 \text{ (tonf} \cdot \text{m)}$$

② 트럭하중

트럭하중으로 인한 2~5점의 최대모멘트를 얻기 위하여, 그림(h)~(i)에 보여준 바와 같이 반대방향으로 움직이는 두 대의 트럭을 위치시켜야 한다.

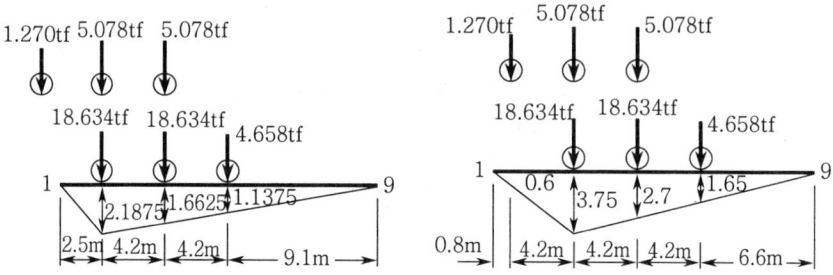

<그림(h)> 2, 3점의 최대모멘트를 얻기 위한 륜하중의 위치

$$\max M_2 = (5.078+18.634)(2.1875+1.6625)+(4.658 \times 1.1375)=96.590 \text{ (tonf} \cdot \text{m)}$$

$$\max M_3 = (5.078+18.634)(3.75+2.7)+(4.658 \times 1.65)+(1.270 \times 0.6)=161.390 \text{(tonf} \cdot \text{m)}$$

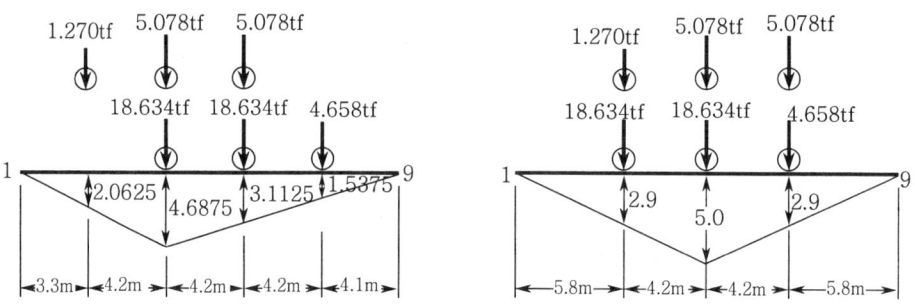

<그림(i)> 4, 5점의 최대모멘트를 얻기 위한 륜하중의 위치

$$\max M_4 = (5.078+18.634)(4.6875+3.1125)+(4.658 \times 1.5375)+(1.270 \times 2.0625)$$
$$= 194.735 \text{ (tonf} \cdot \text{m)}$$

$$\max M_5 = (5.078+18.634)(5.0)+(4.658+5.078)(2.9)+(1.270+18.634)(2.9)$$
$$= 204.516 \text{(tonf} \cdot \text{m)}$$

이상의 결과로부터 분할점에서의 보의 최대모멘트는 트럭하중에 의해 지배됨을 알 수 있다. 최종적으로 트럭하중에 의한 최대모멘트는 고정하중으로 인한 최대모멘트와 합산되어야 한다. 합산된 각 등분점에 대한 최대모멘트는 그림(j)와 같다.

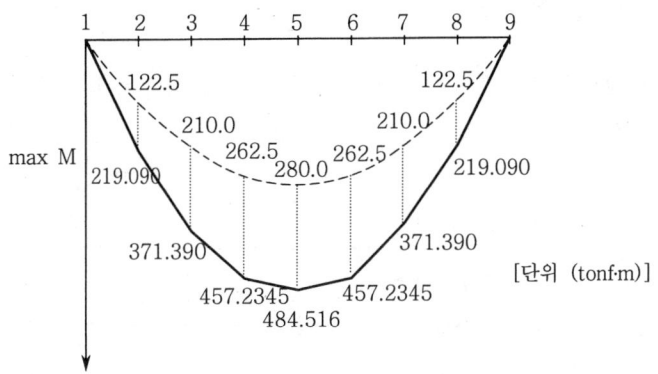

<그림 (j)> 각 등분점에 대한 최대모멘트선도

## 4.8 캔틸레버보(cantilever beam)

지금까지 양단에서 지지된 단순보의 단면력을 계산하는 방법을 알아보았다. 이제 캔틸레버(cantilever)보의 단면력은 어떻게 계산될까? 이미 언급한 바와 같이 캔틸레버보는 한쪽단은 고정되어있고, 다른쪽단은 자유인 보이다.

그림 4.47에 보여준 고층건물이나 아파트의 각 층에 붙어있는 발코니는 캔틸레버 구조이다. 넓은 의미에서 고층빌딩의 전체적인 구조모델을 살펴보면, 땅속에 기초가 고정된 상태에서 수직방향으로 돌출된 보로 볼 수 있으며, 동시에 보는 횡방향으로 작용하는 풍압에 충분히 저항해야만 한다.

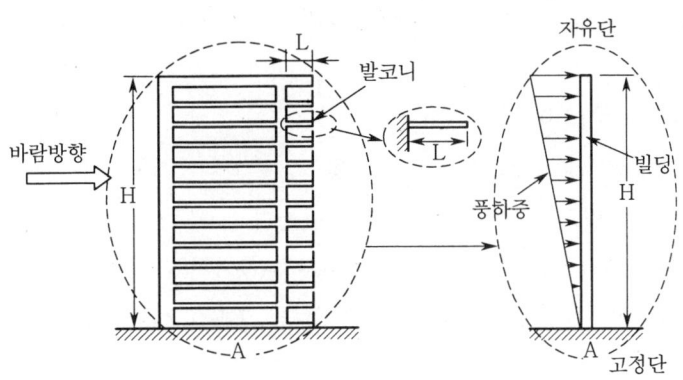

<그림 4.47> 캔틸레버 구조의 예

또한 굴뚝, 철탑과 옹벽도 횡하중에 대한 안전성을 검토할 때, 일반적으로 캔틸레버보로 모델화하는 경우가 대부분이다.

### 4.8.1 집중하중을 받을 경우

그림 4.48(a)와 같이 캔틸레버보에 2개의 집중하중이 작용할 때 단면력을 구해보자.

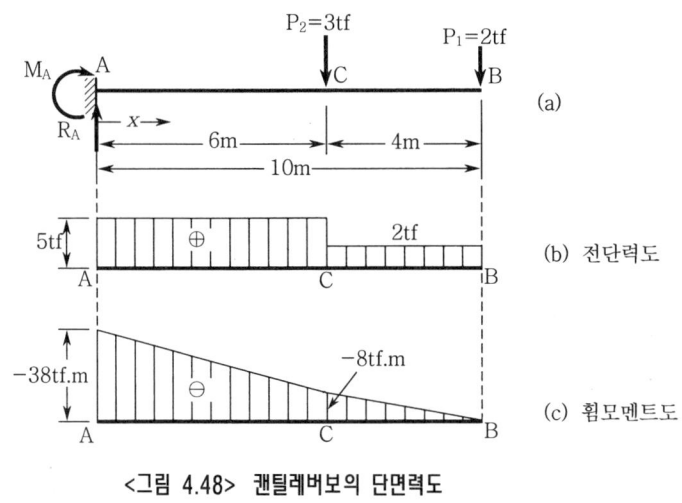

<그림 4.48> 캔틸레버보의 단면력도

그림 4.48(a)는 A점은 고정단이고 B점은 자유단이며, B점과 C점에 각각 집중하중 $P_1$과 $P_2$가 작용하고 있다.

### (1) 지점반력

고정단은 일반적으로 작용하중으로 인한 수평 및 수직방향의 반력, 그리고 고정단모멘트가 발생한다. 하중이 보에 수직방향으로만 작용하므로 수평방향의 반력은 0이다. A점의 반력방향을 그림 4.48(a)와 같이 가정하고 정역학적 평형조건식을 세우면

$$\Sigma V = R_A - 3 - 2 = 0$$

$$\Sigma M_B = M_A + R_A \times 10 - 3 \times 4 = 0$$

위 두식을 연립하여 풀면 다음 값을 얻는다.

$$R_A = 5(\text{tonf}), \quad M_A = -38(\text{tonf} \cdot \text{m}) \quad \cdots\cdots\cdots\cdots\cdots\cdots\cdots (4.46)$$

지점 A의 휨모멘트값이 음(-)이므로 그림 4.48(a)에서 가정한 방향과 반대방향이 된다.

### (2) 전단력

전단력은 자유단 혹은 고정단 중 계산이 편리한 쪽을 선택하여 진행하면 된다.

여기서는 고정단인 A점에서부터 진행하면
① AC구간 : $0 \leq x \leq 6m$ 일 때

$$S_{AC} = 5 \text{ (tonf)} \quad \cdots\cdots\cdots\cdots\cdots\cdots\cdots\cdots\cdots\cdots\cdots\cdots\cdots\cdots\cdots\cdots\cdots\cdots\cdots\cdots (4.47)$$

② CB구간 : $6 \leq x \leq 10m$ 일 때

$$S_{CB} = 5 - 3 = 2 \text{ (tonf)} \quad \cdots\cdots\cdots\cdots\cdots\cdots\cdots\cdots\cdots\cdots\cdots\cdots\cdots\cdots (4.48)$$

**(3) 휨모멘트**

A단에서 $x$ 거리 만큼 떨어진 단면의 휨모멘트를 $M_x$ 라 하면
① AC구간 : $0 \leq x \leq 6m$ 일 때

$$M_x = M_A + R_A \times x = -38 + 5x \text{ (tonf·m)} \quad \cdots\cdots\cdots\cdots\cdots\cdots (4.49)$$

② CB구간 : $6 \leq x \leq 10m$ 일 때

$$M_x = (-38 + 5x) - 3(x-6) = -20 + 2x \text{ (tonf·m)} \quad \cdots\cdots\cdots (4.50)$$

식(4.47)~식(4.50)을 이용하여 전단력도와 휨모멘트도를 그리면 각각 그림 4.48(b), 그림 4.48(c)와 같다. 하중작용방향에 따라 차이가 있으나 그림(c)에서 알 수 있는 바와 같이 일반적으로 캔틸레버보의 휨모멘트는 보의 전구간에서 음(-)이고 고정단에서 최대값이 된다.

### 4.8.2 등분포하중을 받는 경우

그림 4.49(a)에서와 같이 등분포하중이 만재되어 있을 경우 캔틸레버보의 단면력을 구해보자.

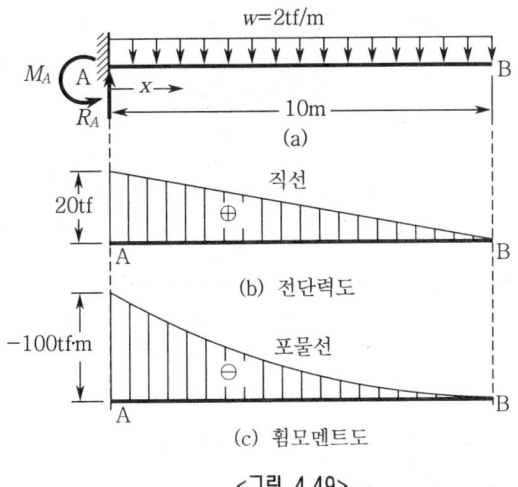

<그림 4.49>

### (1) 지점반력

고정단 A점에는 수직력 $R_A$와 휨모멘트 $M_A$가 미지반력이 된다. 평형조건식으로부터

$$R_A = 20 \text{ (tonf)}, \quad M_A = -100 \text{ (tonf·m)} \quad \cdots\cdots\cdots (4.51)$$

### (2) 단면력

전단력 $S_x$는

$$S_x = R_A - 2 \times x = 20 - 2x \text{ (tonf)} \quad \cdots\cdots\cdots (4.52)$$

휨모멘트 $M_x$는

$$M_x = M_A + R_A \times x - 2x \times \frac{x}{2} = -100 + 20x - x^2 \text{ (tonf·m)} \quad \cdots\cdots (4.53)$$

전단력도와 휨모멘트도는 각각 그림 4.49(b), (c)에 나타내었다. 휨모멘트도의 형상은 식(4.53)이 $x$에 관한 2차식이므로 포물선이고 고정단에서 최대를 보이고 있다.

## 예제 4-18

지간 L=8m의 캔틸레버보에 A점에 휨모멘트, C점에 집중하중, 그리고 DE구간에 등분포하중이 작용할 때 이 보의 SFD와 BMD를 구하여라.

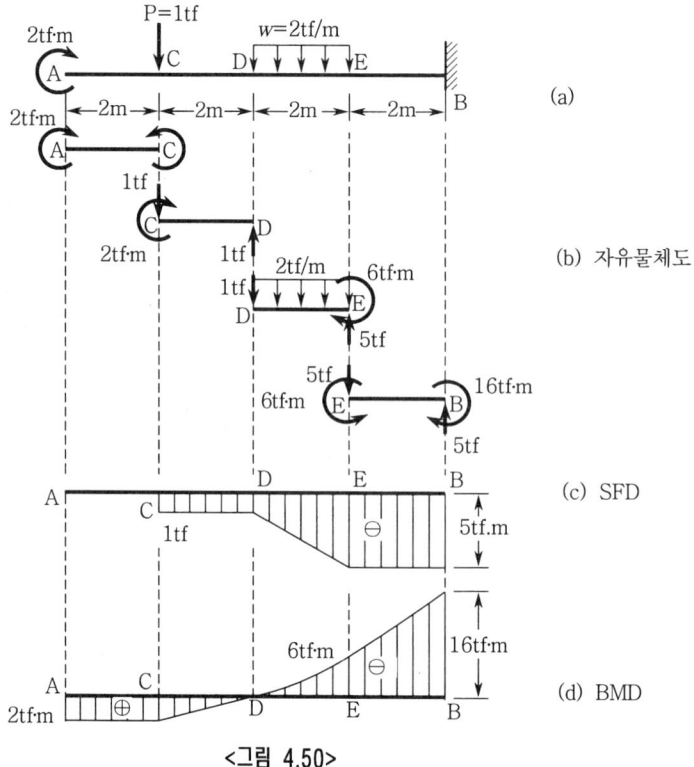

<그림 4.50>

**[풀이]** 앞에서 언급한 바와 같이 캔틸레버보의 단면력을 구하기 위해서는 미지반력을 먼저 구한 다음 계산할 수 도 있지만, 여기서는 자유단에서부터 고정단으로 진행하면서 각부재요소의 자유물체도를 이용하여 구해보기로 한다. 그림 4.50(b)는 각부재요소에 대한 자유물체도를 보여주고 있다.

먼저 그림(b)의 AC부재의 좌단에 정의 휨모멘트 2tonf·m가 작용하고 구간내에는 어떤 외력도 작용하지 않으므로 단면C에 정의 휨모멘트 2tonf·m만 있으면 정역학적 평형을 만족한다.

두번째요소인 CD부재의 C 단에는 집중하중 1 tonf이 하향으로 작용하고 있고, 정의 휨모멘트 2 tonf·m는 그대로 전달되므로 C 단을 그림과 같은 상태로 그려놓는다. 그런 다음 정역학적 평형을 만족하기 위해서는 D 단에서 상향의 수직력 1tonf이 있어야 하고, D점의 모멘트는 0이 된다.

세번째 요소인 DE부재의 D점은 CD부재의 D점의 상태를 그대로 옮기고 DE 구간에 등분포하중 2tf/m을 그린다. 이 상태에서 E 단의 평형을 생각하면 상향의 수직력 5tonf과 부(-)의 휨모멘트 6 tonf·m이 발생하게 된다.

마지막 요소인 EB부재의 E점도 세번째 요소와 같은 방법으로 하면 B점은 상향력 5 tonf과 부(-)의 휨모멘트 16 tonf·m를 얻는다. 이 값은 곧 B점의 지점반력에 해당된다.

이상의 자유물체도로부터 단면력도를 그리면 그림 4.50(c), (d)와 같다. 단면력도를 그리는 방법을 생각해 보면 DE부재는 D점에 부의 전단력 1 tonf만 존재하고 E점에는 부의 전단력 5 tonf과 부의 휨모멘트 6 tonf·m이 발생한다. 그리고 구간내에 등분포하중이 작용하므로 전단력은 D점과 E점을 직선으로 연결하면 된다.

### 4.8.3 캔틸레버보의 영향선

그림 4.51(a)인 캔틸레버보의 고정단의 지점반력과 단면력의 영향선을 구해보자.

**(1) 지점반력의 영향선**

지점반력 $R_A$를 생각해보면, 이동하중 P=1이 어떤 위치에 있어도 $R_A$는 항상 1이므로, $R_A$의 영향선은 그림 4.51(b)와 같이 평행한 직선으로 나타난다.

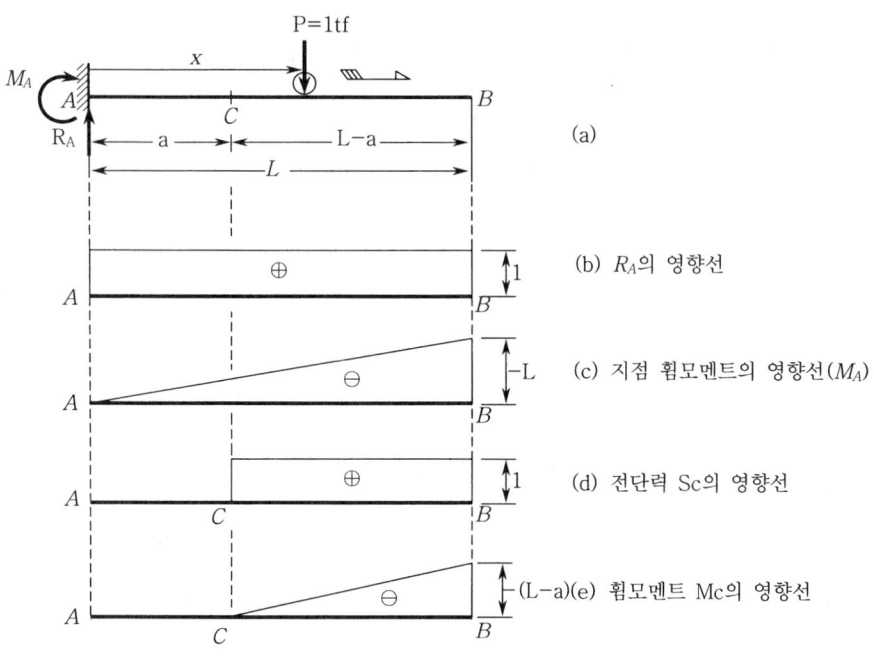

<그림 4.51> 캔틸레버보의 영향선도

이동하중이 지점 A로부터 $x$거리일 때, 지점 휨모멘트 $M_A$는 식(4.54)로 표현되므로 그 영향선은 그림 4.51(c)와 같다.

$$M_A = -Px = -x \tag{4.54}$$

### (2) 전단력의 영향선

A점에서 a만큼 떨어진 단면 C의 전단력의 영향선은

$0 \leq x \leq a$ 일 때

$$S_c = R_A - P = 1 - 1 = 0 \tag{4.55}$$

$a \leq x \leq L$ 일 때

$$S_c = R_A = 1 \tag{4.56}$$

식(4.55), 식(4.56)에 의해 $S_c$의 영향선은 그림 4.51(d)로 나타난다.

### (3) 휨모멘트의 영향선

단면 C의 휨모멘트는

$0 \leq x \leq a$ 일 때

$$M_c = M_A + R_A \times a - P(a-x) = -x + 1 \times a - (a-x) = 0 \tag{4.57}$$

$a \leq x \leq L$ 일 때

$$M_c = M_A + R_A \times x = -x + a \quad \cdots\cdots (4.58)$$

식(4.57), 식(4.58)에 의해 $M_c$의 영향선은 그림 4.51(e)와 같이 그려진다.

### 예제 4-19

그림 4.51의 영향선을 이용하여 그림 4.52(a)와 같이 등분포하중이 만재된 캔틸레버보의 지점반력 및 중앙점의 단면력을 산출해보자.

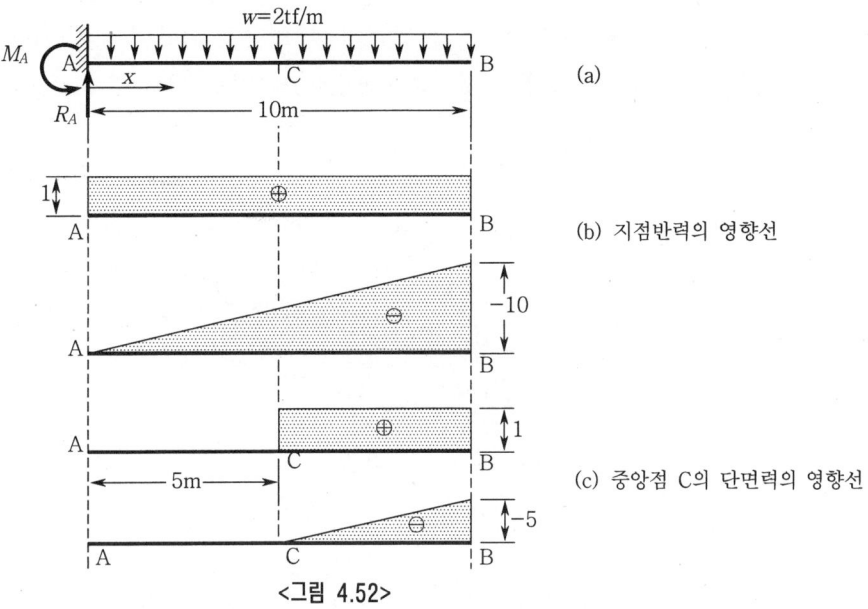

<그림 4.52>

**풀이** 그림 4.52에서 중앙점의 거리 $a=5$m, 지간 $L=10$m이므로, 지점반력의 영향선은 그림(b)와 같이 그려진다.

$$R_A = 2 \times (R_A \text{ 영향선의 면적}) = 2 \times (10 \times 1) = 20 \text{ tonf}$$

$$M_A = 2 \times (M_A \text{ 영향선의 면적}) = 2 \times \left(-\frac{1}{2} \times 10 \times 10\right) = -100 \text{ (tonf} \cdot \text{m)}$$

역시, 영향선을 이용하여 구한 값과 식(4.51)의 값이 서로 일치하고 있다.

지간 중앙단면 C점의 전단력 $S_c$와 휨모멘트 $M_c$의 영향선은 그림(c)에 보여주고 있다.

$$S_c = 2 \times (S_c \text{ 영향선의 면적}) = 2 \times 5 = 10 \text{ (tonf)}$$

$$M_c = 2 \times (M_c \text{ 영향선의 면적}) = 2 \times \left(-\frac{1}{2} \times 5 \times 5\right) = -25 \text{ (tonf} \cdot \text{m)}$$

여기서 구한 값과 식(4.52)와 식(4.53)에서 $x=5$로 치환했을 때의 값과 같다.

## 4.9 내민보와 게르버보

### 4.9.1 내민보

그림 4.53(a)은 크래인으로 강봉이나 철근다발을 매달아 들어올린 상태를 보여주고 있다. 매달린 것을 강봉이라 하면, 강봉에 작용하는 단면력은 어떻게 계산될까? 강봉의 자중은 0.1tonf/m이고, 길이는 8m이다. 이 강봉은 그림 4.53(a)에 보여준 바와 같이 약간 경사진 상태로 매달려있다. 지지점을 A와 B, 그리고 C점은 핀으로 볼 수가 있다. 구조상의 큰 오차가 없다면, 해석을 위하여 다시 B점을 롤러지점으로 가정하면 강봉의 역학적모델은 그림 4.53(b)와 같이 나타낼 수가 있다.

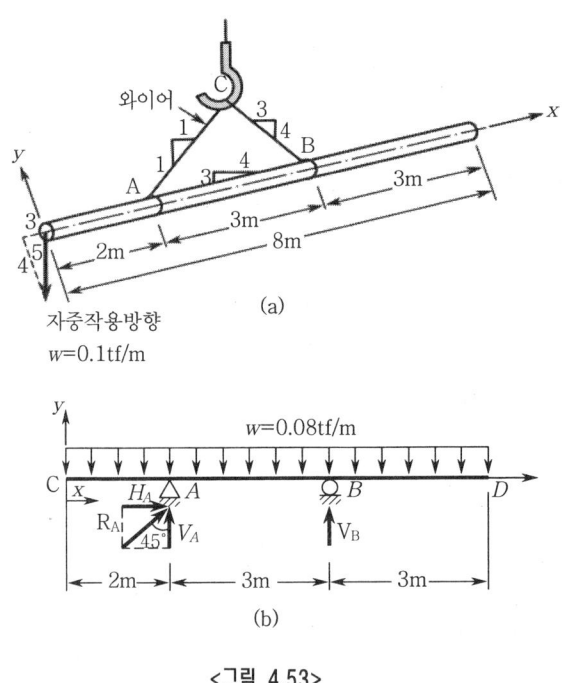

<그림 4.53>

강봉의 자중은 중력방향으로 작용하기 때문에, 그림 4.53(a)에서 $y$축방향의 분력을 구하면

즉, $0.1 \times \dfrac{4}{5} = 0.08$ (tonf/m)

그리고 와이어의 경사를 고려하면, 그림 4.53(b)에서 지점A는 45°방향으로 반력 $R_A$가, 지점B에는 수직방향으로 $V_B$가 발생하는 보로 모델화할 수 있다. 또한 그림 4.53(a)에서 자중의 $x$축방향의 수평분력성분은 다음과 같이 계산된다.

$0.1 \times \dfrac{3}{5} = 0.06$ (tonf/m)(←)

## (1) 지점반력

수평분력은 반력 $R_A$의 수평분력 $H_A$로 평형을 이루어야 한다.

즉,
$$\Sigma H = 0, \quad H_A - 0.06 \times 8 = 0$$
$$\therefore H_A = 0.48 \text{ (tonf)}$$

그런데 보의 단면력계산에서 축방향력($H_A$)의 영향은 전단력 및 휨모멘트에 비해 아주 작기 때문에 일반적으로 무시한다. 그러므로 축력에 대해서는 더 이상 논의하지 않기로 한다.

y 방향의 평형조건식은
$$\Sigma V = 0, \quad V_A + V_B - 0.08 \times 8 = 0 \quad \cdots\cdots (4.59)$$

A점의 모멘트는 0이므로
$$\Sigma M_A = 0, \quad M_A = -0.08 \times 8 \times 2 + V_B \times 3 = 0$$
$$\therefore V_B = 0.43 \text{ (tonf)} \quad \cdots\cdots (4.60)$$

따라서, 식(4.60)을 식(4.59)에 대입하면
$$V_A = 0.64 - 0.43 = 0.21 \text{ (tonf)} \quad \cdots\cdots (4.61)$$

$$R_A = \sqrt{0.21^2 + 0.48^2} = 0.52 \text{ (tonf)}$$

그런데, 중요한 것은 $R_A$값이 AC와이어에 걸리는 인장력임을 알아야 한다.

## (2) 단면력

### 1 전단력

① CA구간 : ($0 \leq x \leq 2m$)

C점으로부터 보의 임의 거리까지를 $x$라고 하면 임의 단면의 전단력 $S_x$은
$$S_x = -0.08x \quad \cdots\cdots (4.62)$$

② AB구간 : ($2 \leq x \leq 5m$)
$$S_x = -0.08x + V_A = -0.08x + 0.21 \quad \cdots\cdots (4.63)$$

③ BD구간 : ($5 \leq x \leq 8m$)
$$S_x = -0.08x + V_A + V_B = -0.08x + 0.64 \quad \cdots\cdots (4.64)$$

### 2 휨모멘트

① CA구간 : ($0 \leq x \leq 2m$)
$$M_x = -0.08 \times \frac{x^2}{2} = -0.04x^2 \quad \cdots\cdots (4.65)$$

② AB구간 : (2≤ $x$ ≤5m)

$$M_x = -0.04x^2 + 0.21(x-2) = -0.04x^2 + 0.21x - 0.42 \quad \cdots\cdots\cdots\cdots (4.66)$$

③ BD구간 : (5≤ $x$ ≤8m)

$$M_x = -0.04x^2 + 0.21(x-2) + 0.43(x-5) = -0.04x^2 + 0.64x - 2.57 \cdots (4.67)$$

식(4.62)~식(4.64)로부터 전단력도를, 식(4.65)~식(4.67)로부터 휨모멘트도를 그리면, 각각 그림 4.55(a), (b)와 같은 단면력도를 그릴 수 있다.

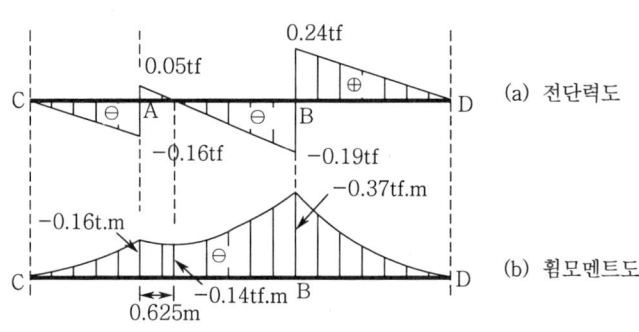

<그림 4.54> 단면력도

그림 4.53(b)에서 단순지지된 지점 A와 지점 B의 끝에서 보가 연장되어 돌출되어 있는 형식을 내민보(overhanging beam)라 한다. 그리고 지간 AB를 단순보로 취급하고, 내민부분에 작용하는 하중으로 발생하는 내민부분의 단면력은 지점에서 고정된 켄틸레버보로 보고 해석하면 된다.

### 4.9.2 내민보의 영향선

그림 4.55(a)와 같은 내민보의 반력과 단면력에 대한 영향선을 알아보자.

(1) 지점반력의 영향선

A점의 반력($R_A$)의 영향선을 구하기 위하여, B점에서 모멘트가 0인 조건에 의해

$$R_A L_1 - P(L_1 - x) = 0$$

P=1 이므로 $R_A$에 관해 정리하여 다시 쓰면

$$R_A = \frac{L_1 - x}{L_1} \quad \cdots\cdots\cdots\cdots\cdots\cdots\cdots\cdots\cdots\cdots\cdots\cdots\cdots\cdots\cdots\cdots\cdots\cdots (4.68)$$

식(4.68)은 $x$의 모든 영역에서 적용할 수 있다. 그러므로 식(4.68)를 이용하여 영향선을 그리면 그림 4.55(b)와 같다.

같은 원리로 B점의 반력($R_B$)의 영향선은 식(4.69)로 표현되고, 그림 4.55(c)와 같다.

$$R_B = \frac{x}{L_1} \tag{4.69}$$

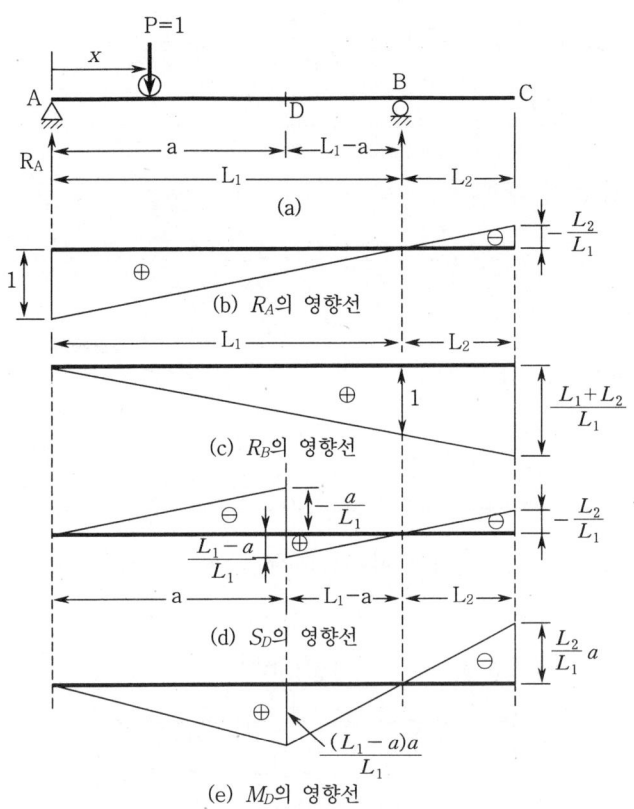

<그림 4.55> 내민보의 영향선

## (2) 전단력의 영향선

A점에서 a만큼 떨어진 단면D의 전단력 $S_D$의 영향선을 구해보자.

① $0 \leq x \leq a$ 일 때

$$S_D = R_A - P = \frac{L_1 - x}{L_1} - 1 = -\frac{x}{L_1} \tag{4.70}$$

② $a \leq x$ 일 때

$$S_D = R_A = \frac{L_1 - x}{L_1} \tag{4.71}$$

식(4.70), 식(4.71)을 이용하여 D점의 전단력 $S_D$의 영향선을 그리면 그림 4.55(d)와 같다.

### (3) 휨모멘트의 영향선

단면D의 휨모멘트 $M_D$의 영향선은

① $0 \leq x \leq a$ 일 때

$$M_D = R_A \times a - P(a-x) = \frac{L_1 - x}{L_1} \times a - (a-x)$$

$$= \frac{x(L_1 - a)}{L_1} \quad \cdots\cdots\cdots\cdots\cdots\cdots\cdots\cdots\cdots\cdots\cdots\cdots\cdots (4.72)$$

② $a \leq x$ 일 때

$$M_D = R_A \times a = \frac{(L_1 - x)a}{L_1} \quad \cdots\cdots\cdots\cdots\cdots\cdots\cdots\cdots\cdots\cdots\cdots\cdots\cdots (4.73)$$

마찬가지로 식(4.72), 식(4.73)에 의해 $M_D$의 영향선을 그리면 그림 4.55(e)와 같이 그려진다.

### 예제 4-20

그림 4.56(a)의 내민보와 그림 4.56(b)의 단순보를 영향선을 이용하여 D점의 휨모멘트를 구해보자.

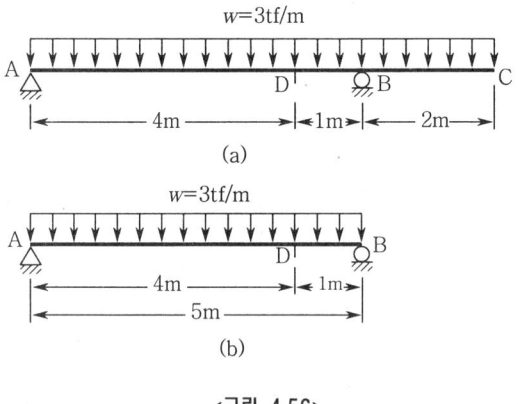

<그림 4.56>

**풀이** (1) 내민보의 경우

그림 4.56(a)의 내민보의 경우를 먼저 고찰해보자. D점의 휨모멘트의 영향선은 그림 4.55(e)를 참고하여 그리면 그림 4.57(a)와 같다.

D점의 휨모멘트는

$$M_D = 3 \times \left\{ (\frac{1}{2} \times 5 \times 0.8) - (\frac{1}{2} \times 2 \times 1.6) \right\} = 1.2 \text{ (tonf} \cdot \text{m)}$$

(2) 단순보의 경우

내민보에서 돌출된 BC부재를 제거한 것이므로, 그림 4.57(b)에서

$M_D = 3 \times \frac{1}{2} \times 5 \times 0.8 = 6.0$ (tonf·m)

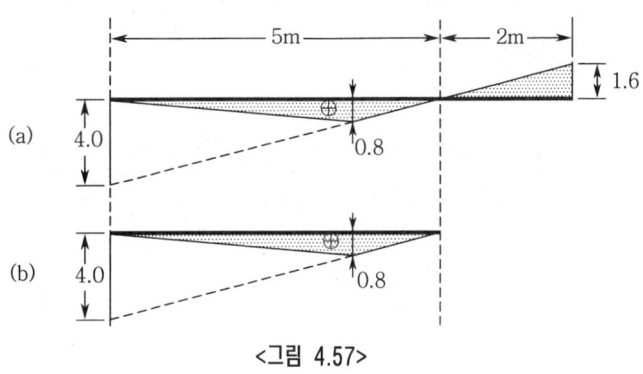

<그림 4.57>

이상으로 두 구조계를 고찰해보면, 내민보로 하게되면 정(+)의 휨모멘트를 상당히 감소시키는 효과가 있다. 즉, 내민보의 특징은 정(+)의 휨모멘트를 감소시키기 위한 구조적인 고안이라 말할 수 있다.

다시 말하면, 그림 4.58(a)와 같이 좌우로 돌출된 내민보의 중앙점 D의 휨모멘트 영향선은 그림 4.58(b)와 같이 된다. 영향선은 양단 내민부의 영역에서 음이 되므로, 이 부분에 하중이 재하되면 중앙부의 휨모멘트는 큰폭으로 감소하게 된다.

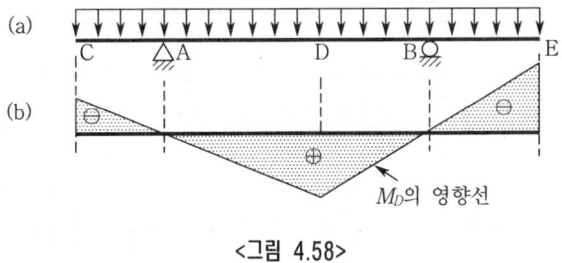

<그림 4.58>

### 4.9.3 게르버보

내민보의 장점을 효과적으로 응용한 구조가 게르버보이다. 그림 4.59(a), (b), (c)와 같이 지간이 2개 이상으로 구성되어 있는 연속보에 힌지를 넣어 정정보로 하면, 하부구조의 부등침하로 인한 그 영향이 비교적 작고, 특히 정착형의 정(+)의 휨모멘트를 감소시키는 연속보의 장점도 있기 때문에 지반조건이 나쁜 장대교량건설에 적용하는 구조형식이다.

게르버보는 내민보에 단순보를 조합한 구조이기 때문에 그 반력과 단면력은 단순보와 내민보의 계산방법을 조합하여 구할 수 가 있다. 게르버보 교량의 일부형식으로 많이 사용되고 있으며, 일반적으로 그림 4.59와 같은 형식중에서 그림(b)처럼 내민부를 힌지로 연결하여 보를 걸쳐놓은 교량형식이 많다. 그러나 힌지부의 설계와 시공이 잘못되면 성수대교와 같이 낙교로 인한 엄청난 경제적손실과 인명피해를 유발하게 된다. 정착형

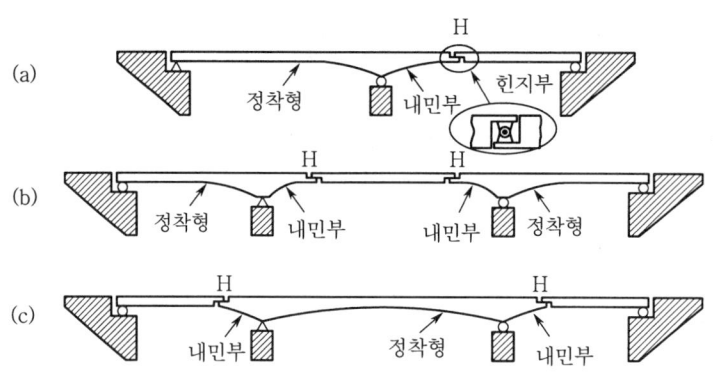

<그림 4.59> 게르버보의 형식

그림 4.59(b)에서 보여준 게르버보는 그림 4.60(a)와 같이 모델화되며, 이해를 돕기 위해서 예제를 통해 여러 가지 하중이 작용하는 게르버보를 해석해보자.

### 예제 4-21

그림 4.60(a)와 같은 중앙경간에 두 개의 힌지로 연결시킨 게르버보의 지점반력을 구하여라. 또한 전단력도와 휨모멘트도를 그리고, 대략적인 탄성곡선을 스케치해 보시오.

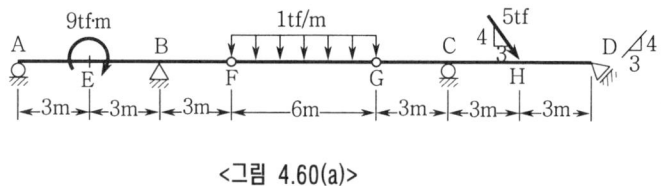

<그림 4.60(a)>

**풀이** (1) 그림(a)의 보에는 5개의 미지반력이 있다. 그런데 점F와 G가 내부힌지이기 때문에 두 개의 조건식이 추가되어 5개의 반력을 모두 구할 수가 있다. 그림(a)의 전체보에 대한 자유물체도를 그리면 그림(b)와 같다.

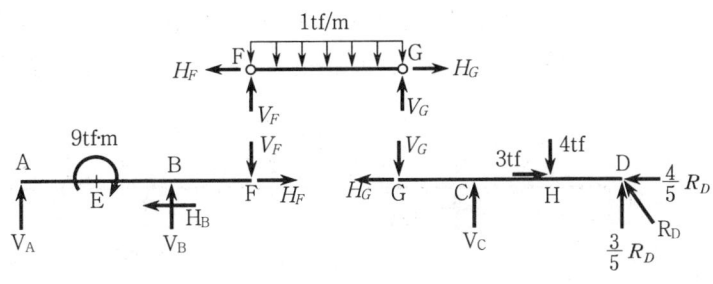

<그림 4.60(b)>

(2) 그림(b)는 전체보를 3개의 보요소로 나타내고 있다. 먼저 부재 FG에 대한 평형조건을 고려해보자. 그리고 수평력 $H_G$, $H_F$, $H_B$는 점H에 작용하는 경사하중으로 발생되는 부재력이고, 그 크기는 모두 같은 값임을 직감할 수 있어야 한다.

① 부재 FG에는 수평하중은 작용하지 않기 때문에

$\Sigma H = 0$,    $H_F = H_G$

② $\Sigma M_F = 0$,   $-1 \times 6 \times 3 + V_G \times 6 = 0$  →   $V_G = 3$(tonf)

$\Sigma V = 0$,   $V_F + V_G = 1 \times 6$  →   $V_F = 3$ (tonf)

이제 독자들은 대칭구조이므로 평형조건식을 세우지 않아도 등분포하중은 1/2씩 나누어 가짐을 쉽게 간파했을 것이다.

(3) 그림(b)의 우측보 GD의 정역학적 평형조건식으로부터 반력 $V_C$와 $R_D$, 그리고 $H_G$를 구할 수 있다.

$\Sigma M_D = 0$,   $-3 \times 9 + V_C \times 6 - 4 \times 3 = 0$

$V_C = 6.5$ (tonf)

$\Sigma M_C = 0$,   $3 \times 3 - 4 \times 3 + \frac{3}{5} R_D \times 6 = 0$

$R_D = 0.833$ (tonf)

$\Sigma H = 0$,   $-H_G + 3 - \frac{4}{5} R_D = 0$   →   $H_G = 2.334$ (tonf)

$H_G$의 값이 (+)이므로 그림(b)에서 가정한 방향과 일치한다.

(4) 마지막으로 그림(b)의 좌측보 AF의 정역학적 평형조건식으로부터 지점A와 B의 반력성분을 구하게 된다. A점에는 수직반력만 있고 B점은 힌지이므로 수직반력과 수평반력이 함께 존재하게 된다.

$\Sigma M_A = 0$,   $-9 + V_B \times 6 - V_F \times 9 = 0$

$V_B = 6$ (tonf)

$\Sigma V = 0$,    $V_A + V_B - V_F = 0$    →   $V_A = -3$ (tonf)

186  응용역학 구조

그런데 A점의 수직반력이 (-)이므로 방향은 하향이 된다.

$\Sigma H = 0, \qquad H_F - H_B = 0 \quad \rightarrow \quad H_B = H_F = H_G = 2.334 \text{ (tonf)}$

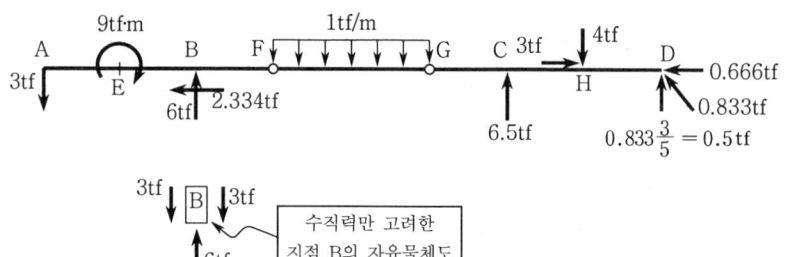

<그림 4.60(c)> 자유물체도

(5) 전단력도

그림(c)를 참고하여 전단력도와 휨모멘트도를 그려보자. 전단력도는 수직력만 관계되기 때문에 휨모멘트와 수평력을 무시하면 쉽게 그려나갈 수 있다. A점에서 오른쪽으로 진행해보자. 먼저 부재AB에서 전단력의 부호규약에 의하면 부재의 왼쪽에서 하향이면 부의 전단력이므로 -3tonf의 전단력이 발생한다. B점에서 3tonf이 상쇄되어 상향의 수직반력 3tonf만 발생하고 BF구간에는 수직력이 없으므로 이 구간에서는 전단력이 3tonf이 된다. 그런데 이 값은 F점에서부터 등분포 하향력에 의해 감소되고, G점에 도달하면 -3tonf이 됨을 알 수 있다. GC구간에는 수직력이 없기 때문에 계속 -3tonf의 전단력을 유지하다가 C점에서 상향력 6.5tonf으로 인해 상쇄되고 결국 C점의 전단력은 3.5tonf이 된다. 역시 CH구간에는 수직력이 없기 때문에 3.5tonf의 전단력은 변함이 없고, H점에 이르러 하향의 수직력 4tonf으로 인해 -0.5tonf으로 전단력이 변하게 된다. HD구간에서 -0.5tonf을 유지하고 최종적으로 D점의 경사반력에 대한 상향의 수직분력이 0.5tonf 이므로 서로 상쇄되어 0이 된다. 이것은 수직력에 대한 평형조건식($\Sigma V = 0$)를 만족하고 있음을 의미한다.(그림(d))

(6) 휨모멘트도와 탄성곡선

휨모멘트도는 전단력도의 면적을 누적해가면 쉽게 그려진다. 앞에서 언급한 바와 같이 전단력의 변화가 없을 때에는 모멘트는 1차식으로 변하고, 전단력이 1차식으로 변화할 때 모멘트는 2차식으로 변화됨을 주의해야 한다. 그리고 경간내에서 전단력이 0이 되는 위치가 휨모멘트가 최대가 됨을 기억해야 한다. 이제 전단력도(d)를 참조하여 모멘트도를 그려보자.

휨모멘트가 0인 점은 A점, 내부힌지인 F점과 G점, 그리고 D점이다. 이제 A점에서 오른쪽으로 전단력도의 면적을 누적하면 E점은 -3×3 =9tonf·m이다. 그런데 주의할 것은 전단력도에는 나타나지 않지만 E점에서 휨모멘트가 9tonf·m

작용하므로 0이 된다. E점에서 B까지 전단력은 일정하므로 1차로 변하고 B점에서 그 값은 -3×3=9tonf·m이 된다. 이상과 같은 방법으로 계산해 가면 그림(e)와 같은 휨모멘트도를 얻을 수 있다.

전체보의 탄성곡선은 휨모멘트도를 따라 완만한 곡선으로 처리해 가면서 그리고 휨모멘트가 0인 점은 곡선의 흐름이 바뀌는 변곡점(inflection point)이 된다. 이상을 참고하여 그리면 그림(f)와 같은 탄성곡선을 스케치할 수 있다.

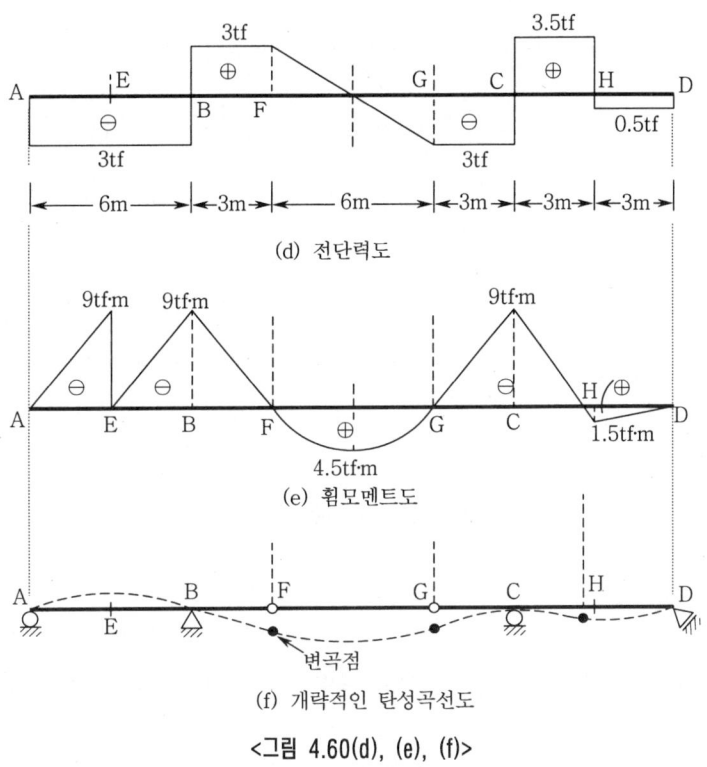

<그림 4.60(d), (e), (f)>

게르버보에서 정착형, 내민부 및 걸쳐놓는 보의 길이의 비를 $l_1 : l_2 : l_3$라 하면, 지간장 $L = 2l_2 + l_3$로 하고, $l_1/L = 0.4 \sim 0.5$, $l_3/L = 0.5 \sim 0.7$이 주로 사용된다.

### 4.9.4 게르버보의 영향선

이미 언급한 바와 같이 게르버보는 단순보와 내민보를 서로 조합시킨 것이므로 영향선도 내민보의 영향선을 참고하면 쉽게 이해할 수 있다. 예를 들면, 그림 4.59(b)의 게르버보인 경우 앞에서 언급한 그림 4.55의 영향선을 이용하면 그림 4.61을 얻게 된다.

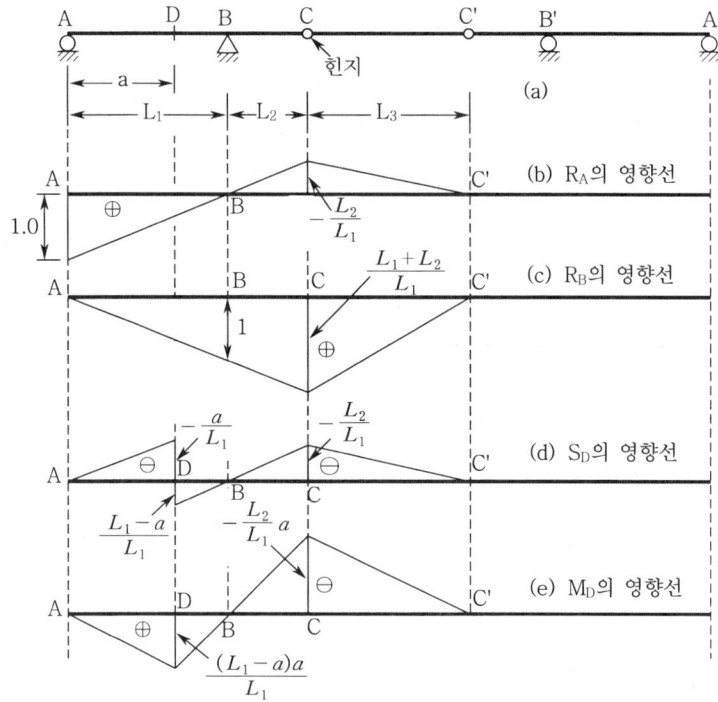

<그림 4.61> 게르버보의 영향선(I)

### 예제 4-22

그림 4.62(a)의 게르버보에서 D점의 휨모멘트를 영향선을 이용하여 구해보자.

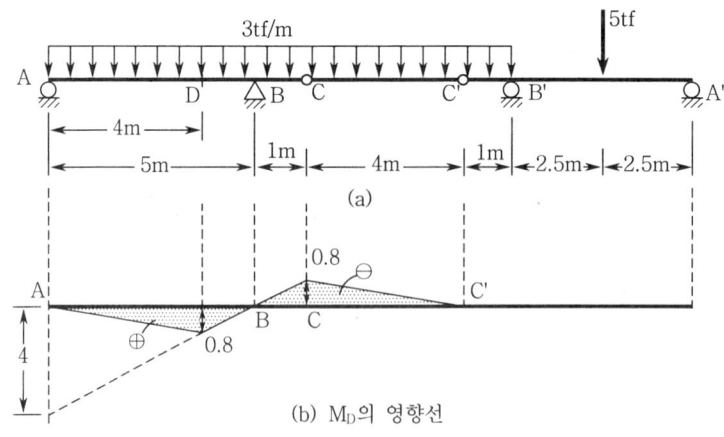

<그림 4.62>

**풀이** 그림(a)의 D점의 휨모멘트에 대한 영향선은 그림 4.62(b)와 같다. 그림(b)에서 등분포구간에서의 영향선의 면적(A)을 구하면

$$A = \frac{1}{2} \times 5 \times 0.8 - \frac{1}{2} \times 5 \times 0.8 = 0$$

따라서, D점의 휨모멘트는 아래 값이 된다.

$$M_D = 3 \times A = 3 \times 0 = 0$$

C'B'구간의 등분포하중과 E점의 집중하중 5tonf은 단면 D의 휨모멘트에는 영향을 미치지 않는다. 이것은 C'A'간의 정착형은 다른 부분과 독립되어 있고, 이 구간의 작용하중은 모두 C'A'보에서 부담하기 때문이다.

---

또한 그림 4.59(c)의 게르버보의 각 단면력에 대한 영향선은 그림 4.63과 같다.

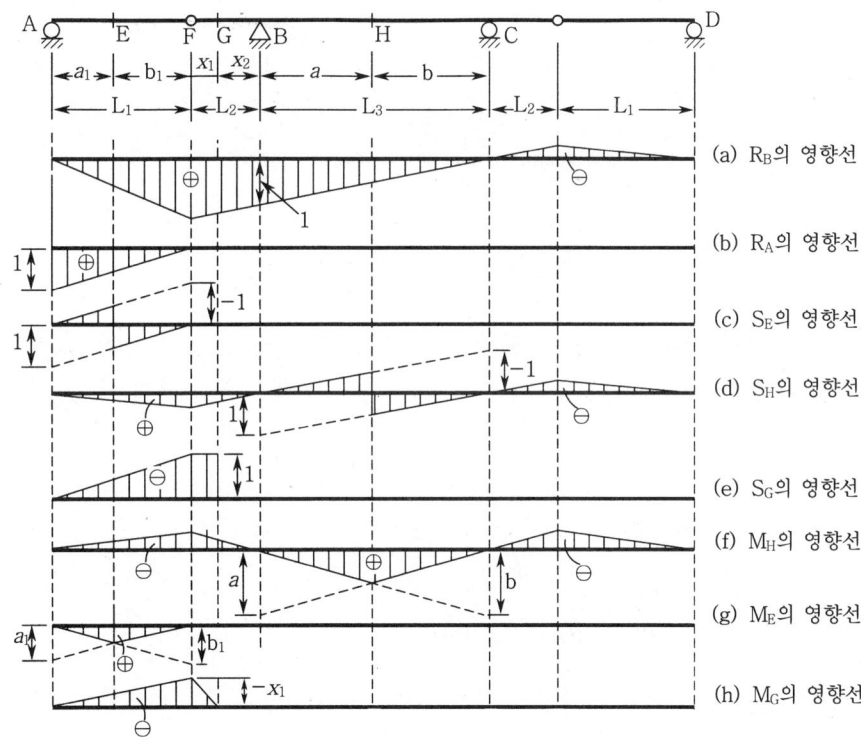

<그림 4.63> 게르버보의 영향선(Ⅱ)

## 4.10 복잡한 보

그림 4.64(a)는 단순보 AB의 중앙점 C에 꺾어진 구조체 CDE가 가설되어 있고, E점에는 하향의 집중하중 P=5tonf이 작용하고 있다.

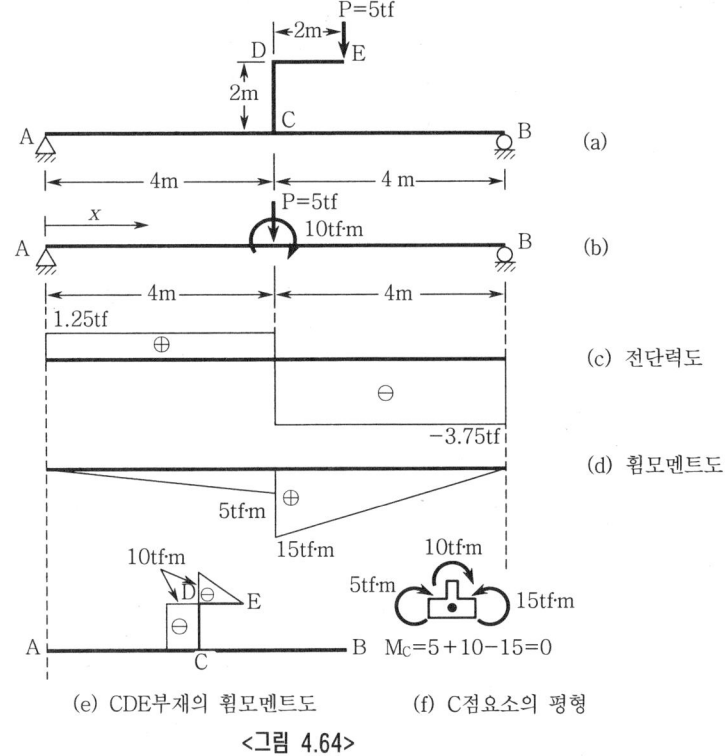

<그림 4.64>

그림 4.64(a)의 주보 AB에는 E점에 작용하는 집중하중 P=5tonf은 그림(b)와 같이 C점에 작용하는 집중하중과 시계방향의 모멘트로 치환할 수가 있다.

(1) 지점반력

그림 4.64(b)에서 평형조건식은

$\Sigma M_B = 0$, $R_A \times 8 + 10 - 5 \times 4 = 0$

$\Sigma V = 0$, $R_A + R_B = 5$ (tonf)

$\therefore R_A = \dfrac{10}{8} = 1.25$ (tonf), $R_B = 3.75$ (tonf) ·········································· (4.74)

(2) 단면력도

　1 전단력도

　　① AC구간 : $0 \leq x \leq 4m$

　　$S_{AC} = R_A = 1.25$ tonf ··················································································· (4.75)

　　② CB구간 : $4 \leq x \leq 8m$

　　$S_{CB} = R_A - 5 = -3.75$ (tonf) ·········································································· (4.76)

전단력도는 그림 4.64(c)와 같다.

### 2 휨모멘트

① AC구간 : $0 \leq x \leq 4m$

$$M_x = R_A \times x = 1.25x \ (\text{tonf} \cdot \text{m}) \quad \cdots\cdots\cdots\cdots\cdots\cdots\cdots\cdots\cdots\cdots\cdots\cdots\cdots (4.77)$$

② CB구간 : $4 \leq x \leq 8m$

$$M_x = R_A x + 10 - 5(x-4) = 30 - 3.75x \ (\text{tonf} \cdot \text{m}) \quad \cdots\cdots\cdots\cdots\cdots (4.78)$$

휨모멘트도를 그리면 그림(d)와 같고, 2차부재인 CDE부분의 휨모멘트는 그림(e)와 같다.

이제, 절점C를 분리시킨 그림(f)을 생각해 보자. C 절점에는 그림에서 보여준 바와 같이 휨모멘트가 시계방향으로 5tonf·m와 10tonf·m, 그리고 반시계방향으로 15tonf·m이 작용하여 전체가 평형상태에 있다. 이것은 그림(d)에서 C점의 휨모멘트의 좌우의 차, 즉 15-5=10tonf·m는 CD부재의 C점의 휨모멘트 10tonf·m로 인하여 평형을 이루게 된다.

## 예제 4-23

그림 4.65(a)에서 DE부재의 길이는 CB와 거의 같고, 그림 4.66(a)에서는 중앙점C에서 아래·위로 돌출된 곳에, 수평력 P=2tonf이 서로 대응하여 우력모멘트를 유발하는 특수한 경우를 생각해보자.

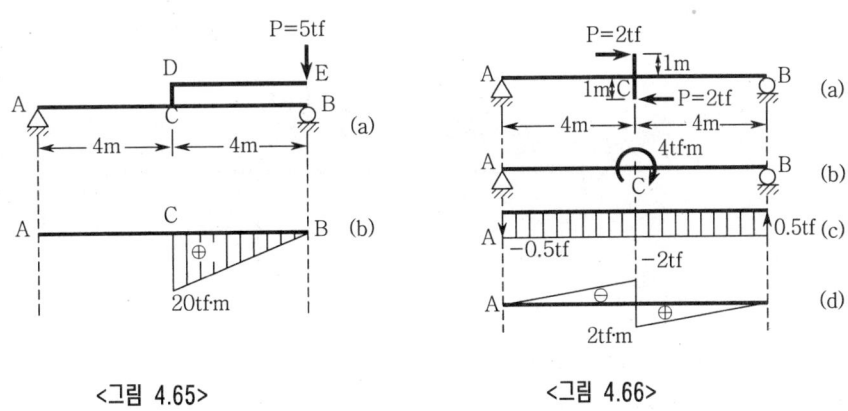

<그림 4.65>    <그림 4.66>

**풀이** 그림 4.65의 경우, 휨모멘트도는 그림 4.65(b)와 같이되고, AC부재에는 휨모멘트가 발생하지 않는다.

그림 4.66의 경우, 그림(a)의 보는 (b)와 같이 다시 모델화 할 수 있다. 전단력도 및 휨모멘트도는 각각 그림 4.66(c) 및 (d)와 같고, C점요소는 외력 4tonf·m이 반시계방향인 2개의 휨모멘트 2tonf·m와 평형을 이루고 있다.

만약, 이 같은 평형이 깨지면, 보는 C점에서 회전운동을 일으키게 되어 정역학적 평형을 만족할 수가 없다. 따라서 C점요소의 평형을 검증하는 것은, 보의 단면력이 정확하게 산정되었는가를 확인하기 위해서도 필요하다.

**예제 4-24**

그림 4.67과 같이 도루래가 장착되어 있는 보의 전단력도와 휨모멘트도를 그려라. 도루래의 직경은 100cm이다.

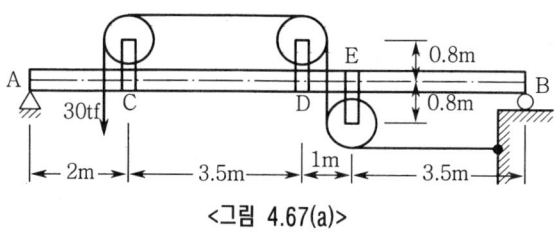

<그림 4.67(a)>

**풀이** (1) 문제의 전체보에 대한 자유물체도는 그림(b)와 같이 나타낼 수 있다.

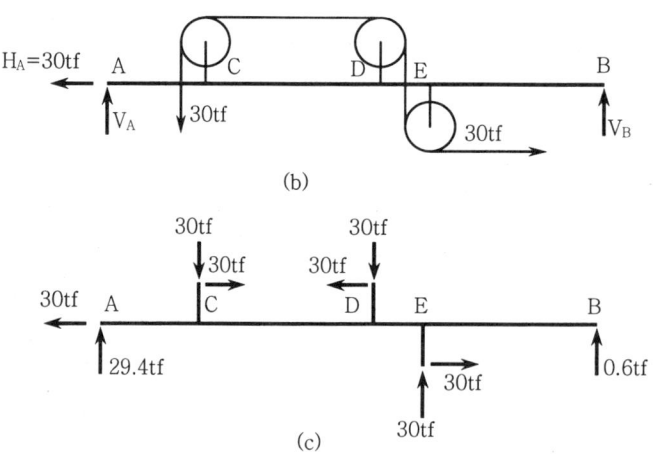

(2) 지점반력계산(그림(b))

A점이 힌지지점이므로 $\Sigma M_A = 0$

$-30 \times 1.5 + 30 \times 1.3 + V_B \times 10 = 0$ → $V_B = 0.6$ (tonf)

또한, $\Sigma M_B = 0$

$V_A \times 10 - 30 \times 8.5 - 30 \times 1.3 = 0$ → $V_A = 29.4$ (tonf)

그리고 도루래 E점에 발생되는 수평장력은 힌지점 A에서 모두 받아야 한다.

$\Sigma H = 0$, $30 - H_A = 0$, → $H_A = 30$ (tonf)

(3) 전단력도

각각의 도루래에 걸리는 하중상태를 알아야 한다. 그 결과는 그림(c)와 같고, 이상으로부터 전단력도를 그리면 그림(d)와 같다.

(4) 모멘트도(그림(e))

① C점의 모멘트

왼쪽  $M_{cL} = 29.4 \times 2 = 58.8$ (tonf·m)

오른쪽  $M_{cR} = 29.4 \times 2 + 30 \times 0.8 = 82.8$ (tonf·m)

② D점의 모멘트

왼쪽  $M_{DL} = 29.4 \times 5.5 + 30 \times 0.8 - 30 \times 3.5 = 80.7$ (tonf·m)

또는 전단력도로부터  $M_{DL} = M_{cR} - 0.6 \times 3.5 = 80.7$ (tonf·m)

오른쪽

고립된 D점의 하중평형상태는 다음과 같다.

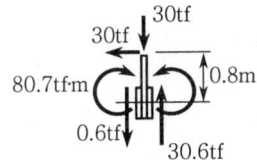

$M_{DR} = 80.7 - 30 \times 0.8 = 56.7$ (tonf·m)

③ E점의 모멘트

왼쪽

B점에서 구하면 계산이 간단해진다.

$M_{EL} = 0.6 \times 3.5 + 30 \times 0.8 = 26.1$ (tonf·m)

오른쪽

$M_{ER} = 0.6 \times 3.5 = 2.1$ (tonf·m)

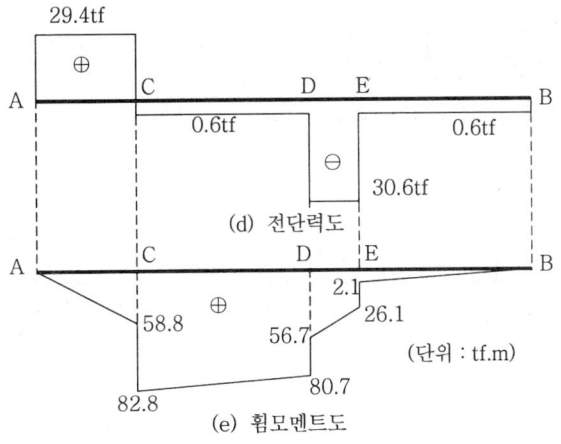

(d) 전단력도

(e) 휨모멘트도

(단위: tf.m)

# 연습문제

**1** 그림 1(a)~(g)의 구조물의 부정정 차수를 구하시오.

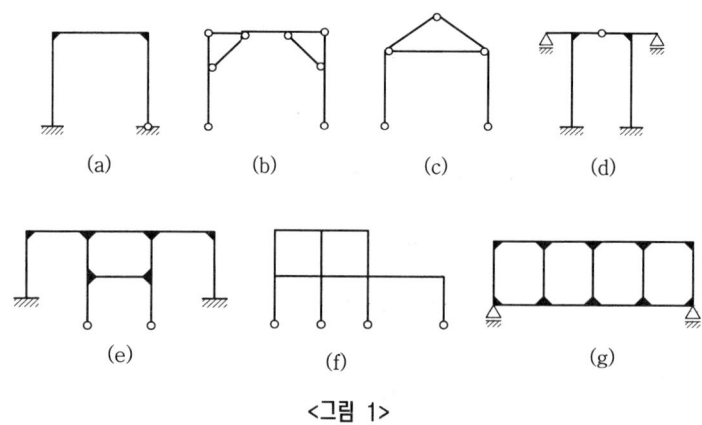

<그림 1>

**풀이**　(a) 2차　(b) 1차　(c) 1차　(d) 4차　(e) 10차　(f) 11차　(g) 12차

**2** 그림 2의 단순보에서 반력, 전단력, 그리고 휨모멘트를 구하고, 그 결과를 단면력도로 그려보시오.

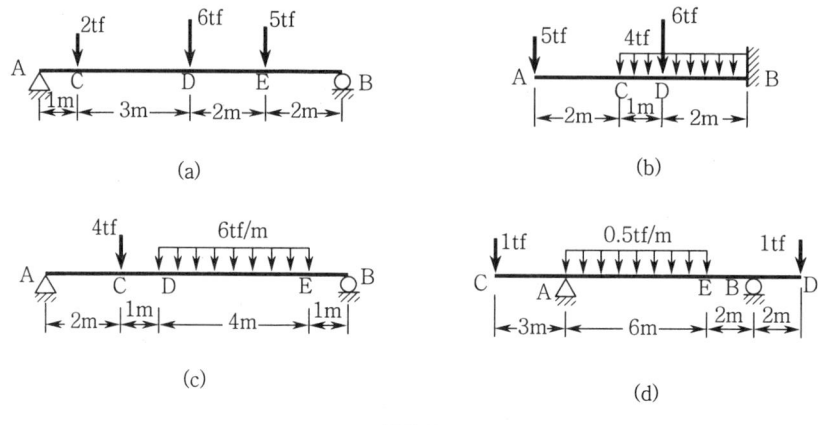

<그림 2>

**풀이** (a) $R_A$=6 (tonf)　　　　　　(b) $R_B$=23 (tonf)
　　　　$R_B$=7 (tonf)　　　　　　　　$S_{AC}$=-5 (tonf)
　　　　$S_{CD}$=4 (tonf)　　　　　　 $M_C$=10 (tonf·m)
　　　　$M_D$=18 (tonf·m)　　　　　　$M_B$=-55 (tonf·m)

　　(c) $R_A$=12 (tonf)　　　　　　(d) $R_A$=3 (tonf)
　　　　$R_B$=16 (tonf)　　　　　　　 $R_B$=2 (tonf)
　　　　$S_{CD}$=4 (tonf)　　　　　　 $S_{CA}$=-1 (tonf)
　　　　$M_D$=32 (tonf·m)　　　　　　 $M_A$=-3 (tonf·m)

**3** 그림 3에 보여준 구조물에서 전단력도와 휨모멘트도, 그리고 탄성곡선을 스케치하시오.

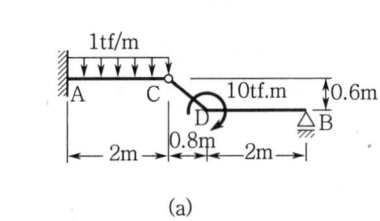

(a)　　　　　　　　　　　　　　　　(b)

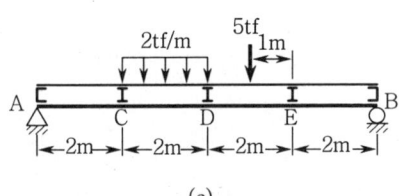　　　　　　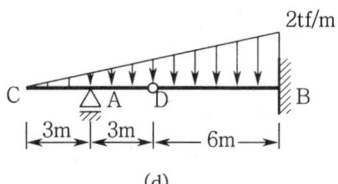

(c)　　　　　　　　　　　　　　　　(d)

&lt;그림 3&gt;

**풀이** (a) $V_A$=-1.6 (tonf)　　　　(b) $V_A$=0.25 (tonf)
　　　　$M_A$=5.2 (tonf·m)　　　　　 $V_B$=3.25 (tonf)
　　　　　　　　　　　　　　　　　　　$M_B$=1 (tonf·m)

　　(c) $R_A$=4.375 (tonf)　　　　(d) $V_A$=2.0 (tonf)
　　　　$R_B$=4.625 (tonf)　　　　　 $V_B$=10 (tonf)
　　　　　　　　　　　　　　　　　　　$M_B$=-30 (tonf·m)
　　　　　　　　　　　　　　　　　　　$M_A$=-0.75 (tonf·m)

**4** 그림 4에 나타낸 게르버보의 반력을 구하고 전단력도와 휨모멘트도를 그리시오.

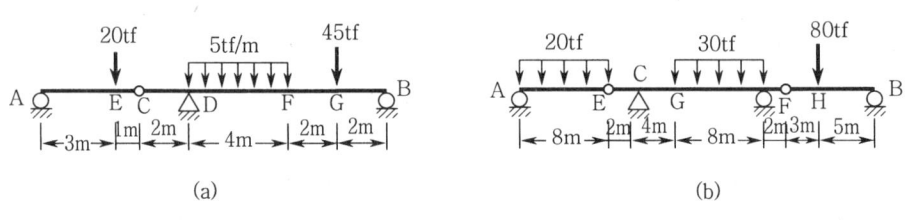

<그림 4>

**풀이** (a) $R_A$=5 (tonf)　　　(b) $R_B$=80 (tonf)
　　　$R_D$=45 (tonf)　　　　　$R_B$=30 (tonf)
　　　$R_B$=35 (tonf)　　　　　$R_C$=165 (tonf)
　　　$S_{ED}$=-15 (tonf)　　　　$R_D$=205 (tonf·m)
　　　$M_D$=15 (tonf·m)　　　　$S_{DH}$=50 (tonf)
　　　　　　　　　　　　　　$M_G$=180 (tonf·m)

**5** 그림 5와 같은 보가 하중을 받을 때 단면 m의 전단력과 휨모멘트를 영향선을 이용하여 구하시오.

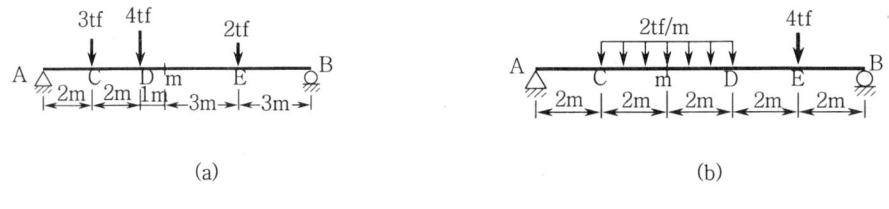

<그림 5>

**풀이** (a) $S_m$ = -0.2×3 - 0.4×4 + 0.3×2 = -1.6 (tonf)
　　　　$M_m$ = 1.0×3 + 2.0×4 + 1.5×2 = 14 (tonf·m)
　　(b) $S_m$=1.6 (tonf)
　　　　$M_m$=18.4 (tonf·m)

**6** 그림 6에서 단면 m의 전단력과 휨모멘트를 영향선법으로 구하시오.

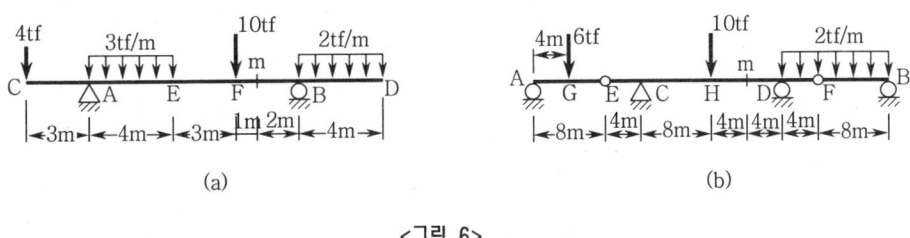

<그림 6>

**풀이** (a) $S_m$=-9.8 (tonf)　　　　(b) $S_m$=-7.25 (tonf)
　　　　　$M_B$=3.6 (tonf·m)　　　　　$M_m$=-55 (tonf·m)


**7** 그림 7과 같은 보에 연행하중이 작용할 때, 다음 값을 계산하라.
　　(a) 단면 m의 최대휨모멘트와 최대전단력
　　(b) 보 AB의 절대최대전단력과 절대최대휨모멘트

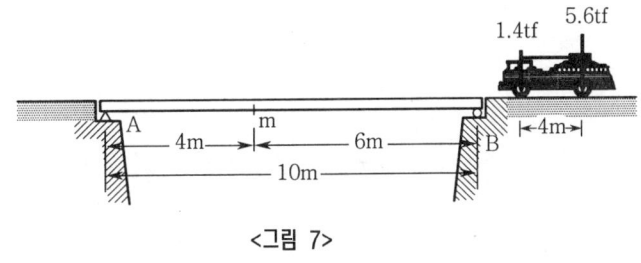

<그림 7>

**풀이** (a) $S_{m(max)}$=3.36 (tonf)　　　(b) $S_{ab(max)}$=6.44 (tonf)
　　　　　$M_{m(max)}$=13.4 (tonf·m)　　　$M_{ab(max)}$=14.8 (tonf·m)


**8** 그림 8와 같은 단순보에 연행하중이 작용할 때 절대최대휨모멘트를 구하시오.

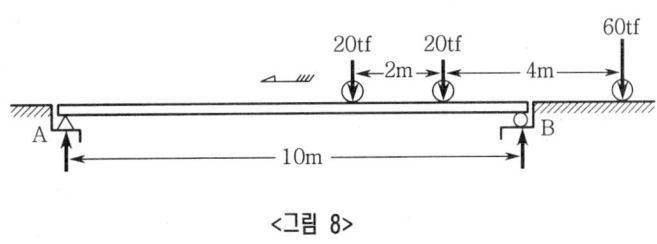

<그림 8>

**풀이**　$M_{ab(max)} = 160$ (tonf·m)

# 제 5 장  보의 응력

5.1 휨 응력
5.2 전단응력
5.3 보에서의 주응력

# chapter 5 보의 응력

보에 외부하중이 작용하면 단면에 휨 모멘트와 전단력이 생긴다. 이 때 이러한 휨 모멘트와 전단력에 의해 보의 내부에는 휨 응력(bending stress)과 전단응력(shearing stress)이 발생하게 된다. 또한, 이 두 응력이 조합하여 주응력(principal stress)이 발생한다. 주응력은 2장에서 설명하였으며 본 장에서는 보에서 발생하는 응력과 이들의 응력의 조합의 영향을 검토한다.

## 5.1 휨 응력

### 5.1.1 순수 휨(pure bending)

크기가 같고 방향이 반대인 모멘트 $M$과 $M'$이 균일한 단면을 갖는 부재의 양단에 동일한 세로 평면 내에 작용할 경우 이러한 요소를 순수 휨에 있다고 한다[그림 5.1(a)의 C-D구간]. 이 상태에서는 단면에 전단력이 생기지 않고 균일한 휨 모멘트만의 작용을 받아 평형을 유지한다.

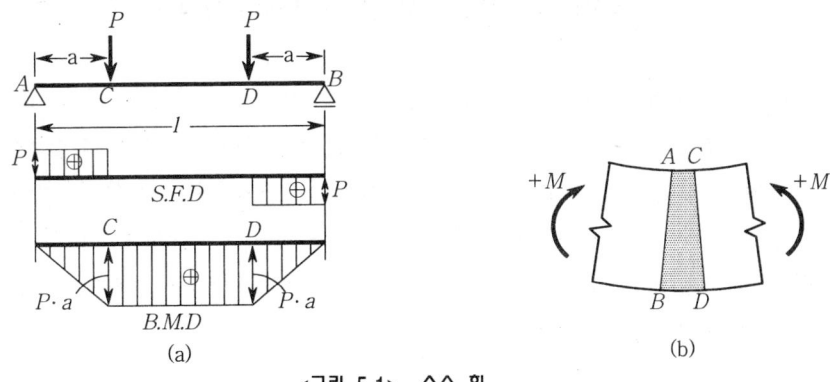

<그림 5.1> 순수 휨

여기서는 일정 단면의 대칭축을 갖는 직선보 만을 논의의 대상으로 한다. 또한 작용 휨 모멘트는 이 대칭축과 보의 축을 포함하는 한 평면 내에 놓여 있다고 가정한다. 또한 전체보에 대한 변형의 기하학적 형상에 기초를 둔 굽힘 이론의 가장 기본적인 다음과 같은 가설에 따른다고 가정한다.

(1) 보의 축에 직각으로 지나가는 절단평면은 보가 휨을 받은 후에도 평면을 유지한다.
(2) Hooke의 법칙이 성립한다. 즉 응력은 변형률에 비례한다. 인장은 물론 압축을 받는 재료에 동일한 탄성계수 E를 사용하는 것으로 가정한다.

### 5.1.2 휨 응력

위의 가정을 종합하면 탄성 내에서의 휨 이론을 확정할 수 있다. 즉, 보의 단면에서 휨에 의해 발생한 수직응력은 중립축으로부터 각각의 거리에 따라 직선적으로 변화한다. 이러한 수직응력은 보의 단면에 수직으로 작용한다.

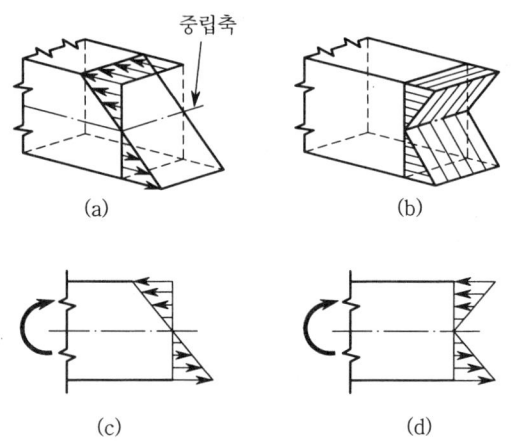

<그림 5.2> 휨 모멘트를 받는 보 단면상의 응력분포

탄성한도내에서 보의 단면상의 응력분포상태를 이해하게 되면 휨 모멘트와 응력과의 정량적인 관계식을 유도할 수 있다. 이를 위해서 먼저 평형방정식으로부터 중립축의 위치를 구하여야 한다. 휨 모멘트가 (+)인 경우 보의 위 부분은 압축, 아래 부분은 인장이 발생하나 변형이 발생하지 않은 점이 있으며 이 점들을 연결하면 중립축(neutral axis)을 구할 수 있다. 이처럼 한 단면에서 인장과 압축이 동시에 생기는 응력을 휨 응력이라 한다.

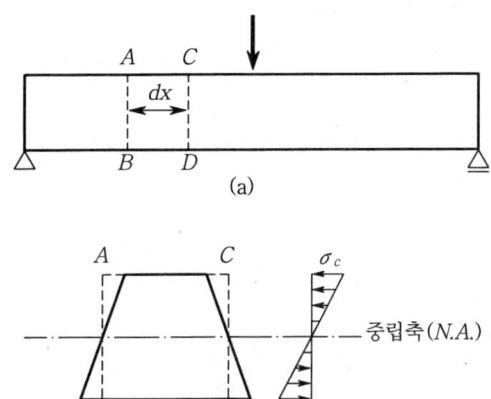

<그림 5.3>

그림 5.3과 같이 외력이 작용하기 전에 A-B에서 $dx$떨어진 C-D단면은 평행하나 휨을 받은 후에는 상단은 압축, 하단은 인장을 받아 A-B와 C-D단면은 평행하지 않게 된다. 중립축에서 만큼 떨어진 임의의 선에서 변형을 $\Delta dx$, 그 변형률을 $\varepsilon$이라 하면

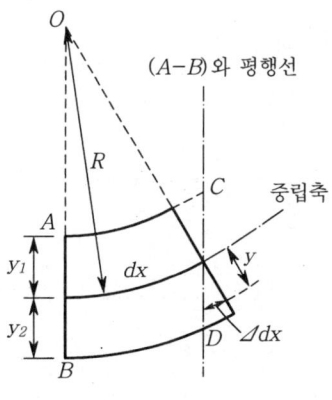

<그림 5.4>

$$\varepsilon = \frac{\Delta dx}{dx} \quad \cdots\cdots (5.1)$$

식(2.1)의 Hooke의 법칙에 따라

$$\sigma = E\varepsilon = E \cdot \frac{\Delta dx}{dx} \quad \cdots\cdots (5.2)$$

식(5.2)를 $\Delta dx$에 관해 정리하면,

$$\Delta dx = \frac{\sigma}{E} dx \quad \cdots\cdots (a)$$

비례식에 따르면,

$$R : dx = y : \Delta dx \quad \text{······················································(b)}$$

따라서, $\Delta dx = \dfrac{y}{R} dx$ ······················································(c)

식(a)=식(c)에 따라

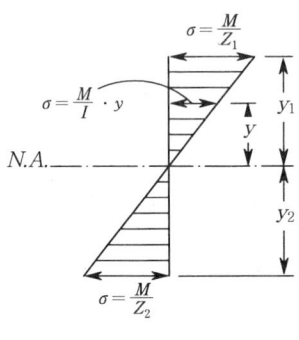

<그림 5.5>

$$\sigma = \dfrac{E}{R} \cdot y \quad \text{······················································(d)}$$

여기서, 모멘트는 힘과 거리의 곱이고 힘은 응력과 단면적의 곱이다. 따라서,

$$M = \sigma \cdot \int_A dA \cdot y \quad \text{······················································(e)}$$

식(d)를 식(e)에 대입하면

$$M = \dfrac{E}{R} \cdot \int_A y^2 dA \quad \text{······················································(f)}$$

여기서, 식(f)의 우항에서 $\int_A y^2 dA$는 단면 2차 모멘트, $I$이다.

그러므로,

$$M = \dfrac{E}{R} \cdot I \quad \text{······················································(g)}$$

$$\dfrac{E}{R} = \dfrac{M}{I} \quad \text{······················································(5.3)}$$

식(5.3)을 식(d)에 대입하면,

$$\sigma = \dfrac{M}{I} y \quad \text{······················································(5.4)}$$

여기서, $\sigma$ : 휨 응력(kgf/cm²)
$M$ : 휨 모멘트(tonf·m)
$I$ : 중립축에 대한 단면 2차 모멘트
$y$ : 중립축에서부터 거리

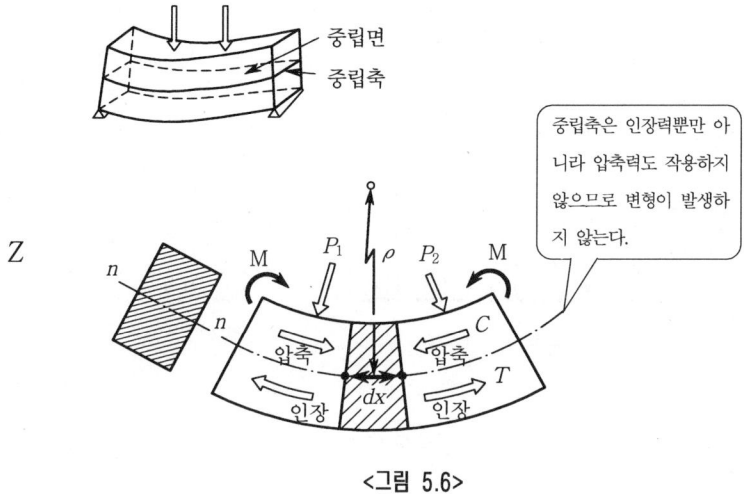

<그림 5.6>

이처럼 식(5.4)는 $y$에 비례하는 1차식이 되며 중립축에서 가장 멀리 떨어진 상연 또는 하연에서 최대의 압축응력 또는 인장응력이 발생하게 된다. 그리고 중립축에서는 $y=0$이므로 응력이 발생되지 않는다. 즉, 임의 단면에서 최대 휨 응력은 식(5.4)에서 $y$를 최대로 한 경우 얻어지는 값이며 그 값은 식(5.4)의 $\sigma_{max} = \frac{M}{I} y_1$가 된다. 대부분의 실제 문제에서는 식(5.4)에 의해 얻어진 최대응력이 구하고자 하는 값이다. 그러므로 $\sigma_{max}$을 구하는 과정을 간소화 할 수 있다.

이것은 $I$와 $y_1$이 보의 임의 단면에서 일정하다는 것에 착안한다면 쉽게 구할 수 있다. 이 비는 보의 단면의 치수만의 함수이므로 임의의 단면에 대하여 독립적으로 구할 수 있다. 이 비를 3.6절에서 설명한 단면계수(elastic section modulus)라고 하고 Z로 표시한다. 이를 적용하면 식(5.4)는

$$\sigma_{max} = \frac{M}{I} y_1 = \frac{M}{Z} \quad \cdots\cdots\cdots (5.5)$$

즉, 최대굽힘응력 $= \dfrac{휨\ 모멘트}{탄성단면계수}$

식(5.5)에 단면계수를 사용하는 것은 식(2.3)인 $\sigma = \dfrac{P}{A}$에서 면적의 항 $A$를 사용하는 것과 유사하다. 하지만 식(5.5)로부터 단면에서의 최대 휨 응력만을 얻을 수 있고 식 (2.3)로부터 계산한 응력은 부재의 전단면에 대하여 적용할 수 있다.

보의 최대 휨 모멘트가 결정되고 허용응력이 정해지면 식(5.5)를 이용하여 요구되는 단면계수를 구하여 단면을 선정할 수 있다.

## 예제 5-1

다음 그림 5.7에서 구형단면의 폭과 높이의 비가 2 : 3일때 단면을 결정하시오. 단 $\sigma_a = 270 \text{kgf/cm}^2$ 이다.

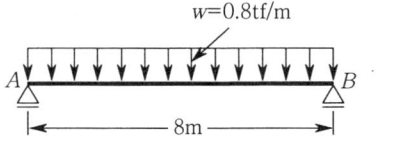
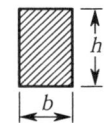

<그림 5.7>

**풀이** 단면의 폭과 높이의 비에 의해

$b : h = 2 : 3$

$2h = 3b$

$h = \dfrac{3}{2} b, \quad b = \dfrac{2}{3} h$

주어진 부재에서 최대모멘트는

$M_{\max} = \dfrac{\omega l^2}{8} = \dfrac{0.8 \times 8^2}{8} = 6.4 \ (\text{tonf} \cdot \text{m})$

구형단면에서 $y = \dfrac{h}{2}$ 이므로

$\sigma = \pm \dfrac{M}{I} y = \pm \dfrac{M}{Z} = \pm \dfrac{6M}{bh^2}$

$bh^2 = \dfrac{6M}{\sigma_a}$ 이고 $b = \dfrac{2}{3} h$ 이므로

$\dfrac{2}{3} h \cdot h^2 = \dfrac{6M}{\sigma_a}, \quad h^3 = \dfrac{18M}{2\sigma_a}$

$\therefore h = \sqrt[3]{\dfrac{18M}{2\sigma_a}}$

$\therefore h = \sqrt[3]{\dfrac{18 \times 640,000}{2 \times 270}} = 27.73 \fallingdotseq 30 \ (\text{cm})$

$\therefore b = \dfrac{2}{3} \times 30 = 20 \ (\text{cm})$

$\therefore A = b \times h = 20\text{cm} \times 30\text{cm}$

## 예제 5-2

다음 그림 5.8과 같은 단순보에서 $\sigma_a = 150\,\text{kgf/cm}^2$인 경우 등분포하중 $\omega$를 구하시오.

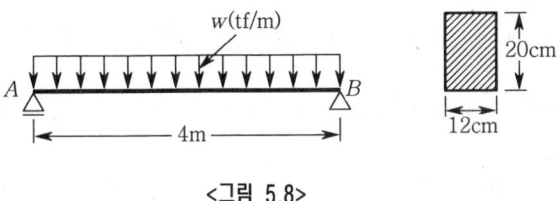

<그림 5.8>

**풀이** $M = \dfrac{\omega l^2}{8} = 2\omega\,(\text{tf}\cdot\text{m}) = 2\omega\times 10^5\,(\text{kgf}\cdot\text{cm})$ \hfill (1)

$\sigma = \dfrac{M}{Z}$ 이므로

$M = \sigma_a Z = 150\times\dfrac{12\times 20^2}{6} = 120{,}000\;(\text{kgf}\cdot\text{cm})$ \hfill (2)

(1)=(2)이므로

$2\omega\times 10^5 = 120{,}000$

$\therefore \omega = 0.6\;(\text{tonf/m})$

## 5.2 전단응력

휨 모멘트와 전단력과의 상호관계를 알아보기로 하자. 보의 축선에 수직하게 취한 두 인접단면에 의해 보로부터 분리시킨 길이 $dx$의 요소를 가정해보고 요소를 자유물체도로서 다음 그림 5.9에 표시한다. 이 단면에서 전단력과 휨 모멘트는 표시한 것과 같은 방향으로 요소에 작용한다. 이 요소에 작용하는 힘계를 정(+)의 방향으로

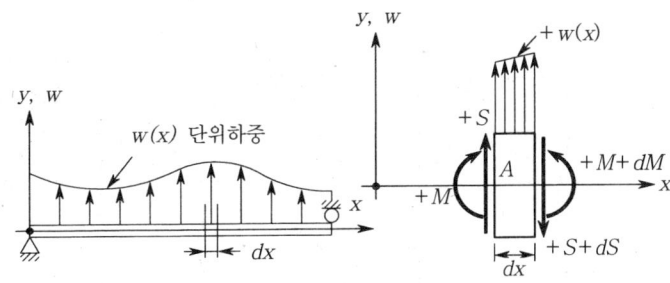

<그림 5.9>

표시한다. 전단력과 휨 모멘트는 이 요소의 길이 $dx$사이에서 변화하기 때문에 요소의 우측단면에서 이 값을 각각 $S+dS$와 $M+dM$라 한다.

그림 5.9에 표시한 보의 요소는 평형이 되어야 하므로 지면에 수직하고 점 A를 지나는 축에 대한 모멘트의 합계는 0이 되어야 한다. 즉 $\sum M_A = 0$가 된다. 즉,

$$\sum M_A = 0 \quad (M+dM) - M - (S+dS)dx + qdx\frac{dx}{2} = 0 \quad\cdots\cdots (a)$$

이를 간단히 표현하고 $dSdx$, $dx\frac{dx}{2}$를 무시하면 $dM - Sdx = 0$가 된다. 따라서,

$$dM = Sdx, \quad \frac{dM}{dx} = S \quad\cdots\cdots\cdots\cdots (5.6)$$

식(5.6)은 전단력이 보의 어떤 단면에 작용하면 그 인접단면에 다른 휨 모멘트가 존재한다. 또한, 전단력이 존재한다면 인접한 두 단면사이의 휨 모멘트의 차는 $Sdx$가 된다. 만약, 보의 인접단면에 전단력이 작용하지 않으면 휨 모멘트의 변화는 일어나지 않는다. 다시 말하면 보에 따른 휨 모멘트의 변화율은 전단력과 같다.

이 전단력에 의해 생기는 응력을 전단응력이라 하며 그림 5.10(a)와 같이 보를 수직으로 전단하려는 수직전단응력(vertical shearing stress)과 그림 5.10(b)와 같이 휨에 대한 수평전단응력(horizontal shearing stress)이 생긴다.

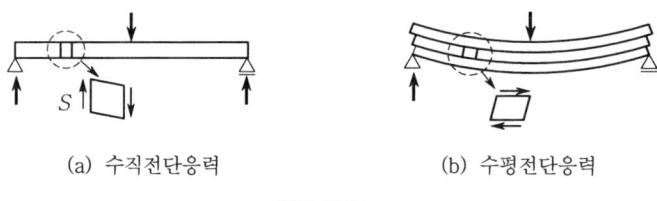

(a) 수직전단응력　　　　(b) 수평전단응력

<그림 5.10>

다음 그림 5.11과 같은 보에서 모멘트 $M$이 작용하는 A-B면에서 떨어진 C-D단면에서는 $M+dM$이 되고 각 단면에 직교하는 방향으로 작용하는 휨 응력에 차이가 생긴다.

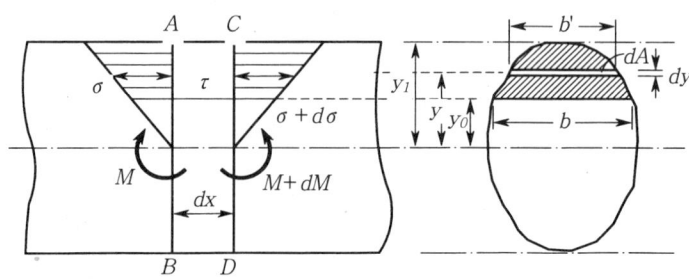

<그림 5.11>

중립축에서부터 거리가 $y_0$인 단면에서 일어나는 수평전단응력을 $\tau$라 하면 이 면의 넓이는 $b \cdot dx$이고 전단력은 전단응력과 면적의 곱이므로

$$S = \tau \cdot b \cdot dx \quad \cdots\cdots\cdots\cdots\cdots\cdots\cdots\cdots\cdots\cdots\cdots\cdots\cdots\cdots\cdots\cdots\cdots\cdots\cdots\cdots\cdots\cdots\text{(b)}$$

이다. 평형방정식에 의해 C-D단면의 휨에 의한 힘과 A-B단면에서의 휨에 의한 힘의 차이와 같아야 한다.

즉, $\sum H = 0$

$$\int_{y_o}^{y_1}(\sigma + d\sigma)b' dy - \tau \cdot b \cdot dx - \int_{y_o}^{y_1}\sigma \cdot b' \cdot dy = 0 \quad \cdots\cdots\cdots\cdots\cdots\text{(c)}$$

이고, 식(5.4)에서와 같이 $\sigma = \dfrac{M}{I} y$이므로

$$\tau \cdot b \cdot dx = \int_{y_o}^{y_1} \frac{M + dM}{I} \cdot y \cdot b' dy - \int_{y_o}^{y_1} \frac{M}{I} y \cdot b' \cdot dy$$

$$= \int_{y_o}^{y_1} \frac{dM}{I} y \cdot b' \cdot dy$$

$$\tau = \int_{y_o}^{y_1} \frac{dM}{dx} \cdot \frac{1}{Ib} \cdot y \cdot b' \cdot dy \quad \cdots\cdots\cdots\cdots\cdots\cdots\cdots\cdots\cdots\cdots\cdots\cdots\text{(d)}$$

여기에서, 식(5.6)에 따라

$$\tau = \frac{S}{I \cdot b} \int_{y_o}^{y_1} y \cdot b' \cdot dy \quad \cdots\cdots\cdots\cdots\cdots\cdots\cdots\cdots\cdots\cdots\cdots\cdots\cdots\cdots\text{(e)}$$

여기서, $\int_{y_o}^{y_1} y \cdot b' \cdot dy$는 단면 1차 모멘트 $G_x$이다.

그러므로,

$$\tau = \frac{S}{I \cdot b} G_x \quad \cdots\cdots\cdots\cdots\cdots\cdots\cdots\cdots\cdots\cdots\cdots\cdots\cdots\cdots\cdots\cdots\cdots\cdots\text{(5.7)}$$

여기서 $\tau$ : 전단응력($kgf/cm^2$)
$I$ : 단면 2차 모멘트($cm^4$)
$b$ : 단면 폭(cm)
$S$ : 전단력(kgf)
$G_x$ : 도심축에 대한 단면 1차 모멘트($cm^3$)

식(d)에서 알 수 있는 바와 같이 전단응력의 분포는 $y$에 대한 2차식의 형태가 되며, 상, 하연에서의 응력은 0이 된다. 또한 단면의 중앙에서 최대 전단력이 발생하고 단면의 형태에 따라 변화됨을 알 수 있다.

### 5.2.1 구형단면의 전단응력

다음 그림 5.12와 같이 구형단면에 전단력 $S$가 작용하면,

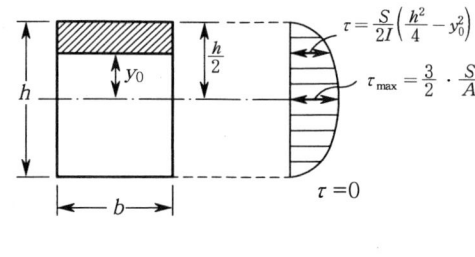

<그림 5.12>

$$\tau = \frac{S}{I \cdot b} G_x$$

여기서, $I = \frac{bh^3}{12}$

$$G_x = \int_{y_0}^{y_1} y \cdot b' dy = \int_0^{\frac{h}{2}} y \cdot b \cdot dy$$

$$\therefore \tau = \frac{S}{Ib} \cdot \int_{y_0}^{y_1} y \cdot b \cdot dy = \frac{S}{I} \int_0^{\frac{h}{2}} y \cdot dy = \frac{S}{I} \left[ \frac{y^2}{2} \right]_0^{\frac{h}{2}} = \frac{S}{2I} \left( \frac{h^2}{4} - y_0^2 \right) \cdots (a)$$

상, 하연에서의 전단응력은 $y_0 = \frac{h}{2}$ 이므로 $\tau = 0$가 된다.

중앙단면에서의 전단응력은 $y_0 = 0$이므로 $\tau = \frac{S}{2 \cdot \left( \frac{bh^3}{12} \right)} \cdot \frac{h^2}{4} = \frac{3}{2} \frac{S}{bh}$

$bh = A$라 놓으면

$$\tau_{max} = \frac{3}{2} \frac{S}{A} \quad \cdots\cdots\cdots\cdots\cdots\cdots\cdots\cdots\cdots\cdots\cdots\cdots\cdots\cdots\cdots\cdots (5.8)$$

여기서 $\frac{S}{A}$를 평균 전단응력이라 한다. 따라서 구형단면의 경우에는 최대전단응력이 평균전단응력의 1.5배이다.

## 5.2.2 삼각형단면의 전단응력

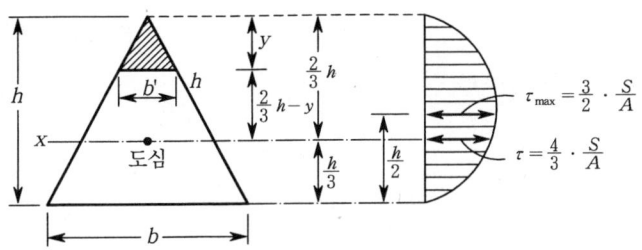

<그림 5.13>

$$\tau = \frac{S}{I \cdot b} G_x$$

여기서 $I = \frac{bh^3}{36}$, $b' = b \cdot \frac{y}{h}$

$$G_x = \int_0^h b'\left(\frac{2}{3}h - y\right)dy = \frac{b}{h}\int_0^h b'\left(\frac{2}{3}h - y\right)y\,dy$$

$$= \frac{b}{h}\int_0^h b'\left(\frac{2}{3}hy - y^2\right)dy = \frac{b}{h}\left[\frac{h}{3}y^2 - \frac{y^3}{3}\right]_0^h$$

$$\tau = \frac{S}{\frac{bh^3}{36}\left(\frac{by}{h}\right)} \cdot \frac{b}{h}\left[\frac{h}{3}y^2 - \frac{y^3}{3}\right]_0^h = \frac{12S}{bh^3}(hy - y^2) \quad \cdots\cdots\cdots\cdots\cdots\cdots \text{(a)}$$

여기에서 $\tau_{max}$를 구하기 위하여 $\tau$를 $y$에 대하여 편미분하면

$$\frac{\partial \tau}{\partial y} = \frac{12S}{bh^3}(h - 2y) = 0 \quad \cdots\cdots\cdots\cdots\cdots\cdots\cdots\cdots\cdots\cdots\cdots\cdots\cdots \text{(b)}$$

$h - 2y = 0$ 이므로 $y = \frac{h}{2}$

$$\tau_{max} = \frac{12S}{bh^3}\left(h\frac{h}{2} - \left(\frac{h}{2}\right)^2\right) = \frac{12S}{4bh} = 3\frac{S}{bh} \quad \cdots\cdots\cdots\cdots \text{(c)}$$

삼각형의 단면적, $A = \frac{1}{2}bh$ 이므로 $bh = 2A$이다. 따라서,

$$\tau_{max} = \frac{3}{2}\frac{S}{A} \quad \cdots\cdots\cdots\cdots\cdots\cdots\cdots\cdots\cdots\cdots\cdots\cdots\cdots\cdots\cdots\cdots\cdots\cdots\cdots \text{(5.9)}$$

구형단면과 마찬가지로 평균전단응력의 1.5배가 된다. 상, 하연과 도심에서의 전단력은

$y=0$ 일때  $\tau = 0$ ································································· (d)

$y=h$ 일때  $\tau = 0$ ································································· (e)

$y=\dfrac{2}{3}h$ 일때  $\tau = \dfrac{12S}{bh^3}\left(h\dfrac{2h}{3} - \left(\dfrac{2h}{3}\right)^2\right) = \dfrac{24}{9}\dfrac{S}{bh} = \dfrac{4}{3}\dfrac{S}{A}$ ····················· (f)

### 5.2.3 원형단면의 전단응력

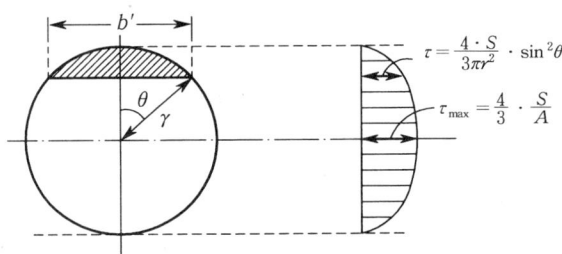

<그림 5.14>

$$\tau = \dfrac{S}{I \cdot b} \cdot G_x$$

여기서  $I = \dfrac{\pi D^4}{64}, \quad b = 2r\sin\theta, \quad G_x = \dfrac{2}{3}r^3\sin^3\theta$

$$\tau = \dfrac{S}{\dfrac{\pi D^4}{64} 2r\sin\theta} \cdot \dfrac{2}{3}r^3\sin^3\theta = \dfrac{4S}{3\pi r^2}\sin^2\theta \quad \text{································ (a)}$$

원형의 단면적, $A = \pi r^2$ 이므로

$$\tau = \dfrac{4}{3}\dfrac{S}{A}\sin^2\theta \quad \text{································································ (b)}$$

상, 하연과 중앙점에서의 전단력은

$\theta = 0°$ 일 때  $\tau = 0$ ···························································· (c)

$\theta = 90°$ 일때  $\tau = \dfrac{4}{3}\dfrac{S}{A}$ ······································································ (d)

즉, 중앙점에서의 전단응력은 평균전단응력의 $\dfrac{4}{3}$ 배가 된다.

### 5.2.4 I형단면의 전단응력

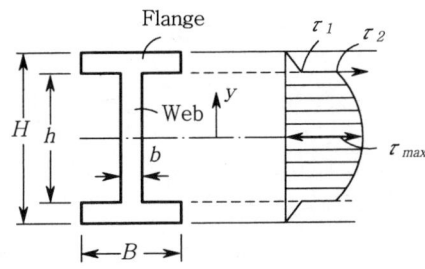

<그림 5.15>

$$\tau = \frac{S}{I \cdot b} \cdot G_x$$

여기서 $I$형단면은 상하 및 좌우대칭이므로 단면 2차모멘트는

$$I = \frac{BH^3}{12} - \frac{(B-b)h^3}{12}$$

$$G_x = \frac{BH}{2}\frac{H}{4} - \frac{(B-b)h}{2}\frac{h}{4}$$

$$= \frac{BH^2}{8} - \frac{Bh^2}{8} + \frac{bh^2}{8} = \frac{1}{8}(BH^2 - Bh^2 + bh^2)$$

중앙점에서의 최대전단력은

$$\left. \begin{aligned} \tau_{max} &= \frac{S}{\frac{1}{12}[BH^3 - Bh^3 + bh^3]b} \frac{1}{8}(BH^2 - Bh^2 + bh^2) \\ &= \frac{(BH^2 - Bh^2 + bh^2)}{(BH^3 - Bh^3 + bh^3)b} \frac{3}{2} S \end{aligned} \right\} \quad \cdots\cdots\cdots (a)$$

I형단면에서 웨브(web)와 플랜지(flange)가 만나는 점에서는 단면폭이 급격하게 변하므로 전단응력의 값은 2가지이다.

## 5.3 보에서의 주응력

임의 단면에서 휨 모멘트와 전단력이 작용하게 되면 휨 응력과 전단응력은 식 (5.4) 및 (5.7)과 같이

$$\text{휨 응력} \quad \sigma = \frac{M}{I}y \quad \cdots\cdots\cdots\cdots\cdots\cdots\cdots\cdots\cdots\cdots\cdots\cdots\cdots\cdots\cdots (5.4)$$

$$\text{전단응력} \quad \tau_{xy} = \frac{SG_x}{Ib} \quad \cdots\cdots\cdots\cdots\cdots\cdots\cdots\cdots\cdots\cdots\cdots\cdots\cdots (5.7)$$

와 같다. 휨응력의 최대값은 단순보의 경우 보의 중앙부에서 상,하연에서 최대가

되며 전단응력의 경우는 지점부에서 중앙단면에서 최대가 된다. 하지만 휨 응력과 전단응력이 동시에 작용하여 발생하는 주응력이 최대 휨 응력보다 크게 나타나는 경우가 있으므로 주응력에 대한 검토를 실시하여야 한다.

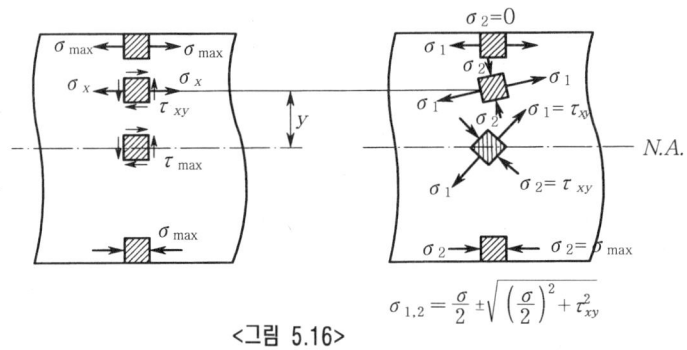

<그림 5.16>

이를 위하여 휨 응력과 전단응력이 같은 위치에서 최대가 되는 내민보(cantilever)를 예를 들어 보기로 하자. 다음 그림 5.17과 같이 길이가 5m인 캔틸레버보에 자중을 포함한 5tonf/m의 등분포하중이 작용한다면 I형단면에서의 최대 휨응력 및 전단력과 주응력을 비교해 보기로 하자.

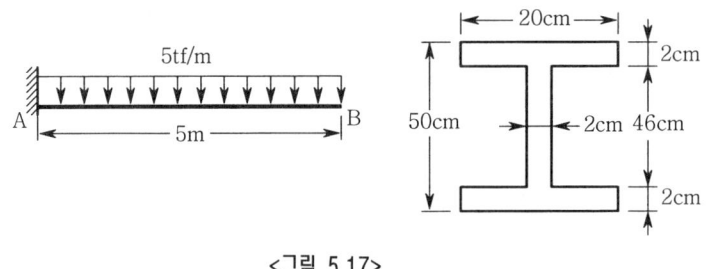

<그림 5.17>

고정단 A에서의 휨 모멘트 $M_A$와 전단력 $S_A$는

$$M_A = 5 \times 5 \times \frac{5}{2} = 62.5 \ (\text{tonf} \cdot \text{m})$$

$$S_A = 5 \times 5 = 25 \ (\text{tonf})$$

도심에 대한 단면 1차 모멘트와 단면 2차 모멘트를 구해보면

$$G_x = \frac{1}{8}(BH^2 - Bh^2 + bh^2) = \frac{1}{8}(20 \times 50^2 - 20 \times 46^2 + 2 \times 46^2) = 1,489 \ (\text{cm}^3)$$

단면이 상하 및 좌우대칭이므로

$$I = \frac{BH^3}{12} - \frac{(B-b)h^3}{12} = \frac{20 \times 50^3}{12} - \frac{(20-2)46^3}{12} = 62,329 \text{ (cm}^4\text{)}$$

최대전단응력과 최대휨응력은 각각 도심과 상, 하연에서 발생하며

$$\tau_{xy} = \frac{SG_x}{Ib} = \frac{25 \times 10^3 \times 1489}{62329 \times 2} = 298.62 \text{ (kgf/cm}^2\text{)}$$

$$\sigma = \frac{M}{I} y = \frac{62.5 \times 10^5}{62329} \times 25 = 2506.86 \text{ (kgf/cm}^2\text{)}$$

웨브와 플랜지사이의 응력은 전단력이 크고 도심에서 상,하단에 가까우므로 휨응력도 크다. 이 위치에서의 주응력에 대해서 알아보자. 먼저 휨 응력은

$$\sigma = \frac{M}{I} y = \frac{62.5 \times 10^5}{62329} \times 23 = 2306.3 \text{ (kgf/cm}^2\text{)}$$

전단응력을 구하기 위해 웨브와 플랜지사이의 단면 1차모멘트를 구해보면

$$G_x = 20 \times 2 \left(23 + \frac{2}{2}\right) = 960 \text{ (cm}^3\text{)}$$

$$\tau_{xy} = \frac{SG_x}{Ib} = \frac{25 \times 10^3 \times 960}{62329 \times 2} = 192.53 \text{ (kgf/cm}^2\text{)}$$

그러므로 주응력은

$$\sigma_{1,2} = \frac{\sigma}{2} \pm \sqrt{\left(\frac{\sigma}{2}\right)^2 + \tau^2} = \frac{2306.31}{2} \pm \sqrt{\left(\frac{2306.31}{2}\right)^2 + 192.53^2} = 1153.16 \pm 1169.12$$

$$\therefore \sigma_1 = 1153.16 + 1169.12 = 2322.28 \text{ (kgf/cm}^2\text{)}$$

$$\sigma_2 = 1153.16 - 1169.12 = -15.96 \text{ (kgf/cm}^2\text{)}$$

또한, $\sigma_1$과 $\sigma_2$의 합은 휨 응력과 같으므로

$$\therefore \sigma_1 + \sigma_2 = 2306.3 \text{ (kgf/cm}^2\text{)}$$

즉, 휨응력과 같음을 알 수 있다.

상단의 주응력은

$$\sigma_1 = 2506.86 \text{ (kgf/cm}^2\text{)}$$

$$\sigma_2 = 0$$

마찬가지로 중립축에서의 주응력은

$$\sigma_1 = 298.62 \text{ (kgf/cm}^2\text{)}$$

$$\sigma_2 = -298.62 \text{ (kgf/cm}^2\text{)}$$

최대 주응력면은 다음과 같다.

$$\tan 2\theta = \frac{2\tau}{\sigma} = \frac{2 \times 192.53}{2306.3} = 0.17$$

$$2\theta = 0.17°$$

$$\theta = 0.09°$$

이러한 단면은 전단력이 작으므로 휨에 의해 지배됨을 알 수 있다.

보에서 각 단면의 위치와 임의 단면에서의 각 점에서 주응력의 크기가 다르다. 주응력의 크기가 같은 점들을 연결한 선을 등응력선(stress contour)이라 한다. 또한 주응력의 방향을 나타내는 선을 주응력 궤적(stress trajectory)이라 한다. 다음 그림 5.18은 등응력선 및 주응력 궤적을 나타낸다.

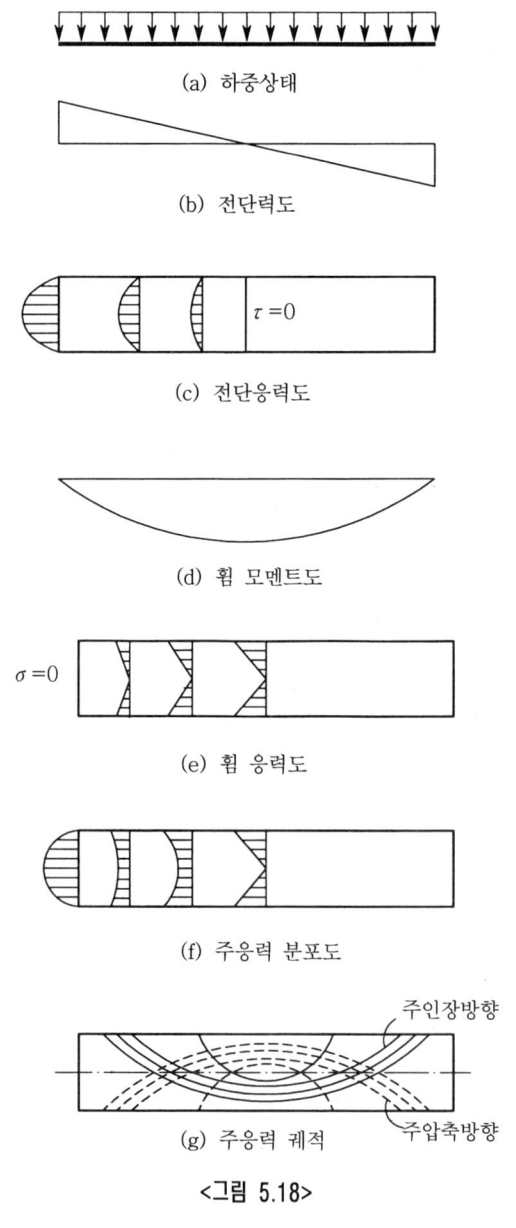

(a) 하중상태

(b) 전단력도

(c) 전단응력도

(d) 휨 모멘트도

(e) 휨 응력도

(f) 주응력 분포도

(g) 주응력 궤적

<그림 5.18>

## 예제 5-3

다음 그림 5.19와 같은 직사각형 단면의 최대 전단응력도는 원형단면의 전단응력의 몇 배인가. 단, 전단응력의 크기는 같다.

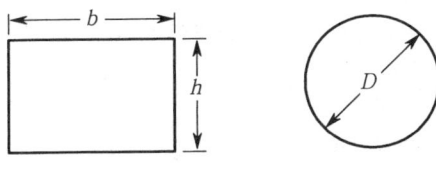

<그림 5.19>

**풀이** 구형단면의 최대전단응력은

$$\tau_{max} = \frac{3}{2}\frac{S}{A}$$

원형단면의 최대전단응력은

$$\tau_{max} = \frac{4}{3}\frac{S}{A}$$

구형단면과 원형단면의 최대전단응력의 비는

$$\frac{\frac{3}{2}\frac{S}{A}}{\frac{4}{3}\frac{S}{A}} = \frac{9}{8}$$

즉, $\frac{9}{8}$ 가 된다.

## 예제 5-4

다음 그림과 같이 길이가 6m이고 단면형상이 폭 b=30 cm, 높이 h=60 cm라 하면 이 부재에서 최대 전단응력 및 휨 응력을 구하시오.

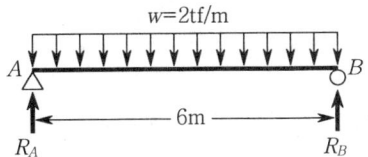 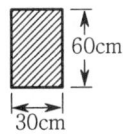

<그림 5.20>

**풀이** 주어진 부재에서 최대모멘트는

$$M_{max} = \frac{\omega l^2}{8} = \frac{2 \times 6^2}{8} = 9 \; (tonf \cdot m)$$

구형단면에서 $y = \frac{h}{2}$ 이므로

$$\sigma = \pm \frac{M}{I} y = \pm \frac{M}{Z} = \pm \frac{6M}{bh^2} = \pm \frac{6 \times 9 \times 10^5}{30 \times 60^2} = \pm 50 \; (kgf/cm^2)$$

최대전단력은 지점부에서의 전단력이며 이는 반력과 같다.

$$S_{max} = \frac{\omega l}{2} = \frac{2 \times 6}{2} = 6 \; (tonf)$$

구형단면의 최대전단응력은

$$\tau_{max} = \frac{3}{2} \frac{S}{A} = \frac{3}{2} \frac{6000}{30 \times 60} = 5.00 \; (kgf/cm^2)$$

## 예제 5-5

그림 5.21과 같은 단순보의 단면을 결정하시오. 단, 단면은 구형단면으로 하고 폭은 30cm로 하시오. $\sigma_a = \pm 100 kgf/cm^2$, $\tau_a = 8 kgf/cm^2$

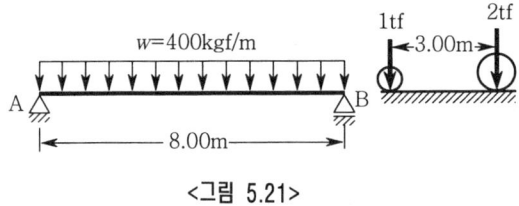

<그림 5.21>

**풀이** 이동하중의 합력은 3tonf이며 합력의 위치는 1tonf와 2m 떨어지고 2tonf와 1m 떨어진 위치이다.

이동하중의 합력과 2tonf의 하중의 중앙점과 보의 중앙을 일치시킬 경우 2tonf 하중의 아래에서 최대 휨모멘트가 발생한다.

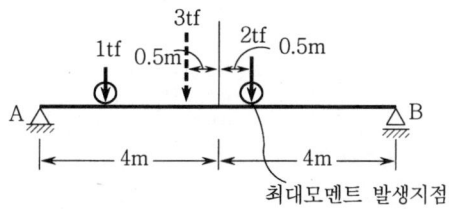

이동하중은 절대최대 휨모멘트가 발생하도록 재하시킨 후 최대모멘트를 구한다.

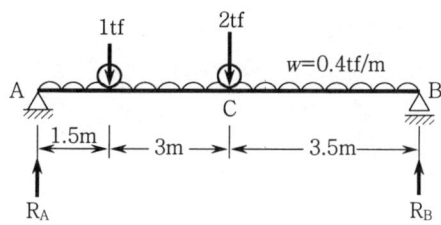

$\sum M_A = 0 \oplus$ 이므로

$1 \times 1.5 + 2 \times 4.5 + 0.4 \times 8 \times \dfrac{8}{2} - R_B \times 8 = 0$

$\therefore R_B = 2.91 \text{ (tonf)}$

$R_A = (0.4 \times 8) + 3 - 2.91 = 3.29 \text{ tonf}$

최대 휨모멘트 $M_c$를 구하면

$M_c = 3.29 \times 4.5 - \left[ 1 \times 3 + 0.4 \times 4.5 \times \dfrac{4.5}{2} \right] = 7.76 \text{ tonf} \cdot \text{m} = 7.76 \times 10^5 \text{ (kgf} \cdot \text{cm)}$

최대 전단력은 이동하중 2tonf가 지점 B에 위치할 때 지점 B에서 발생하므로

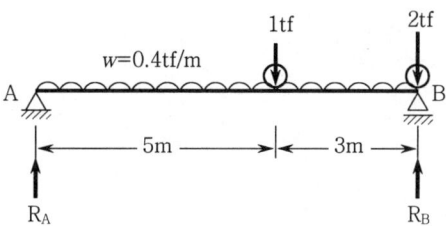

$M_A = 0 \oplus$ 이므로

$0.4 \times 8 \times \dfrac{8}{2} + 1 \times 5 + 2 \times 8 - R_B \times 8 = 0$

$\therefore R_B = 4.225 \text{ (tonf)}$

따라서 최대전단력 $S_{max} = 4225$ (kgf)

식(5.5)에 따라

$$\sigma = \frac{M}{I}y = \frac{M}{\frac{bh^3}{12}} \cdot \frac{h}{2} = \frac{6M}{bh^2}$$

그러므로

$$100 = \frac{6 \times 7.76 \times 10^5}{30 \times h^2}$$

$$\therefore h^2 = \frac{6 \times 7.76 \times 10^5}{30 \times 100} = 1552 \text{ (cm}^2\text{)}$$

$$\therefore h = 39.4 \text{ (cm)}$$

높이를 40cm로 하고 전단에 대해 검토해 보면

$$\tau = \frac{3}{2}\frac{S}{A} = \frac{3}{2} \cdot \frac{4225}{30 \times 40} = 5.28 \text{ kgf/cm}^2 < \tau_a \quad \text{OK}$$

## 연습문제

**1.** 폭이 24cm이고 높이가 40cm인 구형단면의 단순보에서 전단력 S = 6400kgf이 작용할 경우 최대전단응력을 구하시오.

　　[풀이] $\tau_{max}=10 \ (kgf/cm^2)$

**2.** 높이 h = 60cm, 단면 2차 모멘트 I=7500cm⁴인 단면을 갖는 단순보에서 보의 중앙에 12 ton의 집중하중이 작용할 경우 최대 지간은 얼마까지 가능한가. (단 허용휨응력은 $\sigma_a = 1,200 kgf/cm^2$이고 자중은 무시한다.)

　　[풀이] $l = 10 \ (m)$

**3.** 지간이 4m인 단순보의 중앙에 4 tonf의 집중하중이 작용할 경우 보의 재료는 목재로 하고 구형단면으로 설계할 경우 b : h =1 : 2로 하는 단면을 결정하시오.
(단 $\sigma_a = \pm 75 kgf/cm^2$이고 자중은 무시한다. )

　　[풀이] b = 20 (cm), h = 40 (cm)

**4.** 폭 20cm, 높이 40 cm의 단면을 갖는 단순보가 휨 모멘트가 3.2 tonf-m, 전단력이 3.2 tonf이 작용할 경우 보의 단면의 중립축으로부터 10 cm떨어진 위치에서의 휨 응력과 전단응력을 구하시오.

　　[풀이] $\sigma = 30 \ (kgf/cm^2) \quad \tau = 4.5 \ (kgf/cm^2)$

**5.** 지름이 d인 원형재료를 이용하여 구형단면의 보를 제작하려고 한다. 휨 강도를 최대로 하기 위해서는 폭 x와 높이 y의 비를 얼마로 하는 것이 좋은가?

　　(힌트) $x^2 + y^2 = d^2, \quad \dfrac{dy}{dx} = 0 \rightarrow$ max 를 이용

　　[풀이] $b : h = \sqrt{\dfrac{1}{3}} d : \sqrt{\dfrac{2}{3}} d$

**6** 다음과 같은 단순보에서 최대 휨 응력은?

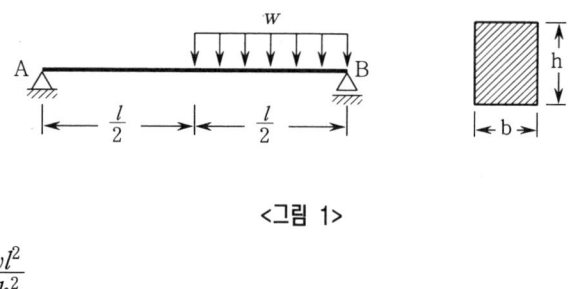

<그림 1>

**풀이** $\dfrac{27wl^2}{64bh^2}$

**7** 재료의 허용응력이 $\sigma_a = 1,000\,\text{kgf/cm}^2$인 다음과 같은 단순보에서 이동하중이 작용할 경우 단면의 높이는? (단면의 폭은 10cm로 한다.)

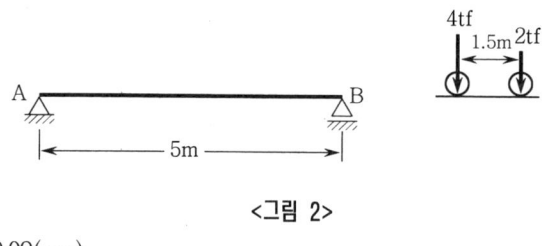

<그림 2>

**풀이** 약 19.09(cm)

# 제 6 장  트러스

6.1 트러스의 기본구조와 역학적 특성
6.2 트러스의 안정과 정정
6.3 트러스의 구조와 종류
6.4 트러스의 해법
6.5 트러스의 부재력
6.6 트러스의 영향선
6.7 트러스의 설계

# chapter 6

# 트러스

그림 6.1(a)는 구형단면으로 된 보의 휨응력도와 전단응력도의 상태를 보여준 것이다. 이들 응력도의 특성으로부터 적합한 단면형상을 고안한 것이 그림 6.1(b)의 플레이트 거더(plate girder)이다. 즉 중립축부근에서 최대 전단응력에 저항할 수 있는 복부(web)를 남기고, 상·하연단부근에서 가장 큰 휨응력도에 저항하기 위하여 복부끝에서 좌우로 돌출시킨 플랜지(flange)를 만들어 단면적을 증가시킨 구조이다.

다시 이들 플랜지와 웨브에서 불필요한 부분을 제거하고 최종적으로 직선부재를 삼각형으로 서로 조합하여 그림 6.1(c)와 같이 만든 구조가 트러스이다.

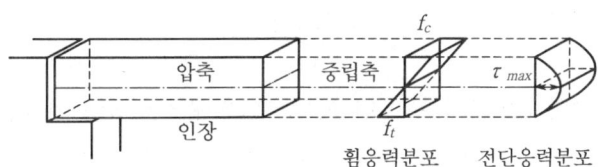

(a) 구형단면보

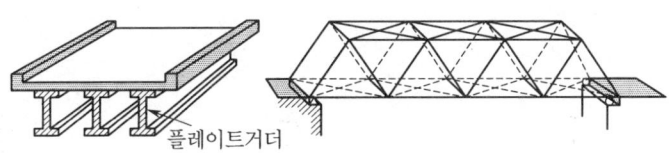

(b) 플레이트거더교　　　　　(c) 트러스

<그림 6.1>

## 6.1 트러스의 기본구조와 역학적 특성

### 6.1.1 트러스의 기본구조

그림 6.2(a)에 보여준 원시적인 기중기는 두 개의 부재를 서로 경사지게 가설하고, 정점B를 줄로 견고하게 결속시킨 삼각형구조로 만들어서 단단한 지반에 놓여져 있다. 그런데 이 구조는 B점이 잘 결속되어있어도 A점과 C점은 수평이동에 대한 구속효과를 기대할 수 없다. 다시 말하면, B점은 힌지로 연결된 회전자유구조로 볼 수 있다. 따라서 만약 A와 B점이 비교적 평탄한 지면상에 설치되어 있고, 또한 마찰력이 작다면 그림 6.2(b)와 같은 역학적모델을 지닌 불안정구조가 된다.

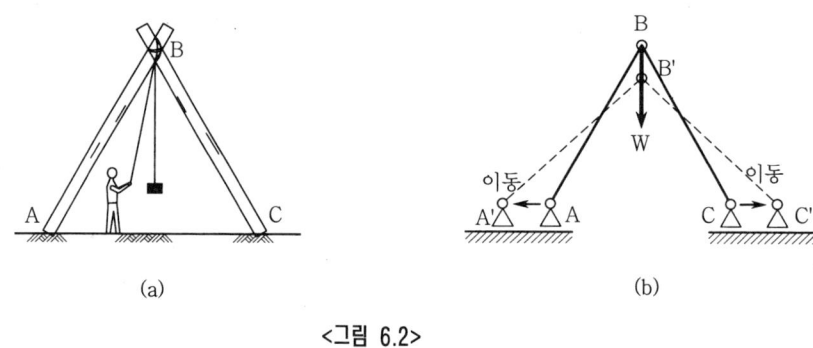

<그림 6.2>

그러므로, 그림 6.2(a)의 불안정구조를 안정구조로 만들기 위해서는 그림 6.3에 보여준 3가지 구조를 생각해 볼 수 있다. 즉, 그림 6.3(a)는 B점을 강절로, (b)는 A와 C사이를 부재로 연결시킨 삼각형구조, 그리고 (c)는 A점과 C점을 땅속에 묻어 고정시킨 구조이다.

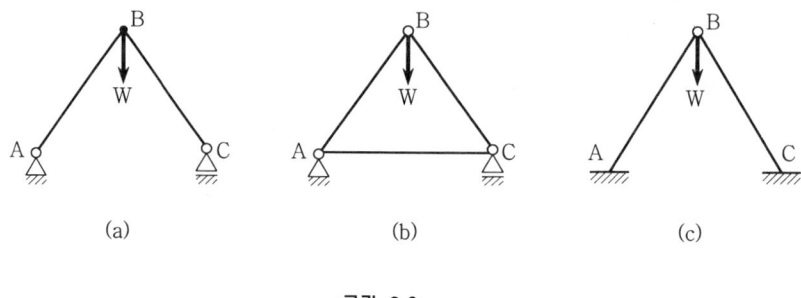

<그림 6.3>

그림 6.3을 간단히 설명하면, 그림 6.3(a)의 경우 강절점 B는 C점을 수평방향으로 이동 못하게 하는 구속효과가 있으며, 일반적으로 강절점을 포함한 구조계를 라멘으로 분리하여 다루기도 한다. 두번째로 그림(b)의 경우에는 AC사이에 가설된 부재가 A점과 C점의 수평이동을 막아 안정된 구조계를 구성하고 있으며, 3개의 부재가 모두 힌지로 연결되고 하중은 절점에만 작용하기 때문에 부재는 축방향력을 받게 되는데 이런 구조를 보통 트러스라 한다. 그림(c)는 A 및 C점의 구속조건으로부터 안정된 구조계가 되었다.

### 6.1.2 트러스구조의 역학적 특성

트러스의 최소기본구조는 그림 6.4(a)에 보여준 안정된 1개의 삼각형으로 구성된다. 또한 그림(a)를 정확하게 역으로 만든 그림6.4(b)도 트러스의 기본형이다.

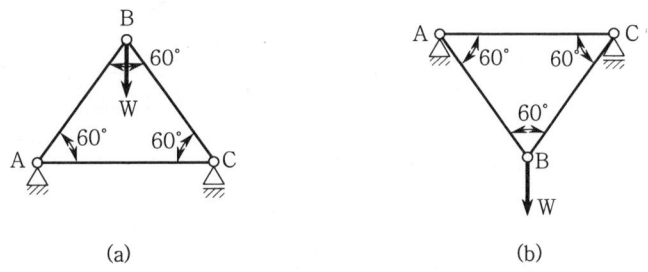

<그림 6.4>

그림 6.4에 보여준 트러스의 지점반력과 부재력은 정역학적 평형조건식으로부터 쉽게 구할 수 있다. 그림 6.4의 트러스구조는 모두 대칭이므로 A점과 C점의 수직반력은 같게되며, 부재력은 각절점의 균형조건 또는 트러스를 임의 단면에서 절단했을 때의 평형조건으로부터 산출할 수 있으며, 그 결과를 도식적으로 표현하면 그림 6.5와 같다.

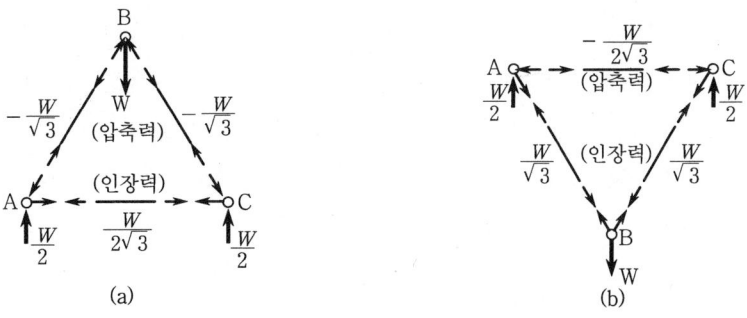

<그림 6.5>

그림 6.5의 결과로부터 트러스구조는 절점에 작용하는 하중은 부재를 통해 축방향력으로 바뀌어 최종적으로 지점에 전달됨을 알 수 있다. 구체적으로 언급해 보면, 그림 6.5(a)에서 B점에 작용하는 하중W는 부재AB와 부재BC에 같은 크기의 압축력 $-W/\sqrt{3}$과 부재AC에 인장력 $W/2\sqrt{3}$를 일으키며, 최종적으로 이들 내력값은 지점 A와 C에 상향의 수직반력 $W/2$로 바뀌게 된다.

그리고 내력과 지점반력이 구해지면 트러스 구조전체로는 하중 W와 두 개의 반력이 서로 평형상태에 있으며, 각 절점에 모인 부재의 내력도 서로 균형상태를 이루고 있다. 이상으로부터 트러스의 기본적인 특성을 파악해 보았다. 그런데 만약 특정부재가 항상 인장력만 받게된다면 그 부재에는 휨강성의 크기나 압축으로 인한 좌굴문제는 중요하지 않게 된다. 따라서 부재의 재료를 로프나 와이어로 대체될 수도 있다.

그러나 일반구조의 경우, 예를 들면 교량에 트러스형식을 사용할 때에 활하중의 위치에 따라 부재에는 압축력이나 인장력이 발생하므로, 보통 압축과 인장에 모두 강한 구조용강재를 트러스재료로 사용하게 된다.

## 6.2 트러스의 안정과 정정

### 6.2.1 트러스의 안정과 불안정

트러스구조의 역학적 특성을 파악하기 전에 트러스 자체가 안정되어야만 한다. 또한 안정된 구조라 하더라도 정정인가 부정정인가에 따라 해석방법도 크게 달라진다. 따라서 우선 트러스가 안정인가 불안정인가를 판별하고, 다시 안정일 경우에는 정정구조인가 부정정구조인가를 구별할 수 있어야 한다.

그림 6.6(a)의 단순보는 외력이 작용해도 정지상태에 있기 때문에 외적안정이라 하고, 또한 정역학적 평형조건식($\Sigma M = 0$, $\Sigma V = 0$, $\Sigma H = 0$)으로 지점반력을 구할 수 있기 때문에 외적정정구조가 된다. 그림 6.6(b)의 트러스 부재는 모두 핀으로 연결되어 있다. 여기에 횡하중 P가 작용하면 하중작용방향에 따라 지점A와 지점B가 평행이동할 위험이 있고, 또한 파선방향으로 트러스형상이 변형되어 불안정구조가 된다. 따라서 그림(c)와 같이 AD사이에 斜材를 1개 추가하고 지점A를 힌지로 하면 트러스의 형상도 변화하지 않고 지점도 평행이동하지 않으므로 안정이면서 정정구조가 된다.

제 6 장 트러스   229

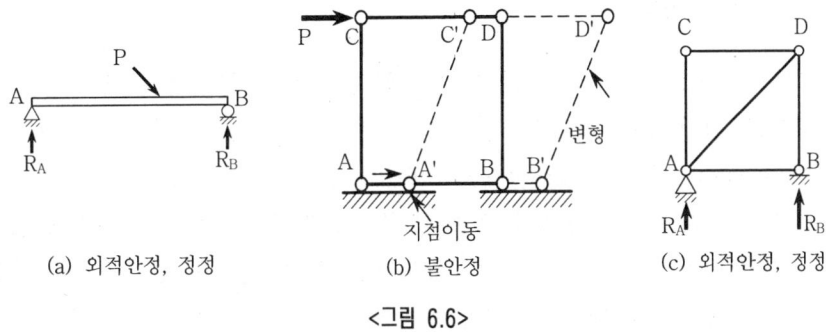

<그림 6.6>

　그림 6.7(a)는 정정이면서 내적부정정트러스이다. 왜냐 하면, 앞에서 언급한 정정 트러스구조에서 필요이상의 부재, 즉 CB부재를 추가한 것이므로 미지 부재력의 수가 평형조건식의 수 보다 많기 때문에 부정정구조이다. 그런데, 이 구조는 구조내부의 부재력 산출과 관련된 부정정이란 의미에서 내적부정정이라 한다. 지점반력은 트러스 전체의 평형조건식으로부터 구할 수 있다.

　그림 6.7(b)는 안정이면서 외적부정정트러스이다. 간단히 설명해 보면, 지점 B를 제거하면 안정이면서 정정인 구조가 된다. 그림에서 지점반력의 수는 4개인데 반해 평형조건식의 총수는 3개뿐이다. 결국 반력산출과 관련된 부정정이기 때문에 외적부정정이라 한다.

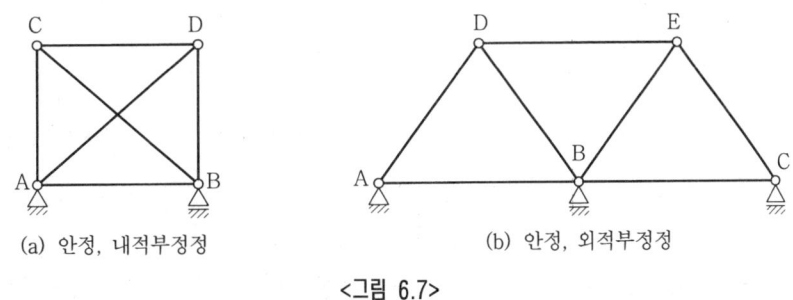

<그림 6.7>

이상의 내용을 정리하면, 트러스의 구조는 다음과 같이 분류된다.

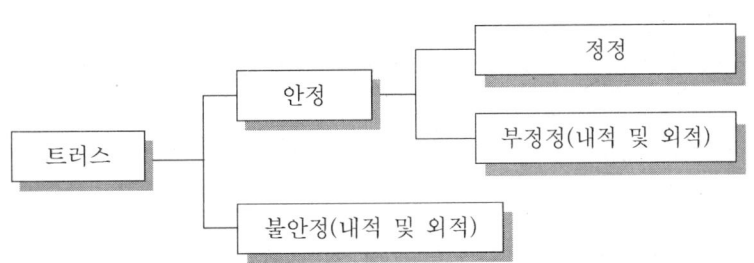

### 6.2.2 트러스의 판별식

일반적으로 트러스구조는 형상도 복잡할 뿐만 아니라 부재수도 상당히 많아 직관적으로 안정, 불안정 등을 판별하는데 어려움이 있다. 그래서 외적과 내적으로 나누어, 판별기준이 되는 조건식을 유도해보자.

그림 6.8에서 기본삼각형 ABC의 부재수와 힌지수는 모두 3개이다. 다시 기본삼각형의 한변AC를 포함한 새로운 삼각형 ACD는 새로운 힌지 1개에 대해, 부재는 AD, CD로 2개가 증가한다. 즉, 새로운 삼각형을 구성하는데 필요한 힌지수와 부재수의 비는 1 : 2이다.

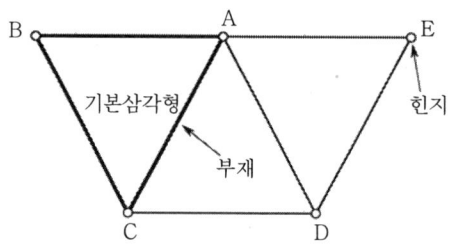

<그림 6.8> 트러스의 부재수와 힌지수의 관계

기본삼각형을 포함한 부재의 총수를 $m$, 힌지의 총수를 $j$라 하면, 새로 증가하는 부재수는 ($m$-3), 힌지수는 ($j$-3)이다. 따라서 이들 증가비율은 다음과 같다.

$$(m-3) : (j-3) = 2 : 1 \rightarrow m = 2j - 3 \cdots\cdots (6.1)$$

여기서, 식(6.1)에 의해

$m = 2j - 3$ : 내적정정(각부재가 각각 삼각형의 한변을 구성한다)

$m > 2j - 3$ : 내적부정정(안정에 필요한 부재수보다 많은 부재가 있다)

$m < 2j - 3$ : 내적불안정(부재수가 부족하여 트러스가 변형한다)

또한, $k = m - 2j + 3$로 표기 했을 때, $k$를 내적부정정차수라 말한다. $k=0$ 일 때 내적정정트러스가 된다.

트러스가 외적정정이 되기 위해서는 반력수 $r = 3$이 되어야 하므로

$$r - 3 = 0$$

따라서, 트러스가 외적이면서 내적으로 정정인가를 판별하는 조건식은 다음과 같다.

$$N = (m - 2j + 3) + (r - 3) = m - 2j + r \cdots\cdots (6.2)$$

$N < 0$ : 불안정

$N = 0$ : 안정·정정

$N > 0$ : 안정·부정정($N$차부정정)

여기서,

> $N$ : 트러스의 부정정차수
> $j$ : 힌지의 총수
> $m$ : 부재의 총수
> $r$ : 반력수

식(6.2)의 조건은 필요조건이지만, 충분조건은 될 수 없다. 예를 들면 그림 6.9(a)의 경우에는 $r=3$이지만 외적으로 불안정이고, 그림 6.9(b)의 경우 $m=13$, $j=8$, $r=3$으로 $N=0$이지만 내적으로 불안정트러스이다. 본 장에서는 안정이고 정정트러스에 대한 역학적 특성만 살펴보기로 한다.

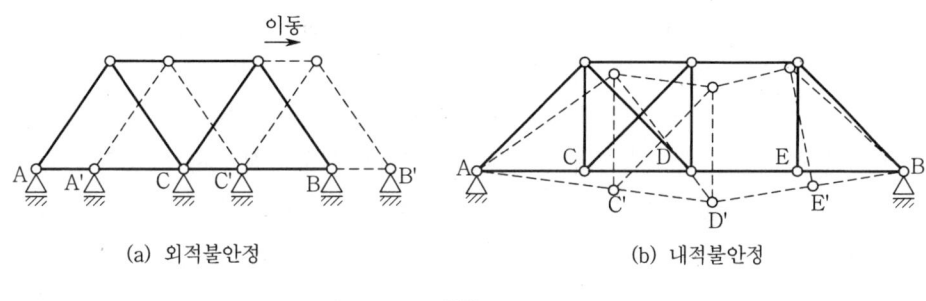

(a) 외적불안정  (b) 내적불안정

<그림 6.9>

## 6.3 트러스의 구조와 종류

### 6.3.1 트러스 구조와 각부의 명칭

트러스의 외부를 연결하는 부재를 弦材(chord member : U, L), 그 내부에 배치된 부재를 복재(web member : D, V)라 한다. 현재 중에서 상부에 있는 부재를 상현재(upper chord member : U) 하부의 것을 하현재(lower chord member : L)라고 하며, 복재 중에서 경사진 부재를 사재(diagonal member : D) 연직부재을 수직재(vertical member : V)라 한다.

그림 6.10의 트러스에서 각부재의 교점(A, B, P, Q 등)을 절점(joint) 또는 격점(panel point)이라 하고, 현재의 양 격점사이의 거리를 격간장(panel length : $\lambda$)이라 한다.

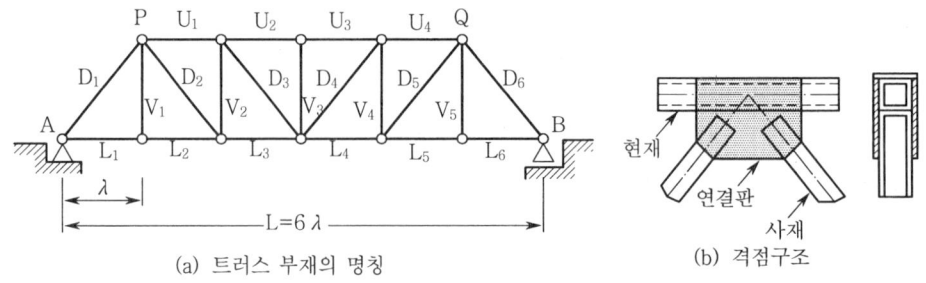

<그림 6.10>  트러스 구조와 명칭

트러스의 하중은 지점반력을 포함하여 모두 격점에 작용한다. 이론상으로는 격점을 힌지로 보고 해석하지만 실제 트러스의 격점구조는 그림 6.10(b)에 나타낸 바와 같이 연결판을 통해 부재가 견고하게 강결(剛結)되어 있다. 그러므로 실제구조에서도 하중이 절점에 작용할 수 있도록 구조적인 고안이 뒤따라야 한다. 그러나 계산상의 처리는 이들 분포하중은 가장 가까운 절점에 작용하는 집중하중으로 치환시켜 해결한다. 단, 구조자체의 중량은 당연히 각부재에 분포시켜 작용한다.

또한 강결된 부재에는 축방향응력(1차응력)이외에 2차적인 휨응력이 발생한다. 이것을 2차응력이라 하고, 2차응력은 축방향응력에 비해 아주 작은 값이므로 일반적으로 무시한다. 그러나 대규모의 중요한 트러스구조에서 격점을 힌지가 아닌 강결 격점으로 계산할 수도 있다. 그 경우 부재력은 힘의 평형조건식만으로 구할 수 없고 고차의 부정정구조해석을 행하여야 한다.

### 6.3.2 트러스의 종류

실제로 사용되는 트러스는 그림 6.1(c), 그림 6.11( l )과 같이 대부분 입체구조이기 때문에 보다 정확한 해석을 위해서는 입체트러스로 모델하여 부재력을 산출해야 한다. 그러나 트러스에 작용하는 힘의 전달경로를 주의깊게 관찰하면 입체구조는 몇 개의 평면구조로 분해하여 다룰수 가 있다. 따라서 설계에서 트러스를 평면트러스로 모델하여 부재력을 계산한다. 일반적으로 많이 사용되는 트러스의 구조형식으로는 그림 6.11과 같은 종류들이 있으며, 이 외에도 트러스의 형태나 역학적 특성에 따라 다양한 이름들이 붙여지기도 한다.

이들 트러스를 교량에 사용하는 경우에 자동차가 어떤 부분을 통과하는가에 따라 하로트러스(Trough Truss)와 상로트러스(Deck Truss)로 구별된다. 그림 6.11(c)의 경우는 자동차는 하현재 위를 통과하기 때문에 하로 트러스의 예이고, 상로트러스의 예는 그림 6.11(d)의 경우이다.

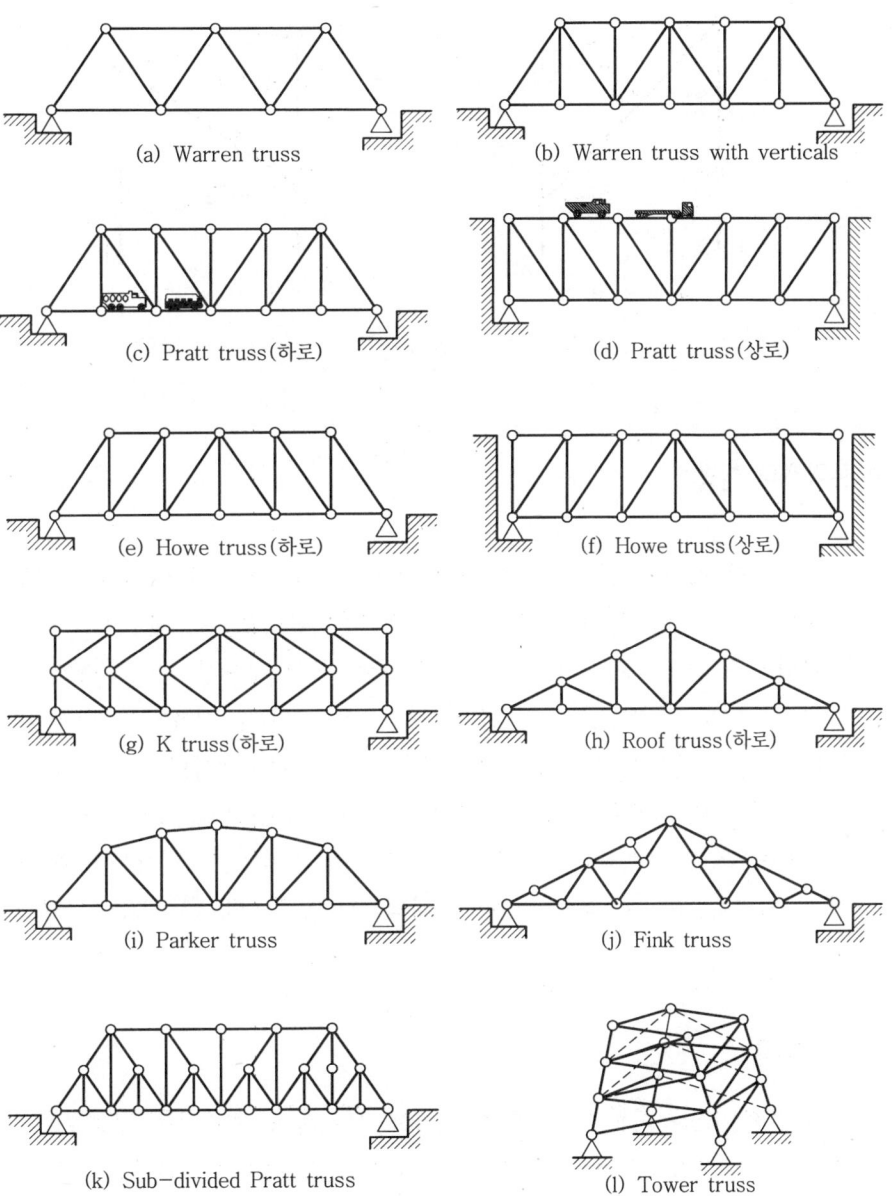

<그림 6.11> 트러스의 종류

    트러스 형식의 차이로부터 생기는 역학적 특징은 구조해석을 할 때 분명히 나타나겠지만, 일반적으로 지점부근에서 그림 6.12(a)의 플랫트러스의 사재는 인장부재가 되고 반대로 그림 6.12(b)의 하우트러스의 사재는 압축부재가 된다.
    물론, 하중을 받는 트러스 전체는 하향으로 처지게 되지만 일반적으로 상현재는 압축부재, 하현재는 인장부재가 된다는 것을 상상할 수가 있다. 물론, 이 같은 특징은 특수한 하중조합에 대해서 종종 예외가 있을 수도 있다.

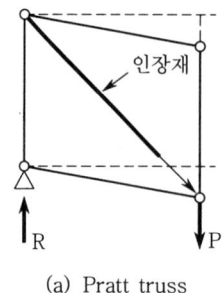 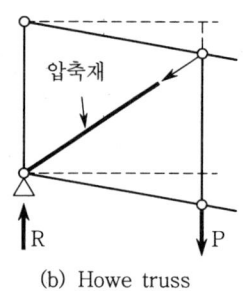

(a) Pratt truss    (b) Howe truss

<그림 6.12>

## 6.4 트러스의 해법

트러스의 절점은 힌지로 연결된 것으로 보고 해석하기 때문에 부재력은 축방향력만 존재하게 된다. 부재력을 구하는 대표적인 방법으로는 절점법과 단면법이 있다.

절점법은 기본적으로 트러스의 각절점에 모인 부재를 절점주변에서 떼어내어 절점에 관한 두 개의 평형조건식($\Sigma H = 0$, $\Sigma V = 0$)을 이용하여 부재력을 구하게 되는데 트러스 전체의 부재력은 차례차례 절점을 이동해가면서 구한다.

단면법은 미지의 부재력을 포함하는 최적의 단면으로 트러스를 절단하고, 절단면을 기준으로 트러스의 어느 한쪽을 선택하여 외력(반력과 작용력)과 절단된 트러스의 부재력과 같아야 되는 평형의 개념($\Sigma M=0$, $\Sigma H=0$, $\Sigma V=0$)을 도입하여 부재력을 구한다.

### 6.4.1 절점법

그림 6.4(b)의 기본트러스를 절점법을 사용하여 부재력을 구해보자. 부재력의 결과는 이미 그림 6.5(b)에 나타낸바 있다. 그림 6.13(a)는 B절점에 모인 부재 AB와 BC, 작용하중 W를 보여주고 있다.

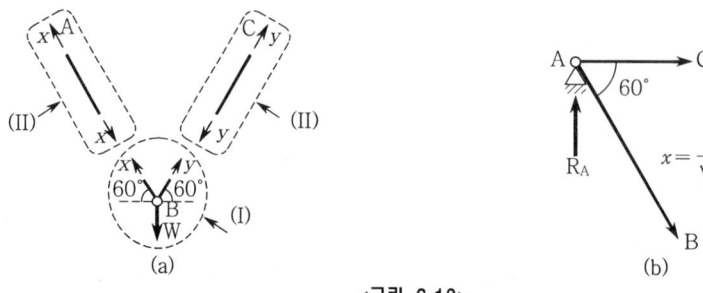

<그림 6.13>

그림 6.13(a)에서 고립된 (I)가 평형상태를 유지하기 위해서, (II)의 AB부재에는 $x$의 인장력이, BC부재에는 $y$의 인장력이 작용하고 있는 것으로 가정한다. 만약 압축력으로 가정하는 경우에는 반대로 (I)에서 B점으로 향하는 힘으로 가정하면 된다.

(I)에 대한 평형조건식을 세우면

$\varSigma H = 0$ 로 부터

$$-x\cos 60° + y\cos 60° = 0 \quad\cdots\cdots (6.3)$$

$\varSigma V = 0$ 로부터

$$x\sin 60° + y\sin 60° - W = 0 \quad\cdots\cdots (6.4)$$

식(6.3)과 식(6.4)을 연립하여 풀면 다음 값을 구할 수 있다.

$$x = y = \frac{W}{\sqrt{3}} \quad \text{(인장력)}$$

여기서, $x$와 $y$의 값이 양(+)의 결과를 얻었기 때문에 가정된 방향과 일치하며 결국 이 값이 부재 AB와 BC의 부재력이 된다.

다시, A점의 지점반력과 AC부재력을 구하기 위하여 그림 6.13(b)로 되돌아가 보자. 그림(b)에서 AB부재력은 이미 계산된 인장력으로 방향은 A점에서 B방향으로 하며, AC부재력은 인장력으로 A점의 반력은 상향으로 가정한다.

역시, 그림 6.13(b)에서 평형조건식을 세우면

$\varSigma H = 0$ 로 부터

$$AC + \frac{W}{\sqrt{3}}\cos 60° = 0 \quad\cdots\cdots (6.5)$$

$\varSigma V = 0$ 로 부터

$$R_A - \frac{W}{\sqrt{3}}\sin 60° = 0 \quad\cdots\cdots (6.6)$$

식(6.5)와 식(6.6)을 연립하여 풀면 아래 값을 얻는다.

부재력 $AC = -\frac{W}{2\sqrt{3}}$ , $R_A = \frac{W}{2}$

부재력 AC는 음(-)의 값을 얻었기 때문에 인장력이 아니라 압축력이 된다. 이상의 결과를 정리한 것이 그림 6.5(b)임을 알 수 있다.

### 6.4.2 단면법

단면법을 사용하여 그림 6.14(a)에 보여준 트러스의 DF, CF, 그리고 CE 부재력을 구해보자. 트러스의 절점C에 하중 P가 하향으로 작용하고 있다.

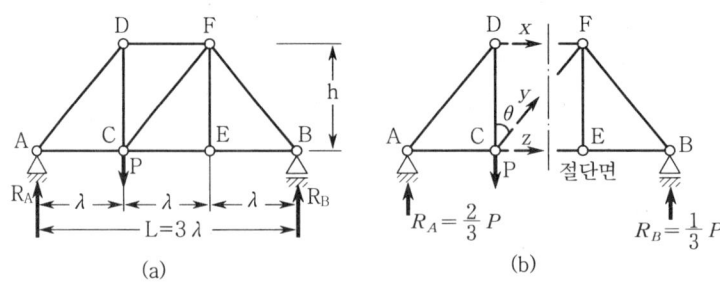

<그림 6.14>

먼저 부재력을 구하기 전에 지점반력 $R_A$와 $R_B$를 트러스전체의 평형조건식으로 구한다.

$$\Sigma M_B = 0, \quad R_A \times (3\lambda) - P \times (2\lambda) = 0$$

$$\Sigma V = 0, \quad R_A + R_B = P$$

$$\therefore R_A = \frac{2}{3}P, \quad R_B = \frac{1}{3}P$$

부재력을 구하기 위하여 그림 6.14(b)와 같이 부재 DF, CF, 그리고 CE를 포함하는 단면을 절단해 보자. 절단된 트러스의 왼쪽을 선택하고, 절단된 각각의 부재력을 인장력으로 가정하여 $x$, $y$, $z$로 치환한다. 그리고 정역학적 평형조건식으로부터 $x$, $y$, $z$를 구한다.

수직방향의 평형조건으로부터

$$\Sigma V = 0, \quad \frac{2}{3}P - P + y\cos\theta = 0$$

$$\therefore y = \frac{P}{3}\frac{1}{\cos\theta} = \frac{P}{3} \cdot \frac{\sqrt{h^2+\lambda^2}}{h} \text{ (인장력)} \quad \cdots\cdots (6.7)$$

C점이 힌지이므로

$$\Sigma M_c = 0, \quad \frac{2}{3}P\lambda + xh = 0$$

$$\therefore x = -\frac{2P\lambda}{3h} \text{ (압축력)} \quad \cdots\cdots (6.8)$$

마지막으로 수평방향의 평형조건으로부터

$$\Sigma H = 0, \quad x + z + y\sin\theta = 0 \quad \cdots\cdots (6.9)$$

$\sin\theta = \frac{\lambda}{\sqrt{h^2+\lambda^2}}$ 이고, $x$와 $y$값이 기지값이므로 식(6.9)에 대입하면

$$-\frac{2P\lambda}{3h} + z + \frac{P\lambda}{3h} = 0$$

$$\therefore z = \frac{P\lambda}{3h} \text{ (인장력)} \quad \cdots\cdots (6.10)$$

이상으로부터 단면법은 먼저 반력을 구하고, 가상의 절단면을 3개이하의 부재가 되도록 절단하여 정역학적 평형조건식에 의해 대상부재력을 직접 구하게 된다. 반면 절점법은 순차적으로 절점을 이동해 가면서 트러스 전체의 부재력을 구하게 된다.

### 예제 6-1

그림 6.14(a)에 보여준 와렌트러스의 부재력을 절점법에 의해 모두 구해보고, 단면법을 사용하여 $U_1$, $D_3$, $L_2$을 구해보시오.

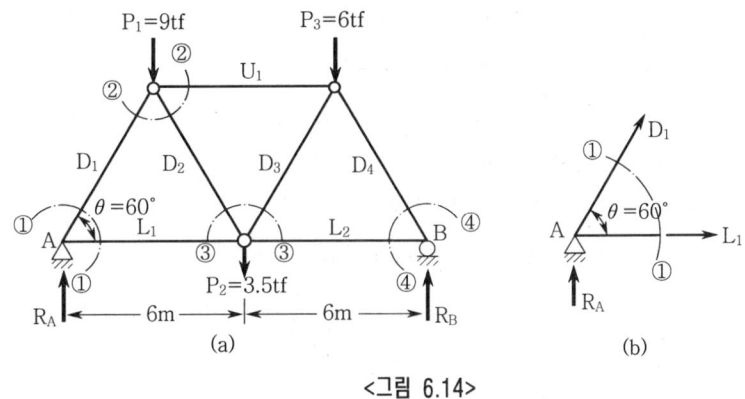

<그림 6.14>

**풀이** (1) 절점법

① 반력계산

$$\Sigma M_A = 0, \quad R_B \times 12 - 9 \times 3 - 3.5 \times 6 - 6 \times 9 = 0$$

$$R_B = 8.5 \text{ (tonf)}$$

$$\Sigma V = 0, \quad R_A + R_B = P_1 + P_2 + P_3$$

$$R_A = 10 \text{ (tonf)}$$

② 절점법에 의한 부재력 계산

• ①-① 단면(A점), 그림(b)에 의해

$$\Sigma V = R_A + D_1 \sin\theta = 0$$

$$D_1 = -\frac{R_A}{\sin\theta} = -\frac{10}{\sin 60°} = -11.55 \text{ (tonf) (압축력)}$$

$$\Sigma H = L_1 + D_1 \cos\theta = 0$$

$$L_1 = -D_1 \cos\theta = -(-11.55)\cos 60° = 5.775 \text{ (tonf) (인장력)}$$

• ②-② 단면, 그림(c)에 의해

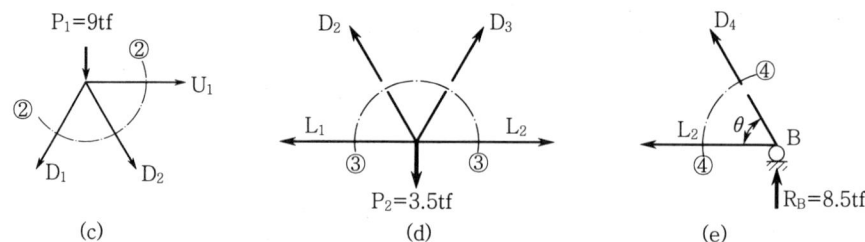

$$\Sigma V = -P_1 - D_1\sin\theta - D_2\sin\theta = 0$$

$$D_2 = -\frac{1}{\sin\theta}(P_1 + D_1\sin\theta) = -\frac{1}{\sin 60°}(9 - 11.55\sin 60°)$$

$$D_2 = 1.158 \text{ (tonf) (인장력)}$$

$$\Sigma H = U_1 - D_1\cos\theta + D_2\cos\theta = 0$$

$$U_1 = D_1\cos\theta - D_2\cos\theta = (D_1 - D_2)\cos\theta = (-11.55 - 1.158)\cos 60°$$

$$U_1 = -6.354 \text{ (tonf) (압축력)}$$

- ③-③단면, 그림(d)에 의해

$$\Sigma V = -P_2 + D_2\sin\theta + D_3\sin\theta = 0$$

$$D_3 = -\frac{1}{\sin\theta}(P_2 - D_2\sin\theta) = \frac{1}{\sin 60°}(3.5 - 1.158\sin 60°)$$

$$D_3 = 2.883 \text{ (tonf) (인장력)}$$

$$\Sigma H = L_2 - L_1 + D_3\cos\theta - D_2\cos\theta = 0$$

$$L_2 = L_1 + (D_2 - D_3)\cos\theta = 5.775 + (1.158 - 2.883)\cos 60°$$

$$L_2 = 4.913 \text{ (tonf) (인장력)}$$

- ④-④단면, 그림(e)에 의해

$$\Sigma V = R_B + D_4\sin\theta = 0$$

$$D_4 = -\frac{R_B}{\sin\theta} = -\frac{8.5}{\sin 60°} = -9.815 \text{ (tonf) (압축력)}$$

$$\Sigma H = -L_2 - D_4\cos\theta = 0$$

$$L_2 = -D_4\cos\theta = 9.815 \times \cos 60° = 4.908 \text{ (tonf) (인장력)}$$

(2) 단면법

절점법에 의해 구해놓은 부재력을 단면법에 의해 $U_1$, $D_3$, $L_2$의 부재력을 검토해보자.

- 먼저 지점반력을 계산해야 하나, 이미 계산했기 때문에 생략하기로 한다.
- 단면법을 적용하기 위해서 트러스를 그림(f)의 ①-①단면으로 절단하기로 한다.

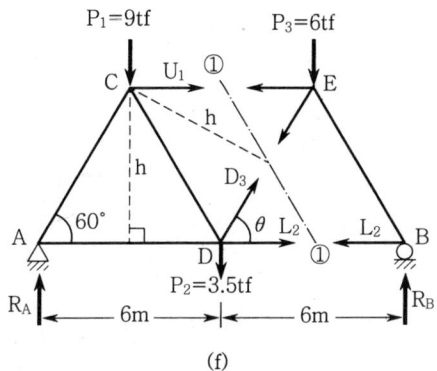
(f)

① 부재력 : $U_1$

절단면 ①-①에서 왼쪽 자유물체도를 이용하여 $U_1$을 구한다.

D점이 힌지이기 때문에

$\Sigma M_D = 0$,  $R_A \times 6 - P_1 \times 3 + U_1 \times 6\sin 60° = 0$

$U_1 = \dfrac{1}{6\sin 60°}(P_1 \times 3 - R_A \times 6) = -6.354$ (tonf) (압축력)

② 부재력 : $D_3$

절단면 ①-①에서 왼쪽 자유물체도나 오른쪽 자유물체도 중 어느 하나를 이용하여 구할 수 있으나, 일관성을 위해 왼쪽 자유물체도를 이용하기로 한다.

$\Sigma V = 0$,  $R_A - P_1 - P_2 + D_3 \sin\theta = 0$

$D_3 = \dfrac{1}{\sin 60°}(P_1 + P_2 - R_A) = 2.883$ (tonf) (인장력)

③ 부재력 : $L_2$

- 왼쪽 자유물체도($\Sigma M_C = 0$), h=6×sin 60°

$\Sigma M_C = R_A \times 3 - D_3 \times h + P_2 \times 3 - L_2 \times h = 0$

$L_2 = \dfrac{1}{h}(P_2 \times 3 + R_A \times 3) - D_3 = 4.907$ (tonf) (인장력)

- 오른쪽 자유물체도($\Sigma M_E = 0$)

$\Sigma M_E = R_B \times 3 - L_2 \times 6\sin 60° = 0$

$L_2 = \dfrac{R_B \times 3}{6 \times \sin 60°} = 4.908$ (tonf) (인장력)

두 결과로부터 왼쪽 자유물체도는 부재력 $D_3$값을 알아야 $L_2$를 구할 수 있는 반면 오른쪽 자유물체도는 $D_3$와 관계없이 직접 $L_2$를 구할 수 있어 편리하다. 결론적으로 가능한 한 단면법에서 부재력에 대한 미지수가 적도록 단면을 절단해야 계산이 간편하다.

## 6.5 트러스의 부재력

그림 6.15(a)와 같은 와렌트러스의 상현재 DE의 부재력을 구해보자. 여기서는 한 개의 부재력만 구하면 되기 때문에 단면법을 사용하면 좋다. 그런데 단면법으로 부재력을 구하는 문제는 이미 예제 6.1에서 상세히 다루었기 때문에 트러스의 부재연결에 대한 물리적인 의미에 초점을 맞추고자 한다.

특정부재력 DE의 연결은 그림 6.15(b)에 보여준 바와 같이 2개의 탄성체(사선으로표시)를 D점과 E점에서 축방향부재로 연결하고, D와 E 그리고 F점을 힌지로 결합한 구조와 등가인 것에 주목해야 한다.

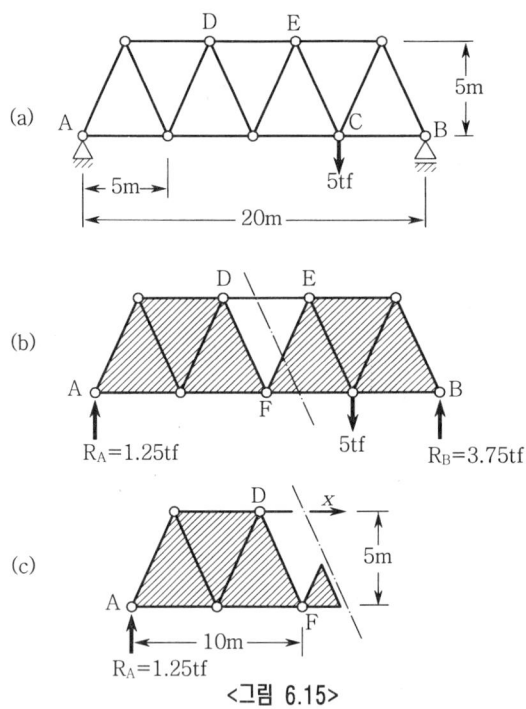

<그림 6.15>

그림 6.15(b)에 표시한 단면으로 절단하고, DE부재력을 인장력으로 가정하여 $x$로 치환한 후 왼쪽 절단면을 선택한 것이 그림 6.15(c)이다.

F점이 힌지이므로 $\Sigma M_F = 0$의 조건식에 의해 부재력 $x$를 구할 수 있다.

그림 6.15(a)의 전체트러스에서 A점의 반력은 $R_A = 1.25$tonf 이다.

$$\Sigma M_F = 0, \quad R_A \times 10 + x \times 5 = 0$$

$$\therefore x = -2.5 \text{ (tonf)} \text{ (압축력)}$$

즉, DE 부재력은 음(-)이므로 인장력이 아니라 압축력을 받게 된다.

이해를 돕기 위해서, 그림 6.16(a)에 보여준 두 개의 탄성체 A와 B를 축방향력만 전달하는 3개의 부재 AD, BD, 그리고 BC를 이용하여 직렬로 연결한 캔틸레버구조를 생각해 보자. 그리고, 탄성체 B에는 등분포하중 2tf/m가 작용할 때, 트러스의 부재력 AD, BD, 그리고 BC을 계산해 보자.

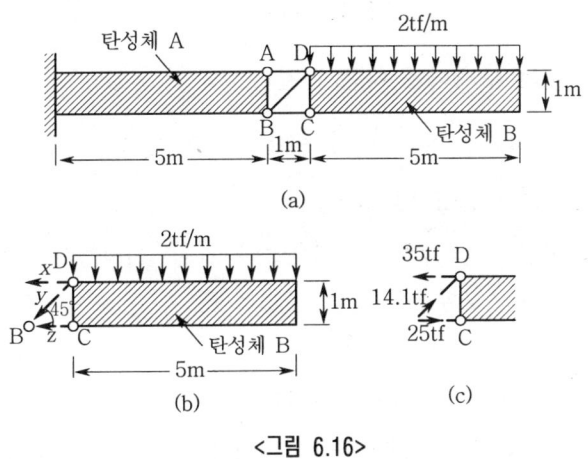

<그림 6.16>

그림 6.16(a)에서 부재 AD, BD, 그리고 BC가 포함되도록 절단하고, 절단된 트러스 부재의 축방향력을 각각 $x$, $y$, $z$로 치환하여 자유물체도로 나타낸 것이 그림 6.16(b)이다.

먼저, 수직방향의 평형조건에 의해

$$\Sigma V = 0, \quad -y\cos 45° - 2 \times 5 = 0$$

$$\therefore y = -14.1 \,(\text{tonf}) \,(압축력)$$

두번째로, 힌지인 D점에 관한 모멘트 조건으로부터

$$\Sigma M_D = 0, \quad z \times 1 + 2 \times 5 \times \frac{5}{2} = 0$$

$$\therefore z = -25 \,(\text{tonf}) \,(압축력)$$

마지막으로 수평방향의 평형조건에 의해

$$\Sigma H = 0, \quad -x - z - y\cos 45° = 0$$

$$\therefore x = -z - y\cos 45° = 25 + 14.1 \times \frac{1}{\sqrt{2}} = 35 \,(\text{tonf})$$

계산된 부재력의 크기와 방향을 그림 6.16(c)에 표시하였다.

이제, 그림 6.16(a)의 트러스연결과 그림 6.17과 같은 캔틸레버보의 해석결과와는 어떤 차이가 있는지 생각해 보자. 비교를 위해 하중과 지간조건은 동일하다.

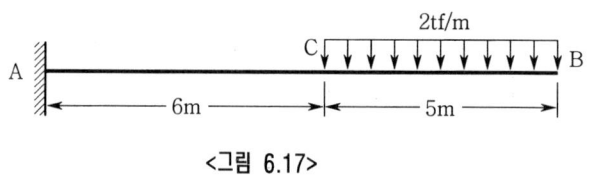

<그림 6.17>

C점에 대한 보의 부재력은 다음과 같다.

휨모멘트 : $M_c = -2 \times 5 \times \dfrac{5}{2} = -25$ (tonf · m)

전단력 : $S_c = 2 \times 5 = 10$ (tonf)

그런데 그림 6.17의 C점의 휨모멘트값과 그림 6.16(c)의 부재력을 이용하여 구한 단면 DC에 작용하는 모멘트와 같다.

즉, 그림 6.16(c)에서

D점의 모멘트 : $M_D = -25 \times 1 = -25$ (tonf · m)

C점의 모멘트 : $M_C = (-35 \times 1 + 14.1 \cos 45° \times 1) = -25$ (tonf · m)

또한, 보의 전단력 $S_c = 10$ (tonf)은 그림 6.16(c)에서 사재 BD의 부재력의 수직성분과 같다는 것을 알 수 있다.

즉, 그림 6.16(a)를 캔틸레버보로 고찰해 보면, 등분포하중이 고정단으로 전달되어가는 과정에서 단면 DC와 단면 AB 사이에 설치된 3개의 축방향부재 때문에 휨모멘트와 전단력이 축방향력으로 전환되어 탄성체 A에 전달됨을 알 수 있다.

이제, 여러 가지 종류의 트러스의 부재력을 결정하는 방법을 몇가지 예제를 통해서 숙달해 보자.

### 예제 6-2

그림 6.18과 같은 연직재가 있는 곡현 와렌트러스의 부재력 U, D, L를 단면법에 의해 구하시오.

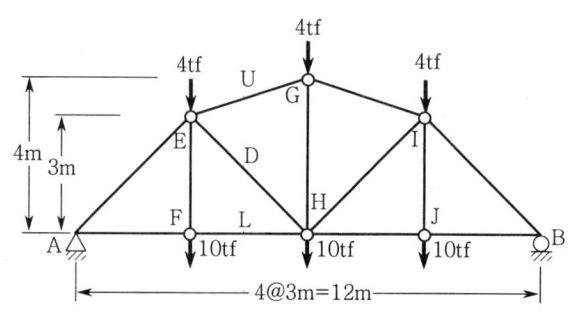

<그림 6.18>

**[풀이]** (1) 우선, 지지점의 반력을 구해야 한다. 대칭구조이기 때문에 $R_A = R_B = 21\,\text{tonf}$ 이 된다.

(2) 부재력 U, D, L을 구하기 위해 그림 6.18의 트러스를 아래 그림(a)와 같이 절단한다.

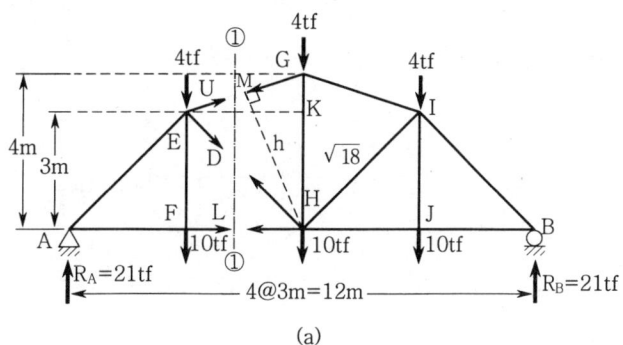

(a)

① 부재력 L

절단면 ①-①의 왼쪽단면을 선택하면

$\Sigma M_E = R_A \times 3 - L \times 3 = 0$,  $L = 21$ (tonf) (인장력)

② 부재력 U

절단면 ①-①의 왼쪽단면을 선택하면

$\Sigma M_H = R_A \times 6 - 3 \times (4+10) + U \times h = 0$

그런데, 그림(a)에서 h는 닮은비를 이용하면 쉽게 구할 수 있다.

△EGK∽△GHM 이므로

$\dfrac{EG}{EK} = \dfrac{GH}{h}$,  $\dfrac{\sqrt{10}}{3} = \dfrac{4}{h}$  →  $h = \dfrac{12}{\sqrt{10}}$

$U = \dfrac{1}{h}\{-R_B \times 6 + 3 \times (4+10)\} = -22.14$ (tonf) (압축력)

③ 부재력 D

부재력 U를 구했기 때문에 평형조건 $\Sigma V = 0$ 으로 부터

$R_A - 4 - 10 - D \times \dfrac{3}{\sqrt{18}} + U \times \dfrac{1}{\sqrt{10}} = 0$

위식에 반력과 $U$값을 대입하여 풀면

∴ $D = 0$

또한, 그림(b)와 같이 작도하여 모멘트팔의 거리를 구한 다음 계산할 수도 있다.

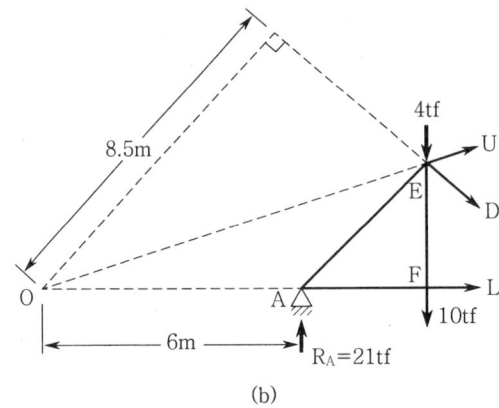

그림(b)에서 O점에 관해 모멘트를 취하면 부재력 U와 L은 작용점을 통과하므로 0이 되고, 부재력 D만 미지수가 된다.

---

### 예제 6-3

그림 6.19(a)의 캔틸레버트러스의 부재력을 절점법을 이용하여 해석하시오.

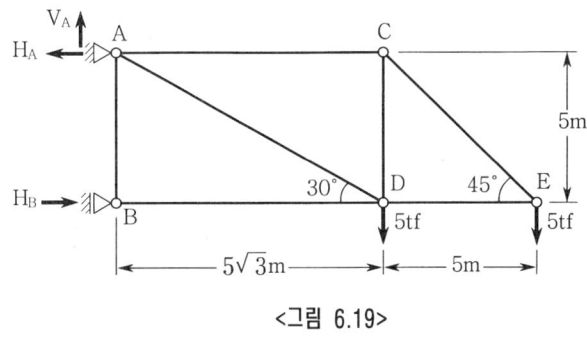

<그림 6.19>

**풀이** (1) 지점반력 $H_A$, $V_A$, 그리고 $H_B$를 트러스 전체에 대한 평형조건식에 의해

$\Sigma V = 0$, $V_A - 5 - 5 = 0$

$\Sigma H = 0$, $-H_A + H_B = 0$

$\Sigma M_A = 0$, $-H_B \times 5 + 5 \times 5\sqrt{3} + 5 \times (5 + 5\sqrt{3}) = 0$

위 식을 풀면

$V_A = 10 \text{(tonf)}$

$H_A = H_B = 5(2\sqrt{3} + 1) \text{(tonf)}$

(2) 부재력

트러스의 각절점을 각각 고립시킨 후 반력, 작용하중, 그리고 부재력의 상태를

보여준 것이 그림 6.20이다.

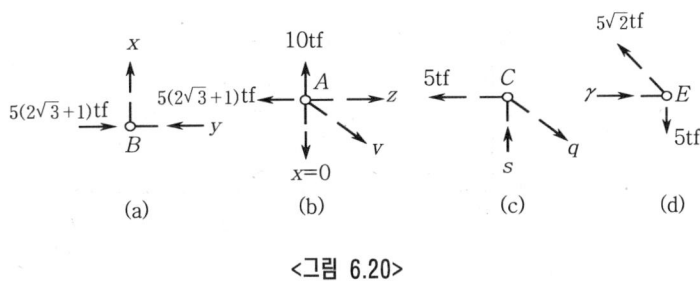

<그림 6.20>

① 절점 B를 고려하면 그림 6.20(a)에서 AB부재력 $x$를 인장, BD부재력 $y$를 압축이라 가정하고 힘의 평형을 적용하면

$\Sigma H = 5(2\sqrt{3}+1) - y = 0$

$\Sigma V = x = 0$

∴ BD부재력 : $y = 5(2\sqrt{3}+1)$ (tonf) (압축력)

　AB부재력 : $x = 0$

② 절점 A를 고려하면 그림 6.20(b)에서

$\Sigma H = -5(2\sqrt{3}+1) + z + v\cos 30° = 0$

$\Sigma V = 10 - v\sin 30° = 0$

∴ AD부재력 : $v = 20$ (tonf) (인장력)

　AC부재력 : $z = 5$ (tonf) (인장력)

③ 그림 6.20(c)의 절점 C에서

$\Sigma H = -5 + q\cos 45° = 0$

$\Sigma V = s - q\sin 45° = 0$

∴ CE부재력 : $q = 5\sqrt{2}$ (tonf) (인장력)

　CD부재력 : $s = 5$ (tonf) (압축력)

④ 그림 6.20(d)의 절점 E에서

$\Sigma H = r - 5\sqrt{2}\cos 45° = 0$

∴ DE부재력 : $r = 5$ (tonf) (압축력)

이상의 계산에서 부재력이 모두 양(+)의 결과가 나온 것은 부재력을 정확하게 인장 또는 압축으로 가정했기 때문이다. 따라서 주어진 구조계 및 작용하는 하중으로부터 각부재의 부재력의 성질을 추론하는 것은 대단히 중요하다. 이상을 정리하여 그림 6.21과 같은 방법으로 부재력을 표시하면 좋다.

246  응용역학 구조

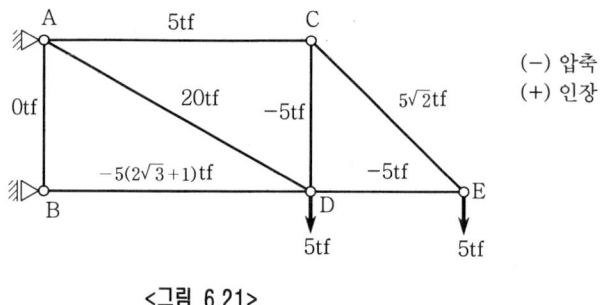

<그림 6.21>

### 예제 6-4

그림 6.22 (a)에 표시한 K-트러스의 사재 K의 부재력을 산출해보자. 그림 6.22(a)의 ①-①과 같이 트러스를 절단하고, 절단된 부재의 부재력을 그림 6.22(b)에 나타낸 바와 같이 $x$, $y$, $z$, $v$라 하자.

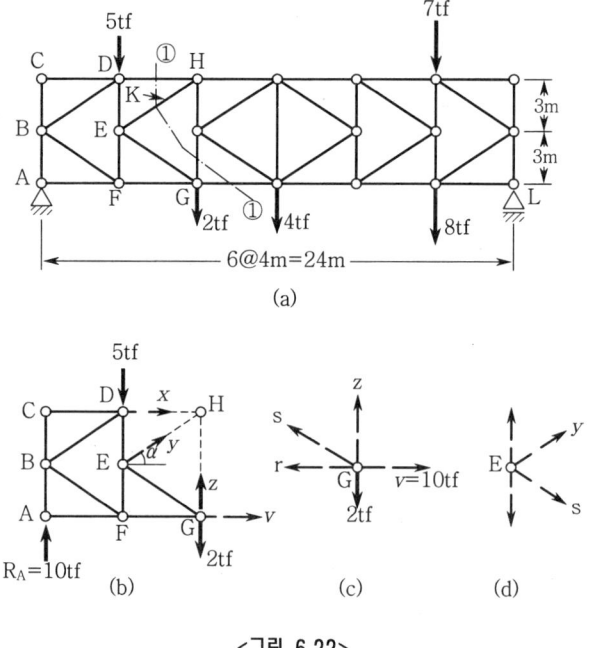

<그림 6.22>

**풀이** 그림 6.22(b)에서, 절단된 미지의 부재력이 4개이기 때문에 평형조건식을 신중하게 고려해야만 K의 부재력을 구할 수 있다. 부재력을 구하기 위해서는 우선 지점반력값을 구해야 한다.

A점의 미지반력을 구하면,

$\Sigma M_L = 0, \quad R_A \times 24 - 15 \times 4 - 4 \times 12 - 2 \times 16 - 5 \times 20 = 0$

$\therefore R_A = 10 (\text{tonf})$ (1)

그림 6.22(b)에서 수평방향의 평형조건식에 의해

$\Sigma H = 0, \quad x + v + y \cos \alpha = 0$

$\therefore x + v + \dfrac{4}{5} y = 0$ (2)

수직방향의 평형조건식에 의해

$\Sigma V = 0, \quad R_A - 5 - 2 + z + y \sin \alpha = 0$

$\therefore z + \dfrac{3}{5} y = -3$ (3)

또한 점 H가 힌지이므로 모멘트에 관한 조건식으로부터

$\Sigma M_H = 0, \quad R_A \times 8 - 5 \times 4 - v \times 6 = 0$

$\therefore v = 10 (\text{tonf})$ (인장력) (4)

그림 6.22(c)의 절점 G에서 힘의 평형을 고려하면, 수직방향으로부터

$\Sigma V = 0, \quad s \sin \alpha + z - 2 = 0$

$\therefore \dfrac{3}{5} s = 2 - z$ (5)

식(3)을 식(5)에 대입하면

$\dfrac{3}{5} s = 2 - (-3 - \dfrac{3}{5} y) = 5 + \dfrac{3}{5} y$ (6)

그리고, 그림 6.22(d)의 절점 E에서 수평방향의 힘의 평형을 고려하면

$\Sigma H = 0, \quad y \cos \alpha + s \cos \alpha = 0$

$\therefore y + s = 0$ (7)

따라서, 식(6)과 식(7)을 연립하여 풀면

$y = -\dfrac{25}{6}$ (tonf) (압축력) (8)

즉, 부재 K에는 압축력이 작용한다. 그리고 독자들은 이 예제를 통해서 트러스의 해석에서 단면법과 절점법을 잘 조합하여 특정 부재력을 효과적으로 구할 수 있음을 알았다.

## 예제 6-5

그림 6.23에 표시한 트러스에서 사재 r의 부재력이 0이 됨을 증명해 보시오.

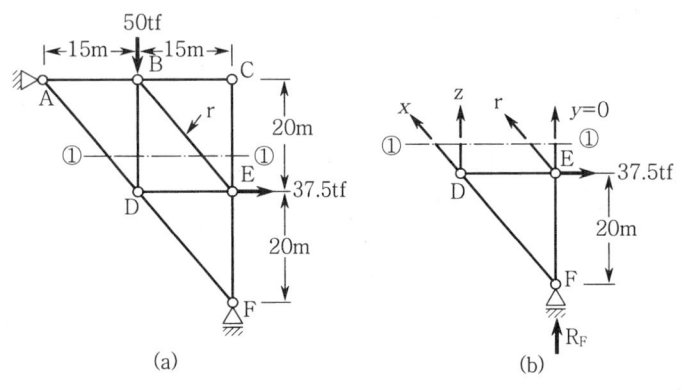

<그림 6.23>

**풀이** (1) 주어진 트러스의 F점의 지점반력 $R_F$를 계산하면

$$\Sigma M_A = 0, \quad R_F \times 30 + 37.5 \times 20 - 50 \times 15 = 0$$

$$\therefore R_F = 0$$

(2) 부재력계산

절점 C를 고립시켜 평형조건을 생각해보자. 절점 C에는 하중이 없고 부재가 서로 직각으로 배치되어 있기 때문에 부재력 CB와 CE는 0이 된다. 그림 6.23(a)에서 단면 ①-①로 절단하여 아래요소를 선택한 것이 그림 6.23(b)이다.

그림 6.23(b)에서 절점 D에 관한 회전모멘트는 0 이다. 그런데 $x$, $z$는 작용점을 통과하고 있고 $y$의 부재력은 0이다. 그리고 $r$의 수직성분을 고려하여 D점에 관한 회전모멘트식은

$$\Sigma M_D = 0, \quad R_F \times 15 + y \times 15 + \left(r \times \frac{4}{5}\right) \times 15 = 0$$

$$\therefore r = 0$$

이와 같이 부재력이 0이 되는 부재를 零部材라 한다. 영부재를 설치하는 이유로는 트러스부재에는 실제로 변형이 생기므로 이 변형을 억제하며, 수직변위 즉 처짐을 방지할 뿐만 아니라 구조역학적으로도 필요한 부재이기 때문이다.

## 6.6 트러스의 영향선

트러스에 작용하는 하중이 고정하중일 때, 이미 6.4절에서 기술한 절점법 또는 단면법을 사용하여 트러스의 부재력을 구할 수 가 있었다. 그리고 트러스구조를 사용한 교량 등에는 대부분 이동하중이 작용하기 때문에 트러스부재를 설계할 때에 각 부재에 최대응력이 생기는 하중재하상태를 파악할 필요가 있다. 영향선을 이용하면 이런 문제를 해결하는데 편리하다.

여기서는 단위하중이 트러스 위를 이동할 때, 트러스의 부재력이 어떻게 변화하는지를 영향선을 이용하여 검토해보자.

트러스부재의 영향선을 구할 때, 길이가 같은 단순보의 영향선을 이용할 수 있다.

### 6.6.1 와랜트러스의 영향선

그림 6.24(a)에 나타낸 와랜트러스에서 부재력의 영향선을 구해보자. 그림에서 단위하중 P=1이 하현재를 통과하고 있다.

### (1) 상현재(上弦材) U의 영향선

상현재 $U_1$ 부재력의 영향선을 구해보자.

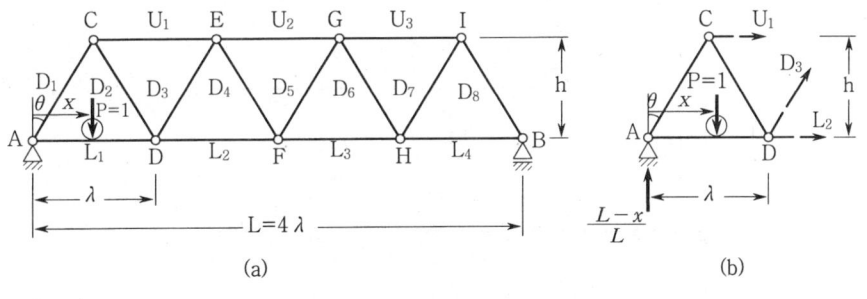

<그림 6.24>

이동하중 P=1의 위치를 $x$라 하고, $x$가 $\lambda$보다 작을 때에는 그림 6.24(b)와 같이 단면을 절단해보자. 부재력 $U_1$은 D점의 회전모멘트에 관한 평형조건식으로부터

$0 \leq x \leq \lambda$ 일 때

$$\Sigma M_D = 0, \quad \frac{L-x}{L}\lambda + U_1 h - P(\lambda - x) = 0$$

$$\therefore U_1 = \frac{x(\lambda - L)}{Lh} = -\frac{3x}{4h} \quad \cdots\cdots\cdots\cdots\cdots\cdots\cdots\cdots\cdots\cdots\cdots\cdots\cdots\cdots (6.11)$$

이제, P=1이 D점을 통과해서 오른쪽으로 이동했을 때에는 그림 6.24(b)에서 P=1이 없는 경우이므로

$\lambda \leq x$ 일 때

$$\Sigma M_D = 0, \quad \frac{L-x}{L}\lambda + U_1 h = 0$$

$$\therefore U_1 = -\frac{(L-x)\lambda}{Lh} = -\frac{(4\lambda - x)}{4h} \quad \text{.................................} (6.12)$$

따라서, 식(6.11), 식(6.12)을 도시하면 상현재 $U_1$의 부재력의 영향선된다. 같은 방법으로 상현재 $U_2$, $U_3$의 영향선도 구할 수 있으며, 이들을 그림 6.25(b)에 표시하였다. 상현재의 부재력은 항상 압축이 되는 것을 알 수 있다. 그림 6.25(b)의 $U_1$의 영향선은 트러스와 같은 지간을 갖는 단순보의 D점의 휨모멘트영향선을 구한 다음 다시 트러스 높이 h로 나눈것과 같다.

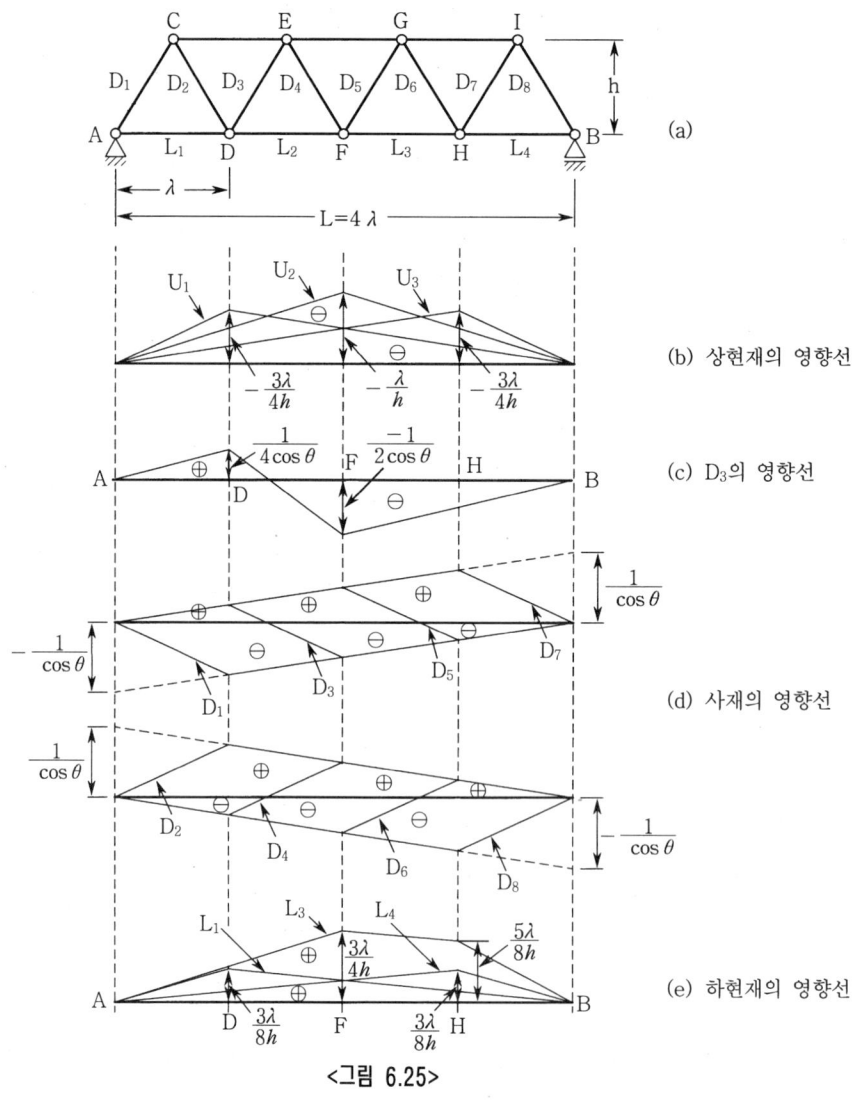

<그림 6.25>

## (2) 사재(斜材) $D$의 영향선

그림 6.24(a)의 사재 $D_3$의 영향선을 검토해보자. 하중 P=1이 절점 D보다 왼쪽에 있을 때, 그림 6.24(b)을 참고하여 수직방향의 힘의 평형에 의해

$0 \leq x \leq \lambda$ 일 때

$$\Sigma V = 0, \quad \frac{L-x}{L} - 1 + D_3 \cos\theta = 0$$

$$\therefore D_3 = \frac{x}{L} \frac{1}{\cos\theta} \quad \cdots\cdots\cdots\cdots\cdots\cdots\cdots\cdots\cdots\cdots\cdots\cdots\cdots\cdots\cdots\cdots\cdots\cdots (6.13)$$

역시, 하중이 D점보다 오른쪽에 있을 때에는 그림 6.24(b)에서 P=1이 없는 경우이므로

$2\lambda \leq x$ 일 때

$$\Sigma V = 0, \quad \frac{L-x}{L} + D_3 \cos\theta = 0$$

$$\therefore D_3 = -\frac{L-x}{L} \frac{1}{\cos\theta} \quad \cdots\cdots\cdots\cdots\cdots\cdots\cdots\cdots\cdots\cdots\cdots\cdots\cdots\cdots (6.14)$$

이제, 하중이 D점과 F점 사이를 이동하고 있을 때에는 그림 6.26(a)와 같이 DF를 지간으로 하는 단순보로 보고 각각 지점반력 $R_D$와 $R_F$를 구하고, 다시 이들 반력값이 각각 절점 D와 F에 작용하는 하중이 된다.

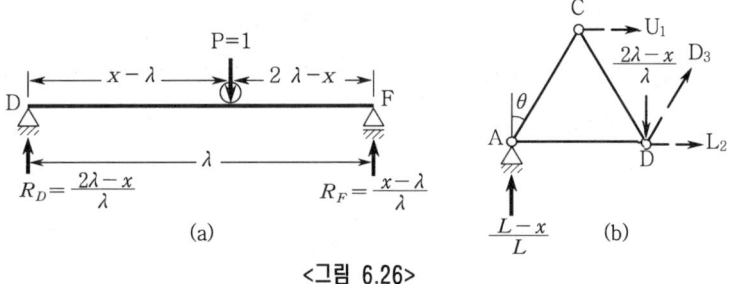

<그림 6.26>

따라서, 그림 6.26(b)의 단면에서 수직방향에 대한 힘의 평형조건식에 의해

$\lambda \leq x \leq 2\lambda$ 일 때

$$\Sigma V = 0, \quad \frac{L-x}{L} - \frac{2\lambda-x}{\lambda} + D_3 \cos\theta = 0$$

$$\therefore D_3 = \left(\frac{2\lambda-x}{\lambda} - \frac{L-x}{L}\right)\left(\frac{1}{\cos\theta}\right) \quad \cdots\cdots\cdots\cdots\cdots\cdots (6.15)$$

최종적으로 식(6.13), 식(6.14), 그리고 식(6.15)을 도식화한 것이 그림 6.25(c)에 보여준 사재 $D_3$의 영향선이다. 그림 6.25(d)에는 모든 사재에 대한 영향선도를 보여주고 있다.

독자들은 다시 한 번 기억할 필요가 있다. 즉 단순보의 전단력의 영향선과 트러

스사재의 부재력의 영향선이 어떤 연관성을 지니고 있는지 생각해서 정리해야 한다.

### (3) 하현재(下弦材) L의 영향선

하현재 $L_2$의 영향선을 구해보자. 그림 6.27(a)와 같이 단면을 절단하고, E점에 관해 모멘트를 취하면,

$0 \leq x \leq \lambda$ 일 때

$$\Sigma M_E = 0, \quad \frac{L-x}{L}(\lambda + \frac{\lambda}{2}) - P(\frac{3}{2}\lambda - x) - L_2 h = 0$$

$$\therefore L_2 = \frac{L-x}{hL} \frac{3}{2}\lambda - \frac{1}{h}(\frac{3}{2}\lambda - x) = \frac{5x}{8h} \quad \cdots \cdots \cdots \cdots \cdots \cdots \cdots \cdots \cdots \cdots \cdots \cdots (6.16)$$

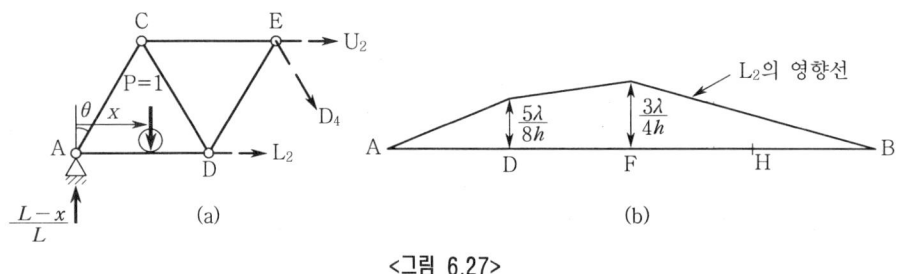

<그림 6.27>

이동하중이 그림 6.24(a)에서 F점을 넘어 오른쪽에 있을 때에는 그림 6.27(a)에서 P=1이 없을 때이다. 따라서

$2\lambda \leq x$ 일 때

$$\Sigma M_E = 0, \quad \frac{L-x}{L}(\frac{3}{2}\lambda) - L_2 h = 0$$

$$\therefore L_2 = \frac{L-x}{hL} \times \frac{3}{2}\lambda = \frac{3(4\lambda - x)}{8h} \quad \cdots \cdots \cdots \cdots \cdots \cdots \cdots \cdots \cdots \cdots \cdots (6.17)$$

이동하중이 $\lambda \leq x \leq 2\lambda$ 구간에 있을 때, 이 구간에서 사재의 부재력의 영향선을 구하는 절차와 같은 방법으로 영향선의 식을 유도하면 된다. 또한 부재력은 연속적이고 선형관계를 유지하면서 변화하므로, 식(6.16), 식(6.17)에 의해 그려진 영향선에서 절점D와 F상의 값을 서로 직선으로 연결한 것과 같다.

최종적으로 하현재 $L_2$의 부재력의 영향선은 도식화하면 그림 6.27(b)와 같다. 나머지 하현재에 대한 영향선을 그림 6.25(e)에 나타내었으며, 하현재는 일반적으로 인장부재이다.

## 6.6.2 여러 가지 기본트러스의 영향선

여러 가지 기본트러스의 부재력의 영향선들도 앞에서 기술된 와랜트러스의 영향선 산출방법을 참고하면 쉽게 그려낼 수가 있다.

### (1) 플랫트러스(pratt truss)

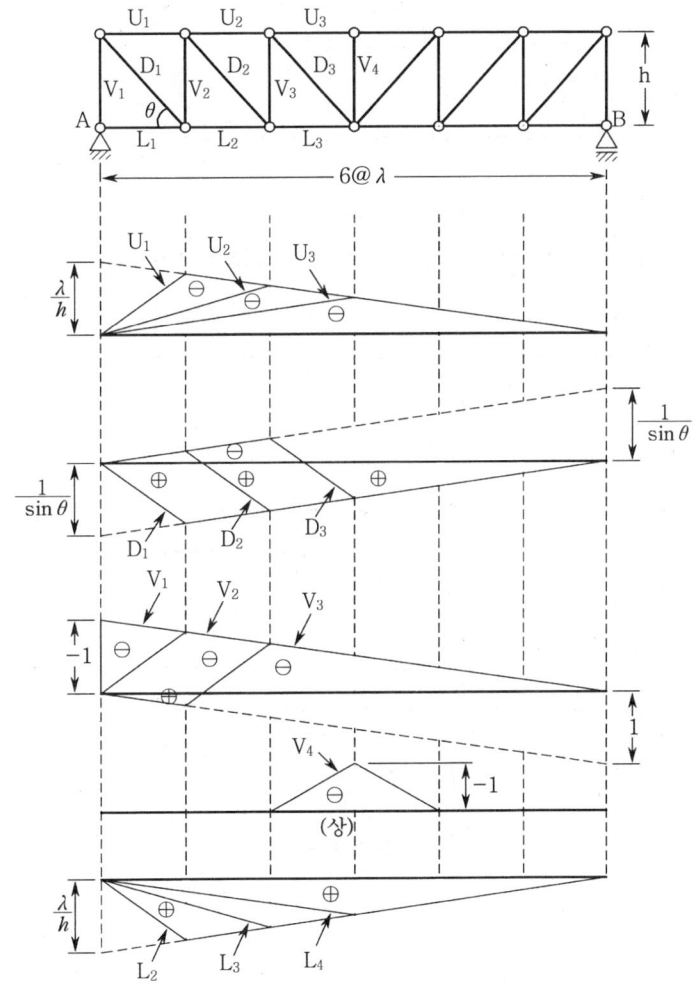

<그림 6.28>

(2) 수직재가 있는 와렌트러스

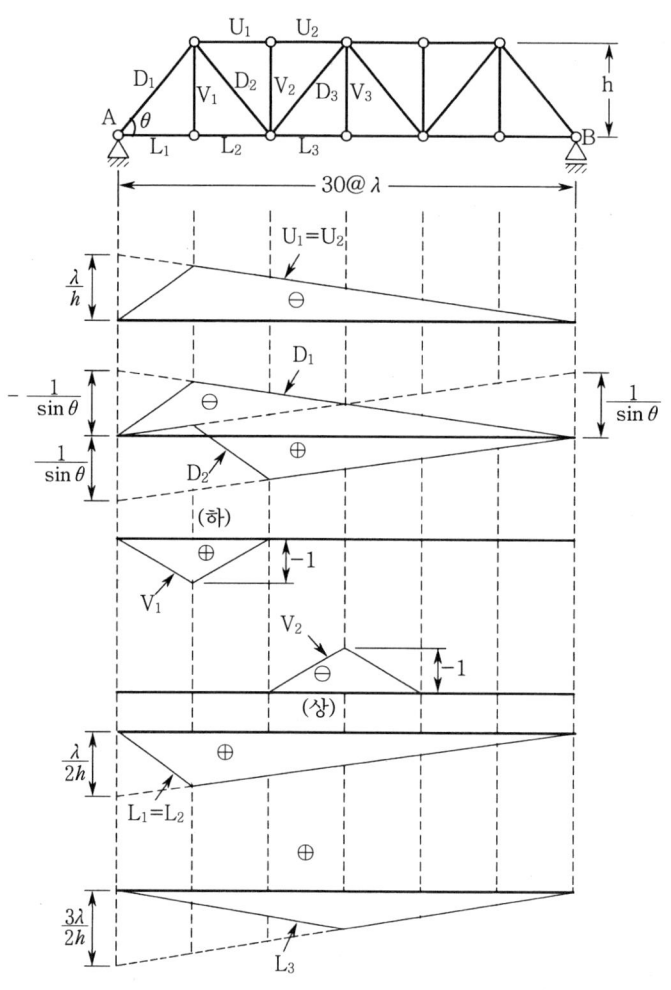

<그림 6.29>

(3) 하우트러스

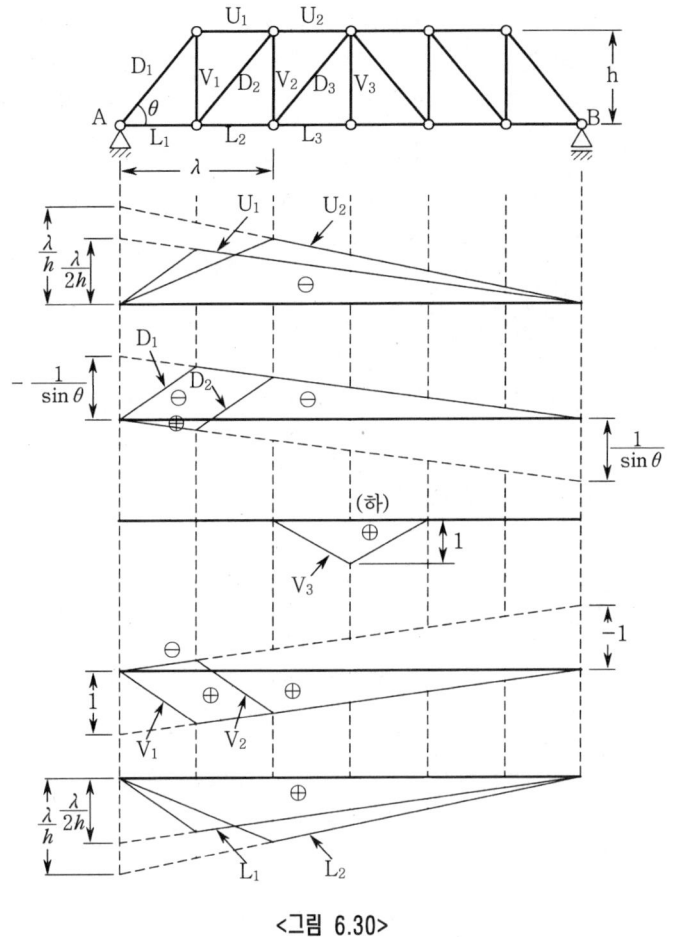

<그림 6.30>

### 예제 6-6

그림 6.31(a)와 같은 플랫트러스에서 부재력 $FH$, $EF$ 그리고 $CD$에 대한 영향선을 그려라. 그리고 주어진 이동활하중에 대해 $EF$의 최대부재력을 구하여라.

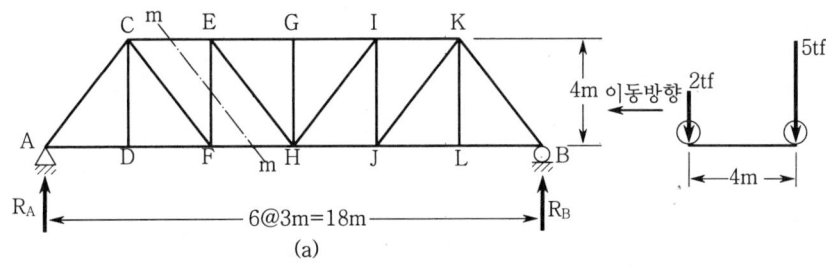

<그림 6.31>

**풀이** (1) 하현재 FH 부재력의 영향선(그림(c))

FH 부재력의 영향선은 단면 m-m으로 절단하여 고립시킨 후 단면법을 적용하면 쉽게 계산된다. 절점E에서 모멘트를 취하면 반력과 부재력 FH만 영향을 미친다.

① 단위하중이 A부터 F간에 작용할 때, 반력 $R_B$는 0부터 1/3까지 직선으로 증가한다.

그러므로, 부재력 FH는 다음식으로 표시된다.

$R_B \times 12 - FH \times 4 = 0 \rightarrow FH = 3R_B$

② 단위하중이 B부터 F간에 작용할 때, 반력 $R_A$는 0부터 2/3까지 직선으로 증가한다.

따라서, 부재력 FH는 다음식으로 표시된다.

$R_A \times 6 - FH \times 4 = 0 \rightarrow FH = \frac{3}{2} R_A$

(2) 수직복부재 EF 부재력의 영향선(그림(d))

부재력 EF의 영향선은 단면m-m으로 절단하여 고립시킨후 $\Sigma V = 0$을 적용하면 얻을 수 있다.

① 단위하중이 A부터 F간에 작용할 때, 절단면의 오른쪽 트러스에서 부재력 EF는 반력 $R_B$와 같고 인장력이다.

② 단면m-m의 오른쪽 B부터 H간에 작용할 때, 부재력 EF는 반력 $R_A$와 같고 그 값은 0에서 -1/2로 변한다.

③ 하중이 F와 H점사이를 이동하고 있을 때에는 그림(b)와 같이 간접하중이 되어 하중을 F와 H점에 분배한 뒤 계산하면 된다.

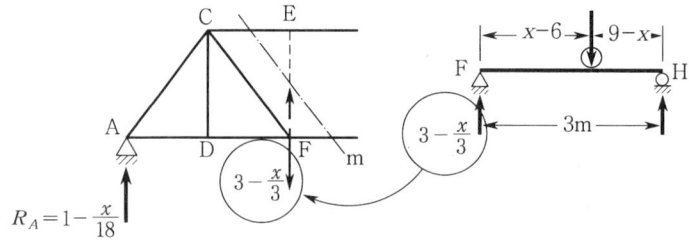

<그림 6.31(b)>

그림(b)에서 부재력 EF를 구해보면, $\Sigma V = 0$에서

$R_A - (3 - \frac{x}{3}) + EF = 0 \rightarrow EF = -1 + \frac{x}{18} + 3 - \frac{x}{3}$

$x = 6m$ 일 때, $EF = \frac{1}{3}$

$x = 9m$ 일 때, $EF = -\frac{1}{2}$

$x = 7.2m$ 일 때, $EF = 0$

(3) 수직재 CD부재력의 영향선(그림(e))

트러스의 상현재, 하현재, 그리고 복부재의 영향선은 전경간에 걸쳐 그려진다. 이 같은 부재를 주부재(primary members)라 한다. 반면 수직재 CD와 KL은 단위하중이 경간의 특정격간에 있을 때만 응력을 받기 때문에 2차부재(secondary members)라 부른다. 부재력 CD는 격점D에 단위하중이 있을 때만 인장력 1이 되며, 다른 격점에 단위하중이 작용할 때는 0이다.

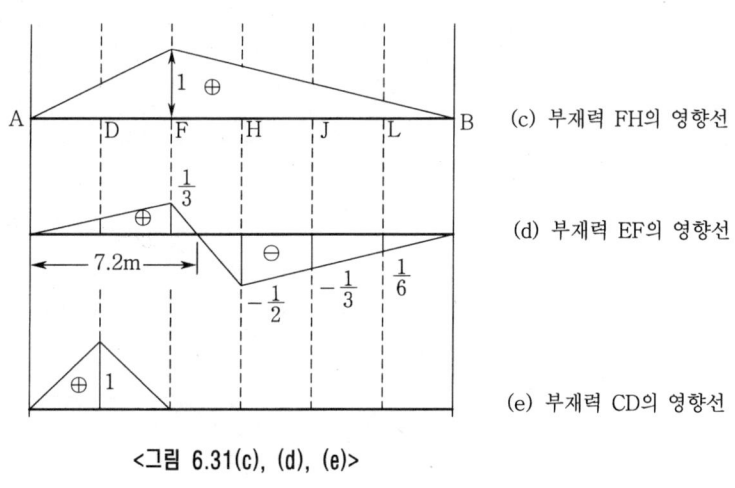

&lt;그림 6.31(c), (d), (e)&gt;

(4) EF의 최대부재력

EF의 최대부재력을 구하기 위해서는 그림(d)의 영향선을 이용하면 된다. 이때 이동하중 위치에 따른 영향선의 종거 $y_1$, $y_2$, $y_3$, $y_4$는 아래 표시된 바와 같다.

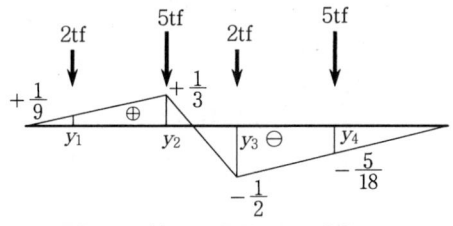

&lt;그림 6.31(f)&gt;  부재력 EF의 영향선

① EF의 최대 인장력(+영역)

$$2 \times \frac{1}{9} + 5 \times \frac{1}{3} = 1.89 \ (\text{tonf}) \ (\text{인장})$$

② EF의 최대압축력(-영역)

$$2 \times (-\frac{1}{2}) + 5 \times (-\frac{5}{18}) = -2.39 \ (\text{tonf}) \ (\text{압축})$$

## 6.7 트러스의 설계

트러스 2개를 폭 4.5m의 간격으로 평행하게 배치하여 건설현장의 임시교량으로 사용하고자 한다. 임시교량은 건설공사가 완료되면 철거해야 하기 때문에 그림 6.32와 같이 트러스의 지간은 16m의 상로트러스를 기본 골조로 한 간이설계로 하고, 설계하중은 자중과 활하중을 포함해서 $230\,\text{kgf/m}^2$이다.

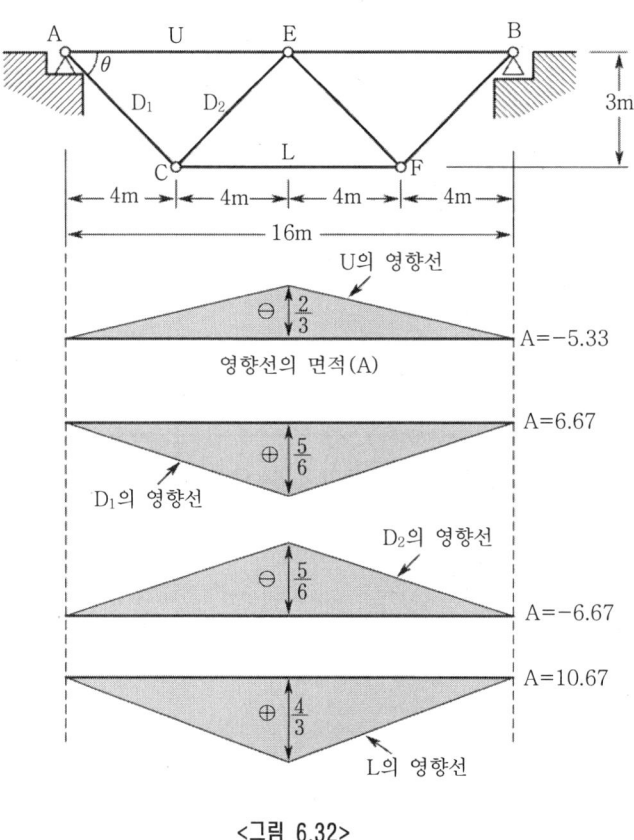

<그림 6.32>

### 6.7.1 부재력계산

주트러스 1본에 작용하는 등분포하중은 폭원 4.5m에 대해

$$w = \frac{1}{2} \times 230\,\text{kgf/m}^2 \times 4.5\text{m} = 517.5\,\text{kgf/m}$$

분포하중 $w$는 트러스의 전지간에 걸쳐 균등하게 작용하지만, 실제로는 종형, 횡형을 통해 트러스의 절점에 전달된다. 그림 6.32의 트러스는 좌우 대칭구조이기 때문에 트러스의 부재력은 그림에 표시한 $U$, $D_1$, $D_2$, 그리고 L만 구한다.

이들 부재력의 계산은 절점법, 단면법, 그리고 영향선법을 이용할 수 있지만, 여기서는 영향선을 이용하여 구하기로 한다. 그림 6.32에는 부재력에 대한 영향선과 영향선의 면적도 함께 나타내었다.

각각에 대한 부재력은 아래와 같이 계산된다.

$$U = -5.33 \times 517.5 = -2758.3 \text{ (kgf) (압축력)}$$
$$D_1 = 6.67 \times 517.5 = 3451.7 \text{ (kgf) (인장력)}$$
$$D_2 = -3451.7 \text{ (kgf) (압축력)}$$
$$L = 10.67 \times 517.5 = 5521.7 \text{ (kgf) (인장력)}$$

### 6.7.2 단면산정과 재료의 허용응력

사용재료는 강재로 하고, 이 강재의 허용인장응력 $f_{ta}$ = 1200 kgf/cm², 허용압축응력 $f_{ca} = -1,000$ kgf/cm²라 가정하면, 부재 AE에 필요한 소요 단면적은 다음과 같이 계산한다.

$$\text{소요단면적} : A_n = \frac{U}{f_{ca}} = \frac{2758.3}{1,000} = 2.758 \text{cm}^2$$

등변 L형강으로 1L-35×35×5mm를 사용하면, 이 형강의 유효단면적은 $A_e = 3.255 \text{cm}^2$이다.

$$\therefore A_n = 2.758 \text{ cm}^2 < \text{유효 단면적 } A_e = 3.255 \text{ cm}^2 \rightarrow OK$$

위와 같은 방법으로 다른 부재도 설계할 수 있다.

즉, 부재 AC : $A_n = \dfrac{D_1}{f_{ta}} = \dfrac{3451.7}{1,200} = 2.88 \text{cm}^2$

   1L - 35×35×5 mm 사용

   유효단면적 $A_n = 3.225 \text{cm}^2$

부재 CE : $A_n = \dfrac{D_2}{f_{ca}} = \dfrac{3451.7}{1,000} = 3.45 \text{cm}^2$

   1L - 40×40×5 mm 사용

   유효단면적 $A_n = 3.755 \text{cm}^2$

부재 EF : $A_n = \dfrac{L}{f_{ta}} = \dfrac{5521.7}{1,200} = 4.60 \text{cm}^2$

   2L - 30×30×5 mm 사용

   유효단면적 $A_n = 5.492 \text{cm}^2$

이상으로 각 부재마다 선택한 형강의 단면를 트러스와 함께 나타내 보인 것이 그림 6.33이다. 그러나 실제 트러스교의 설계에서는 부재간의 이음부와 격점부의 설계, 지지점인 점A와 B의 받침부의 구조설계 등 여러 가지 제반문제들이 포함되지만, 여기서는 이들을 충분히 검토된 것으로 한다.

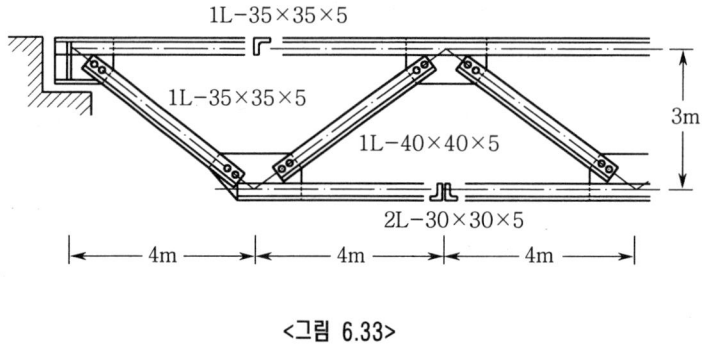

<그림 6.33>

# 연습문제

**1.** 그림 1의 트러스구조물의 안정, 불안정, 정정, 부정정을 판별하시오.

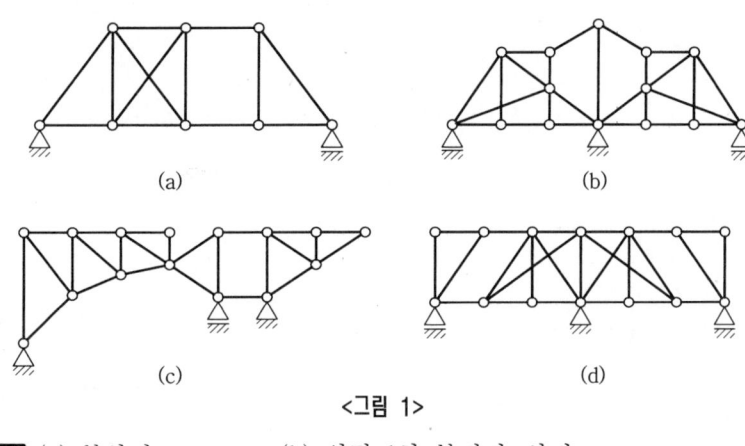

<그림 1>

**풀이** (a) 불안정  (b) 외적 1차 부정정, 안정
(c) 정정, 안정  (d) 불안정

**2.** 그림 2와 같은 트러스의 지점반력과 부재력을 절점법으로 구하시오.

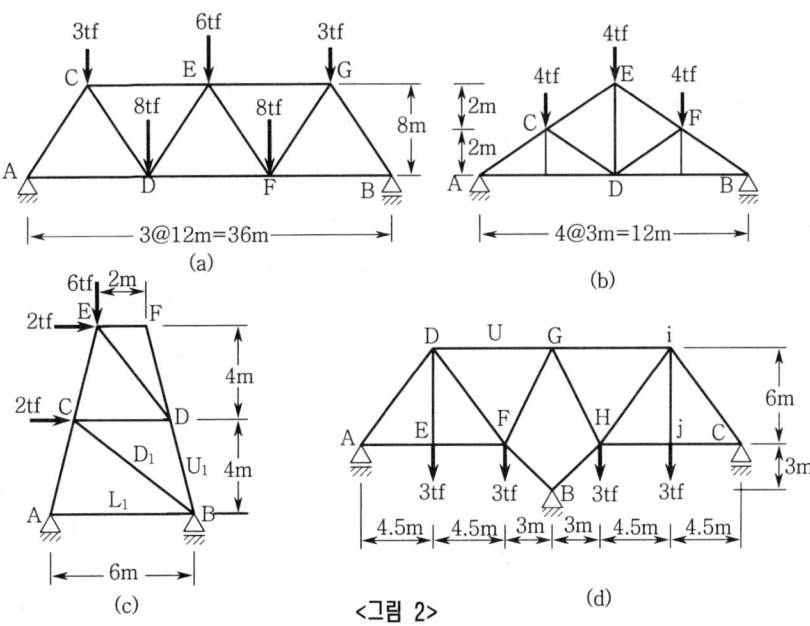

<그림 2>

**풀이** (a) $R_A = R_B = 14$ (tonf)   (b) $R_A = R_B = 6$ (tonf)
부재력 생략                              부재력 생략

(c) $H_A = -4$ (tonf)            (d) $R_A = -7.5$ (tonf)
$V_A = 0$                         $V_B = 27$ (tonf)
$V_B = 6$ (tonf)                  $R_C = -7.5$ (tonf)
$L_l = 4$ (tonf) 인장              $U = 13.5$ (tonf) 인장
$D_l = 4$ (tonf) 압축
$u_l = 3.6$ (tonf) 압축

**3** 그림 3과 같은 각각의 트러스에 대해 반력과 각 부재력을 단면법으로 구하시오.

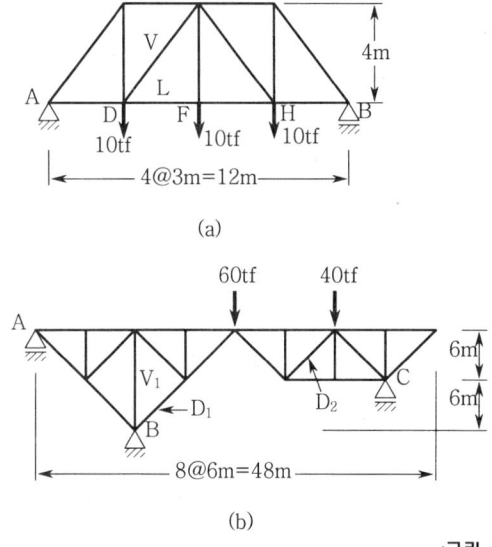

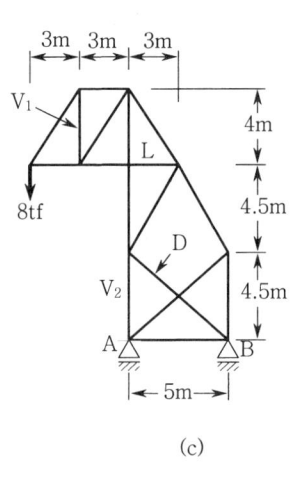

<그림 3>

**풀이** (a) $D = 11.25$ (tonf) 압축      (b) $R_A = -73.3$ (tonf)
$L = 15$ (tonf) 인장                  $V_B = 146.7$ (tonf)
$V = 18.75$ (tonf) 압축               $H_B = 0$
                                      $R_C = 26.7$ (tonf)
                                      $D_2 = 18.8$ (tonf) 압축

(c) $V_1 = 8$ (tonf) 압축
$L = 12$ (tonf) 압축
$D = 7.06$ (tonf) 압축
$V_2 = 8$ (tonf) 압축

**4** 그림 4에 보여준 각 트러스에서 문자로 가리킨 부재들의 영향선을 그려보시오.

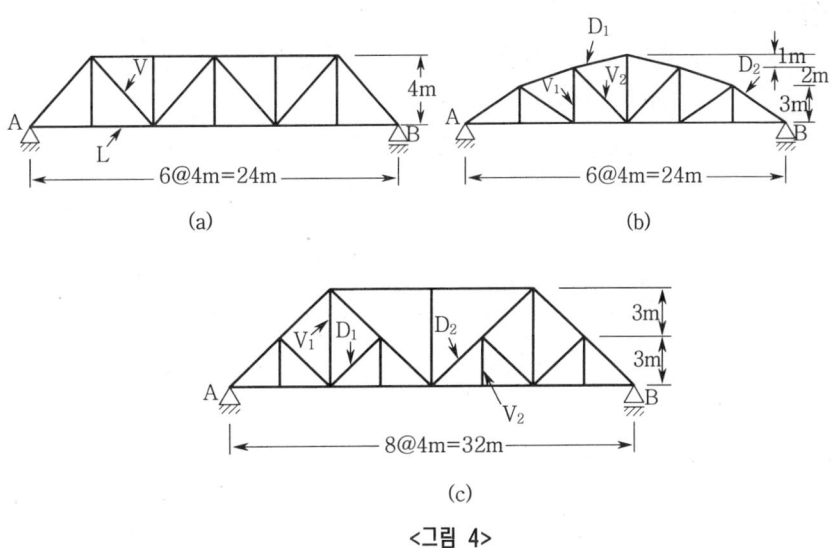

<그림 4>

**풀이**

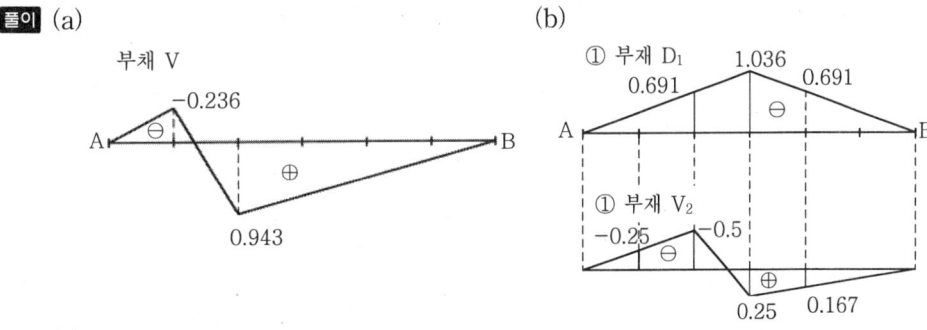

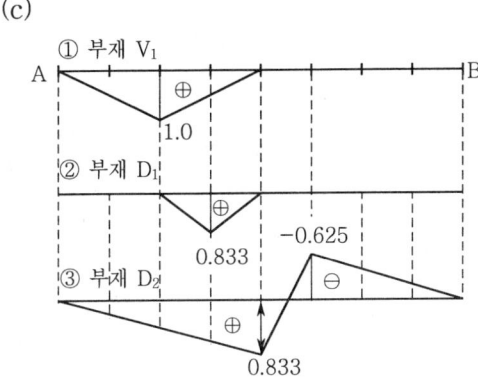

264    응용역학 구조

**5** 그림 4의 트러스에서 길이가 긴 등분포 이동하중 1tf/m과 집중 이동하중 6tf이 작용할 때, 화살표로 표시된 부재들에 대한 최대 축방향력을 계산하라.

**풀이** 생략

힌트 : 분포하중은 전지간에 재하시키고 집중하중은 영향선의 종거가 가장 큰 곳에 재하시킨다.

#  제 7 장  정정라멘

7.1 기본정정라멘구조의 해석

7.2 문형라멘

# chapter 7 정정라멘

라멘(rahmen)구조란 부재와 부재간의 연결이 강절(剛節)로 되어있어 외력을 받아도 구조물의 형상이 변해도 강절로 연결된 부재간의 각은 변하지 않는 구조이다. 라멘구조의 대표적인 예를 그림 7.1에 보여주고 있다.

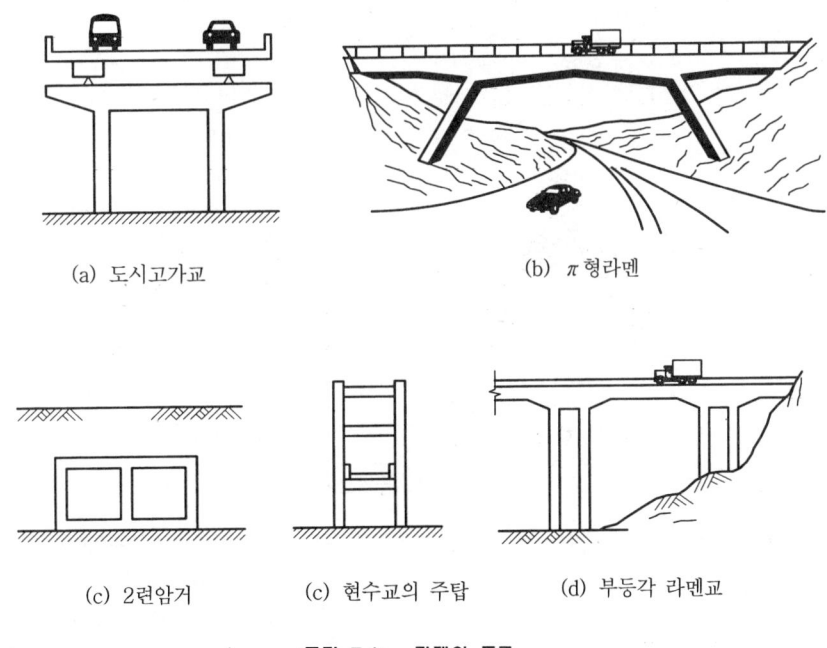

(a) 도시고가교　　(b) $\pi$형라멘

(c) 2련암거　　(c) 현수교의 주탑　　(d) 부등각 라멘교

<그림 7.1> 라멘의 종류

트러스부재는 제6장에서 살펴본 바와 같이 축방향력만 받게 되지만, 라멘부재는 주로 휨모멘트, 전단력, 그리고 축방향력 등이 발생하며, 주로 휨변형에 의해 외력에 저항한다. 그러므로 라멘해석에서는 축방향력은 극히 작기 때문에 무시하는 경우가 대부분이다.

이 장에서는 정역학적 평형조건식을 이용하여 정정라멘의 단면력인 휨모멘트, 전단력, 그리고 축방향력을 계산하는데 중점을 둔다.

## 7.1 기본정정라멘구조의 해석

그림 7-2(a)는 부재 AB와 BC의 교점 B를 강결합한 것이다. 그러므로 이 구조는 최소의 부재로 만들어진 라멘구조이다. 수직하중 P는 B점에 작용하고 있으며 부재 내부에서는 휨모멘트, 전단력, 그리고 축방향력이 발생한다. 또한 지점A는 힌지받침이고 지점C는 가동받침이므로 구조적으로 안정이면서 정정구조이다.

이제, 가장 간단한 라멘구조인 그림 7.2(a)의 부재의 단면력을 산출해보자. 그리고 부재의 중심선을 기준으로 안쪽으로 변형을 일으키게 하는 휨모멘트를 정(+)으로 정의한다.

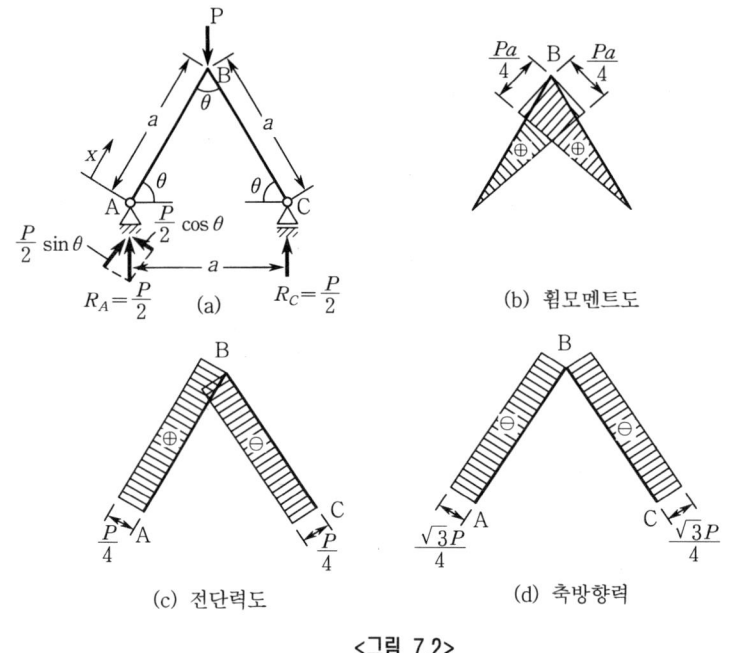

<그림 7.2>

그림 7-2(a)의 라멘은 정정구조이고 좌우대칭이므로 지점A와 C의 수직반력은 같다.

$$R_A = R_c = \frac{P}{2} \quad \cdots\cdots\cdots\cdots\cdots\cdots\cdots\cdots\cdots\cdots\cdots\cdots\cdots (7.1)$$

식(7.1)의 수직반력 $R_A$를 분해하면, 그림(a)와 같이 부재 AB의 수직성분 $\frac{P}{2}\cos\theta$와 부재 AB에 평행한 성분 $\frac{P}{2}\sin\theta$로 나누어진다.

이제, 부재 AB 및 BC에 발생하는 단면력인 휨모멘트, 전단력, 그리고 축방향력을 구해보자. AB부재에 일어나는 휨모멘트는 좌표 $x$에 따라 다음 식으로 표현된다.

$$M_x = \frac{P}{2}\cos\theta \cdot x = \frac{P}{4}x \quad \cdots\cdots\cdots\cdots\cdots\cdots\cdots\cdots\cdots\cdots (7.2)$$

여기서,

$x = 0$에서  $M_A = 0$

$x = a$에서  $M_B = \dfrac{P}{4} a$

구조가 좌우대칭이므로 휨모멘트도는 그림 7.2(b)로 나타낼 수 있다.

전단력 $S_x$은 부재축의 수직방향의 힘이다. 그러므로 AB부재에 일어나는 전단력은 $R_A$의 분력중에서 부재 AB의 수직성분 $S_x = \dfrac{P}{2} \cos \theta = \dfrac{P}{4}$로 일정하며 그림 7.2(c)와 같이 그려진다. AB부재의 축방향력 $N_x$은 지점반력 $R_A$의 분력중에서 부재의 축방향성분이므로 그 값은 $\dfrac{P}{2} \sin \theta$이고, 축방향력도는 그림 7.2(d)와 같다. 여기서, $\theta = 60°$인 경우이지만, $\theta$가 작아짐에 따라 전단력은 증가하고, 축방향력은 감소됨을 알 수 있다.

그림 7.3(a)는 $\theta$가 60°보다 작은 경우의 단면력도를 나타낸 것이고, 그림 7.3(b)는 $\theta$가 거의 0에 근접한 경우의 단면력도이다. 그림 7.3(b)에서 축방향력은 거의 무시할 수 있을 정도로 작고, 휨모멘트도 및 전단력도는 보의 중앙에 집중하중 P를 받는 단순보의 단면력도와 근접하게 된다.

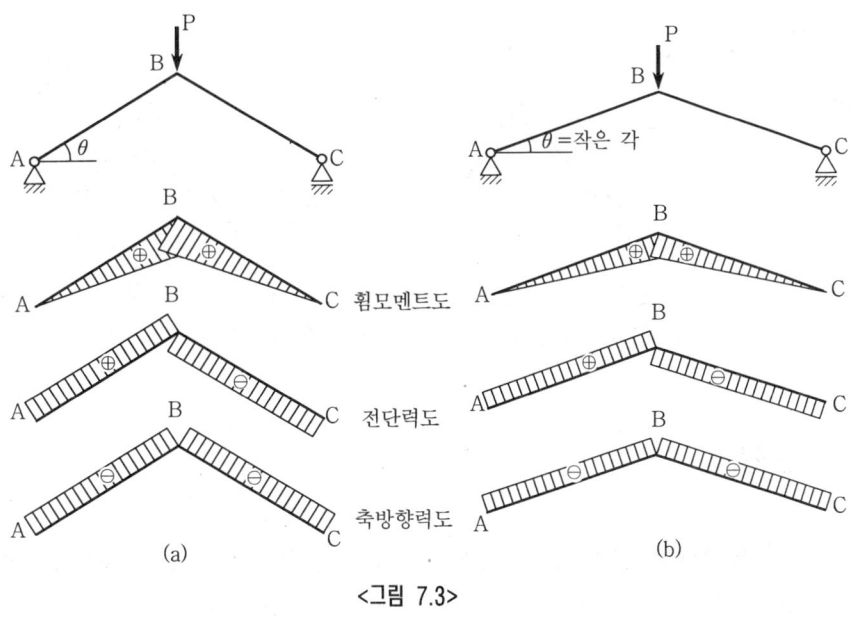

<그림 7.3>

그런데, 그림 7.2(a)의 정정라멘을 양지점 A와 C를 고정시킨 부정정라멘으로 만들 경우에는 그림 7.4(a)와 같이 양지점에 휨모멘트, 수직반력, 그리고 수평반력도 발생하게 된다. 그런데 지점 A와 C부근에서 발생되는 모멘트는 부(-)모멘트이다.

그러나 휨모멘트의 절대값의 크기는 그림 7.2(b)의 최대휨모멘트값 보다 작아지게 된다. 따라서 그림 7.2(a)의 구조보다는 그림 7.4(a)의 구조가 휨에대해 더 안전하다고 생각할 수 있다.

이번에는 지점A와 C사이에 인장부재를 설치한 그림 7.4(b)의 내적부정정라멘을 생각해보자. 직감적으로 그림 7.4(a)의 구조보다 더 안정된 구조임을 간파해야 한다. 이 경우에도 휨모멘트의 절대값의 크기는 그림 7.2(a)의 경우보다 작아진다.

그림 7.4에 나타낸 휨모멘트의 개략도에서 그림(b)는 외적으로는 정정구조이므로 지점에는 모멘트가 발생하지 않는다. 그림 7.4(a)와 같은 부정정구조의 지점반력과 부재의 단면력은 정역학적 평형조건식 뿐만아니라 변형에 대한 적합조건식을 이용해야만 구할 수 있는데, 보다 상세한 기술은 제11장 부정정편에서 다루기로 한다.

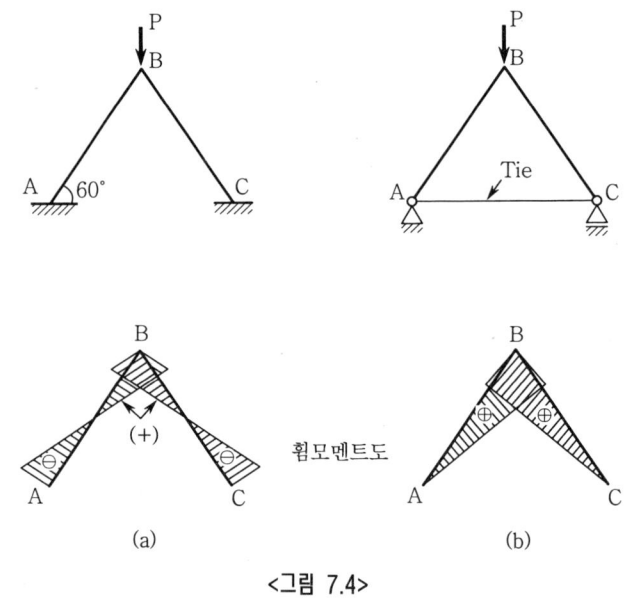

<그림 7.4>

## 7.2 문형라멘

문형라멘은 건축구조나 토목구조에서 흔히 볼 수 있는 것으로, 구조내부에 큰 공간을 이용할 수 있는 것이 장점이다. 대표적인 문형라멘의 기본형식으로는 그림 7.5와 같은 종류가 있다. 여기서는 이들 문형라멘부재의 단면력은 어떻게 산정되는지를 중점적으로 다루고자 한다.

제 7 장 정정라멘   271

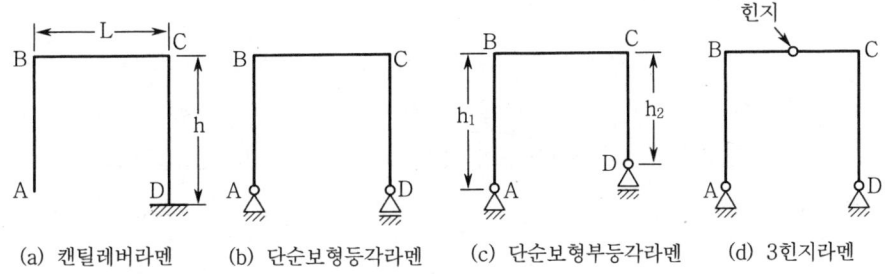

(a) 캔틸레버라멘   (b) 단순보형등각라멘   (c) 단순보형부등각라멘   (d) 3힌지라멘

<그림 7.5>   정정문형라멘의 종류

## 7.2.1 캔틸레버라멘

그림 7.6(a)에 보여준 정정캔틸레버라멘의 선단 A점에 수평방향과 $\theta$의 각을 이루고 집중하중 P가 작용하고 있다. 이 라멘의 지점반력과 부재의 단면력을 구해보자.

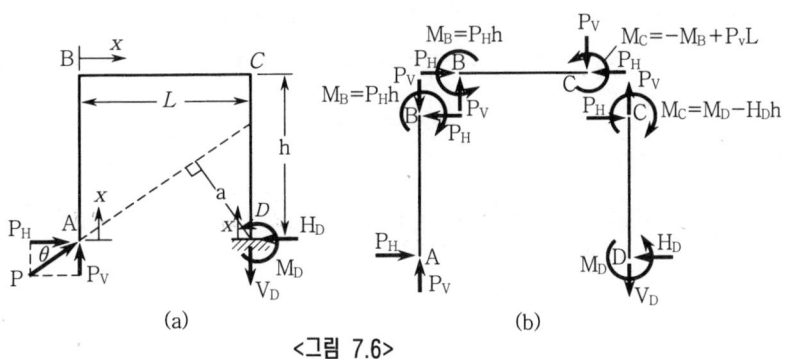

<그림 7.6>

### (1) 지점반력

먼저 A점의 작용하중을 두 개의 하중으로 분해하여 생각하면 편리하다.

$P_V = P\sin\theta$

$P_H = P\cos\theta$

그리고, D점의 반력방향을 그림 7.6(a)와 같이 가정하고, 전체 라멘의 정역학적 평형조건식을 적용하면 고정지점 D의 반력을 구할 수 있다.

$\Sigma M = 0$,   $P \times a - M_D = 0$   or   $P_V \times L - M_D = 0$

$\therefore M_D = Pa = PL\sin\theta$

$\Sigma H = 0$,   $P_H - H_D = 0$   →   $H_D = P\cos\theta$

$\Sigma V = 0$,   $P_V - V_D = 0$   →   $V_D = P\sin\theta$

### (2) 부재의 단면력

그림 7.6(a)을 부재별로 나누어 각각의 자유물체도를 그리면 그림 7.6(b)와 같이 된다. 그리고 단면력에 대한 부호 결정은 절점A와 D점을 부재 BC의 연장선상에 펼친 직선보의 경우와 같다. 그림 7.6(b)의 자유물체도를 참고하면

#### 1 부재 AB
① 전단력 : $S_{A \sim B} = -P_H = -P\cos\theta$
② 휨모멘트 : $M_A = 0$, $M_x = -P_H \times x \rightarrow M_B = -P\cos\theta \times h = -Ph\cos\theta$
③ 축방향력 : $N_{A \sim B} = P_V = P\sin\theta$ (압축)

#### 2 부재 BC
① 전단력 : AB부재의 축방향력이 전단력으로 작용한다.
$S_{B \sim C} = P_V = P\sin\theta$
② 휨모멘트 : 원점을 B점으로 한다.
$M_B = -Ph\cos\theta$, $M_x = M_B + P_V x \rightarrow M_C = -Ph\cos\theta + PL\sin\theta$
③ 축방향력 : AB부재의 전단력이 축방향력으로 작용한다.
$N_{B \sim C} = P_H = P\cos\theta$ (압축)

#### 3 부재 CD
① 전단력 : 고정지점 D의 수평력 혹은 BC부재의 축방향력이 전단력으로 작용한다.
$S_{C \sim D} = H_D = P_H = P\cos\theta$
② 휨모멘트 : 원점을 D점으로 한다.
$M_D = PL\sin\theta$, $M_x = M_D - H_D \times x \rightarrow M_C = PL\sin\theta - Ph\cos\theta$
③ 축방향력 : 고정지점 D의 수직반력 혹은 BC부재의 전단력이 축방향력으로 작용한다.
$N_{C \sim D} = V_D = P_V = -P\sin\theta$ (인장)

이상으로부터 라멘에서는 임의 부재의 축방향력이 인접부재에 전단력으로 작용하거나, 아니면 그 반대로 전환되어 작용하기도 한다. 그리고 C점의 휨모멘트를 구할 때, 원점을 B점 혹은 D점으로 구하여도 결과는 같게된다. 따라서 독자들은 부재력의 특성을 파악하여 편리한 쪽을 선택할 수 있어야 한다.

각 부재력에 대한 단면력도를 그리면 그림 7.7과 같다.

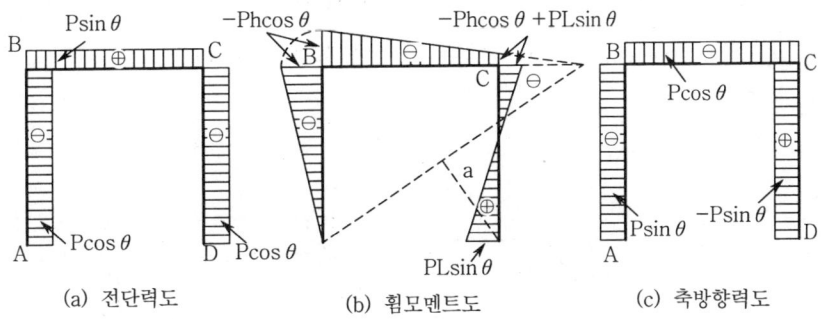

(a) 전단력도  (b) 휨모멘트도  (c) 축방향력도

<그림 7.7> 단면력도

## 예제 7-1

그림 7.8과 같은 정정 라멘구조의 A점의 반력과 단면력을 구하여라.

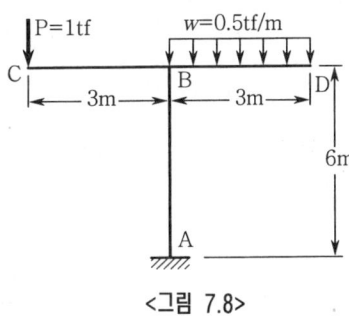

<그림 7.8>

**풀이** (1) 문제의 라멘은 기둥AB와 보CD가 점 B에서 강절로 연결된 T형구조로 되어있다.

(2) A점의 반력은 정역학적 평형조건식으로부터 구할 수 있다.

$\Sigma V = 0$,  $-1-(0.5 \times 3) + V_A = 0$  $\rightarrow$  $V_A = 2.5$ (tonf)

$\Sigma M = 0$,  $-1 \times 3 + (0.5 \times 3 \times 1.5) + M_A = 0$  $\rightarrow$  $M_A = 0.75$ (tonf·m)

(3) 전체라멘에 대한 자유물체도를 그려보면 그림(a)와 같이 된다. 그림(a)의 자유물체도를 각 부재요소별 자유물체도로 세분하면 그림(b)와 같다.

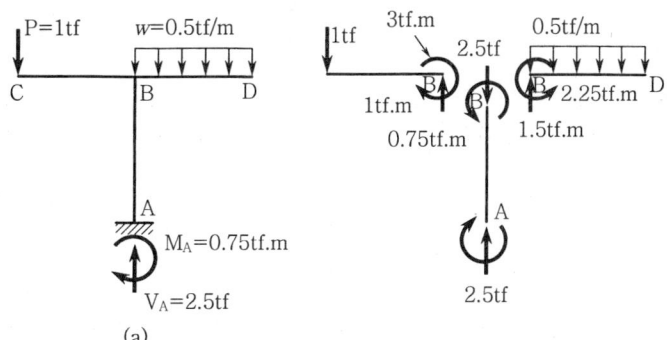

(a)

그림(b)에서 부재CB와 부재BD는 전단력과 휨모멘트를 받고, 부재AB는 축방향력과 휨모멘트를 받고 있다. 자유물체도의 결과를 단면력도로 나타내면 그림(c)와 같다.

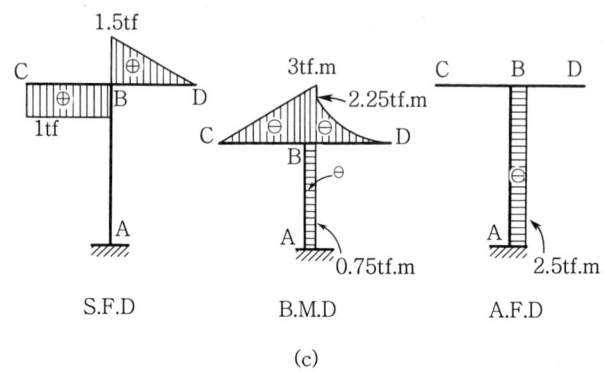

(c)

## 7.2.2 단순보형 등각라멘

그림 7.9(a)와 같은 단순보형 라멘에서 집중하중이 BC부재상에 작용하고 있다. 이 라멘의 지점반력과 부재의 단면력을 구해보자.

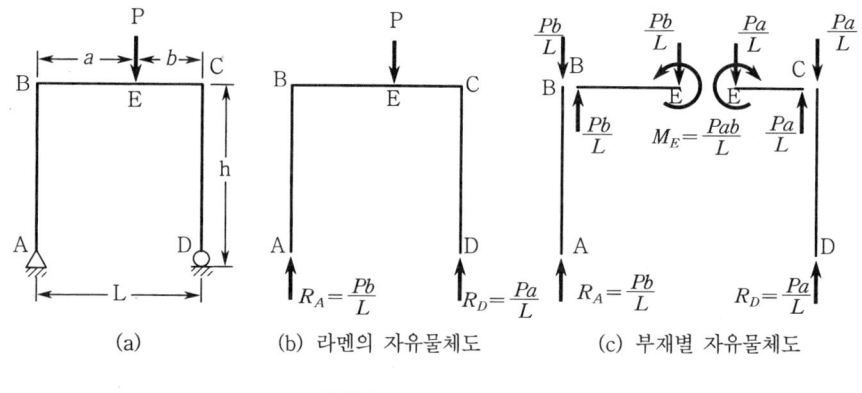

<그림 7.9>

**풀이** (1) 지점반력

지점 A, D의 반력은 부재 BC을 지간으로 한 단순보의 반력과 같다.

즉, $\Sigma M_A = 0$,    $R_D \times L - P \times a = 0$,    $R_D = \dfrac{Pa}{L}$

$R_A + R_B = P$,    $\therefore R_A = \dfrac{Pb}{L}$

반력을 포함한 라멘 전체의 자유물체도는 그림 7.9(b)와 같이 나타낼 수 있다.

(2) 부재의 단면력

라멘의 각 부재의 단면력은 그림 7.9(c)의 부재별 자유물체도를 이용하면 그림 7.10과 같은 단면력도를 그릴 수 있다. 물론 그림 7.9(c)를 조합하면 그림 7.9(b)와 같게 된다.

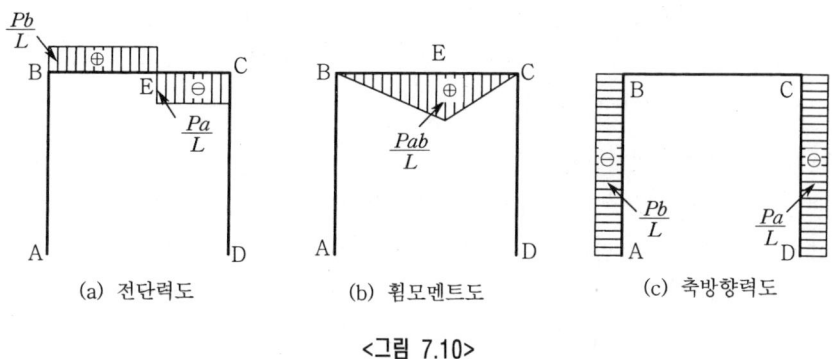

<그림 7.10>

그림 7.10(a), (b)로부터 부재 BC의 단면력은 B, C을 단순지점으로 한 보의 단면력과 동일하다. 다시말하면, 단순보형 등각라멘에서는 부재 BC상에 하중만 작용하면 BC을 지간으로 한 단순보의 단면력과 같다.

그림 7.10(c)에서 A점과 D점의 수직반력은 부재 AB와 CD를 압축하게 되는데 이런 부재를 압축부재라 한다. 그런데 압축을 받는 부재, 즉 기둥에서는 부재의 길이 h가 길어지면 좌굴에 대한 별도의 검토가 있어야 한다.

## 예제 7-2

그림 7.11과 같은 단순보형 부등각라멘의 단면력을 구하고 단면력도를 그리시오.

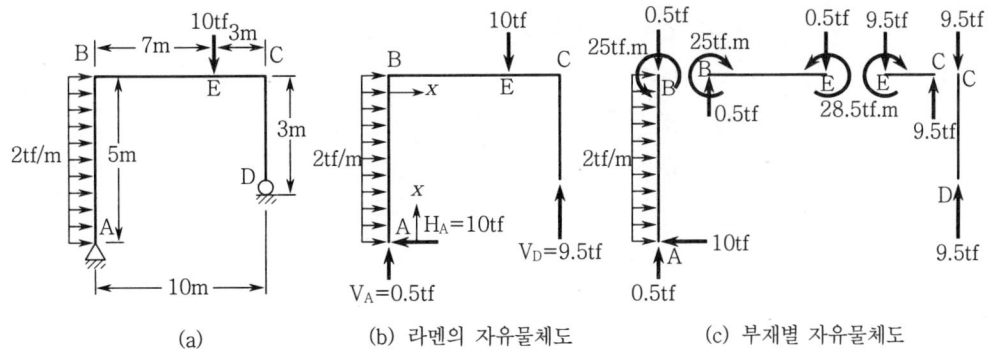

<그림 7.11>

**풀이** (1) 지점반력

부재 AB에 작용하는 등분포 수평하중은 지점 A, D의 수직반력에 영향을 미친다. 정역학적 평형조건식에 의해 반력을 구하면

$\Sigma M_A = 0, \quad V_D \times 10 - 10 \times 7 - 2 \times 5 \times 2.5 = 0, \quad V_D = 9.5 \text{ (tonf)}$

$\Sigma V = 0, \quad V_A + V_D = 10, \quad V_A = 0.5 \text{ (tonf)}$

$\Sigma H = 0, \quad 2 \times 5 - H_A = 0, \quad H_A = 10 \text{ (tonf)}$

역시, 이들 지점반력을 포함시킨 전체라멘의 자유물체도는 그림 7.11(b)와 같이 나타낼 수 있다.

(2) 부재의 단면력

부등각 라멘에서 각 부재의 단면력은 그림 7.11(c)에 나타낸 부재별 자유물체도을 이용하면 그림 7.12와 같은 단면력도를 그릴 수 있다. 이해를 돕기 위해서 부재AB와 부재BE의 단면력만 설명해보자.

① 부재AB
- 전단력

$S_A = H_A = 10 \text{ (tonf)}$

$S_{A \sim B} = 10 - 2x$ (A점에서 $x$ 위치의 전단력), $\quad S_B = 10 - 2 \times 5 = 0$

- 휨모멘트

$M_A = 0$

$M_{A \sim B} = 10 \times x - (2 \times x) \times \dfrac{x}{2}, \quad M_B = 10 \times 5 - 2 \times 5 \times \dfrac{5}{2} = 25 \text{ (tonf.m)}$

- 축방향력

$N_{A \sim B} = V_A = 0.5 \text{ (tonf) (압축)}$

② 부재BE

부재AB의 B점의 부재력은 부재BE의 B점으로 그대로 전달된다.

- 전단력 : 부재AB의 축방향력은 부재BE의 전단력으로 전달된다.

$S_{B \sim E} = V_A = 0.5 \text{ (tonf)}$

- 휨모멘트

$M_B = 25 \text{ (tonf·m)}$

$M_{B \sim E} = 25 + 0.5 \times x, \quad M_E = 25 + 0.5 \times 7 = 28.5 \text{ (tonf.m)}$

- 축방향력

$N_{B \sim E} = H_B = 0 \text{ (tonf)}$

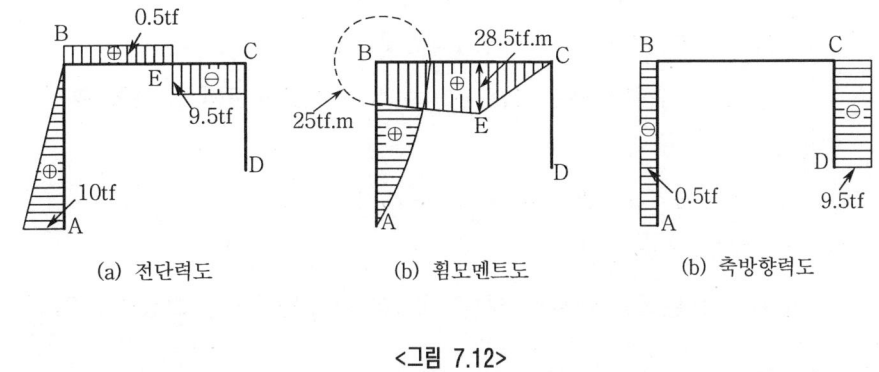

<그림 7.12>

## 7.2.3 3힌지 라멘

3힌지 라멘은 그림 7.13(a)와 같이 양지점이 모두 힌지지점으로 되어있고 부재내에 회전절점을 두어 정정구조로 만든 라멘이다. 그림 7.13(a)의 3힌지 라멘이 집중하중을 받고 있을 때 지점반력과 단면력을 구해보자.

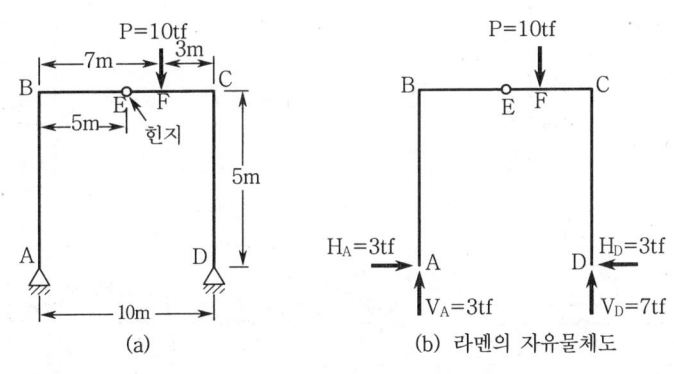

<그림 7.13>

### (1) 지점반력

$\Sigma M_A = 0$ 에서

$V_D \times 10 - P \times 7 = 0, \qquad \therefore \ V_D = 7 \ \text{(tonf)}$

$\Sigma V = 0$ 에 의해

$V_A + V_D = P, \qquad \therefore \ V_A = 3 \ \text{(tonf)}$

지점 A의 수평반력은 부재내 힌지인 E점의 모멘트 조건에 의해 구할 수 있다.

즉, 힌지E의 왼쪽 부분에서 $\Sigma M_E = 0$에 의해

$V_A \times 5 - H_A \times 5 = 0, \quad H_A = 3$ (tonf)

지점 D의 수평반력은 $\Sigma H = 0$ 혹은 힌지절점 E의 오른쪽 부분에서 $\Sigma M_E = 0$에 의해

$V_D \times 5 - H_D \times 5 - P \times 2 = 0$ or $H_A + H_D = 0$

$\therefore H_D = 3$ (tonf)

양지점의 반력을 포함한 라멘 전체의 자유물체도는 그림 7.13(b)와 같다.

### (2) 부재의 단면력

라멘의 각 부재의 단면력은 그림 7.13(b)에 나타낸 라멘전체의 자유물체도를 이용하면 그림 7.14(a)와 같이 그릴 수 있다. 부재별 자유물체도를 이용하여 단면력도를 그리면 그림 7.14(b), (c), (d)와 같다.

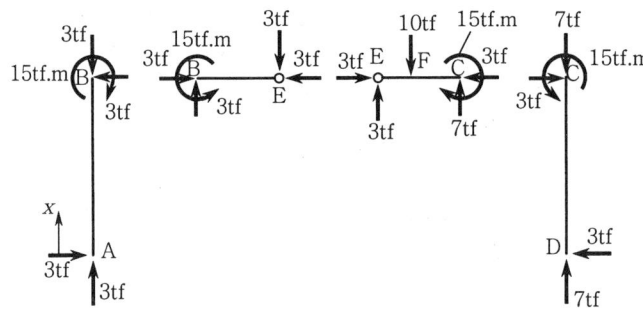

(a) 부재별 자유물체도

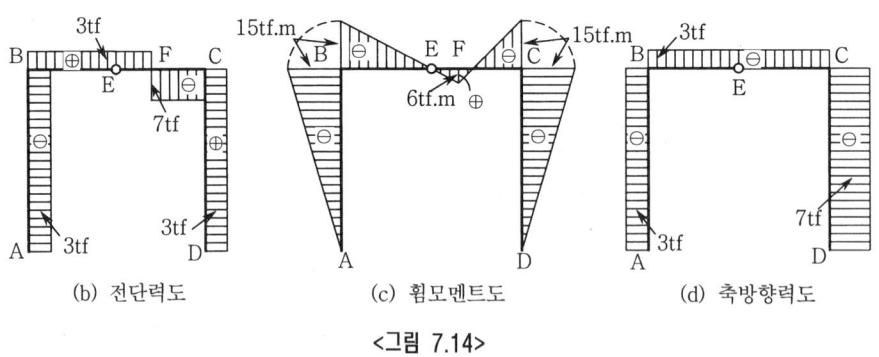

(b) 전단력도    (c) 휨모멘트도    (d) 축방향력도

<그림 7.14>

그림 7.14(a)의 부재 EC에서 전단력은 하중 작용점인 F점을 경계로 정(+)의 전단력에서 부(-)의 전단력으로 변환된다. 왜냐하면 전단력의 부호정의에서 부재의 왼쪽(E점)에서 상향이면 정(+)이고 부재의 오른쪽(C점)에서 상향이면 부(-)가 되기 때문이다.

그림 7.9(a)의 단순보형 라멘으로 되돌아가 보자. 그림에서 P=10tonf, a=7m, b=3m, L=10m, 그리고 h=5m로 하여 휨모멘트도를 그려 보면 그림 7.15(a)와 같다. 같은 조건하에서 3힌지라멘인 경우, 양측 기둥부에는 삼각형의 휨모멘트가 분포하고 동시에 부재BC의 양단부 근처에는 부모멘트가 발생하고 있는 반면, 집중하중 P의 작용위치에서 정모멘트는 단순형라멘에 비해 크게 감소한다.

양단 힌지지점을 모두 고정지점으로 치환하여 계략적인 휨모멘트도를 그린 것이 그림 7.15(c)이다. 결론적으로 휨모멘트의 절대값은 그림 7.15(a), (b)에 비해 감소하게 된다. 그러나 그림(c)는 부정정라멘이므로 정역학적 평형조건식만으로 해석할 수 없기 때문에 추가적으로 변위에 대한 적합조건식이 필요하게 된다.

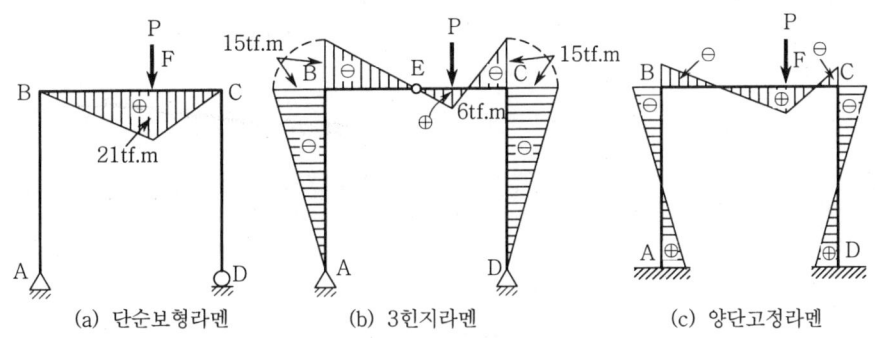

<그림 7.15> 지점조건에 다른 휨모멘트도

### 예제 7-3

그림 7.16(a)와 같은 하중을 받고 있는 3힌지라멘의 전단력도와 휨모멘트도를 그려보시오. 또한 탄성곡선도 스케치해 보시오.

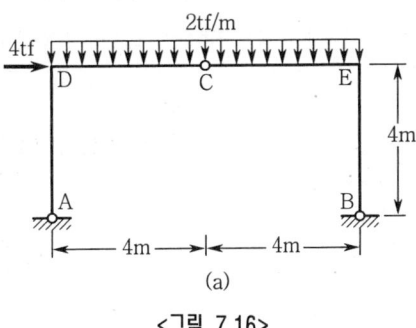

<그림 7.16>

**풀이** (1) 먼저, 주어진 작용하중에 대한 라멘의 자유물체도는 그림(b)와 같고, A점과 B점의 미지반력은 정역학적 평형조건식을 도입하여 구한다.

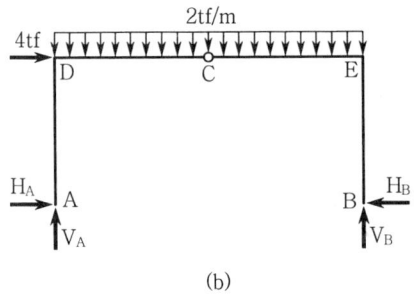

(b)

힌지에서 모멘트는 0이므로

$\Sigma M_A = 0$,   $V_B \times 8 - 2 \times 8 \times 4 - 4 \times 4 = 0$

$V_B = 10$ (tonf)

$\Sigma V = 0$,   $V_A + V_B - 2 \times 8 = 0$  →  $V_A = 6$ (tonf)

또한, 지점A의 수평반력을 구하기 위해서 내부힌지인 C점의 왼쪽 부재ADC의 자유물체도(그림(c))에 의해

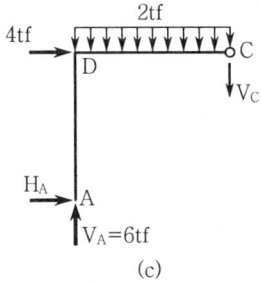

(c)

$\Sigma M_C = 0$,   $V_A \times 4 - H_A \times 4 - 2 \times 4 \times 2 = 0$

$H_A = 2$ (tonf)

그림(b)의 전체라멘의 자유물체도에서 수평력에 관한 평형조건을 도입하면

$\Sigma H = 0$,   $4 + H_A - H_B = 0$  →  $H_B = 6$ (tonf)

계산결과 모든 반력들이 양(+)이므로 그림(b)에서 가정한 반력방향과 일치한다.

(2) 이상의 결과를 기초로 전체라멘에 대한 자유물체도를 그리면 그림(d)와 같다.

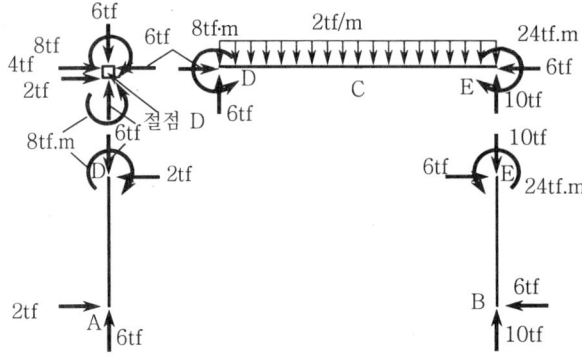

(d)

그림(d)를 간략하게 설명해보자. 점A의 두힘은 지점반력값이다. 부재AD에는 외력이 작용하지 않기 때문에 정역학적 평형조건에 의해 -2tonf의 전단력이 발생하고, D점의 모멘트 $M_D$ = -2×4 = -8 tonf·m 이다. 그림(d)에는 절점D의 평형상태도 나타내고 있는데, 왜 그렇게 그려지는지 생각해보기 바란다. 부재AD의 왼쪽 단에 작용하는 전단력은 6tonf으로 부재AD의 축력과 같다.

부재DE에 작용하는 하향의 등분포하중의 총합은 2×8 = 16tonf 이다. 따라서 수직력에 대한 평형조건에 의해 부재DE의 오른쪽 끝에서의 전단력은 -10tonf이다. 역시 점B의 두힘은 지점반력값이다. 부재BE에도 외력이 없기 때문에 전단력은 일정하고 그 크기는 6tonf이 된다. 이상의 결과를 조합하고 그림(d)를 참고하면 전단력도(e)를 얻을 수 있다.

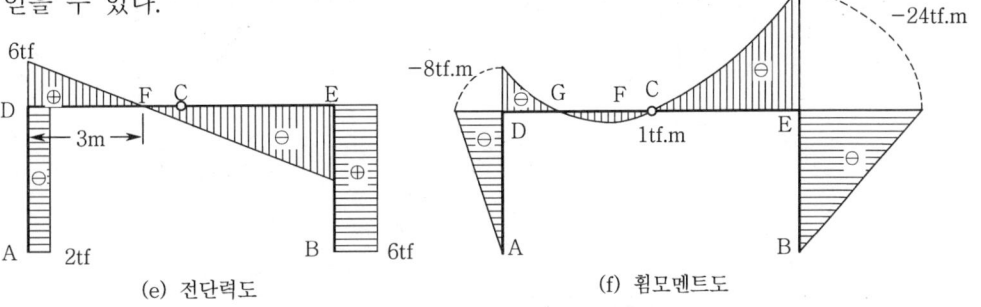

(e) 전단력도  (f) 휨모멘트도

휨모멘트도는 전단력도의 면적을 누적해가면 쉽게 그릴 수 있다. 절점A의 휨모멘트는 0이다. 부재 AD에 대한 휨모멘트도는 $dM/dx_1 = S = -2$이므로 기울기가 2인 직선이 된다. 즉, 절점D의 휨모멘트는 절점A부터 절점D까지 전단력도의 면적과 같다. 그림(e)를 참고하면 D점의 휨모멘트는 -2×4= -8 tonf·m 이다.

전단력은 부재 DE의 길이를 따라 직선적으로 변화기 때문에 모멘트도는 2차곡선이다. 이 곡선은 전단력이 0인 F점에서 최대가 된다. F점의 모멘트값은 절점 D의 모멘트값(-8 tf.m)에 절점D에서 F까지 전단력의 면적(6×3/2 = 9 tonf.m)을 더한 값, 즉 1 tonf·m가 된다. 이상과 같은 방법으로 구해가면 그림(f)와 같은 휨모멘트도를 그릴 수 있다.

참고로 라멘의 탄성곡선은 그림(g)의 파선과 같다. 부(-)의 휨모멘트에서 라멘부재의 안쪽 섬유방향은 줄어드는 반면 부재의 외측섬유방향은 늘어난다. G에서 C점까지 정의 휨모멘트구간에서 부재의 외측섬유방향은 줄어들고, 내측섬유방향은 늘어나게 된다. 그리고 점G는 변곡점이고, 힌지점 C에서 탄성곡선의 곡률이 바뀌고 기울기는 연속이 아니다.

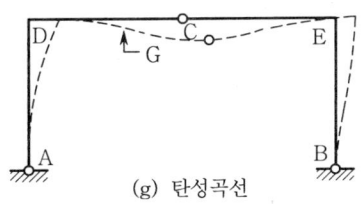

(g) 탄성곡선

## 연습문제

**1** 그림 1에 보여준 라멘구조의 지점반력을 계산하고, 전단력도와 휨모멘트도를 그리시오.

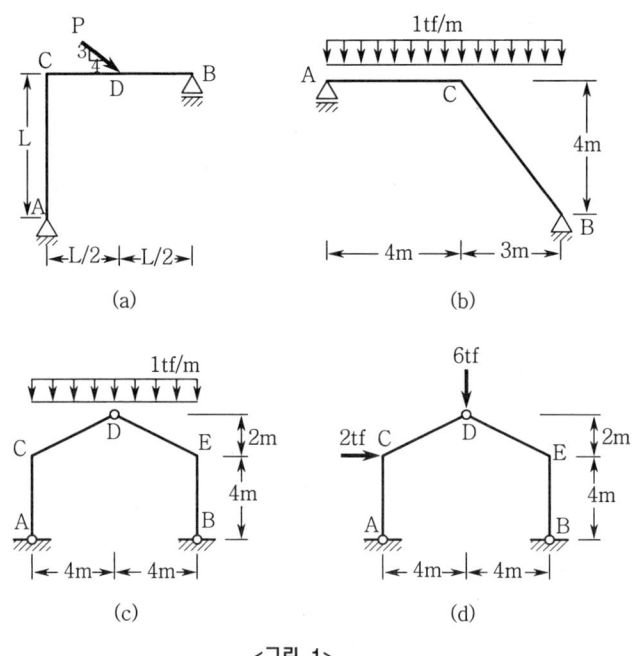

<그림 1>

**풀이** (a) $S_A = \dfrac{4}{5}P$        (b) $R_A$=3.5 (tonf)

$S_{D \sim B} = -\dfrac{11}{10}P$        $S_C$=−0.5 (tonf)

$M_c = \dfrac{16PL}{20}$        $M_C$=6 (tonf·m)

(c) $H_A$=1.33 (tonf)        (d) $H_A$=0.667 (tonf)

$V_A$=4 (tonf)        $S_{C \sim D}$=0.596 (tonf)

$M_C$=−5.33 (tonf·m)        $M_C$=−2.668 (tonf)

       $M_E$=−10.668 (tonf·m)

**2** 그림 2에 나타낸 라멘의 지점반력과 각 부재에 대한 단면력을 구하고, 그 결과를 단면력도로 그려보시오.

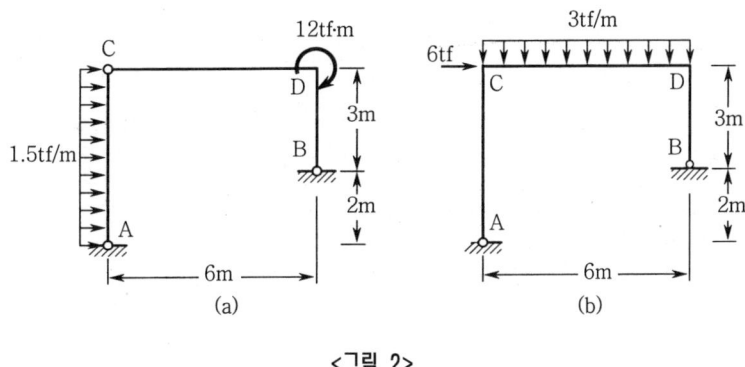

<그림 2>

**풀이** (a) $H_A$=-3.75 (tonf)  (b) $H_A$=-6 (tonf)
$S_C$=-3.75 (tonf)  $S_C$=4 (tonf)
$M_D(우)$=-11.25 (tonf·m)  $S_D$=-14 (tonf)
$M_D(좌)$=-23.25 (tonf·m)  $M_C$=30 (tonf·m)

**3** 그림 3에 나타낸 라멘의 지점반력과 각 부재에 대한 단면력을 구하고, 그 결과를 단면력도로 나타내시오.

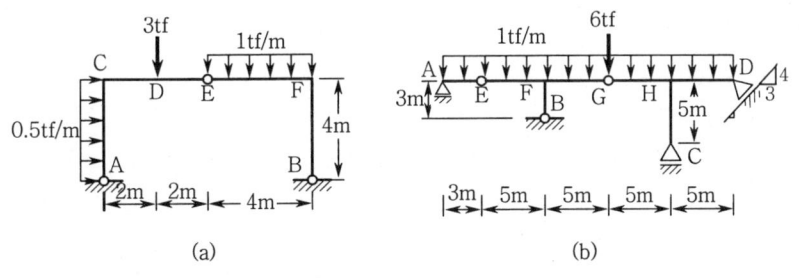

<그림 3>

**풀이** $H_A$=0.25 (tonf)  $V_A$=1.5 (tonf)
$S_{C\sim D}$=2.75 (tonf)  $V_B$=-5.0 (tonf)
$M_C$=-5 (tonf)  $H_B$=-30 (tonf)
$M_F$=-9 (tonf)  $V_C$=55 (tonf)
  $R_D$=-37.5 (tonf)
  $M_H$=-125 (tonf)

# 제 8 장  케이블과 아치(Arch)

8.1 개설

8.2 아치의 형상과 기초역학

8.3 3힌지아치의 해석과 영향선

# chapter 8 케이블과 아치(Arch)

## 8.1 개설

아치는 부재의 축이 수직면상에 놓인 곡선으로 된 보를 말한다. 곡선의 형상은 대개 포물선이나 원형으로 만들어진다. 일반적으로 보에 수직하중이 작용하면 지점에는 수직반력이 발생하지만, 아치에는 수직반력과 함께 수평반력이 발생한다.

아치부재에는 수직반력과 수평반력에 의해 휨과 축방향압축력이 작용하지만, 대개 아치의 단면형상은 축방향압축력이 지배하게 된다. 따라서 아치는 힘의 흐름이 단순하게 표현되므로 가장 아름답고 합리적인 구조형식에 하나이다. 교량에 적용할 경우, 곡선이 주는 아름다움과 함께 교하공간을 넓게 취할 수 있는 장점도 있다.

그림 8.1의 구조는 외관상은 아치의 모양을 하고 있지만, 오른쪽지점에 수평변위에 대한 구속이 없고, 수평반력 H가 0이기 때문에 구조역학상 아치라 말할 수 없고, 곡선보로 분류된다.

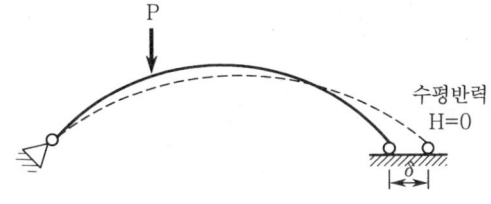

<그림 8.1> 곡선보(정정)

아치의 종류는 대개 그림 8.2에 나타낸 것 들이 기본구조이다. 그림에서 n은 아치의 부정정차수이다. 교량에는 주로 2힌지아치와 고정아치가 많이 사용되고 있다. 2힌지아치는 특히 鋼材아치에 주로 사용되며, 고정아치는 콘크리트아치에 많이 사용된다. 특히 고정으로 인한 강성이 커지기 때문에 장경간의 鋼材아치로도 흔히 사용되며,

온도응력이 크기 때문에 이를 설계에 반영해야 한다.

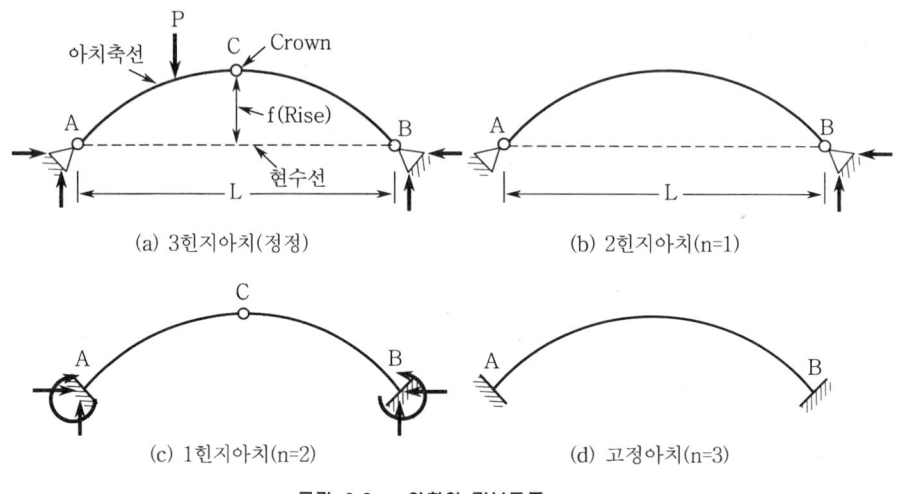

<그림 8.2> 아치의 기본구조

아치의 형상을 만드는 주부재를 아치리브라 하고, 대부분의 단면형상은 상자형, I형, 그리고 원형이 주로 사용된다. 그리고 이 장에서는 부정정아치구조는 제외하고 정정아치의 반력과 단면력이 어떻게 구해지는 지 알아보기로 한다.

## 8.2 아치의 형상과 기초역학

아치의 형상은 고대의 석조아치에서는 원호형상이 많았지만, 근래에는 일반적으로 2차포물선형상이 많이 사용되고 있다. 이 같은 아치형상이 어떻게 결정되며, 작용력은 아치의 단면을 통해 어떻게 전달되는가를 알아보자. 아치의 기본역학을 알기 위해서는 먼저 아치와 반대 개념인 케이블의 힘의 전달방법을 조사해 보자.

### 8.2.1 아치구조의 명칭

아치단면의 도심을 연결한 선을 아치의 축선이라 한다. 그림 8.2(a)의 아치에서 지점 A, B의 높이가 다른 아치를 비대칭아치, 같은 높이로 된 것을 대칭아치라 한다. 또한 아치축선에서 가장 높은 점을 아치크라운(arch crown), 지점A, B를 연결한 선분을 현수선(springing line), 그리고 아치크라운에서 현수선까지의 수직거리 $f$을 아치의 라이즈(arch rise)라 한다. 지점 A, B 간의 수평거리 $L$을 경간이라 하고, 라이즈와 경간의 비($f/L$)을 라이즈비라 한다. 아치에서 라이즈비는 대개 $f/L = 1/7 \sim 1/9$로 하는 것이 보통이다.

## 8.2.2 케이블과 아치의 역학적특성

그림 8.3(a)의 케이블구조가 두점 A, B에서 지지되어 있다. 이 구조는 케이블 내의 3개의 집중하중과 지지점의 반력 $R_A$, $R_B$로 인해 힘의 평형을 이루게 된다. 이들을 힘의 다각형으로 표시하면 그림 8.3(b)와 같다. 케이블에는 휨이나 전단력이 없고 축방향인장력만 받을 수 있다. 그러므로 그림 8.3(a)에서 케이블의 절선방향과 힘의 방향은 일치한다. 예를 들면, 케이블의 ①점에서는 케이블내의 힘 $R_A$, $P_{12}$와 외력 $P_1$으로 힘의 평형을 유지하고 있다. ①점에서의 힘의 평형은 그림 8.3(b)에서 △Oab로 나타난다. 나머지 2개의 점도 같은 형태로 그려진다. 그림 8.3(b)의 변 Oa, Ob, Oc, Od를 평행이동하여 순차적으로 연결한 그림을 연력도라 하며, 이것은 케이블의 형상과 일치한다.

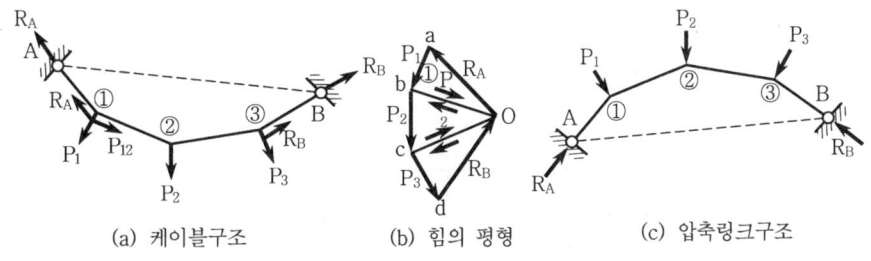

<그림 8.3> 케이블구조와 압축링크구조

그런데, 만약 그림 8.3(a)의 케이블구조와 작용력을 수평선에 대해 대칭으로 반전시켜 힘의 방향을 바꾸면 그림 8.3(c)에 표시한 압축구조가 된다. 물론 부재가 압축에 견딜 수 있도록 그림 8.3(c)의 구조는 케이블이 아니라 압축강성이 좋은 봉으로 생각하고, 지지점 A, B는 힌지로 본다. 이 구조의 작용력과 지점반력은 서로 평형을 유지하고 있고 힘의 다각형은 그림 8.3(b)를 반전시키면 된다. 그림 8.3(c)에서 다각형 A①②③B는 압축력의 흐름을 나타내고있기 때문에 압력선이라 부른다.

힌지부분을 고정으로 치환해도 작용하고 있는 힘이 균형을 유지하고 있는 한, 이 구조에서는 휨모멘트가 발생하지 않는다. 여기서, 하중의 수가 증가하게 되면 다각형의 변의 수도 역시 증가하게 되어, 연결구조는 거의 완만한 곡선에 근접한다. 이것이 아치의 역학적기본형이다. 결론적으로 케이블은 인장력을 받는 대표적인 구조인데 반해, 아치는 원리적으로 휨응력은 거의 없고, 축방향압축력만이 지배하는 대표적인 구조이다.

### 8.2.3 아치의 형상과 보의 휨모멘트

아치와 케이블구조는 서로 반대 개념이지만, 설명한 바와 같이 유사한 역학적성질을 갖고 있다. 이제 다시 그림 8.4(a)에 있는 케이블을 생각해보자. 양지점은 수평으로 놓여있고, 하중은 연직방향으로 작용한다. 지점반력 $R_A$, $R_B$의 수평성분 $H_A$, $H_B$는 수평력에 관한 정역학적조건($\Sigma H = 0$)에 의해 $H_A = H_B$가 된다. 또한 반력의 연직성분 $V_A$, $V_B$는 동일하중을 받고 있는 그림 8.4(b)의 단순보의 지점반력 $V_A$, $V_B$와 같다.

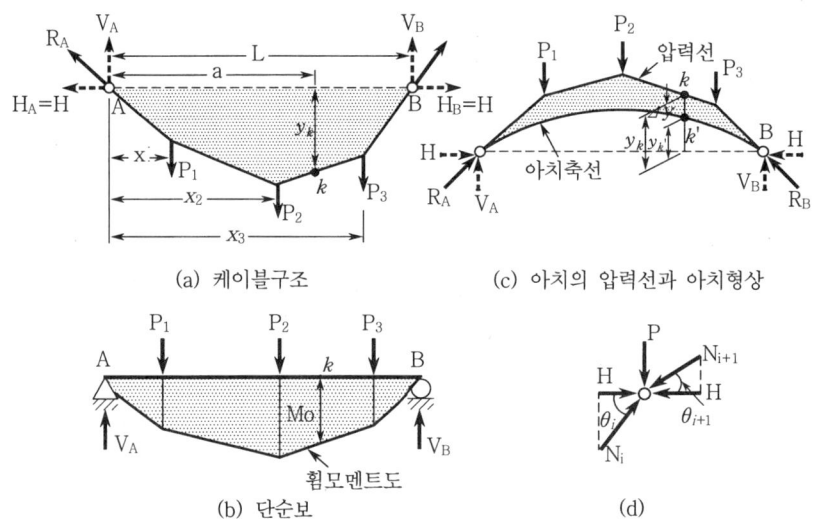

<그림 8.4> 케이블형상과 휨모멘트도와 아치형상의 관계

여기서, 그림 8.4(a)의 케이블상의 임의점 $k$의 휨모멘트 $M_k$을 구해보자. 이미 언급하였듯이 케이블상의 휨모멘트는 0이다. 점 $k$의 좌측요소에 관한 모멘트를 구하면

$$M_k = \{V_A \times a - \sum_i P_i \times (a - x_i)\} - H \times y_k = 0 \quad \cdots\cdots (8.1)$$

여기서, { }는 그림 8.4(b)의 단순보에서 점 $k$의 휨모멘트와 같다. 그런데, 이 값을 $M_o$라 하면,

$$M_k = M_0 - H \times y_k = 0 \quad \therefore M_0 = H \times y_k \text{ 또는 } y_k = \frac{M_0}{H} \quad \cdots\cdots (8.2)$$

식(8.2)에서 그림 8.4(a)의 케이블의 종거 $y_k$는 단순보의 휨모멘트 $M_0$를 (1/H)배한 것과 같으며 케이블의 형상은 단순보의 휨모멘트도와 유사함을 알 수 있다. 즉, 휨에 저항할 수 없는 케이블구조는 실제로 수평반력 H와 케이블의 수직종거 $y_k$로

단순보의 휨저항력 $M_0$에 해당하는 거동을 하고 있다.

케이블의 설계는 기본적으로 케이블에 휨이 발생하지 않도록 하는 것이 단면의 효율이 좋다. 따라서 아치축선은 가능한 한 압력선에 일치하는 형상을 선택함이 바람직하다. 그러나 여러 가지 이유 때문에 아치축선이 그림 8.4(c)와 같이 압력선의 아래쪽에 위치할 때에는 이부재의 점 $k$와 같은 수평거리에 있는 점 $k'$의 휨모멘트는 0이 되지 않는다.

그림 8.4(c)에서 압력선과 아치축선의 종거를 각각 $y_k$, $y_k'$라 하고, 그 차를 $\Delta y$로 놓으면 식(8.2)에 의해 휨모멘트 $M_k'$의 값은 다음과 같이 구할 수 있다.

$$M_k' = M_0 - Hy_k' = M_0 - H(y_k - \Delta y) = M_k + H \times \Delta y = H \times \Delta y$$

$$\therefore \Delta y = \frac{M_k'}{H} \dotfill (8.3)$$

즉, 압력선과 아치축선과의 높이차 $\Delta y$는 아치에서 발생하는 휨모멘트 $M_k'$에 1/H을 곱한 것과 같다.

연직력이 작용하는 아치는 그림 8.4(d)에 나타낸 임의 재하점에서 수평력의 평형조건으로부터 부재력의 수평방향성분 H는 모두 같다. 이것은 아치와 케이블구조의 역학적 특징에 하나이고, 수평반력 H가 역학적으로 중요한 역할을 수행하고 있다.

## 예제 8-1

그림 8.5(a)의 케이블은 3개의 하중을 지지하고 있다. 케이블의 각 절선에서의 장력과 점C 및 점E의 좌표 $y_C$와 $y_E$를 결정하라.

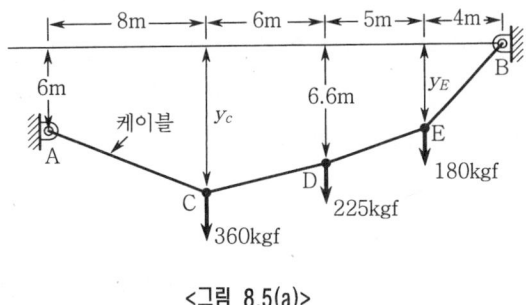

<그림 8.5(a)>

**풀이** (1) A점과 B점의 반력

케이블은 인장력만 받을 수 있기 때문에 A점과 B점의 미지반력을 포함한 전체 케이블의 자유물체도는 그림(b)와 같다.

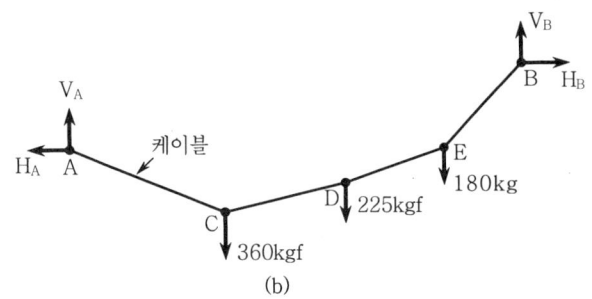
(b)

그림(b)로부터 힘의 평형조건식에 의해

$\Sigma H = 0, \ H_A = H_B$ \hfill (1)

$\Sigma V = 0, \ V_A + V_B - 360 - 225 - 180 = 0$ \hfill (2)

$\Sigma M_B = 0, \ H_A \times 6 + V_A \times 23 - 360 \times 15 - 225 \times 9 - 180 \times 4 = 0$ \hfill (3)

이상의 조건식은 4개의 미지수를 포함하는 3개의 방정식이다. 그러므로 두개의 미지수를 포함하는 1개의 조건식을 더 만들어야 해석이 가능하다. 따라서 CD를 통과하는 케이블을 절단하면 그림(c)와 같이 두개의 미지수만 포함되는 1개의 조건식을 만들 수 있다.

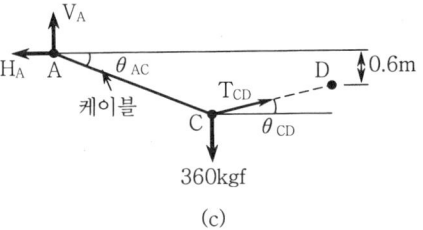
(c)

$\Sigma M_D = 0, \ -H_A \times 0.6 + V_A \times 14 - 360 \times 6 = 0$ \hfill (4)

식(3)과 식(4)를 연립하여 풀면

$H_A = 658.0 \text{ (kgf)}, \ V_A = 182.5 \text{ (kgf)}$ \hfill (5)

A점의 반력성분을 식(1)과 식(2)에 대입하면 B점의 반력성분을 얻게된다.

$H_B = 658.0 \text{ (kgf)}, \ V_B = 582.5 \text{ (kgf)}$

(2) C점과 E점의 좌표

A절점에 대한 힘의 평형에 의해 케이블의 장력 $T_{AC}$는 그림(d)에서 처럼 크기가 같고 방향이 반대이어야 한다.

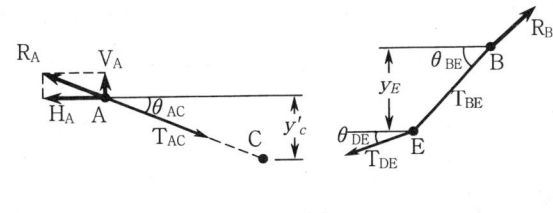

(d)

$$T_{AC} = \sqrt{H_A^2 + V_A^2} = 682.8 \,(\text{kgf})$$

$$\theta_{AC} = \tan^{-1}\frac{V_A}{H_A} = \tan^{-1}\left(\frac{182.5}{658.0}\right) = 15°\,29'$$

$$y_c' = 8 \times \tan 15°\,29' = 2.22\,\text{m}$$

$$\therefore y_c = 6 + y_c' = 8.22\,\text{m}$$

상기와 같은 원리로 E점의 좌표와 장력 $T_{BE}$를 구하면 된다.

$$T_{BE} = \sqrt{H_B^2 + V_B^2} = 878.8 \,(\text{kgf})$$

$$\theta_{BE} = \tan^{-1}\frac{V_B}{H_B} = \tan^{-1}\left(\frac{582.5}{658.0}\right) = 41°\,31'$$

$$\therefore y_E = 4 \times \tan 41°\,31' = 3.54\,\text{m}$$

(3) 장력 $T_{CD}$ 와 $T_{DE}$ 계산

그림(c)에서 $\theta_{CD}$와 $\Sigma H = 0$의 조건식에 의해 장력 $T_{CD}$을 구하면 된다.

$$\theta_{CD} = \tan^{-1}\left(\frac{8.22 - 6.6}{6}\right) = 15°\,07'$$

$$\Sigma H = 0, \quad T_{CD}\cos\theta_{CD} - H_A = 0$$

$$\therefore T_{CD} = \frac{H_A}{\cos\theta_{CD}} = \frac{658.0}{\cos 15°\,07'} = 681.6 \,(\text{kgf})$$

역시, 같은 원리로 장력 $T_{DE}$를 구하면 된다.

그림(d)에서 오른쪽 그림을 참고로 하면

$$\theta_{DE} = \tan^{-1}\left(\frac{6.6 - 3.54}{5}\right) = 31°\,28'$$

$$\Sigma H = 0, \quad -T_{DE}\cos\theta_{DE} + H_B = 0$$

$$\therefore T_{DE} = \frac{H_B}{\cos\theta_{DE}} = \frac{658.0}{\cos 31°\,28'} = 771.4 \,(\text{kgf})$$

**고찰** 최대장력은 $T_{DE}$로 판명되었다. 그리고 수평면과 케이블이 이루는 각을 살펴보면 최대 장력이 걸리는 곳에서 각이 큰 것은 역학적인 원리에 합당하다.

### 8.2.4 아치부재의 형상

아치부재에 작용하는 집중하중의 간격이 조밀한 경우, 즉 등분포하중상태에서는 압력선은 곡선이 된다. 그림 8.6의 분포하중 $w(x)$을 받고 있는 아치의 미소요소에 대한 힘의 평형으로부터 압력선의 형상을 구해보자.

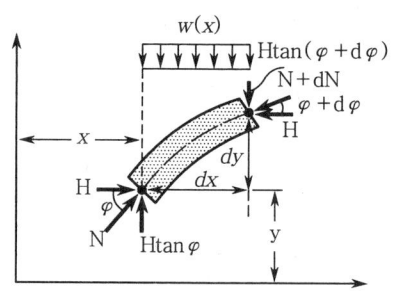

<그림 8.6> 등분포하중을 받는 아치부재

그림 8.6의 미소부재에 작용하는 수평방향에 관한 힘의 평형조건에 의해, 좌우의 수평성분 H는 서로 같고 일정하다. 그리고 수직방향의 힘의 평형식도 H로 표시하면

$$\Sigma V = H\tan\varphi - H\tan(\varphi + d\varphi) - w(x)dx = 0 \quad \cdots\cdots (8.4)$$

여기서,

$$\tan\varphi = \frac{dy}{dx}, \quad \tan(\varphi + d\varphi) \fallingdotseq \frac{d(y+dy)}{dx} = \frac{dy}{dx} + \frac{d^2y}{dx^2}dx \quad \cdots (8.5)$$

식(8.5)를 식(8.4)에 대입하여 정리하면

$$\frac{d^2y}{dx^2} = -\frac{w(x)}{H} \quad \cdots\cdots (8.6)$$

식(8.6)은 임의 연직하중에 대한 압력선 형상을 결정하는 일반식이다. 등분포하중이 작용하는 경우, $w(x)$와 H가 일정하므로 식(8.6)에 의해 $y$는 2차식이 된다. 등분포하중이 작용하는 케이블의 처짐형상도 압축력 N을 인장력으로 하고 $y$를 하향으로 취하면 식(8.6)과 같은 식으로 표시된다. 따라서 현수교의 케이블 형상도 기본적으로 2차포물선이 된다.

### 예제 8-2

그림 8.7과 같은 등분포하중 $w$을 받는 대칭아치의 형상이 압력선과 일치하도록 아치축선의 형상을 결정하시오.

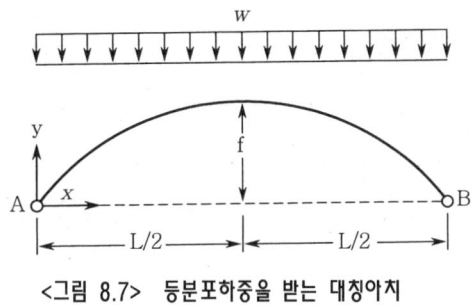

<그림 8.7> 등분포하중을 받는 대칭아치

**풀이** 경계조건에 의해 y에 관한 방정식을 세우면,

$x=0$와 $x=L$에서 $y=0$이 되는 포물선의 방정식은

$$y = ax(L-x) \tag{1}$$

식(1)를 식(8.6)에 대입하여 풀면

$$a = \frac{w}{2H}$$

또한, $x=L/2$일 때 y는 $f$ 이므로 식(1)에 대입하여 풀면

$$a = \frac{4f}{L^2} \tag{2}$$

따라서,

$$\frac{w}{2H} = \frac{4f}{L^2} \rightarrow \therefore H = \frac{wL^2}{8f} \tag{3}$$

식(3)은 수평반력 H를 아치의 라이즈인 $f$의 함수로 표시한 식이다. 아치축선의 형상은 식(2)를 식(1)에 대입하면 아래 식을 얻게 된다.

$$y = \frac{4f}{L^2}(L-x)x \tag{4}$$

## 8.3 3힌지아치의 해석과 영향선

그림 8.2(a)와 같이 양지점과 아치리브의 중간에 힌지로 되어 있는 아치를 말한다.

### 8.3.1 지점반력

3힌지아치는 정정구조이므로 힘의 평형조건식에 의해 지점반력를 구할 수 있다.

그림 8.8(a)의 연직반력 $V_A$, $V_B$는 동일 지간으로 하는 그림 8.8(b)의 단순보의 반력과 같고, 아치의 수평반력 H는 수평방향의 힘의 평형에 의해 구해진다. 그림 8.8(a)의 중앙 힌지점 C에 관한 모멘트조건에 의해

$$\Sigma M_c = 0, \quad \{V_A(L/2) - P_1(L/2 - a)\} - Hf = M_c - Hf = 0$$

$$\therefore H = \frac{M_c}{f} \quad \text{................................................} (8.7)$$

여기서, $M_c$은 점 C의 왼쪽에서 외력에 의한 모멘트이다. 즉, 그림 8.8(b)의 단순보에서 점C의 휨모멘트를 의미한다.

수평반력 H의 영향선은 식(8.7)에 의해 그림 8.8(c)와 같다.

### 8.3.2 단면력

그림 8.8(a)의 3힌지 아치에서 점 $i$의 좌표를 ($x$, $y$), 그 점의 휨모멘트를 $M_i$라 하자. 점 $i$의 왼쪽에 대한 모멘트는 다음과 같다.

$$M_i = \{V_A x - P_1(x - a)\} - Hy = M_i - Hy \quad \text{................................} (8.8)$$

여기서, $M_i$은 그림 8.9(a)의 단순보에서 점 $i$의 휨모멘트이다. 식(8.8)에서 $M_i$는 단순보 $M_i$, 수평반력 H, 그리고 좌표 y의 함수임을 의미한다. 이것을 영향선을 이용하여 도식적으로 나타내면 그림 8.9(b)와 같다.

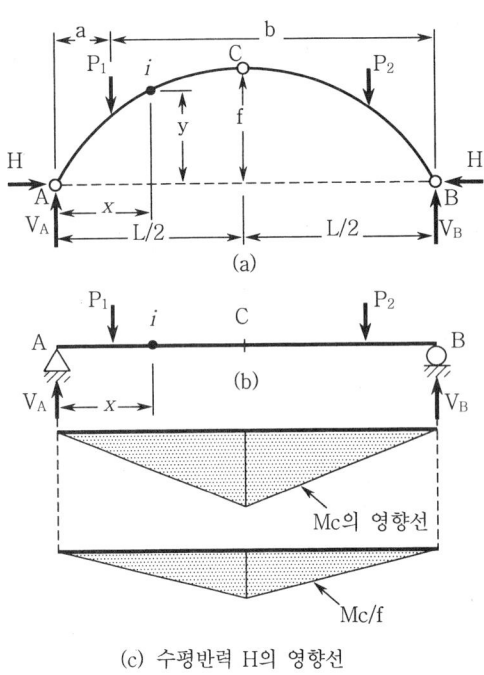

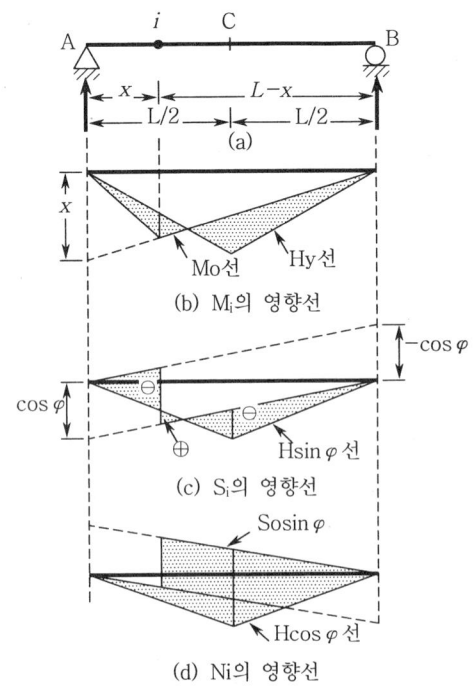

<그림 8.8> 3힌지 아치의 수평반력의 영향선  <그림 8.9> 3힌지 아치의 단면력의 영향선

이제, 점 $i$의 축방향력 $N_i$와 전단력 $S_i$을 구해보자. 아치축선과 수평선이 이루는 각을 $\varphi$라 하고, 점 $i$에서 단면력의 기호를 그림 8.10으로 나타내면, 점 $i$의 축력 $N_i$ (접선방향)와 전단력 $S_i$(법선방향)는 아래 식으로 표현된다.

$$N_i = (V_A - P_1)\sin\varphi + H\cos\varphi = S_o\sin\varphi + H\cos\varphi$$

$$S_i = (V_A - P_1)\cos\varphi - H\sin\varphi = S_o\cos\varphi - H\sin\varphi \quad \cdots\cdots (8.9)$$

여기서, $V_A - P_1$는 그림 8.9(a)의 단순보에서 단면 $i$의 전단력이고 $S_o$로 표기하였다. 그리고 식(8.9)에서 $N_i$와 $S_i$의 영향선은 $S_o$와 H의 영향선에 $\sin\varphi$나 $\cos\varphi$ 배를 한 것이다. 식(8.9)를 영향선으로 나타낸 것이 각각 그림 8.9(c), (d)이다. 그림 8.9(d)는 $S_o\sin\varphi$의 영향선을 기준선의 위쪽(+)에, 그리고 $H\cos\varphi$의 영향선을 기준선의 아랫쪽에 그려 함께 나타낸 것이다.

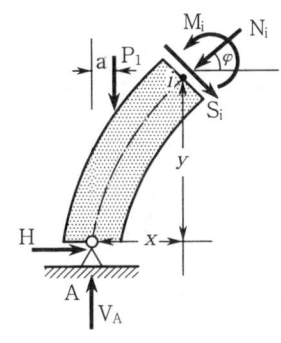

<그림 8.10> 아치부재의 힘의 평형

### 예제 8-3

그림 8.11(a)에 보여준 반원호이면서 3힌지아치의 내부힌지에 집중하중을 받고 있다. 지점반력과 부재의 단면력을 계산하시오.

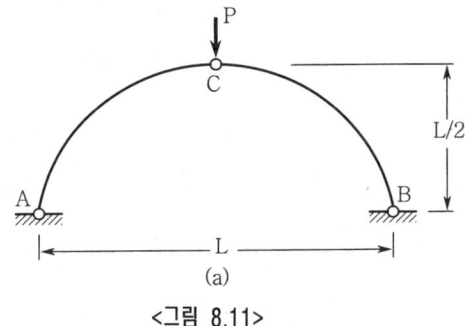

<그림 8.11>

**풀이** (1) 문제의 아치는 구조와 하중이 대칭이기 때문에 A, B점의 반력의 수평 및 수직요소는 대칭이어야 한다. 따라서 반력의 수직요소는 P/2로 같고, 아치의 자유물체도는 그림(b)와 같이 나타낼 수 있다.

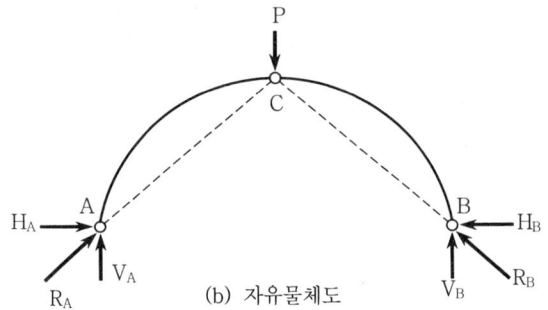

(b) 자유물체도

$\Sigma M_C = 0$

$$V_A \times \frac{L}{2} - H_A \times \frac{L}{2} = 0, \quad \rightarrow \quad H_A = V_A = \frac{P}{2}$$

$$\therefore \; H_B = V_B = \frac{P}{2}$$

이들 값으로부터 반력 $R_A$, $R_B$의 작용선은 C점을 통과함을 알 수 있다.

(2) 아치부재의 임의점의 단면력계산

A점에서부터 $\theta$의 각을 이루고 있는 아치부재의 임의점의 단면력을 계산해보자. 이 요소에 대한 힘의 평형조건으로부터 그림(c)와 같은 자유물체도를 얻을 수 있다.

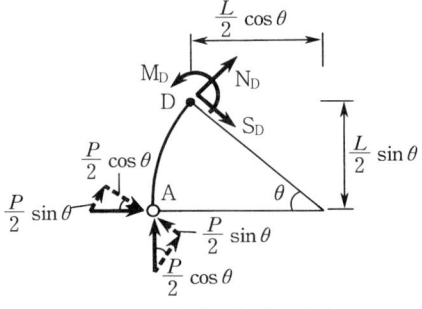

(c) 임의점의 자유물체도

D점에서의 단면력, 즉 부재의 축방향력을 $N_D$, 전단력을 $S_D$, 그리고 모멘트를 $M_D$라 하자. 이들 성분에 대한 정역학적 평형조건식에 의해

$$\frac{P}{2}\sin\theta + \frac{P}{2}\cos\theta + N_D = 0, \quad N_D = -\frac{P}{2}(\sin\theta + \cos\theta) \tag{1}$$

$$S_D + \frac{P}{2}\cos\theta - \frac{P}{2}\sin\theta = 0, \quad S_D = \frac{P}{2}(\sin\theta - \cos\theta) \tag{2}$$

$$M_D = \frac{P}{2}(\frac{L}{2} - \frac{L}{2}\cos\theta) - \frac{P}{2}\frac{L}{2}\sin\theta = \frac{PL}{4}(1 - \cos\theta - \sin\theta) \tag{3}$$

여기서, $0 < \theta \leq \frac{\pi}{2}$ 이다.

식(1)의 값은 음(-)이므로 압축력이되고, 식(2)에서 $0 \leq \theta < 45°$일 때 전단력은 음(-)이고 $45° \leq \theta \leq 90°$범위에서 양(+)이 되며, 그리고 식(3)에서 휨모멘트값은 항상 음(-)이고 $\theta = 45°$에서 최대가 된다. 이상의 결과를 그려보면 그림(d)와 같이 된다.

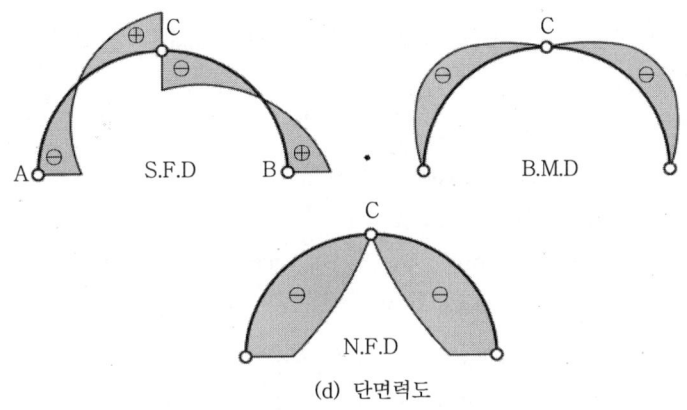

(d) 단면력도

### 예제 8-4

그림 8.12와 같은 포물선 아치에서 $x$=10m 지점의 단면 D의 단면력을 구하시오.

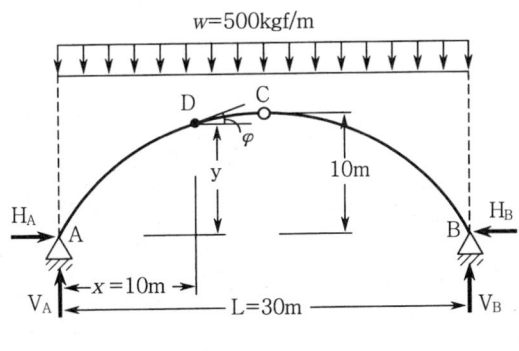

<그림 8.12(a)>

**풀이** (1) 지점반력

$\Sigma M_B = 0$

$V_A \times 30 - 500 \times 30 \times \dfrac{30}{2} = 0, \quad \therefore \ V_A = 7,500 (\text{kgf}) = 7.5 \ (\text{tonf})$

대칭구조이므로

$V_A = V_B = \dfrac{wL}{2} = \dfrac{500 \times 30}{2} = 7,500 (\text{kgf}) = 7.5 (\text{tonf})$

$\Sigma M_C(\text{왼쪽}) = 0$

$V_A \times 15 - H_A \times 10 - 500 \times 15 \times \dfrac{15}{2} = 0, \quad \therefore \ H_A = 5,625 (\text{kgf}) = 5.625 \ (\text{tonf})$

$\Sigma H = 0, \quad H_B = 5.625 \text{ (tonf)}$

(2) D점의 단면력

단면 D의 접선각($\phi$)을 구해야 한다. 예제 8.2의 식(4)에 의해 아치의 현수선으로부터 단면 D까지의 수직거리 y를 구하다.

즉, $y = \dfrac{4f}{L^2}(L-x)x = \dfrac{4 \times 10}{30^2}(30-10)10 = 8.89$ m

$\tan\varphi = \dfrac{dy}{dx} = \dfrac{8f}{L^2}(\dfrac{L}{2} - x) = \dfrac{8 \times 10}{30^2}(\dfrac{30}{2} - 10) = 0.444$

$\therefore \varphi = \tan^{-1} 0.444 = 23°56'$

식(8.9)에 의해

축력 $N_D = (7,500 - 500 \times 10) \times \sin 23°56' + (5,625 \times \cos 23°56')$
$= 6,155.54$ (kgf)

전단력 $S_D = (V_A - wx)\cos\varphi - H\sin\varphi$
$= (7,500 - 500 \times 10)\cos 23°56' - 5,625 \times \sin 23°56' \fallingdotseq 0$ (kgf)

**[별해]** 영향선법

그림 8.8과 그림 8.9의 영향선을 이용하여 D점의 단면력을 구해본다.

(1) 축방향력($N_D$)

$N_D = \dfrac{1}{2}(0.271 \times 20 + 0.685 \times 30 - 0.135 \times 10) \times 500 = 6,155$ (kgf)

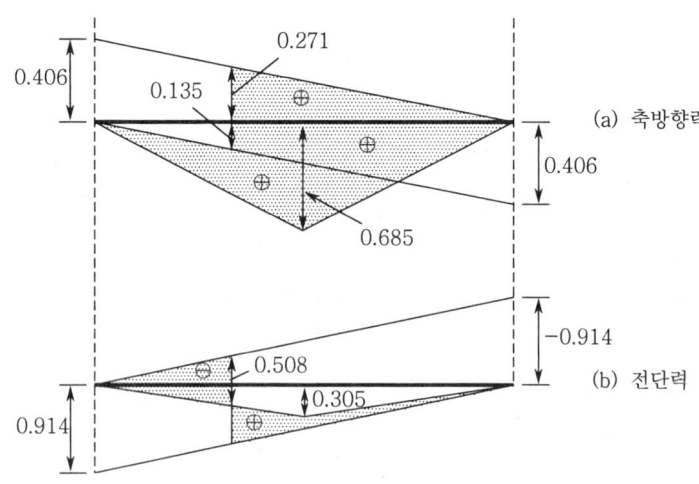

<그림(b)> 단면 D에서 단면력의 영향선

(2) 전단력 $S_D$

$S_D = \dfrac{1}{2}\{0.914 \times 30 - 30 \times 0.305 - (0.914 + 0.406) \times 10 - 0.508 \times 10\} \times 500$
$\fallingdotseq 0$

# 연습문제

**1** 그림 1의 케이블에서 케이블이 받는 장력과 지점반력을 구하시오. 케이블의 길이는 70m 이다.

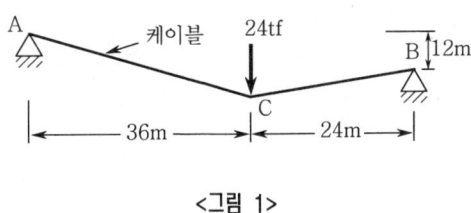

<그림 1>

**풀이** $T_{max}$=484.66 (tonf)

**2** 그림 2와 같은 등분포하중을 받고 있는 케이블의 최대장력을 계산하라.

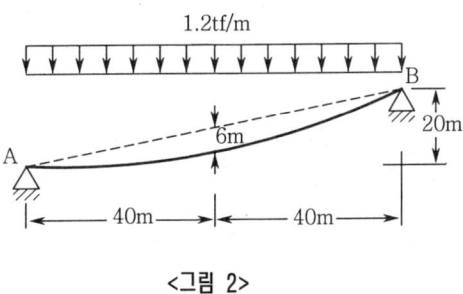

<그림 2>

**풀이** H=160 (tonf)
$V_A$=8 (tonf)
$V_B$=88 (tonf)
$T_{max}$=182.60 (tonf)

**3** 그림 3에 보여준 아치의 지점반력을 계산하고, 휨모멘트도를 그리시오.

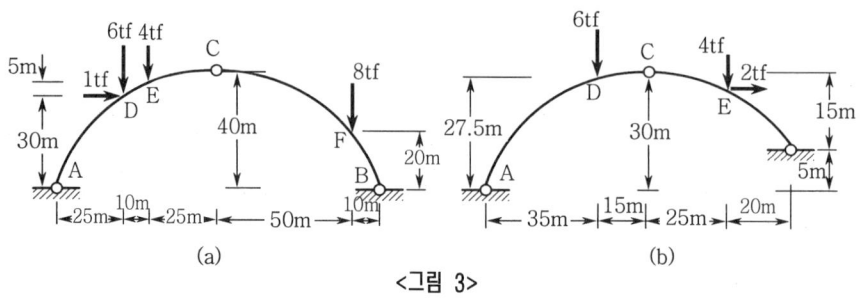

<그림 3>

**풀이** $V_A$=8 (tonf) $V_B$=10 (tonf)
$H_A$=4 (tonf) $H_B$=-5 (tonf)

**풀이** $V_A$=4.558 (tonf)
$H_A$=4.6 (tonf)
$V_B$=5.442 (tonf)
$H_B$=-6.6 (tonf)

**4** 그림 4에 나타낸 3힌지 아치의 반력과 D점의 휨모멘트를 구하시오.

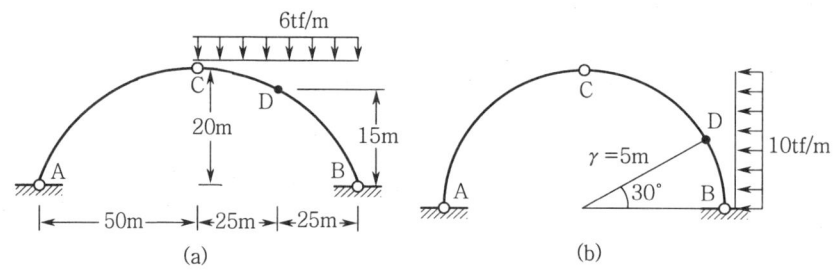

<그림 4>

**풀이** $H_A$=187.5 (tonf)
$H_B$=187.5 (tonf)
$V_A$=75 (tonf)
$V_B$=225 (tonf)
$M_D$=-937.5 (tonf·m)

**풀이** $V_A$=12.5 (tonf)
$H_A$=12.5 (tonf)
$V_B$=-12.5 (tonf)
$H_B$=37.5 (tonf)
$M_D$=54.13 (tonf·m)

# 제 9 장 기 둥

9.1 개 설

9.2 단주(短柱, short column)

9.3 단면의 핵(Core), 핵점(Core Point)

9.4 장주(長柱, long column)

9.5 기둥의 실험공식과 설계공식

# Chapter 9 기 둥

## 9.1 개 설

　기둥(Column)은 부재 축 방향의 압축력(壓縮力)을 받는 부재를 말한다. 트러스의 압축부재처럼 중심 축 하중만 받는 기둥, 라멘 구조에서처럼 축하중과 기둥 양단에 모멘트를 받는 기둥 그리고 중앙부분에서 축하중과 횡하중을 받는 기둥 등이 있다. 이 세 가지 중에서 나중의 두 가지는 편심 축 하중을 받는 기둥이라고 할 수 있다.

　기둥의 길이가 단면에 비해서 짧은 경우, 하중을 기둥의 중심 축에 따라 작용시킬 때 압축응력은 단면에 일정하게 분포되고, 하중을 점차 증가시키면 압축응력이 극한에 도달하여 압축 파괴할 것으로 생각되는 기둥을 단주(short column)라고 한다.

　길이가 단면의 최소회전반경에 비하여 대단히 클 때는 횡방향으로, 하중이 작용하지 않고 축 방향에 단순한 압축력만 작용하여도 그 단면에 압축응력이 고르게 분포하지 않고 일종의 휨모멘트가 생겨 압축응력이 허용강도에 도달하기 전에 휘어진다. 이러한 현상을 좌굴(buckling)이라 하며, 이 때의 하중을 좌굴하중(buckling load) 또는 위험하중(critical load)이라고 하고, 좌굴을 일으키기 쉬운 기둥 즉, 단면에 비해서 길이가 긴 기둥을 장주(long column)라고 한다.

　이렇게 좌굴로 파괴되는 기둥은 장주(long column)로 분류되며 장주의 좌굴은 그 응력이 비례한도 $\sigma_{pl}$보다 작을 때 일어나므로 탄성좌굴에 속한다.

　기둥에서 단주와 장주를 구별하는데는 $\dfrac{l}{r}$ ( $l$ : 기둥길이, $r$ : 최소회전반경)를 사용하고, 이것을 기호 $\lambda$로 나타내며 세장비(slenderness ratio)라 한다.

　장주와 단주의 한계는 단정할 수 없으나, 일반적으로 재료의 종류에 따라 세장비를 적용하는 값이 다르며, 그림(9.1)과 같이 장주와 단주사이의 기둥을 중간주라 한다.

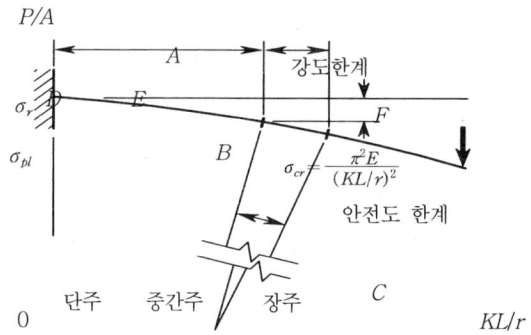

<그림 9.1> 세장비에 따른 기둥의 종류

세장비 (Slenderness ratio) : $\lambda = \dfrac{\text{부재길이}(l)}{\text{회전반경}(r)} = \dfrac{l}{\sqrt{I/A}}$ ······························· (9.1)

① 구형단면 : $\lambda = \dfrac{l}{\sqrt{\dfrac{bh^3/12}{bh}}} = \dfrac{\sqrt{12}}{h} \cdot l$

여기서, $h$는 두변중 짧은 변을 말한다.

② 원형단면 : $\lambda = \dfrac{l}{\sqrt{\dfrac{\pi D^4/64}{\pi D^2/4}}} = \dfrac{4l}{D}$  ( $D$ : 직경 )

### 예제 9-1

그림과 같은 구형단면을 갖는 길이 $l=4m$의 기둥에서 세장비 ($\lambda$)는 ?

**풀이**  $\lambda = \dfrac{l}{\sqrt{\dfrac{bh^3/12}{bh}}} = \dfrac{\sqrt{12}\, l}{h}$

$= \dfrac{\sqrt{12} \cdot 400}{15} = 92.38$

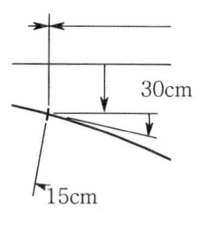

<그림 9.2>

### 예제 9-2

길이 4m의 원형단면의 기둥에서 세장비가 100이 되도록 지름 $d$를 결정하여라.

**풀이**  $\lambda = \dfrac{l}{r}$  ∴ $r = \dfrac{l}{\lambda} = \dfrac{400}{100} = 4$

$r = \sqrt{\dfrac{I}{A}} = \sqrt{\dfrac{\pi D^4/64}{\pi D^2/4}} = \sqrt{\dfrac{D^2}{16}} = \dfrac{D}{4} = 4$

∴ $D = 16$ (cm)

## 9.2 단주(短柱, short column)

기둥의 길이가 단면에 비해서 짧은 경우, 기둥의 중심 축에 하중을 작용시키면 압축응력은 단면에 일정하게 분포되고, 하중을 점차 증가시키면 압축응력이 극한에 도달하여 압축 파괴를 일으키는 기둥을 단주(short column)라고 한다.

### 9.2.1 중심 축 방향 하중을 받는 단주

부재의 도심축에 일치한 하중을 받으면 단면 내부에 평균 압축 응력을 받는다.

$$\sigma_c = \frac{P}{A} \leq \sigma_{ca} \quad \cdots\cdots\cdots\cdots\cdots\cdots\cdots\cdots\cdots\cdots\cdots\cdots\cdots\cdots\cdots\cdots\cdots\cdots\cdots\cdots\cdots\cdots\cdots\cdots\cdots\cdots\cdots\cdots\cdots\cdots\cdots\cdots\cdots\cdots\cdots\cdots\cdots\cdots\cdots\cdots\cdots\cdots (9.2)$$

여기서, $\sigma_c$ : 평균압축응력
$P$ : 중심축하중
$A$ : 단면적(b·a)
$\sigma_{ca}$ : 허용압축응력

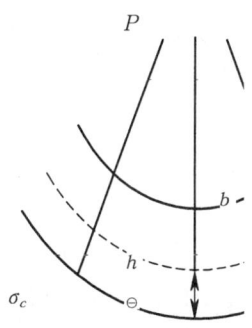

&lt;그림 9.3&gt; 중심축 방향하중을 받는 단주

최대응력을 시방서가 규정하는 안전계수(factor of safety)로 나누면 기둥의 허용 압축응력(allowable compressive stress)이 된다.

### 9.2.2 한 방향 편심을 받는 단주

그림 9.4와 같이 중심축 0에서 거리 $e_x$만큼 떨어져 힘 $P$가 작용하면, 부재는 중심축 외에 압축력 $P$가 작용하는 기둥을 편심하중을 받는 기둥이라고 하며, 도심으로부터 하중작용선 까지의 최단거리를 편심 또는 편심거리라고 한다.

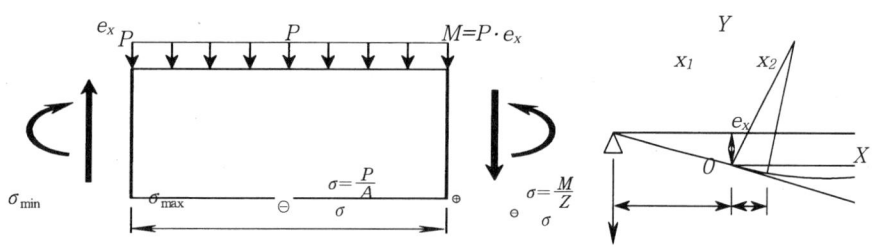

<그림 9.4> 한방향 편심을 받는 단주

이러한 상태의 기둥 단면에는 중심축에 작용하는 하중 $P$에 의하여 균일한 압축응력 $\frac{P}{A}$가 생기고, 편심거리 $e_x$에 의한 우력모멘트 $M = P \cdot e_x$가 생겨 우력모멘트로 인한 휨응력 $\sigma_b = M \cdot x / I_y$이 부재 단면에 동시에 작용하게 된다. 따라서, 편심축 하중 P를 받는 기둥단면에는 중심 축하중 P에 의한 $\sigma_c = P/A$의 균일한 압축응력과, 편심거리 $e_x$에 의해 생기는 모멘트 $M = P \cdot e_x$에 의한 휨응력 $\sigma_b = Pe_x \cdot x / I_y$의 대수합이 전압축력이다.

부호는 압축응력을 (−), 인장응력을 (+)로 표시하기로 하고, 단면에 생기는 최대응력을 $\sigma_{max}$, 최소응력을 $\sigma_{min}$로 나타내면 다음과 같은 식이 성립한다.

$$\sigma_{max} = -\frac{P}{A} - \frac{M}{I_y}x = -\frac{P}{A} - \frac{P \cdot e_x}{I_y}x = -\frac{P}{A} - \frac{M}{Z} \quad \cdots\cdots (9.3)$$

$$\sigma_{min} = -\frac{P}{A} + \frac{M}{I_y}x = -\frac{P}{A} + \frac{P \cdot e_x}{I_y}x = -\frac{P}{A} + \frac{M}{Z} \quad \cdots\cdots (9.4)$$

직사각형 단면일 경우는 다음과 같다.

압축력에 의한 압축응력 : $\sigma_c = -\frac{P}{A}$

모멘트에 의한 휨응력 : $\sigma_b = \pm \frac{M}{Z}$

편심으로 인하여 A, B점은 압축, C, D점은 인장을 받는다.

$$\sigma_A = \sigma_B = -\sigma_c - \sigma_b = -\frac{P}{A} - \frac{M}{Z}$$

$$\sigma_C = \sigma_D = -\sigma_c + \sigma_b = -\frac{P}{A} + \frac{M}{Z}$$

$$\therefore \ \sigma = -\frac{P}{A} \pm \frac{M}{Z} = -\frac{P}{ba} \pm \frac{P \cdot e_x}{ba^2/6} = -\frac{P}{ba}\left(1 \pm \frac{6e}{a}\right) \quad \cdots\cdots\cdots\cdots (9.5)$$

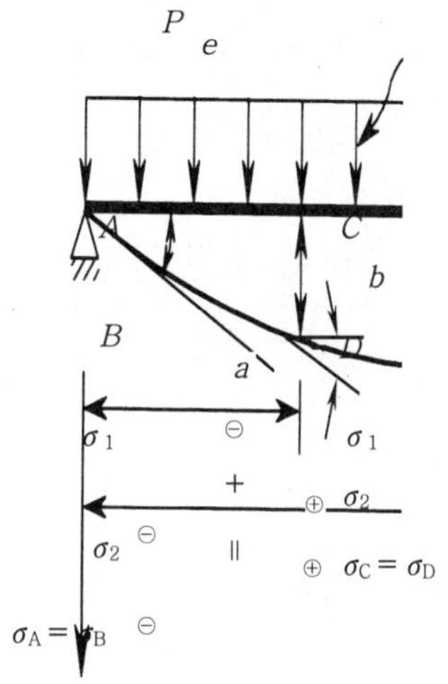

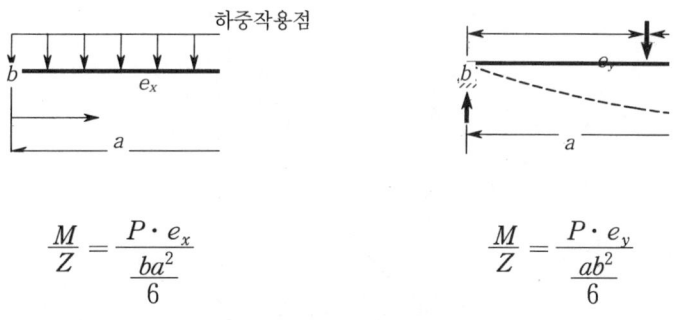

<그림 9.5> 한방향 편심을 받는 단주

또한, 구형단면 단주에서 높이를 구할 경우 하중이 작용하는 축이 높이가 된다.

$$\frac{M}{Z} = \frac{P \cdot e_x}{\frac{ba^2}{6}} \qquad\qquad \frac{M}{Z} = \frac{P \cdot e_y}{\frac{ab^2}{6}}$$

<그림 9.6>

## 예제 9-3

다음 그림과 같이 한방향 편심 축하중이 재하될 때 응력분포도를 구하라.

**풀이** ① 중심 축방향 압축력에 의한 응력 : $\sigma_c$

$P = 30 \times 10^3 \,(\text{kgf})$,

$A = 20 \times 40 = 800 \,(\text{cm}^2)$

$\sigma_c = -\dfrac{P}{A} = -\dfrac{30 \times 10^3}{800} = -37.5 \,(\text{kgf/cm}^2)$

② 모멘트에 의한 휨응력 : $\sigma_b$

$$M = P \cdot e = 30 \times 10^3 \times 10 = 30 \times 10^4 \text{ (kgf} \cdot \text{cm)}$$

$$Z = \frac{ba^2}{6} = \frac{20 \times 40^2}{6} = 5,333 \text{ (cm}^3\text{)}$$

$$\sigma_b = \pm \frac{30 \times 10^4}{5,333} = \pm 56.25 \text{ (kgf/cm}^2\text{)}$$

③ 최대, 최소응력

$$\sigma = \sigma_c + \sigma_b = -37.5 \pm 56.25$$

$$\sigma_{max} = \sigma_A = \sigma_D = -37.5 - 56.25 = -93.75 \text{ (kgf/cm}^2\text{)}$$

$$\sigma_{min} = \sigma_B = \sigma_C = -37.5 + 56.25 = 18.75 \text{ (kgf/cm}^2\text{)}$$

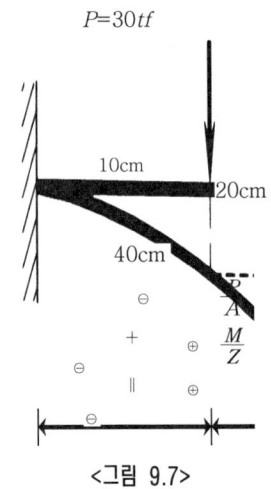

<그림 9.7>

## 9.2.3 두 방향 편심축 하중이 작용하는 단주

그림 9.8과 같이 하중 P가 $x$, $y$ 두 축에 편심되어 작용하는 경우 작용점($e_x$, $e_y$)에 대한 $x$축의 모멘트는 $M_x = P \cdot e_y$로 표현되고, $y$축의 모멘트는 $M_y = P \cdot e_x$로 나타낼 수 있다.

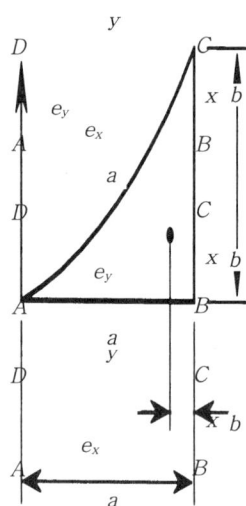

<그림 9.8> 두방향 편심축하중을 받는 단주

부재 단면의 각점 A, B, C, D의 응력은 아래와 같이 계산된다.

① 중심 축방향 압축응력 : $\sigma_c = -\dfrac{P}{A}$

② $x$축 방향의 휨응력 : $\sigma_x$ (높이→b, 폭→a)

$$M_x = P \cdot e_y, \quad Z_x = \frac{ab^2}{6}$$

$$\therefore \sigma_x = \frac{M_x}{Z_x} = \frac{6Pe_y}{ab^2} \quad \cdots\cdots (9.6)$$

A, B점 : 압축 ($x$축을 기준으로 하중이 작용하는 측)
C, D점 : 인장

③ $y$축 방향의 휨응력 : $\sigma_y$ (높이→a, 폭→b)

$$M_y = P \cdot e_x, \quad Z_y = \frac{a^2 b}{6}$$

$$\therefore \sigma_y = \frac{M_y}{Z_y} = \frac{6Pe_x}{a^2 b} \quad \cdots\cdots (9.7)$$

A, D점 : 압축 ($y$축을 기준으로 하중이 작용하는 측)
B, C점 : 인장

따라서, 기둥단면의 임의 점 ($x$, $y$)의 응력은 다음식으로 나타낼 수 있다.

$$\therefore \sigma = -\sigma_c \pm \sigma_x \pm \sigma_y = -\frac{P}{ab} \pm \frac{6Pe_y}{ab^2} \pm \frac{6Pe_x}{a^2 b} \quad \cdots\cdots (9.8)$$

또한, 각점의 응력은 $x$, $y$ 두축의 휨응력에 대한 인장과 압축을 고려하여 아래의 식으로 나타낼 수 있다.

$$\sigma_A = -\sigma_c - \sigma_x - \sigma_y$$
$$\sigma_B = -\sigma_c - \sigma_x + \sigma_y$$
$$\sigma_C = -\sigma_c + \sigma_x + \sigma_y$$
$$\sigma_D = -\sigma_c + \sigma_x - \sigma_y$$

### 예제 9-4

그림과 같은 구형단면을 갖는 단주에 $P = 20(\text{tonf})$이 작용할 때 A, B, C, D점에 생기는 응력을 구하여라. ($e_x = 7\text{cm}$, $e_y = 4\text{cm}$)

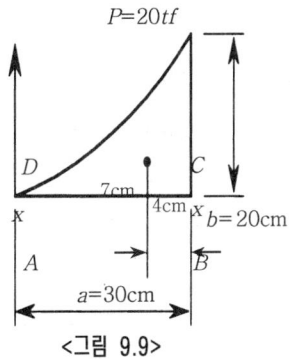

<그림 9.9>

**풀이** ① 중심 축방향 압축응력 :

$$\sigma_c = \frac{P}{A} = \frac{20 \times 10^3}{20 \times 30} = 33.33 (\text{kgf/cm}^2)$$

② $x$축 방향의 휨응력 :

$$\sigma_x = \frac{M_x}{Z_x} \text{에서}$$

$$M_x = P \cdot e_y = 20 \times 10^3 \times 4 = 80,000 (\text{kgf} \cdot \text{cm})$$

$$Z_x = \frac{ab^2}{6} = \frac{30 \times 20^2}{6} = 2,000 \ (\text{cm}^3)$$

$$\therefore \sigma_x = \frac{M_x}{Z_x} = \frac{80,000}{2,000} = 40 (\text{kgf/cm}^2)$$

③ $y$축 방향의 휨응력 :

$$\sigma_y = \frac{M_y}{Z_y} \text{에서}$$

$$M_y = P \cdot e_x = 20 \times 10^3 \times 7 = 140,000 (\text{kgf} \cdot \text{cm})$$

$$Z_y = \frac{a^2 b}{6} = \frac{30^2 \times 20}{6} = 3,000 \ (\text{cm}^3)$$

$$\therefore \sigma_y = \frac{140,000}{3,000} = 46.67 (\text{kgf/cm}^2)$$

④ 따라서, 기둥단면의 임의 점 $(x, y)$의 응력은 다음식으로 나타낼 수 있다.

$$\therefore \sigma = -\sigma_c \pm \sigma_x \pm \sigma_y = -33.33 \pm 40 \pm 46.67$$

각 점의 인장과 압축을 고려하여 계산하면,

$$\sigma_A = -\sigma_c + \sigma_x + \sigma_y = -33.33 + 40 + 46.67 = 53.34 \ (\text{kgf/cm}^2)$$

$$\sigma_B = -\sigma_c + \sigma_x - \sigma_y = -33.33 + 40 - 46.67 = -40 \ (\text{kgf/cm}^2)$$

$$\sigma_C = -\sigma_c - \sigma_x - \sigma_y = -33.33 - 40 - 46.67 = -120 \ (\text{kgf/cm}^2)$$

$$\sigma_D = -\sigma_c - \sigma_x + \sigma_y = -33.33 - 40 + 46.67 = -26.66 \ (\text{kgf/cm}^2)$$

## 9.3 단면의 핵(Core), 핵점(Core Point)

단면에서 최대응력을 나타내는 $\sigma_{max}$ 의 값은 항상(-)로 되어 압축응력이 되지만, 최소응력을 나타내는 $\sigma_{min}$ 는 편심거리 $e$의 크기에 따라 압축 또는 인장응력을 일으키게 된다.

기둥은 압축응력을 받는 부재이므로, 기둥 단면의 어느 부분에서도 인장응력이 생기는 것을 피하는 것이 좋다.

특히, 콘크리트와 같이 인장강도가 작은 재료로 만든 단주는, 그 단면에 인장응력이 생기면 대단히 위험하므로 인장응력을 생기지 않게 하는 편심거리 $e$를 구하고, 단면의 중심으로부터 편심거리 이내에 하중을 작용시키면 인장응력이 생기지 않게 된다.

이와 같이 단면내에 압축응력만 일어나는 하중의 편심거리 한계점을 핵점(Core point)이라 하고, 핵점에 의해 둘러 쌓여 있는 부분을 핵(Core)이라 한다.

단주는 압축응력을 받는 부재이므로 어느 부분도 인장응력이 생기지 않게 하기 위한 편심거리를 구하기 위해 인장응력과 압축응력이 같아지는 즉, $\sigma=0$으로 놓으면,

$$\sigma = -\frac{P}{A} + \frac{M}{I}y \quad \cdots\cdots\cdots\cdots\cdots\cdots\cdots\cdots\cdots\cdots\cdots\cdots\cdots\cdots\cdots\cdots\cdots (9.9)$$

식 (9.9)에서 $\sigma=0$이므로 $\dfrac{P}{A}=\dfrac{P\cdot e}{I}y$

$$\therefore e = \frac{I}{Ay} = \frac{r^2}{y} \quad \cdots\cdots\cdots\cdots\cdots\cdots\cdots\cdots\cdots\cdots\cdots\cdots\cdots\cdots\cdots (9.10)$$

여기서, $r$ : 회전반지름 $r=\sqrt{\dfrac{I}{A}}$

$y$ : 도심거리

$e$ : 도심에서 핵까지의 거리

$e$의 값이 $\dfrac{r^2}{y}$ 보다 작은 범위내에($e<\dfrac{r^2}{y}$) 하중이 작용할 때는 단면에 인장력이 생기지 않는다. 이 $e$의 값을 단면의 핵거리라고 말한다. 즉, 하중의 작용점이 핵거리 이내에 있으면 인장력이 일어나지 않는다.

(1) 구형 단면의 경우

① $x$축에 대해 : $I_x = \dfrac{bh^3}{12}$, $A=bh$, $y=\dfrac{h}{2}$

$r_x^2 = \dfrac{I_x}{A} = \dfrac{bh^3/12}{bh} = \dfrac{h^2}{12}$

$e_y = \dfrac{r_x^2}{y} = \dfrac{h^2/12}{h/2} = \dfrac{h}{6}$

② $y$축에 대해 : $I_y = \dfrac{hb^3}{12}$, $A=bh$, $x=\dfrac{b}{2}$

$r_y^2 = \dfrac{I_y}{A} = \dfrac{hb^3/12}{bh} = \dfrac{b^2}{12}$

$e_x = \dfrac{r_y^2}{x} = \dfrac{b^2/12}{b/2} = \dfrac{b}{6}$

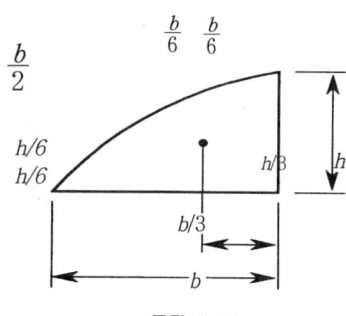

<그림 9.10>

(2) 원형 단면인 경우

$$I = \frac{\pi D^4}{64}, \quad A = \frac{\pi D^2}{4}, \quad y = \frac{D}{2}$$

$$r_x^2 = \frac{I}{A} = \frac{\pi D^4/64}{\pi D^2/4} = \frac{D^2}{16}$$

$$e = \frac{r^2}{y} = \frac{D^2/16}{D/2} = \frac{D}{8}$$

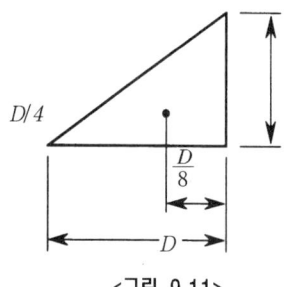

<그림 9.11>

### 예제 9-5

도심에서 핵거리 $e$와의 면적은?

**풀이** $\sigma = \dfrac{P}{A} - \dfrac{M}{Z} = 0$ 에서

$$\frac{P}{\pi r^2} - \frac{P \cdot e}{\pi (2r)^3/32} = 0$$

$$\therefore e = \frac{8\pi r^3}{32} \cdot \frac{1}{\pi r^2} = \frac{r}{4}$$

면적 $= \pi e^2 = \pi \left(\dfrac{r}{4}\right)^2 = \dfrac{\pi r^2}{16}$

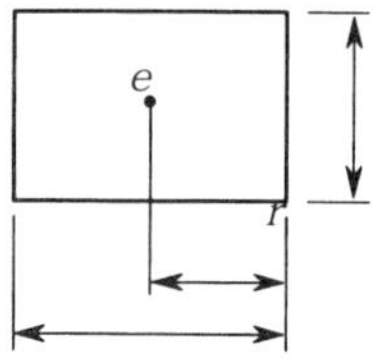

<그림 9.12>

(3) 삼각형 단면인 경우

① $x$축에 대해: $I_x = \dfrac{bh^3}{36}, \quad A = \dfrac{bh}{2}, \quad y_1 = \dfrac{2h}{3}, \quad y_2 = \dfrac{h}{3}$

$$r_x^2 = \frac{I_x}{A} = \frac{bh^3/36}{bh/2} = \frac{h^2}{18}$$

$$e_{y1} = \frac{r_x^2}{y_1} = \frac{h^2/18}{2h/3} = \frac{h}{12}$$

$$e_{y2} = \frac{r_x^2}{y_2} = \frac{h^2/18}{h/3} = \frac{h}{6}$$

② $y$축에 대해: $I_y = \dfrac{h(b/2)^3}{12} \times 2 = \dfrac{hb^3}{48}$

$$A = \frac{bh}{2}, \quad x = \frac{b}{2} \cdot \frac{2}{3} = \frac{b}{3}$$

$$r_y^2 = \frac{I_y}{A} = \frac{hb^3/48}{bh/2} = \frac{b^2}{24}$$

$$e_x = \frac{r_y^2}{x} = \frac{b^2/24}{b/3} = \frac{b}{8}$$

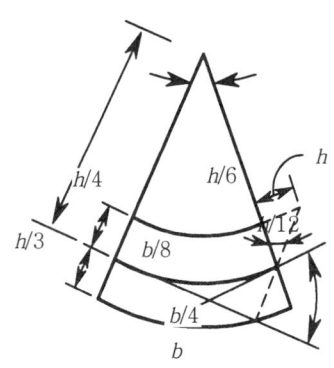

<그림 9.13>

### (4) I형 단면인 경우

① $x$축에 대해 : $y = \dfrac{h}{2}$

$$r_x^2 = \dfrac{I_x}{A}$$

$$e_y = \dfrac{r_x^2}{y} = \dfrac{I_x}{A \cdot (h/2)}$$

② $y$축에 대해 : $x = \dfrac{b}{2}$

$$r_y^2 = \dfrac{I_y}{A}$$

$$e_x = \dfrac{r_y^2}{x} = \dfrac{I_y}{A \cdot (b/2)}$$

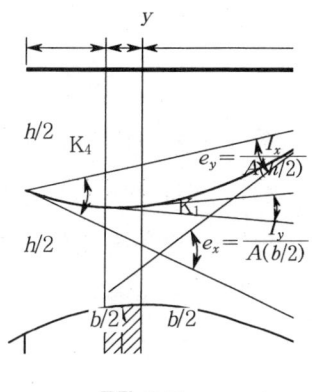

<그림 9.14>

## 9.4 장주(長柱, long column)

앞에서 언급한 바와 같이 단주의 경우는 압축응력에 의해 지배를 받지만, 기둥의 길이가 단면에 비하여 상당히 커서 기둥이 좌굴현상을 일으키고 좌굴에 의한 좌굴응력에 의해 지배를 받는 기둥을 장주라고 한다.

축 방향 압축력을 받는 장주는 하중이 좌굴하중 이내에 있는 경우 기둥이 받는 응력은 압축력이지만, 좌굴하중($P_B$)에 이르면 직선을 유지하고 있던 기둥은 휘어지기 시작한다.

축이 완전히 직선이고 균일한 재료로 만들어진 장주에 축방향 압축력이 작용하는 경우에 장주의 좌굴하중에 대해서는 1759年 오일러(Leonard Euler : 1707~1783)에 의해 가장 먼저 연구된 것으로서 Euler의 좌굴이론 이라고 하며, 장주의 해석은 좌굴이 생기기 직전까지의 하중 즉, 좌굴하중($P_B$)을 구하고 그때의 좌굴응력($\sigma_B$)을 구하는 것이다.

또한, 장주를 해석하는데는 정확한 해가 없고 여러 가지 실험식이 발표되었으나 가장 일반적으로는 오일러의 이론식(Euler's formula)에 의해 해석된다.

일반적으로, 장주는 양단의 지지상태에 따라 아래와 같은 4종류로 구별할 수 있으며, 각각 양단부의 지지상태에 따라 기둥의 세기도 달라진다.

### 9.4.1 양단 힌지의 기둥

그림 9.15는 길이가 $l$인 장주로 양단부 AB가 모두 단순지지(hinge)되고 중심축에 압축하중 $P$를 받아서 좌굴된다고 생각하자. 하중 $P$가 임계하중 $P_{cr}$에 도달하기 전에는 횡하중이 작용하여 미소한 처짐이 발생해도 횡하중 제거 후에는 처짐이 없어지는 평형은 안정한 상태이나, 하중 $P$가 임계하중 $P_{cr}$에 도달하면 미소한 횡하중이 작용한 후 하중을 제거해도 처짐이 발생하는 중립평형상태가 된다.

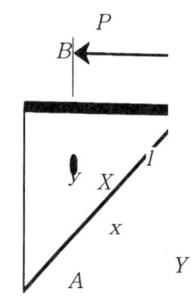

<그림 9.15> 양단힌지의 기둥

또한, 하중 $P$가 임계하중 $P_{cr}$의 값을 넘어서면 기둥은 불안정하게 되고 횡좌굴로 인해서 파괴가 일어나며 임계하중 $P_{cr}$을 좌굴하중이라고도 한다.

그림 9.15의 기둥 양단에 $X$, $Y$축을 취하고 $A$점으로부터 임의의 거리 $x$점에서의 처짐을 $y$라고 하면, 기둥의 좌굴하중은 다음과 같이 처짐곡선의 미분방정식으로부터 구할 수 있다. (10.2 이중적분법 참조)

$$\frac{1}{\rho} = -\frac{M}{EI} = \frac{d^2y}{dx^2} \quad \cdots\cdots (a)$$

따라서,

$$\frac{d^2y}{dx^2} = -\frac{M}{EI} \quad \cdots\cdots (b)$$

$x$점에서의 휨모멘트 $M = P \cdot y$를 식(b)에 대입하면

$$\frac{d^2y}{dx^2} = -\frac{P}{EI}y \quad \cdots\cdots (c)$$

여기에서 $\frac{P}{EI} = k^2$라고 놓고 식(c)에 대입하면

$$\frac{d^2y}{dx^2} + k^2y = 0 \quad \cdots\cdots (d)$$

이 미분방정식의 일반적인 해를 구하면

$$y = C_1 \sin kx + C_2 \cos kx \quad \cdots \cdots (e)$$

여기에서, 경계조건을 이용하여 적분상수를 구하면,

① $x=0$일 때, $y=0$, 이므로 식(e)에 대입하면,

$$y(0) = C_1 \sin k(0) + C_2 \cos k(0) = 0$$

여기서, sin(0)=0 이므로 Bcos(0)=0가 되어야 한다.

$$\therefore C_2 = 0$$

② $x=l$일 때, $y=0$, 이므로 식(e)에 대입하면,

$$y(l) = C_1 \sin kl + C_2 \cos kl = 0$$

여기서, $C_2$=0 이므로 $C_1$sin$kl$=0이 되어야 한다.
$C_1$은 적분상수 이므로 $C_1=0$인 것은 의미가 없고, sin$kl$=0가 되어야 한다.
sin$kl=0$을 만족시키기 위한 조건은 $kl=n\pi$, 단, $n=0, 1, 2, 3\cdots$이 된다.

$\therefore kl = n\pi$ ($n=1, 2, 3\cdots$) 이므로,

$k = \dfrac{n\pi}{l}$을 $k^2 = \dfrac{P_b}{EI}$에 대입하여 $P_b$에 관하여 정리하면

$$\therefore P_b = k^2 \cdot EI = \frac{n^2 \pi^2 EI}{l^2} \quad \cdots \cdots (f)$$

좌굴하중을 $P_b$라 하고 무수하게 많은 $P_b$의 값 중 $n=1$일 때 최소이므로

$$\therefore P_b = \frac{\pi^2 EI}{l^2} \quad \cdots \cdots (9.11)$$

식(9.11)을 Euler의 장주공식이라고 한다. 여기서 $P_b$는 좌굴하중을 말하며, 이 이상을 초과하게 되면 장주에서는 좌굴현상을 일으키게 되며, 안전하중은 좌굴하중 $P_b$를 안전율로 나눈 값이 된다. 또한, 좌굴하중을 응력으로 나타내면

$$\therefore \sigma_b = \frac{P_b}{A} = \frac{\pi^2 EI}{Al^2} = \frac{\pi^2 E}{(l/r)^2} = \frac{\pi^2 E}{\lambda^2} \quad \cdots \cdots (9.12)$$

여기서, $\sigma_b$를 좌굴응력(critical stress)이라 한다.

## 예제 9-6

길이 $4m$의 I형강을 양단힌지 기둥으로 사용할 때 시방서에 의한 허용축하중 $P_b$의 값은 얼마인가?

(단, $r_x = 10.2$cm, $r_y = 3.8$cm, $A = 70$ cm$^2$, $E = 2.1 \times 10^6$ kgf/cm$^2$)

**풀이** 단면2차 회전반경이 작은 $r_y$를 사용하여 세장비를 구하면,

$$\lambda = \frac{l}{r} = \frac{400}{3.8} = 105.3 > 100$$

∴ λ>100이므로 장주로 계산한다.

시방서에 의한 장주의 좌굴응력에 대한 공식을 적용하면,

$$\sigma_b = 7200000/\lambda^2 = 649.3 \ (\text{kgf/cm}^2)$$

따라서, 좌굴응력에 단면적을 곱한 좌굴하중은 다음과 같다.

$$\therefore P_b = \sigma_b \cdot A = 649.3 \times 70 = 45454 \ (\text{kgf})$$

### 9.4.2 일단자유, 타단고정인 기둥

그림 9.16과 같이 길이가 $l$인 장주의 $A$단은 고정단(fixed end)이고, $B$단은 자유단(free end)인 경우 중심축에 압축하중 $P$를 받아서 좌굴 된다고 생각하자.

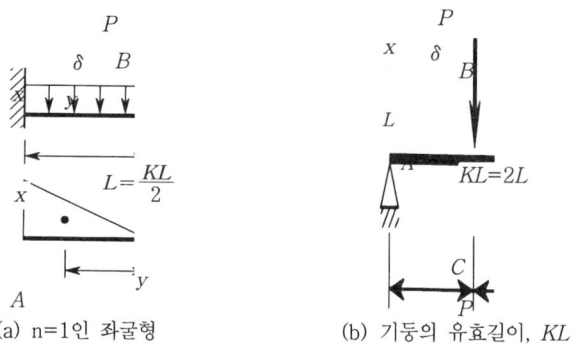

<그림 9.16> 일단자유 타단고정인 기둥

이러한 기둥은 $B$단이 자유로이 휘어치므로 가장 약한 기둥이며, 그림9.15(a)의 일단자유, 타단고정인 장주는 기둥의 길이 AB의 2배가 그림 9.15(b)의 양단 단순지지(hinge)인 경우의 좌굴형태와 비교하여, 똑 같으므로 앞 절과 같은 유도과정을 나타낸다.

그림 9.16(a)과 같이 A점으로부터 거리 $x$에 있는 기둥의 수평처짐은 $y$이다. 이 점에서의 모멘트는 다음과 같이 나타난다.

$$M = -P(\varDelta - y)$$

여기서, Δ는 자유단에서의 처짐이고, 탄성곡선 식에 대입하면,

$$\frac{d^2y}{dx^2} = -\frac{M_x}{EI} = \frac{1}{EI}P(\varDelta - y) \quad \cdots\cdots (a)$$

식 (a)에서 $\frac{P}{EI} = k^2$라고 놓으면, (a)는 다음과 같다.

$$\frac{d^2y}{dx^2} + k^2 y = k^2 \varDelta \quad \cdots\cdots (b)$$

식(b)에 대한 미분방정식의 일반해를 구하면

$$y = C_1 \sin kx + C_2 \cos kx + \Delta \quad \text{..................................................} \quad (c)$$

여기에서, 경계조건을 이용하여 적분상수를 구하면,

① $x=0$일 때, $y=0$, 이므로 식(c)에 대입하면,

$$y(0) = C_1 \sin(0) + C_2 \cos(0) + \Delta = 0$$

$$\therefore C_2 = -\Delta \quad \text{..................................................} \quad (d)$$

② $x=0$일 때, $\dfrac{dy}{dx}=0$ 이므로 식(c)를 미분하여 대입하면,

$$y'(0) = C_1 k \cos(0) - C_2 k \sin(0) = 0$$

$$\therefore C_1 = 0 \quad \text{..................................................} \quad (e)$$

따라서, 식(c)로부터 처짐곡선은 아래와 같이 표현할 수 있다.

$$y = \Delta(1 - \cos kx) \quad \text{..................................................} \quad (f)$$

또한, 기둥 상단의 경계조건으로부터

③ $x=l$일 때, $y(l) = \Delta$ 이므로 식(f)에 대입하면,

$$\Delta = \Delta(1 - \cos kl) \quad \text{..................................................} \quad (g)$$

$$\therefore \Delta \cos kl = 0$$

여기서, $\Delta=0$는 좌굴이 일어나지 않는 경우이므로 $\Delta=0$인 것은 의미가 없고, $\cos kl = 0$가 되어야 한다.

$$\therefore kl = \dfrac{n\pi}{2} \quad (n=1, 3, 5 \cdots\cdots) \text{ 이므로,}$$

$k = \dfrac{n\pi}{2l}$ 을 $k^2 = \dfrac{P_b}{EI}$ 에 대입하여 $P_b$에 관하여 정리하면

$$\therefore P_b = k^2 \cdot EI = \dfrac{n^2 \pi^2 EI}{(2l)^2} \quad \text{..................................................} \quad (h)$$

좌굴하중을 $P_b$라 하고 무수하게 많은 $P_b$의 값 중 $n=1$일 때 최소이므로

$$\therefore P_b = \dfrac{\pi^2 EI}{(2l)^2} = \dfrac{\pi^2 EI}{4l^2} \quad \text{..................................................} \quad (9.13)$$

또한, 좌굴하중을 단면적으로 나눈 좌굴응력은 아래와 같다.

$$\therefore \sigma_b = \dfrac{P_b}{A} = \dfrac{\pi^2 EI}{4Al^2} = \dfrac{\pi^2 E}{4(l/r)^2} = \dfrac{\pi^2 E}{4\lambda^2} \quad \text{..................................................} \quad (9.14)$$

### 9.4.3 일단회전, 타단고정의 기둥

그림 9.17과 같이 길이가 $l$인 장주의 $A$단은 고정단(fixed end)이고, $B$단은 단순지지(hinge)인 경우 중심축에 압축하중 $P$를 받아 좌굴되는 경우를 생각하자.

320 응용역학 구조

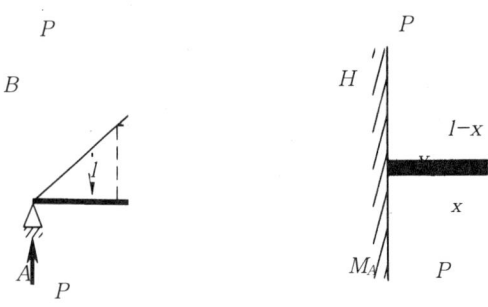

<그림 9.17> 일단회전 타단고정의 기둥

그림과 같이 하중이 작용하면 $A$단에만 고정모멘트 $M_A$가 작용한다. 그러므로 모멘트의 평형조건 ($\sum M = 0$)을 만족시키기 위해서는 양단 $A$, $B$점에 크기가 같고 작용방향이 서로 반대인 수평력 $H = \dfrac{M_A}{l}$가 각각 생긴다.

또한, 임의 점의 휨모멘트는 $M_x = Py - H(l-x)$ 이고, 탄성곡선 식에 대입하면,

$$\frac{d^2 y}{dx^2} = -\frac{M_x}{EI} = \frac{1}{EI}\{Py - H(l-x)\} \quad \cdots\cdots (a)$$

식 (a)에서 $\dfrac{P}{EI} = k^2$라고 놓고, 미분방정식의 일반해를 구하면

$$y = C_1 \sin kx + C_2 \cos kx + \frac{H(l-x)}{P} \quad \cdots\cdots (b)$$

여기에서, 경계조건을 이용하여 적분상수를 구하면,

① $x = 0$일 때, $y = 0$, 이므로 식(b)에 대입하면,

$$y(0) = C_1 \sin(0) + C_2 \cos(0) + \frac{H(l)}{P} = 0$$

$$\therefore C_2 + \frac{Hl}{P} = 0 \quad \cdots\cdots (c)$$

② $x = 0$일 때, $\dfrac{dy}{dx} = 0$ 이므로 식(b)를 미분하여 대입하면,

$$y'(0) = C_1 k \cos(0) - C_2 k \sin(0) - \frac{H}{P} = 0$$

$$\therefore C_1 k - \frac{H}{P} = 0 \quad \cdots\cdots (d)$$

③ $x = l$일 때, $y = 0$ 이므로 식(b)에 대입하면,

$$y(l) = C_1 \sin kl + C_2 \cos kl = 0$$

$$\therefore C_1 \tan kl + C_2 = 0 \quad \cdots\cdots (e)$$

좌굴이 일어난 상태의 기둥에서 평형상태를 구하기 위해서는 $C_1$, $C_2$, H가 전부 0이 아닌 식의 해를 구해야만 한다. 이러한 해를 얻기 위하여 식(c)와 식(d)에서 $C_1$, $C_2$를 구하여 식(e)에 대입하면 다음의 관계식을 얻을 수 있다.

$$\tan kl \fallingdotseq kl \quad\cdots\cdots\cdots\cdots\cdots\cdots\cdots\cdots\cdots\cdots\cdots\cdots\cdots\cdots\cdots\cdots\cdots\cdots\cdots\cdots\cdots\cdots\cdots \text{(f)}$$

이 식을 만족하는 $kl$의 값은 무수히 많으나 공학적 의미를 갖고 있는 최소의 값만을 취하면 $kl = 4.4934$이다. 즉, $L\sqrt{\dfrac{P_b}{EI}} = 4.4934$ 이며 좌굴하중 $P_b$는 다음과 같이 쓸 수 있다.

$$P_b = \frac{20.19EI}{l^2} \fallingdotseq \frac{2\pi^2 EI}{l^2} = \fallingdotseq \frac{\pi^2 EI}{(0.7l)^2} \quad\cdots\cdots\cdots\cdots\cdots\cdots\cdots\cdots\cdots\cdots\cdots \text{(9.15)}$$

식(9.15)에서 분모의 정확한 값은 $(0.669l)^2$에 가까운 값이다.

좌굴하중을 좌굴응력으로 나타내면

$$\therefore \sigma_b = \frac{P_b}{A} = \frac{\pi^2 EI}{A(0.7l)^2} = \frac{2\pi^2 E}{\lambda^2} \quad\cdots\cdots\cdots\cdots\cdots\cdots\cdots\cdots\cdots\cdots\cdots\cdots \text{(9.16)}$$

## 예제 9-7

그림과 같은 일단고정, 타단힌지 상태의 장주에 좌굴하중이 작용할 때 좌굴응력을 구하여라. ($E = 2.1 \times 10^6 \text{kgf/cm}^2$)

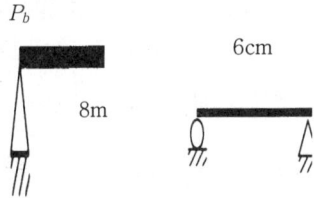

<그림 9.18>

**풀이** ① Euler의 장주 공식과 지지조건 $n=2$를 고려하면,

$$\therefore P_b = \frac{n\pi^2 EI}{l^2}$$

$$= \frac{2 \times \pi^2 \times 2.1 \times 10^6 \times \pi \times 6^4/64}{(800)^2}$$

$$= 4120.44(\text{kgf})$$

$$\therefore \sigma_b = \frac{P_b}{A} = \frac{4P_b}{\pi D^2}$$

$$= \frac{4 \times 4120.44}{\pi \times 6^2} = 145.73(\text{kgf/cm}^2)$$

② 지지조건에서 : $n=2$

원형기둥의 세장비 : $\lambda = 4l/D = 4 \times 800/6 = 533.33$

$$\therefore \sigma_b = \frac{n\pi^2 E}{\lambda^2}$$

$$= \frac{2 \times \pi^2 \times 2.1 \times 10^6}{(533.33)^2} = 145.73(\text{kgf/cm}^2)$$

### 9.4.4 양단 고정인 기둥

그림 9.19과 같이 길이가 $l$인 장주의 양단 $AB$가 고정단(fixed end)인 경우 중심축에 압축하중 $P$를 받아 좌굴되는 경우를 생각하자.

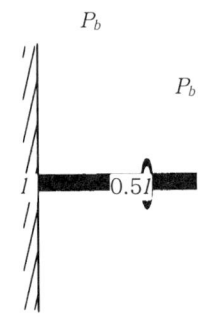

<그림 9.19> 양단고정인 기둥

그림과 같이 양단이 고정되어 있는 기둥에 축방향 압축력이 작용하면 양단에 재단모멘트 $M_A$, $M_B$가 생기고, 임의 점의 휨모멘트는 $M_x = M_A - Py$ 이다.

탄성곡선의 미분방정식에 휨모멘트 $M_x = M_A - Py$를 대입하여 정리하면,

$$\frac{d^2y}{dx^2} = -\frac{M_x}{EI} = -\frac{1}{EI}(M_A - Py) \quad \cdots \cdots (a)$$

여기서, $\dfrac{P}{EI} = k^2$ 라고 놓으면,

$$\frac{d^2y}{dx^2} = -k^2\left(y - \frac{M_A}{P}\right)$$

이 미분방정식의 일반 해를 구하면 아래와 같이 나타낼 수 있다.

$$y = C_1 \sin kx + C_2 \cos kx + \frac{M_A}{P} \quad \cdots \cdots (b)$$

적분상수 $C_1$, $C_2$를 결정하기 위하여 경계조건을 생각하면
여기에서, 경계조건을 이용하여 적분상수를 구하면,

① $x = 0$일 때, $y = 0$, 이므로 식(b)에 대입하면,

$$y(0) = C_1 \sin(0) + C_2 \cos(0) + \frac{M_A}{P} = 0$$

$$\therefore C_2 = -\frac{M_A}{P} \quad \cdots \cdots (c)$$

② $x = 0$일 때, $\dfrac{dy}{dx} = 0$ 이므로 식(b)를 미분하여 대입하면,

$$y'(0) = C_1 k \cos(0) - C_2 k \sin(0) = 0$$

$$\therefore C_1 = 0 \quad \cdots\cdots\cdots\cdots\cdots\cdots\cdots\cdots\cdots\cdots\cdots\cdots\cdots\cdots\cdots\cdots\cdots\cdots\cdots\cdots\cdots\cdots\cdots (d)$$

식(c)과 식(d)의 $C_1$, $C_2$를 식(b)에 대입하여 정리하면,

$$y = -\frac{M_A}{P} \cdot \cos kx + \frac{M_A}{P} = \frac{M_A}{P}(1-\cos kx) \quad \cdots\cdots\cdots\cdots\cdots\cdots\cdots (e)$$

③ $x = l$일 때, $y = 0$ 이므로 식(e)에 대입하면,

$$y(l) = \frac{M_A}{P}(1-\cos kl) = 0$$

$$\therefore \cos kl = 1 \quad \cdots\cdots\cdots\cdots\cdots\cdots\cdots\cdots\cdots\cdots\cdots\cdots\cdots\cdots\cdots\cdots\cdots\cdots\cdots\cdots (f)$$

④ $x = l$일 때, $\dfrac{dy}{dx} = 0$ 이므로 식(e)를 미분하여 대입하면,

$$y'(0) = k \sin kl = 0$$

$$\therefore \sin kl = 0 \quad \cdots\cdots\cdots\cdots\cdots\cdots\cdots\cdots\cdots\cdots\cdots\cdots\cdots\cdots\cdots\cdots\cdots\cdots\cdots\cdots (g)$$

식(f)과 식(g)을 동시에 만족시키는 값은 $kl = 2n\pi$, ($n = 1, 2, 3 \cdots\cdots$),

그러므로 좌굴하중을 $P_b$라 하고 $kl = 2n\pi$를 $k^2 = \dfrac{P}{EI}$에 대입하면

$$P_b = \frac{4n^2 \pi^2 EI}{l^2}$$

이 식을 만족하는 최소값은 $n = 1$일 경우이므로

$$P_b = \frac{\pi^2 EI}{(0.5l)^2} = \frac{4\pi^2 EI}{l^2} \quad \cdots\cdots\cdots\cdots\cdots\cdots\cdots\cdots\cdots\cdots\cdots\cdots (9.17)$$

여기서, $0.5l$은 그림에서 표시된 것과 같이 두 변곡점 사이의 거리이다.

좌굴하중을 고려하여 좌굴응력을 나타내면

$$\sigma_b = \frac{4\pi^2 E}{(l/r)^2} = \frac{4\pi^2 E}{\lambda^2} \quad \cdots\cdots\cdots\cdots\cdots\cdots\cdots\cdots\cdots\cdots\cdots\cdots\cdots (9.18)$$

### 예제 9-8

기둥의 길이 6.5m, 단면이 20cm×30cm이고, 양단고정인 경우 기둥의 좌굴하중을 구하시오. ($E = 2.1 \times 10^6 \, \text{kgf/cm}^2$)

**풀이** 기둥의 세장비를 구하기 위해 최소회전반경을 사용한다.

$$I_X = \frac{20 \times 30^3}{12} = 45000 \, (\text{cm}^4), \quad I_Y = \frac{30 \times 20^3}{12} = 20000 \, (\text{cm}^4)$$

$$r = \sqrt{\frac{I_Y}{A}} = \sqrt{\frac{20000}{600}} = 5.77$$

$$\therefore \lambda = \frac{l}{r} = \frac{650}{5.77} = 113 > 100$$

따라서, 장주이므로 Euler의 장주공식을 적용한다. 양단고정이므로 $n=4$

$$P_b = \frac{4\pi^2 EI}{l^2} = \frac{4 \times 3.14^2 \times 2.1 \times 10^6 \times 20000}{650^2} = 3920 \text{ (tonf)}$$

상기의 식(9.11)에서 식(9.18)까지 공통된 사항은 분모가 모두 $(kl)^2$으로 표시되고 있으며, 여기서 $kl$을 기둥의 유효길이(effective length)라고 한다.

유효길이란 그림(9.14)에서 그림(9.16)까지를 자세히 관찰하면 압축하중을 받은 기둥의 변형곡선의 변곡점과 변곡점 사이의 길이라는 것을 알 수 있다.

따라서, 유효길이 계수 $k$는 양단이 단순지지된 기둥에서는 1.0, 한단이 고정이고 타단이 자유단인 기둥에서는 2.0, 한단은 고정이고 타단이 힌지인 기둥에서는 0.7, 양단이 고정인 기둥에서는 0.5의 값을 갖는다.

또한, 상기의 식(9.11)~(9.18)까지를 오일러의 장주 공식이라고 말하며, 다음과 같은 일반형으로 나타낼 수 있다.

$$P_b = \frac{\pi^2 EI}{(kl)^2} \quad \cdots\cdots\cdots\cdots\cdots\cdots\cdots\cdots\cdots\cdots\cdots\cdots\cdots\cdots\cdots\cdots\cdots\cdots\cdots\cdots\cdots\cdots \text{(9.19)}$$
$$= n\frac{\pi^2 EI}{l^2}$$

식(9.19)의 양변을 기둥의 단면적 A로 나누고, 그 단면의 회전반경 $r = \sqrt{I/A}$을 고려하여 다음과 같은 좌굴응력을 얻을 수 있다.

$$\sigma_b = \frac{P_b}{A} = \frac{\pi^2 E}{(kl/r)^2} \quad \cdots\cdots\cdots\cdots\cdots\cdots\cdots\cdots\cdots\cdots\cdots\cdots\cdots\cdots\cdots\cdots\cdots\cdots \text{(9.20)}$$
$$= n\frac{\pi^2 E}{\lambda^2}$$

여기서, $n$은 양단지지조건에 따른 강도( $n$=1, 1/4, 2, 4)이며, 표로 나타내면 아래와 같다.

장주의 종류

|  | 일단고정, 타단자유 | 양단힌지 | 일단힌지, 타단고정 | 양단고정 |
|---|---|---|---|---|
| 지지상태 |  |  |  |  |
| 좌굴길이($l_k$) | $2l$ | $l$ | $0.7l$ | $0.5l$ |
| 좌굴하중($P_b$) | $\frac{\pi^2 EI}{(2l)^2}$ $=\frac{1}{4}\frac{\pi^2 EI}{l^2}$ | $\frac{\pi^2 EI}{(l)^2}$ $=1\frac{\pi^2 EI}{l^2}$ | $\frac{\pi^2 EI}{(0.7l)^2}$ $=2\frac{\pi^2 EI}{l^2}$ | $\frac{\pi^2 EI}{(0.5l)^2}$ $=4\frac{\pi^2 EI}{l^2}$ |
| 강도($n$) | 1/4 | 1 | 2 | 4 |

## 예제 9-9

그림과 같은 중심축하중을 받는 장주의 좌굴하중을 구하라.

($A = 10 \times 10 \text{cm}^2$, $l = 4\text{m}$, $E = 2.1 \times 10^6 \text{kgf/cm}^2$)

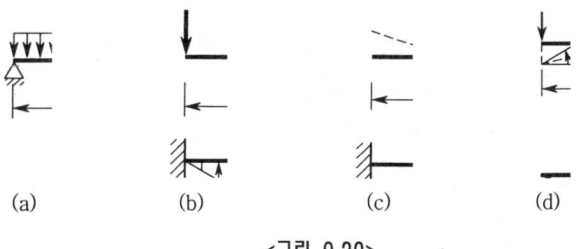

(a)　　(b)　　(c)　　(d)

<그림 9.20>

**풀이** Euler의 장주 공식과 각각의 지지조건에 대한 $n$값을 고려하면

$P_b = \dfrac{n\pi^2 EI}{l^2}$ 에서 $k = \dfrac{\pi^2 EI}{l^2}$ 이면, $P_b = nk$

$k = \dfrac{\pi^2 \times 2.1 \times 10^6 \times 10^4}{(400)^2 \times 12} = 107.9 \text{ tonf}$ 이므로

(a) $P_b = nk = \dfrac{1}{4} \times 107.9 = 27.0$ (tonf)

(b) $P_b = nk = 1 \times 107.9 = 107.9$ (tonf)

(c) $P_b = nk = 2 \times 107.9 = 215.8$ (tonf)

(d) $P_b = nk = 4 \times 107.9 = 431.6$ (tonf)

## 예제 9-10

기둥의 길이 6.5m, 단면이 20cm×30cm이고, 양단힌지인 경우 기둥의 안전하중을 구하시오. (단, 안전계수: $F.S = 2.0$, $E = 2.1 \times 10^6 \text{kgf/cm}^2$)

**풀이** ① 세장비 : 기둥의 세장비를 구하기 위해 최소회전반경을 사용한다.

$I_X = \dfrac{20 \times 30^3}{12} = 45000$ (cm$^4$), $I_Y = \dfrac{30 \times 20^3}{12} = 20000$ (cm$^4$)

$r = \sqrt{\dfrac{I_Y}{A}} = \sqrt{\dfrac{20000}{600}} = 5.77$

$\therefore \lambda = \dfrac{l}{r} = \dfrac{650}{5.77} = 113 > 100$

따라서, 장주이므로 Euler의 장주공식을 적용한다.

② 좌굴하중 계산 : 양단힌지 이므로 $n = 1$

$P_b = n\dfrac{\pi^2 EI}{l^2} = \dfrac{1 \times 3.14^2 \times 2.1 \times 10^6 \times 20000}{650^2} = 980$ (tonf)

③ 안전하중 계산

$$P_a = \frac{P_b}{F.S} = \frac{980}{2} = 490 \text{ (tonf)}$$

### 예제 9-11

그림과 같은 ㄷ형강을 양단힌지의 기둥으로 사용할 때 이 기둥의 좌굴하중을 구하여라. (단, $l = 3.2$m, $E = 2.1 \times 10^6$ kgf/cm$^2$)

**풀이** 도심 $G$를 지나는 축이 주축이다.

① 도심의 위치

$$x_0 = \frac{A_1 x_1 - A_2 x_2}{A_1 - A_2}$$

$$= \frac{10 \times 20 \times 5 - 8 \times 16 \times (2+4)}{10 \times 20 - 8 \times 16} = 3.2 \text{ (cm)}$$

$y_0 = 10$ cm ($\because X-X$축에 대칭구조)

② X, Y축에 대한 단면2차 모멘트

$$I_X = \frac{10 \times 20^3}{12} - \frac{8 \times 16^3}{12} = 3936 \text{ (cm}^4\text{)}$$

$$I_{Y1} = \frac{20 \times 10^3}{12} + 20 \times 10 \times (5-3.2)^2 = 2314.7 \text{ (cm}^4\text{)}$$

$$I_{Y2} = \frac{16 \times 8^3}{12} + (16 \times 8) \times (4-1.2)^2 = 1686.2 \text{ (cm}^4\text{)}$$

$$I_Y = I_{Y1} - I_{Y2} = 2314.7 - 1686.2 = 628.5 \text{ (cm}^4\text{)}$$

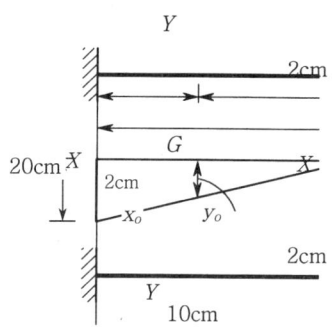

<그림 9.21>

③ X, Y축에 대한 단면2차 회전반경

$$r_x = \sqrt{\frac{I_X}{A}} = \sqrt{\frac{3936}{72}} = 7.4 \text{ (cm)}$$

$$r_y = \sqrt{\frac{I_Y}{A}} = \sqrt{\frac{628.5}{72}} = 3 \text{ (cm)}$$

기둥은 단면2차 회전반경이 작은쪽으로 좌굴하므로 $r_y$를 사용하여 세장비를 구하면,

$$\lambda = \frac{l}{r_y} = \frac{320}{3} = 107 > 100$$

따라서, 장주이므로 Euler의 장주공식을 사용한다.

$$\sigma_b = \frac{n\pi^2 E}{\lambda^2} = \frac{1 \times \pi^2 \times 2.1 \times 10^6}{(107)^2} = 1808.5 \text{ (kgf/cm}^2\text{)}$$

$$\therefore P_b = A \cdot \sigma_b = 72 \times 1808.5 = 130212 \text{ (kgf)} \fallingdotseq 130 \text{ (tonf)}$$

### 9.4.5 편심 축하중을 받는 장주(secant 공식)

그림 9.22과 같이 길이가 $l$인 장주의 양단 $A$ $B$가 단순지지(hinge)인 경우 도심으로부터 $e$만큼 편심된 곳에 압축하중 $P$를 받아 좌굴되는 경우를 고려해보자.

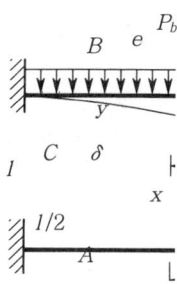

<그림 9.22> 편심 축하중을 받는 장주

그림과 같이 양단이 힌지인 기둥에 편심 축방향 압축력이 작용하면 편심거리 $e$에 의해 모멘트가 생기고, 임의 점의 휨모멘트는 $M_x = P(e+y)$ 이다.

탄성곡선의 미분방정식에 휨모멘트 $M_x = P(e+y)$를 대입하여 정리하면,

$$\frac{d^2y}{dx^2} = -\frac{M_x}{EI} = -\frac{P}{EI}(e+y) \quad \cdots\cdots (a)$$

여기서, $\dfrac{P}{EI} = k^2$라고 놓으면,

$$\frac{d^2y}{dx^2} + k^2 y = -k^2 e$$

이 미분방정식의 일반 해를 구하면 아래와 같이 나타낼 수 있다.

$$y = C_1 \sin kx + C_2 \cos kx - e \quad \cdots\cdots (b)$$

적분상수 $C_1$, $C_2$를 결정하기 위하여 경계조건을 생각하면

여기에서, 경계조건을 이용하여 적분상수를 구하면,

① $x=0$일 때, $y=0$, 이므로 식(b)에 대입하면,

$$y(0) = C_1 \sin(0) + C_2 \cos(0) - e = 0$$

$$\therefore C_2 = e \quad \cdots\cdots (c)$$

② $x=l$일 때, $y=0$ 이므로 식(b)를 미분하여 대입하면,

$$y(l) = C_1 \sin kl + e\cos kl - e = 0$$

$$\therefore C_1 = e\frac{(1-\cos kl)}{\sin kl} = e \tan \frac{kl}{2} \quad \cdots\cdots (d)$$

식(c)와 식(d)의 $C_1$, $C_2$를 식(b)에 대입하여 정리하면,

$$y = e\tan\frac{kl}{2} \cdot \sin kx + e\cos kx - e$$
$$= e(\tan\frac{kl}{2} \cdot \sin kx + \cos kx - 1) \quad \cdots\cdots (e)$$

$x = \frac{l}{2}$인 기둥 중앙에서 처짐 y=δ이므로 식(e)에 대입하면 다음과 같다.

$$y_{max} = \delta = e(\sec\frac{kl}{2} - 1) = e(\sec\sqrt{\frac{P}{EI}}\frac{l}{2} - 1) \quad \cdots\cdots (f)$$

또한, 기둥 중앙점에서 최대모멘트를 구하면,

$$M_{max} = P(\delta + e) \quad \cdots\cdots (g)$$

식(f)를 식(g)에 대입하면,

$$M_{max} = Pe(\sec\frac{kl}{2}) \quad \cdots\cdots (h)$$

축방향 압축력과 모멘트 하중이동시에 작용하는 경우 최대응력은 다음과 같다.

$$\sigma_{max} = \frac{P}{A} + \frac{M_{max}}{I} \cdot y$$
$$= \frac{P}{A} + \frac{Pey}{I}\sec\frac{kl}{2}$$

여기서, $I = A \cdot r^2$, $k = \sqrt{\frac{P}{EI}} = \frac{1}{r}\sqrt{\frac{P}{EI}}$를 대입하여 정리하면,

$$\sigma_{max} = \frac{P}{A}[1 + \frac{ey}{r^2}\sec(\frac{l}{2r}\sqrt{\frac{P}{EA}})] \quad \cdots\cdots (i)$$

또한, $\frac{l}{r}$이 0에 접근하면, $\sec(\frac{l}{2r}\sqrt{\frac{P}{EA}}) = 1$이 되므로 식(i)에서

단주의 최대압축응력은 $\sigma_{max} = \frac{P}{A}(1 + \frac{ey}{r^2})$가 된다.

식(i)에서 $\sigma_{max}$를 항복응력 $\sigma_y$로 하면, P는 $P_Y$가 되어야하며, 단부 조건에 적용될 수 있도록 유효길이 $kl$을 사용하여 다음과 같은 초월함수로 나타낼 수 있다.

$$\frac{P_Y}{A} = \frac{\sigma_y}{[1 + \frac{ey}{r^2}\sec(\frac{l}{2r}\sqrt{\frac{P}{EA}})]} \quad \cdots\cdots (9.21)$$

위의 식(9.21)을 시컨트 공식(secant formula)이라고 하며, 단주, 중간주, 장주의 모든 기둥을 표시하는 합리적인 식이나 초월함수로 표현되어 실용적이지 못하다.

## 9.5 기둥의 실험공식과 설계공식

장주에서 비례한도보다 작은 압축응력에서 좌굴이 일어날 경우에는 실험치와 Euler 공식의 이론치는 비교적 일치하고 있다. 따라서 중간주, 또는 중간주와 단주를 함께 표현할 수 있는 실험식은 설계목적을 위해서 꼭 필요한 것이다.

이들 실험공식은 임계 압축응력을 나타낸 것으로 직선공식, Rankine공식, 포물선공식 등이 사용되어 왔다. 어느 공식이 더 잘 들어 맞는지는 기둥의 재료에 따라 다르다.

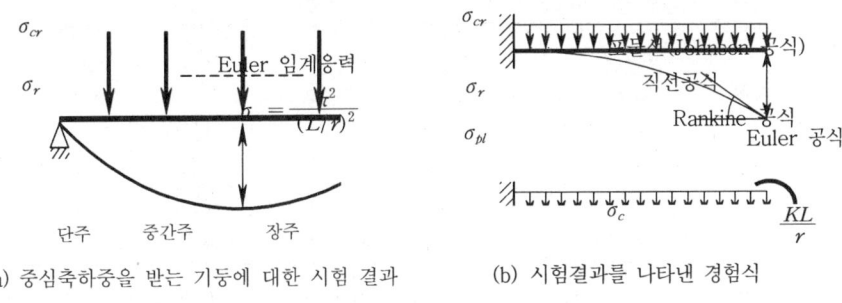

(a) 중심축하중을 받는 기둥에 대한 시험 결과    (b) 시험결과를 나타낸 경험식

<그림 9.23> 기둥의 시험결과와 경험식

그림 9.23(a)는 중심 축하중을 받는 많은 강재기둥의 파괴시험의 결과를 나타낸 것으로 임계압축응력 $\sigma_{cr}$의 시험결과가 분산되어 있으나 대략 3개 구역으로 나누어 볼 수 있다.

$KL/r$가 큰 장주에서는 Euler공식으로 좌굴파괴를 예측할 수 있고, $\sigma_{cr}$값은 강재의 탄성계수 $E$값과 유효세장비 $KL/r$에 의존하며 항복강도 $\sigma_Y$와는 관계가 없음을 알 수 있다.

그림 9.23 (b)에서는 시험결과를 근사적으로 나타낸 경험식들이 표시되어 있다. 그 어느 공식도 $KL/r$의 모든 값에 대하여 적용될 수 없기 때문에 각각 제한된 적용범위를 가진 여러 가지 공식이 사용된 재료에 맞게 개발되어 왔다.

대체로 세장비가 큰 장주는 실험치와 Euler공식이나 Rankine공식이 알맞고, 중간주 및 단주는 포물선공식이 적절하며, 직선공식도 단주와 중간주를 구분하여 적절하게 표시할 수 있다는 사실을 알 수 있다.

### 9.5.1 테트마이어(Tetmaier)공식

이 공식은 중간주의 범위에서 경계조건이 양단힌지 경우의 수 많은 기둥을 파괴 시험한 결과를 직선으로 나타낸 것으로 좌굴압축응력 $\sigma_b$를 다음과 같이 표시한 식이다.

$$\sigma_b = \sigma_c(1-a\lambda) \quad \cdots\cdots\cdots\cdots\cdots\cdots\cdots\cdots\cdots\cdots\cdots\cdots (9.22)$$

여기서, $\sigma_c$는 단주의 압축파괴강도로서, 기둥이 강재라면 항복응력 $\sigma_Y$와 같으며, 콘크리트 등과 같이 취성재료라면 압축강도를 의미한다. 계수 $a$는 재료의 기계적 성질에 따라 결정되는 상수이다.

〈표 9.1〉 테트마이어(Tetmaier)공식의 상수 (양단힌지인 경우)

| 재 료 | $\sigma_y\,(\mathrm{kgf/cm^2})$ | $a$ | $\lambda\,(\frac{l}{r})$ |
|---|---|---|---|
| 목 재 | 293 | 1.94 | 1.8~110 |
| 연 철 | 3030 | 12.9 | 10~112 |
| 연 강 | 3100 | 11.4 | 10~105 |
| 경 강 | 3350 | 6.2 | 89이하 |

일반적으로 테트마이어 공식은 세장비가 $10 \leq \lambda \leq 100$인 범위에서 적용되며, 나무기둥 및 철근콘크리트 기둥설계에 응용되고 있다.

### 9.5.2 골든랜킨(Gorden-Rankine)공식

이 공식은 양단이 단순지지된 기둥에 대하여 쓸 수 있는 실험공식이며, 단주와 중간주 뿐만 아니라 장주의 영역까지도 망라한 것이다.

좌굴압축응력을 다음과 같이 분수식의 형태로 표시한 것이다.

$$\sigma_b = \frac{\sigma_c}{1+a(kl/r)^2} \quad \cdots\cdots\cdots\cdots\cdots\cdots\cdots\cdots\cdots (9.23)$$

여기서 $\sigma_c$는 앞에서 말한 바와 같이 기둥이 강재라면 항복응력 $\sigma_Y$이고, 취성재료이면 압축강도를 의미한다. 또한, $a$는 재료의 성질에 따라 정해지는 상수이다.

〈표 9.2〉 골든랜킨(Gorden-Rankine)공식의 상수

| 재 료 | $\sigma_y\,(\mathrm{kgf/cm^2})$ | $a$ | $\lambda\,(\frac{l}{r})$ |
|---|---|---|---|
| 목 재 | 510 | 1/750 | |
| 연 철 | 2500 | 1/9000 | $\lambda=20$~250의 범위에 적용 |
| 연 강 | 3400 | 1/7500 | |
| 경 강 | 5000 | 1/5000 | |

### 9.5.3 죤슨(Johnson)공식

죤슨이 실험을 통하여 제안한 포물선 식으로, 단주와 중간주의 영역을 하나로 묶어 표시한 공식으로 현재 많은 기둥의 설계공식에서 적용되고 있다.

그 일반형은 다음과 같다.

$$\sigma_b = \sigma_c - a\lambda^2 \quad \cdots\cdots\cdots\cdots\cdots\cdots\cdots\cdots\cdots\cdots\cdots\cdots\cdots\cdots\cdots\cdots\cdots\cdots (9.24)$$

여기서, $\sigma_c$는 단주의 압축파괴강도로서, 기둥이 강재라면 항복응력 $\sigma_Y$와 같으며, 콘크리트 등과 같이 취성재료라면 압축강도를 의미한다. 계수 $a$는 중간주와 장주의 경계 세장비 등에 따라 정해지는 상수이다.

〈표 9.3〉 죤슨(Johnson)공식의 상수

| 재 료 | $\sigma_y$ (kgf/cm$^2$) | $a$ | |
|---|---|---|---|
| | | 양단힌지 | 양단고정 |
| 연 철 | 2930 | 0.05 | 0.03 |
| 연 강 | 2950 | 0.07 | 0.04 |
| 경 강 | 4220 | 0.44 | 0.16 |

### 9.5.4 도로교 시방서의 설계공식

(1) 목재기둥

① $0 < \lambda < 100$인 경우

침엽수 : $\sigma_b = 70 - 0.48\lambda$ (kgf/cm$^2$)

활엽수 : $\sigma_b = 80 - 0.58\lambda$ (kgf/cm$^2$)

② $\lambda > 100$인 경우

$$\sigma_b = \frac{220,000}{\lambda^2} \text{ (kgf/cm}^2)$$

(2) 강재기둥

① 철도교 시방서

• $0 < \lambda \leq 100$인 경우

$$\sigma_b = 1200 - 0.05\lambda^2 \text{ (kgf/cm}^2)$$

• $\lambda \geq 100$인 경우

$$\sigma_b = \frac{7,200,000}{\lambda^2} \text{ (kgf/cm}^2)$$

② 도로교 시방서

$\lambda \leq 140$인 경우

$\sigma_b = 1,050 - 0.02\lambda^2$ (kgf/cm²)

(3) 압축플랜지

① 철도교 시방서

$\sigma_b = 1200 - 0.05(\frac{l}{b})^2$ (kgf/cm²)

② 도로교 시방서

$\sigma_b = 1,200 - 0.04(\frac{l}{b})^2$ (kgf/cm²)

여기서, $b$는 플랜지의 폭이며, $l$은 고정점간의 거리 이다.

강재 SS41, SWS41등 $\sigma_Y = 2400$kgf/cm²의 경우에, $20 < KL/r \leq 93$인 중간주에 대한 허용압축응력 $\sigma_{ca}$는 다음과 같은 직선공식을 택하고 있다.

$$\sigma_{ca} = 1400 - 8.4\left(\frac{KL}{r} - 20\right) \text{ kgf/cm}^2 \quad \cdots\cdots (9.25)$$

$KL/r \leq 20$인 단주의 허용압축응력은 $\sigma_{ca} = 1400$kgf/cm²이고, $KL/r > 93$인 장주의 허용압축응력은 다음과 같이 Rankine공식의 형태를 택하고 있다.

$$\sigma_{ca} = \frac{12,000,000}{6,700 + \left(\frac{KL}{r}\right)^2} \text{ kgf/cm}^2 \quad \cdots\cdots (9.26)$$

### 예제 9-12

길이 7.0m이고 단면이 30×20cm인, 양단이 단순지지된 강재기둥의 허용하중을 계산하여라. (단, $E = 2.10 \times 10^6$ kgf/cm², $F.S = 3.0$)

**풀이** 최소단면2차모멘트 $I_{min}$와 세장비를 구하여 장주를 판단한다.

$I_{min} = \frac{30 \times 20^3}{12} = 20,000$ (cm⁴)

$A = 30 \times 20 = 600$ (cm²)

$r_{min} = \sqrt{\frac{I_{min}}{A}} = \sqrt{\frac{20000}{600}} = 5.774$ (cm)

$\lambda = \frac{kl}{r} = \frac{700}{5.774} = 121.23 > 100 \quad \therefore$ 장주

$\sigma_{cr} = \frac{1\pi^2 E}{(l/r)^2} = \frac{\pi^2 E}{\lambda^2} = \frac{\pi^2 \times 2.1 \times 10^6}{(121.23)^2} = 1410.26$ (kgf/cm²)

따라서, 허용 압축응력은

$$\sigma_{ca} = \frac{\sigma_{cr}}{F.S.} = \frac{1410.26}{3} = 470.09 \ (\text{kgf/cm}^2) = 0.47 \ (\text{tonf/cm}^2)$$

따라서, 기둥의 허용하중은

$$P_{ca} = \sigma_{ca} \cdot A = 0.47 \cdot (600) = 282.05 \,(\text{tonf})$$

## 연습문제

**1.** 그림과 같은 T형 단면과 I형 단면의 핵점 값은 얼마인가?

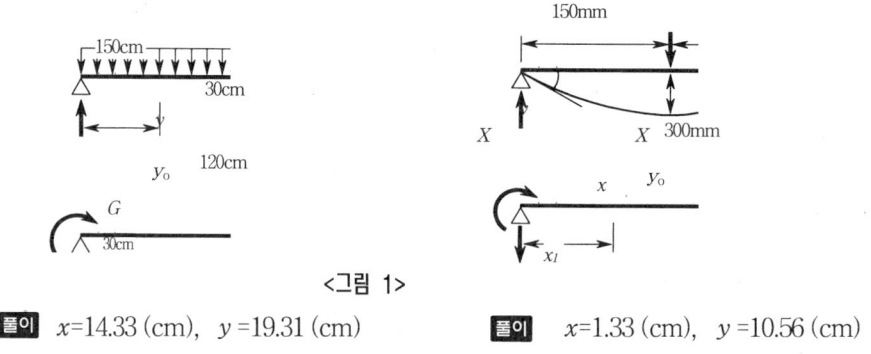

<그림 1>

풀이 $x=14.33\,(\text{cm}),\ y=19.31\,(\text{cm})$   풀이 $x=1.33\,(\text{cm}),\ y=10.56\,(\text{cm})$

**2.** 그림과 같은 직사각형 단면의 단주에 20tonf의 하중이 중심으로부터 2cm 편심되어 작용하는 경우 부재에 생기는 최대, 최소응력은 얼마인가?

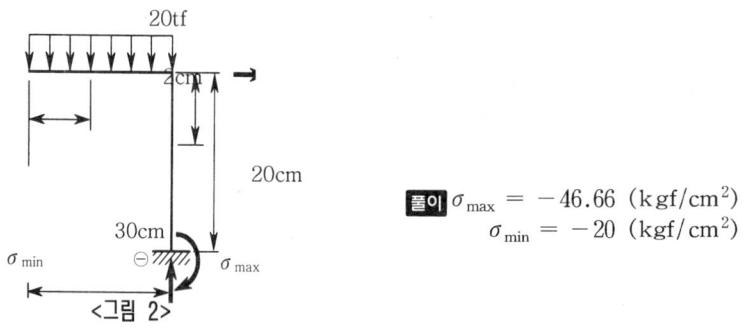

<그림 2>

풀이 $\sigma_{\max} = -46.66\ (\text{kgf/cm}^2)$
$\sigma_{\min} = -20\ (\text{kgf/cm}^2)$

**3.** 다음과 같이 편심축하중 P=10(tonf)를 받는 원형기둥에서 B점의 응력은 얼마인가?
(단, 기둥의 지름 d=20cm, 편심거리 $e_x$=5cm)

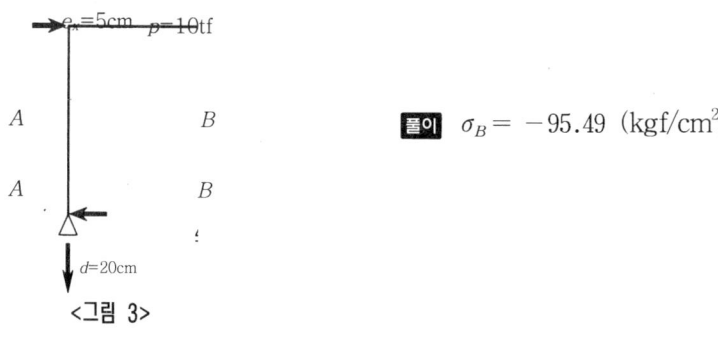

<그림 3>

풀이 $\sigma_B = -95.49\ (\text{kgf/cm}^2)$

**4** 그림과 같은 직사각형 단면의 단주에 15tonf의 하중이 중심으로부터 1m 편심되어 작용하는 경우 부재에 생기는 최대응력과 최소응력의 비는 얼마인가?

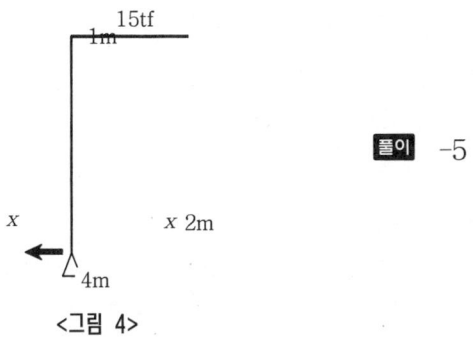

<그림 4>

**풀이** −5

**5** 그림과 같은 직사각형 단면의 단주에 20tonf의 하중이 E점에 편심되어 작용하는 경우 A, B, C, D 각점에 생기는 응력은 얼마인가?

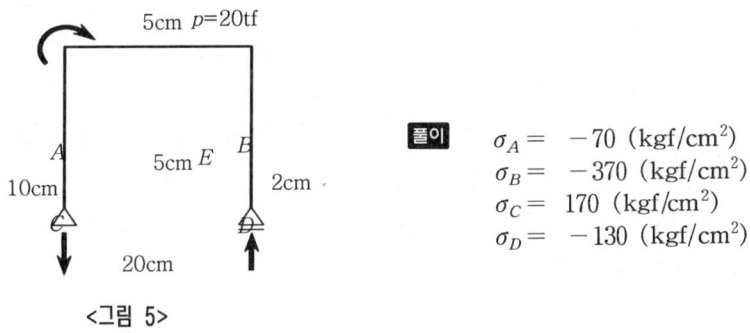

<그림 5>

**풀이**
$\sigma_A = -70 \ (\text{kgf/cm}^2)$
$\sigma_B = -370 \ (\text{kgf/cm}^2)$
$\sigma_C = 170 \ (\text{kgf/cm}^2)$
$\sigma_D = -130 \ (\text{kgf/cm}^2)$

**6** 그림과 같이 양단고정이고 길이가 2.0m인 장주의 허용좌굴하중은 얼마인가?
(단, $E = 2.1 \times 10^6 \ \text{kgf/cm}^2, \quad F.S = 3.0$)

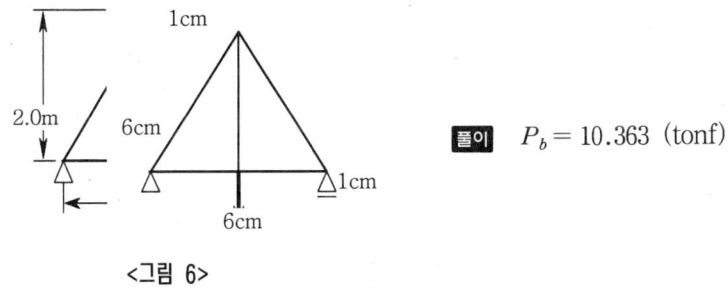

<그림 6>

**풀이** $P_b = 10.363 \ (\text{tonf})$

**7** 지지상태가 양단 힌지인 길이 8m의 원목에 P=2(tonf)의 축하중이 작용하는 경우 지름 d는 얼마가 되어야 하나? (단, $E = 80,000 \ \text{kgf/cm}^2, \quad F.S = 3.0$)

**풀이** $d = 17.74 \ (\text{cm})$

**8.** 그림과 같이 1단고정 타단힌지의 장주에 압축력이 작용할 때 이 단면의 좌굴응력 값은 얼마인가? (단, $E=2.1\times10^5\,\text{kgf/cm}^2$)

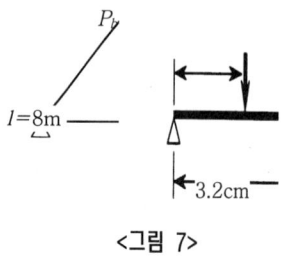

<그림 7>

**풀이** $\sigma_b = 41.45\,(\text{kgf/cm}^2)$

**9.** 양단 힌지인 중공원주에서 안지름 30cm, 바깥지름 31.2cm, 길이 12m인 원주의 허용 축하중 값을 구하여라. (단, $E=2.1\times10^6\,\text{kgf/cm}^2$, $F.S=3.0$)

**풀이** $P_b = 32.35\,(\text{tonf})$

**10.** 제원이 폭10cm, 높이15cm, 길이 3m인 직사각형 단면의 일단고정, 타단 자유단의 나무기둥이 있다. 자유단에서 안전하게 받을 수 있는 하중은 얼마인가?

(단, $E=1,000,000\,\text{kgf/cm}^2$, F.S=10.0)

**풀이** $P_b = 3,430\,(\text{kgf})$

# 제 10 장  구조물의 처짐

10.1 개 요

10.2 탄성곡선

10.3 이중적분법(Double integration method)

10.4 모멘트 면적법(Moment-area method)

10.5 탄성하중법과 공액보법

10.6 가상일의 원리와 캐스틸리아노 정리

# Chapter 10 구조물의 처짐

## 10.1 개요

구조물이 하중 등의 외력을 받으면 외력에 의한 내력이 생기며, 변형은 부재내의 휨모멘트, 축력 및 전단력 등과 같은 내력에 의하여 발생한다.

임의의 구조물에서 부재내의 응력이 탄성한도 내에 있는 경우의 변형, 즉 하중을 제거할 때 원상회복이 가능한 변형을 탄성변형(elastic deformation)이라 하고, 원상회복이 되지 않고 영구 변형을 발생시키는 변형을 소성변형(plastic deformation)이라 한다.

구조물의 탄성변형은 각점의 변위(displacement), 즉 전이(translation)와 회전각(rotation) 등으로 정량적으로 표시하거나, 구조물 내의 두점의 상대변위 혹은 접합된 그 부재의 상대 회전각 등으로 표현한다.

탄성변형 후에 부재축이 취하는 처짐곡선(deflection curve)을 탄성곡선(elastic curve)이라 한다. 하중을 받아 변형이 생긴 구조물에서 처짐곡선 상의 특정한 점의 선 변위를 처짐(deflection)이라 하고, 그 점의 접선과 변형전 부재축이 이루는 각을 기울기(slope) 또는 처짐각(angular deflection)이라 한다. 그리고, 가로 축에 점의 위치를 잡고 세로 축에 처짐을 표시한 점을 연결한 연속곡선을 처짐곡선이라고 한다.

처짐을 구하는 목적은 구조물에 기준치 이상으로 과도한 변형이 생기면 구조물의 기능이 손상될 뿐만 아니라, 미관상으로도 좋지 않고 사용자가 불안감을 느낄 수 있으며 부정정 구조물에서 부정정력을 해석할 때 처짐을 직접 이용한다는 데 있다.

처짐을 계산하는 방법은 여러 가지가 있으나 가장 기본적인 것을 열거하면 다음과 같다.

(1) 기하학적인 방법

　① 이중적분법(Double integration method) : 보 및 기둥에 적용
　② 모멘트면적법(moment area method), 탄성하중법(elastic load method), 또는 공액보법(conjugate beam method) : 보 및 라멘에 적용
　③ 중첩법(method of superposition)

(2) 에너지 방법

　① 가상일의 方法, 또는 단위하중법(unit load method) : 모든 구조물에 적용
　② Castigliano의 제2정리 : 모든 구조물에 적용

(3) 수치해석법

　① 유한차분법(Finite difference method)
　② Rayleigh-Ritz법

그러나, 구조해석에서 가장 실용적인 방법은 공액보법과 가상일의 방법이라고 할 수 있다. 이 장에서는 위에 열거한 방법 중에서 중요하고도 실용적인 방법을 몇 가지 다루기로 한다.

## 10.2 탄성곡선

보가 하중을 받으면 원래 직선이었던 축이 변형하여 곡선으로 되고 이 변형된 곡선을 탄성곡선(Elastic Curve)이라 한다. 보의 처짐 곡선 방정식을 구하기 위하여 임의의 하중을 받는 보를 아래의 그림에 나타내었다.

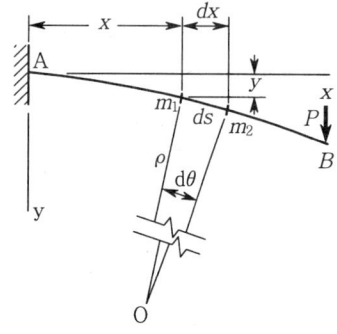

<그림 10.1> (a) Cantilever 교체

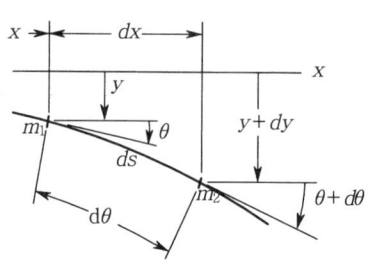

<그림 10.1> (b) 상세도

탄성곡선상의 원점으로부터 $x$만큼 떨어진 임의의 점 $m_1$에서의 보의 처짐 $y$는 $x$축으로부터 처짐곡선 까지의 $y$방향의 변위이다. 그리고 $m_1$점에서의 보의 축의 회전각 $\theta$는 $x$축과의 처짐곡선의 접선과의 사잇각이다.

처짐곡선상의 $m_1$점에서 미소 길이 $ds$만큼 떨어지고 원점으로부터는 $x+dx$ 거리만큼 떨어진 곡선상의 점 $m_2$를 생각해보자. 이 점에서의 처짐은 $y+dy$이며 여기서 $dy$는 $m_1$점에서 $m_2$점으로 움직임으로 인해 생긴 처짐의 증가분이다.

또한, $m_2$점에서의 회전각은 $\theta+d\theta$이며, 이때 $d\theta$는 회전각의 증가분이다. 2 $m_1$점과 $m_2$점에서 처짐곡선에 대한 접선들에 수직선을 그리면 그 교점은 곡률중심 (center of curvature) $O$가 되며, 곡률중심 $O$에서 곡선까지의 거리를 곡률반경 (radius of curvature) $\rho$라 한다.

$$\rho \cdot d\theta = ds, \qquad ds = \sqrt{(dx)^2+(dy)^2} = dx\sqrt{1+\left(\frac{dy}{dx}\right)^2}$$

$$\therefore \ \rho = \frac{ds}{d\theta} = \sqrt{1+\left(\frac{dy}{dx}\right)^2}\frac{dx}{d\theta}$$

여기서, $\frac{dy}{dx} = \tan\theta$이고 이 식의 양변을 $x$에 대하여 미분하면

$$\frac{d^2y}{dx^2} = \sec^2\theta\frac{d\theta}{dx} = (1+\tan^2\theta)\frac{d\theta}{dx}$$

$$\therefore \ \frac{d\theta}{dx} = \left[\frac{d^2y}{dx^2}/(1+\tan^2\theta)\right] = \left[\frac{d^2y}{dx^2}/\left(1+\left(\frac{dy}{dx}\right)^2\right)\right]$$

그리고, 그림에서 $\rho \cdot d\theta = ds$ 이므로 곡률반경의 역수인 곡률(curvature : $\frac{1}{\rho}$) 은 다음식으로 나타낸다.

$$\therefore \ \frac{1}{\rho} = \frac{d\theta}{ds} = \frac{1}{\sqrt{1+(dy/dx)^2}}\frac{d\theta}{dx} = \frac{1}{\sqrt{1+(dy/dx)^2}}\left[\frac{d^2y}{dx^2}/\left(1+\left(\frac{dy}{dx}\right)^2\right)\right]$$

$$= \frac{\dfrac{d^2y}{dx^2}}{\left\{1+\left(\dfrac{dy}{dx}\right)^2\right\}^{3/2}} \quad \cdots\cdots\cdots\cdots\cdots\cdots\cdots\cdots\cdots\cdots\cdots\cdots\cdots\cdots\cdots\cdots\cdots\cdots\cdots\cdots\cdots\cdots\cdots (10.1)$$

대부분의 보는 하중을 받을 때 아주 작은 곡률을 가진 대단히 평평한 처짐을 나타내므로 대단히 작은 회전만 일어난다. 즉, $dy/dx = \tan\theta$의 값이 극히 작게 되어 식(10.1)의 분모 항중 $(dy/dx)^2 = (\tan\theta)^2 \approx 0$에 수렴한다.

따라서, 위의 곡률에 대한 식은 다음과 같이 간단하게 표현할 수 있다.

$$\therefore \frac{1}{\rho} = \frac{d^2y}{dx^2} \quad \cdots\cdots\cdots (10.2)$$

보가 하중을 받아 그림10.2와 같이 변형되면 $\frac{bb'}{nn} = \frac{y}{\rho} = \varepsilon$ ( $\varepsilon = \frac{\triangle l}{l}$ : 변형률)이 된다.
그리고, Hooke의 법칙에서 변형률은 다음과 같다.

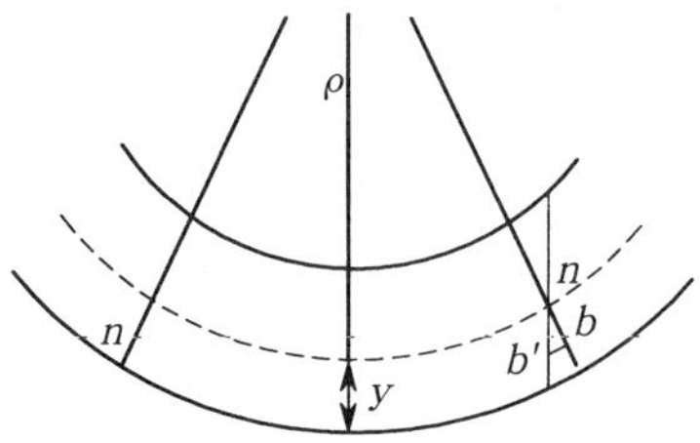

$$\sigma = E\varepsilon, \qquad \therefore \varepsilon = \frac{\sigma}{E}$$

<그림 10.2>

위의 식에서 양변을 $y$로 나누어 정리하면

$$\frac{1}{\rho} = \frac{\varepsilon}{y} = \frac{\sigma}{yE}$$

또한, 모멘트는 응력과 면적의 곱으로 표시되며 적분식으로 나타내면,

$$M = \int y\sigma dA = \int y \frac{yE}{\rho} dA = \frac{E}{\rho} \int y^2 dA \quad (\text{여기서, } \int y^2 dA = I)$$

$\therefore M = \frac{EI}{\rho}$ 이고 곡률에 관한 식으로 나타내면,

$$\frac{1}{\rho} = \frac{M}{EI} \quad \cdots\cdots\cdots (10.3)$$

식(10.2)와 식(10.3)에서 다음과 같은 관계식을 얻을 수 있다.

$$\therefore \frac{d^2y}{dx^2} = -\frac{M}{EI} \quad \cdots\cdots\cdots (10.4)$$

여기서, $EI$ : 휨강성(flexural rigidity)

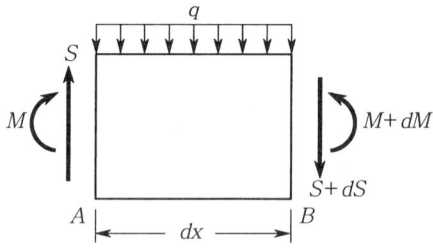

<그림 10.3> 미소 보요소의 단면력

하중과 전단력 그리고 휨모멘트의 관계를 알아보기 위해서 보의 미소부분에 대한 그림 10.3으로부터 수직력에 관한 평형조건식은 다음과 같다.

$$\sum V = 0 : S - (S + dS) - q\,dx = 0$$

$$\therefore \frac{dS}{dx} = -q \quad \cdots\cdots\cdots (a)$$

즉, 전단력은 보에 따라 변하며 $x$에 대한 그 변화율은 $-q$와 같다.
또한, 그림10.3으로부터 임의점 A점에 대한 모멘트 평형조건을 고려하면,

$$\sum M_A = 0 : M + q\,dx\left(\frac{dx}{2}\right) + (S + dS)\,dx - (M + dM) = 0$$

위의 식에서 $q\,dx\left(\frac{dx}{2}\right)$와 $dS \cdot dx$의 값은 매우 작은 미소 값이므로 무시하면

$$\therefore \frac{dM}{dx} = S \quad \cdots\cdots (b)$$

식(10.4)를 $x$에 대하여 미분하고 식(a)와 식(b)에 대입하면

$$\frac{d^3y}{dx^3} = -\frac{1}{EI}\frac{dM}{dx} = -\frac{S}{EI}$$

$$\frac{d^4y}{dx^4} = -\frac{1}{EI}\frac{dS}{dx} = \frac{q}{EI}$$

이상을 정리하면, 아래의 식을 얻을 수 있다.

$$EI\frac{d^2y}{dx^2} = -M \quad \cdots\cdots (10.5)$$

$$EI\frac{d^3y}{dx^3} = -S \quad \cdots\cdots (10.6)$$

$$EI\frac{d^4y}{dx^4} = q \quad \cdots\cdots (10.7)$$

## 10.3 이중적분법(Double integration method)

이중적분법은 탄성곡선의 미분방정식을 적분하고 경계조건을 고려하여 구조물의 변위를 계산하는 방법으로 주로 보 및 기둥의 처짐계산에 사용된다.

하중을 받는 균일단면의 보는 원호처럼 휘어지며, 그림 10.4에서 $M$은 그림 10.4에서 위치가 $x$인 단면 $m$에서의 휨모멘트 $M(x)$이고 그림과 같은 단순보의 탄성곡선을 고려한다.

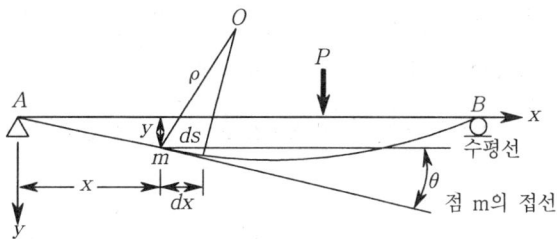

<그림 10.4>

앞 절에서 설명한 바와같이 $ds$의 양단에서의 접선에 수직한 선을 그어서 만나는 점 O를 곡률중심(center of curvature)이라 하고, 곡선 $ds$에서 곡률중심까지의 거리를 곡률반경(radius of curvature)이라 하고, 곡률반경의 역수를 곡률(curvature)이라 한다.

처짐이 대단히 작은 경우에는 탄성곡선상의 미소요소 $ds$는 $dx$와 같다고 볼 수 있다.

이 경우에 곡률반경은 $\rho = ds/d\theta$이고, 기울기는 $\theta = dy/dx$이므로 처짐이 작은 탄성곡선 상에서의 곡률을 식(10.2)와 같으며, 다음과 같이 표시할 수 있다.

$$\frac{1}{\rho} = \frac{d\theta}{ds} = \frac{d\theta}{dx} = \frac{d^2y}{dx^2} \quad \cdots\cdots\cdots\cdots\cdots\cdots\cdots\cdots\cdots\cdots\cdots\cdots\cdots\cdots\cdots\cdots\cdots\text{(a)}$$

식 (a)를 식(10.3) $\frac{1}{\rho} = \frac{M}{EI}$에 대입하면 식(10.4)와 같다.

$$\frac{dy^2}{dx^2} = -\frac{M}{EI} \quad \cdots\cdots\cdots\cdots\cdots\cdots\cdots\cdots\cdots\cdots\cdots\cdots\cdots\cdots\cdots\cdots\cdots\cdots\cdots\text{(b)}$$

식 (b)는 보의 탄성곡선 식을 구하는 기본 식으로서 사용된 부호규약은 다음과 같다.

(1) $x$, $y$축 및 처짐은 그림 10.4과 같은 경우가 양(+)이다.
(2) 기울기 $\theta$는 $x$축으로부터 시계방향으로 회전한 경우가 양이다.
(3) 휨모멘트는 보의 상부를 압축시키는 경우가 양이다.

또한, 식(b)는 보의 탄성곡선에 대한 지배 미분방정식이며, 같은 재료인 균일단면의 보의 휨강성(flexural rigidity : $EI$ )은 일정하므로 식(b)를 $x$에 관해서 적분하면,

$$\frac{dy}{dx} = -\frac{1}{EI}\int M dx + C_1 \quad \cdots\cdots\cdots\cdots\cdots\cdots\cdots\cdots\cdots\cdots\cdots\cdots\cdots\text{(10.8)}$$

여기서, $C_1$은 적분상수이며 경계조건을 적용하여 구하게 된다.

휘어진 보에서 임의 점의 기울기 $\theta$가 매우 작은 경우에는 $\frac{dy}{dx} = \tan\theta \simeq \theta$이므로 식 (10.8)은 하중을 받아서 휘어진 보에서 어떤 단면의 기울기(slope)를 나타낸다. 또한, 식(10.8)의 양변을 $x$에 관해서 적분하면, 보에서 어떤 단면의 처짐(deflection)은 다음과 같이 나타낼 수 있다.

$$y = -\frac{1}{EI}\int(\int M dx)dx + C_1 x + C_2 \quad \cdots\cdots\cdots\cdots\cdots\cdots\cdots\cdots\text{(10.9)}$$

여기서, $C_2$도 역시 적분상수이며, $C_1$, $C_2$는 모두 보의 경계조건에 따라 결정되는 미지수이다. 따라서, 보의 기울기는 식(10.8)로부터, 처짐은 식(10.9)로부터 구할 수 있다.

식 (10.9)는 지배방정식(10.4)를 두 번 적분해서 구하였기 때문에 이중적분법이라

고 한다.

상기의 식(10.8) 및 식(10.9)에서는 구하려는 위치의 x좌표 값만 대입하여 기울기와 처짐을 간단히 구할 수 있지만, 하중의 재하상태가 복잡한 경우에는 모멘트에 관한 식이 여러 가지로 표현되어 경계조건으로부터 적분상수를 구하기가 힘들다.

따라서, 이중적분법은 재하상태가 단순한 보의 변위계산에 적용하기 좋은 방법이다.

### 예제 10-1

다음 예제 그림 10.1과 같이 등분포하중이 작용하는 단순보의 처짐과 기울기를 구하는 식을 유도하고, $y_{max}$, $\theta_A$와 $\theta_B$를 구하여라. 단 $EI$는 일정하다.

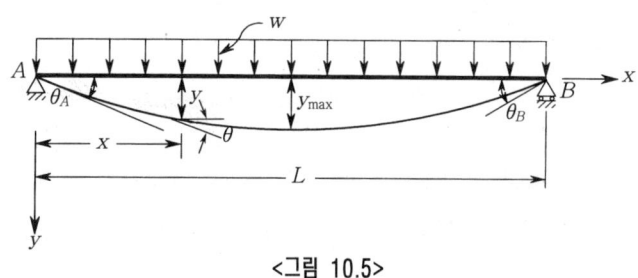

&lt;그림 10.5&gt;

**풀이** 위의 그림에서 임의 점의 처짐 및 기울기를 구하기 위하여 탄성곡선의 미분방정식을 사용한다. 지점 $A$에서 $x$만큼 떨어진 점의 휨모멘트는 다음과 같다.

$$M = \frac{\omega L}{2}x - \frac{\omega}{2}x^2 \tag{1}$$

식(a)을 탄성곡선의 미분방정식 식(10.3)에 대입하여 정리하면

$$EI\frac{d^2y}{dx^2} = -\frac{\omega L}{2}x + \frac{\omega}{2}x^2 \tag{2}$$

식(b)를 $x$에 대해 1회, 2회 각각 적분하면

$$EI\frac{dy}{dx} = -\frac{\omega L}{4}x^2 + \frac{\omega}{6}x^3 + C_1 \tag{3}$$

$$EIy = -\frac{\omega L}{12}x^3 + \frac{\omega}{24}x^4 + C_1 x + C_2 \tag{4}$$

여기서, 적분상수 $C_1$과 $C_2$는 다음과 같은 경계조건을 사용하여 구한다.

① $x = \frac{L}{2}$ 일 때 $\frac{dy}{dx} = 0$ 이므로 (3)식에 대입하면

$$0 = -\frac{\omega L}{4}(\frac{L}{2})^2 + \frac{\omega}{6}(\frac{L}{2})^3 + C_1 \qquad \therefore C_1 = \frac{\omega L^3}{24}$$

② $x = 0$ 일 때 $y = 0$ 이므로 (4)식에 대입하면

$$0 = -\frac{\omega L}{12}(0)^3 + \frac{\omega}{24}(0)^4 + C_1(0) + C_2 \qquad \therefore C_2 = 0$$

위의 적분상수 $C_1$과 $C_2$를 식(3)과 식(4)에 대입하여 정리하면

$$\theta = \frac{dy}{dx} = \frac{\omega L^3}{24EI}\left[1 - 6\left(\frac{x}{L}\right)^2 + 4\left(\frac{x}{L}\right)^3\right] \quad (5)$$

$$y = \frac{\omega L^4}{24EI}\left[\frac{x}{L} - 2\left(\frac{x}{L}\right)^3 + \left(\frac{x}{L}\right)^4\right] \quad (6)$$

식(5)와 식(6)은 임의의 점의 기울기 $\theta$와 처짐 $y$를 구하는 식이다.

지점 $A$와 $B$에서의 기울기 $\theta_A$와 $\theta_B$는 식(5)에 $x=0$ 및 $x=L$을 각각 대입하여 구할 수 있다.

$$\theta_A = \frac{\omega L^3}{24EI}(\text{시계방향}), \quad \theta_B = (-)\frac{\omega L^3}{24EI}(\text{반시계 방향})$$

또한, 본 예제와 같은 단순보의 최대처짐은 단순보의 중앙에서 일어나므로 $x = L/2$을 식 (6)에 대입하여 구할 수 있다.

$$y_{\max} = \frac{5\omega L^4}{384EI}$$

---

### 예제 10-2

그림 10.6과 같이 등분포하중이 작용하는 캔틸레버의 처짐과 기울기에 관한 식을 유도하고, $\theta_A$와 $\varDelta_A$를 구하여라. 단, $EI$는 일정하다.

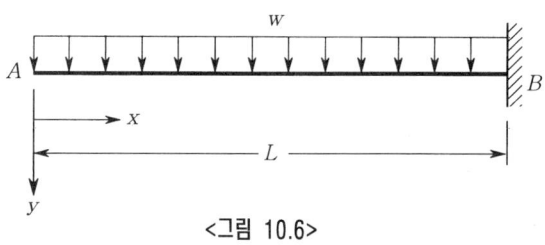

<그림 10.6>

**풀이** 좌표축을 그림과 같이 잡을 때 $A$점에서 $x$만큼 떨어진 임의의 점의 휨모멘트는

$$M = -\frac{w}{2}x^2 \quad (1)$$

식(a)을 탄성곡선의 미분방정식 식(10.3)에 대입하여 정리하면 다음과 같다.

$$EI\frac{d^2y}{dx^2} = -M = \frac{\omega}{2}x^2 \quad (2)$$

식(b)를 $x$에 대해 1회, 2회 각각 적분하면 다음과 같다.

$$EI\frac{dy}{dx} = \frac{\omega}{6}x^3 + C_1 \quad (3)$$

$$EIy = \frac{\omega}{24}x^4 + C_1x + C_2 \quad (4)$$

여기서, 적분상수 $C_1$, $C_2$는 다음과 같은 경계조건을 사용하여 구한다.

① $x = L$일 때 $\frac{dy}{dx}=0$이므로 (c)식에 대입하면

$$0 = \frac{\omega}{6}(L)^3 + C_1 \qquad\qquad \therefore C_1 = (-)\frac{\omega L^3}{6}$$

② $x = L$일 때 $y=0$이므로 (4)식에 대입하면

$$0 = \frac{\omega}{24}(L)^4 - \frac{\omega L^3}{6}(L) + C_2 \qquad \therefore C_2 = \frac{\omega L^4}{8}$$

그러므로, 위의 적분상수 $C_1$과 $C_2$를 식(3)과 식(4)에 대입하여 정리하면 기울기와 처짐에 관한 식은 다음과 같다.

$$\frac{dy}{dx} = \frac{\omega}{6EI}(x^3 - L^3) \tag{5}$$

$$y = \frac{\omega}{24EI}(x^4 - 4L^3 x + 3L^4) \tag{6}$$

최대 기울기와 최대 처짐은 점 $A$에서 일어나므로 $x=0$를 식(5)와 식(6)에 대입하여 정리하면 그 값은 다음과 같다.

$$\left[\frac{dy}{dx}\right]_{max} = \theta_A = (-)\frac{\omega L^3}{6EI} \text{ (반시계 방향)}$$

$$y_{max} = \Delta_A = \frac{\omega L^4}{8EI} \text{ (아래방향)}$$

---

### 예제 10-3

아래 그림과 같이 집중하중 P를 받는 단순보의 기울기와 처짐을 구하는 식을 유도하고, 하중이 작용하는 점에서의 처짐 $y_c$를 구하여라. (단, $EI$는 일정)

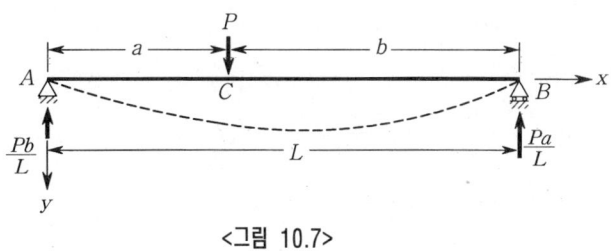

<그림 10.7>

**풀이** 위의 그림에서 지점 $A$에서 $x$만큼 떨어진 점의 휨모멘트는 AC 구간과 CB 구간으로 나누어져 일반식으로 표현할 수 있고, 각 구간에 따른 임의 점의 처짐 및 기울기를 구하기 위하여 탄성곡선의 미분방정식을 이용한 적분식은 각각 다음 표와 같다.

| 구 간 | AC | CB |
|---|---|---|
| x의 범위 | $0 < x < a$ | $a < x < L$ |
| 모멘트 일반식 | $M = \dfrac{Pbx}{L}$ | $M = \dfrac{Pbx}{L} - P(x-a)$ |
| 탄성 방정식 | $EI\dfrac{d^2y}{dx^2} = -\dfrac{Pbx}{L}$   (1) | $EI\dfrac{d^2y}{dx^2} = -\dfrac{Pbx}{L} + P(x-a)$   (4) |
| 1회 적분식 | $EI\dfrac{dy}{dx} = -\dfrac{Pbx^2}{2L} + C_1$   (2) | $EI\dfrac{dy}{dx} = -\dfrac{Pbx^2}{2L} + \dfrac{P(x-a)^2}{2} + C_3$   (5) |
| 2회 적분식 | $EIy = -\dfrac{Pbx^3}{6L} + C_1 x + C_2$   (3) | $EIy = -\dfrac{Pbx^3}{6L} + \dfrac{P(x-a)^3}{6} + C_3 x + C_4$   (6) |

여기서, 적분상수 $C_1$, $C_2$, $C_3$, $C_4$는 다음과 같은 경계조건을 사용하여 구한다.

① $x = 0$일 때 $y = 0$ 이므로 식(3)으로부터

    $\therefore C_2 = 0$

② $x = a$일 때 식(2)와 식(5)의 기울기가 같으므로

    $-\dfrac{Pba^2}{2L} + C_1 = -\dfrac{Pba^2}{2L} + C_3$

    $\therefore C_1 = C_3$

③ $x = a$일 때 식(3)과 식(6)의 처짐이 같으므로

    $-\dfrac{Pba^3}{6L} + C_1 a + C_2 = -\dfrac{Pba^3}{6L} + C_3 a + C_4$

    $\therefore C_4 = 0$

④ $x = L$일 때 $y = 0$ 이므로 식(6)으로부터

    $0 = -\dfrac{PbL^3}{6L} + \dfrac{P(L-a)^3}{6} + C_3 L + C_4$

    $\therefore C_3 = \dfrac{Pb}{6L}(L^2 - b^2)$

따라서, 적분상수 $C_1$, $C_2$, $C_3$, $C_4$를 위의 식(2), 식(3) 및 식(5), 식(6)에 대입하여 정리하면, x의 범위에 따른 보의 기울기와 처짐을 나타내는 방정식은 다음과 같다.

- <기울기> (처짐각)

$$\theta_{A \sim C} = \dfrac{Pb}{6LEI}(L^2 - b^2 - 3x^2) \qquad (0 \leq x \leq a) \tag{7}$$

$$\theta_{C \sim B} = \dfrac{Pb}{6LEI}(L^2 - b^2 - 3x^2) + \dfrac{P(x-a)^2}{2EI} \quad (a \leq x \leq L) \tag{8}$$

• <처짐>

$$y_{A \sim C} = \frac{Pbx}{6LEI}(L^2 - b^2 - x^2) \quad (0 \leq x \leq a) \tag{9}$$

$$y_{C \sim B} = \frac{Pbx}{6LEI}(L^2 - b^2 - x^2) + \frac{P(x-a)^3}{6EI} \quad (a \leq x \leq L) \tag{10}$$

$\theta_A$ ; 식 (g)에 $x=0$을 대입하면 점 $A$의 기울기는

$$\theta_A = \theta_{A \sim C(x=0)} = + \frac{Pb(L^2 - b^2)}{6LEI} = \frac{Pab(L+b)}{6LEI} \quad \text{(시계방향)}$$

$y_C$ ; 식 (i)에 $x=a$를 대입하면 점 C의 처짐은

$$y_C = y_{A \sim C(x=a)} = \frac{Pb}{6LEI}(a)(L^2 - b^2 - a^2) \quad \text{(아래로)}$$

$$= \frac{Pab}{6LEI}(2ab) = \frac{Pa^2b^2}{3LEI}$$

---

**특이해** 위의 예제에서 특이함수를 이용하여 처짐식을 구해보자.

여기서, 특이함수 $\langle x-a \rangle$ 를 아래와 같이 정의한다.

　　$AC$구간　$x \leq a$ :　$\langle x-a \rangle = 0$

　　$CB$구간　$x > a$ :　$\langle x-a \rangle = x-a$

보의 임의의 단면에서의 모멘트는 다음식과 같다.

$$M = \frac{Pb}{L}x - P\langle x-a \rangle \tag{1}$$

식 (1)을 탄성곡선의 미분방정식 식에 대입하여 정리하면

$$\frac{d^2y}{dx^2} = -\frac{M}{EI} = \frac{1}{EI}\left[-\frac{Pb}{L}x + P\langle x-a \rangle\right] \tag{2}$$

식 (2)를 $x$에 대해 1회, 2회 각각 적분하면 다음과 같다.

$$\frac{dy}{dx} = \frac{1}{EI}\left[-\frac{Pb}{2L}x^2 + \frac{P}{2}\langle x-a \rangle^2\right] + C_1 \tag{3}$$

$$y = \frac{1}{EI}\left[-\frac{Pb}{6L}x^3 + \frac{P}{6}\langle x-a \rangle^3\right] + C_1 x + C_2 \tag{4}$$

적분상수 $C_1$, $C_2$를 결정하기 위해서 다음과 같이 경계조건을 적용한다.

① $x=0$일 때 $y=0$ 이므로 식(4)에 적용하면

　　$0 = -0 + C_1(0) + C_2$

　　$\therefore C_2 = 0$

② $x=L$일 때 $y=0$ 이므로 식(4)에 적용하면

　　$0 = -\frac{Pb}{6LEI}(L^3) + \frac{P}{6EI}(L-a)^3 + C_1 L$

　　$\therefore C_1 = \frac{Pb}{6LEI}(L^2 - b^2)$

따라서, 위의 적분상수 $C_1$과 $C_2$를 식(4)에 대입하여 정리하면, 단순보의 처짐

을 나타내는 식은 다음과 같이 쓸 수 있다.

$$y = \frac{1}{EI}\left[\frac{Pb}{6L}x(L^2-b^2-x^2) + \frac{P}{6}(x-a)^3\right]$$

## 10.4 모멘트 면적법(Moment-area method)

모멘트 면적법은 모멘트를 받는 부재축의 탄성변형 곡선에서 어느 한 점의 기울기 변화율과 휨모멘트의 관계를 고려하여 기울기와 처짐을 구하는 방법이다.

이 방법은 1873년 미국 Michigan 대학교의 Charles E. Greene교수가 발표하였으며, 주로 보와 라멘이 집중하중을 받는 경우에 편리하다.

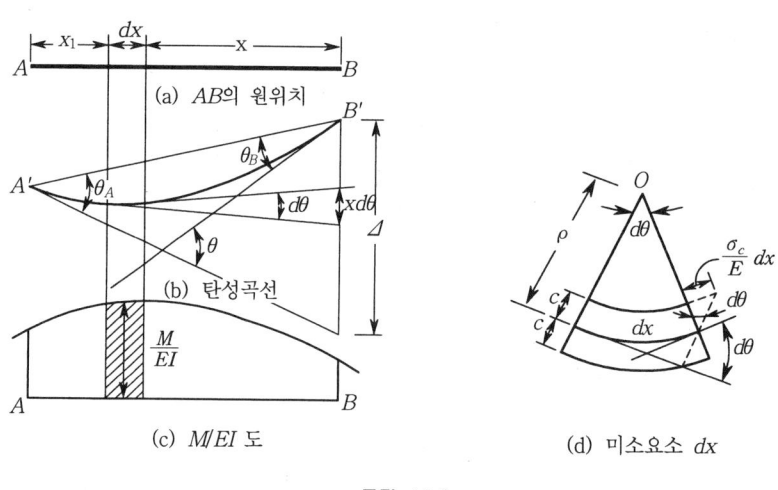

<그림 10.8>

그림 10.8에 있는 바와 같이 처음에 직선이었던 보의 일부분 $AB$가 하중을 받아서 $A'B'$처럼 휘어져 있다고 하자. $A'$점의 접선과 $B'$점의 접선이 이루는 교각을 $\theta$라 하고, $A'$점의 접선과 $B'$점과의 수직거리를 $\Delta$라고 하자.

미소요소 $dx$를 표시한 그림을 참고로 하면 $d\theta$는 다음과 같이 표시될 수 있다.

$dx = \rho d\theta$ 이므로 $\dfrac{1}{\rho} = \dfrac{d\theta}{dx}$

앞 절의 식에서 $\dfrac{1}{\rho} = \dfrac{M}{EI}$ 이므로 $\dfrac{d\theta}{dx} = \dfrac{M}{EI}$

$\therefore d\theta = \dfrac{M}{EI}dx$

따라서, 점 $A'$와 $B'$ 사이의 요각의 전변화량은 $A'B'$내에 있는 미소요소 $dx$에

서의 요각의 변화량 $d\theta$를 모두 합한 것이다. 즉,

$$\theta = \int_{A'}^{B'} d\theta = \int_{A'}^{B'} \frac{M}{EI} dx \quad \cdots\cdots\cdots\cdots\cdots\cdots\cdots\cdots\cdots\cdots (10.10)$$

$A'B'$간의 $M/EI$도가 그림과 같다고 하면 위의 식 오른변은 바로 $A'B'$간의 $M/EI$도의 면적을 나타내며 다음과 같이 표현된다.

"탄성곡선 상에서 임의의 점 $A'$와 $B'$에서의 접선이 이루는 교각(기울기의 변화량)은 이 두 점 사이의 $M/EI$도의 면적과 같다." 이를 모멘트면적 제1정리라고 한다.

또한, 탄성곡선에서 미소거리 $dx$내에서 중립축은 $d\theta$만큼 방향을 전환하며, $d\theta$라는 방향전환이 $\varDelta$에 기여하는 몫은 $xd\theta$이다. 따라서 점 $A'$의 접선과 점 $B'$와의 수직거리 $\varDelta$는 다음과 같이 표시할 수 있다.

$$\varDelta = \int_{A'}^{B'} xd\theta = \int_{A'}^{B'} x\frac{M}{EI} dx \quad \cdots\cdots\cdots\cdots\cdots\cdots\cdots\cdots\cdots\cdots (10.11)$$

위의 식을 말로 표현하면 다음과 같이 된다.

"탄성곡선 상에서 임의의 점 $A'$에서의 접선과 다른 점 $B'$와의 수직거리는 두 점 사이의 $M/EI$도의 면적의 $B'$점에 대한 단면 1차 모멘트와 같다." 이를 모멘트 면적 제2정리라고 하며, 이때 모멘트 면적법의 정리를 Green의 정리라고도 한다.

모멘트 면적 정리를 실제 문제에 사용하기 위해서 그림 10.10과 같이 도형의 면적과 도심의 위치를 알고 있으면 편리하다.

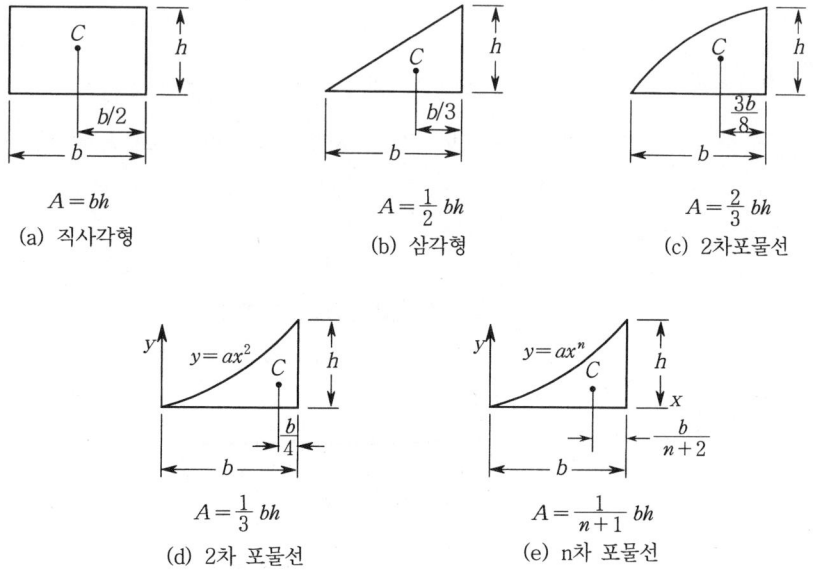

&lt;그림 10.9&gt; 도형의 면적과 도심

## 예제 10-4

그림과 같은 캔틸레버 보에서 $\theta_C$, $\Delta_C$ 그리고 $\theta_B$, $\Delta_B$를 구하여라.(단, $EI$는 일정하다.)

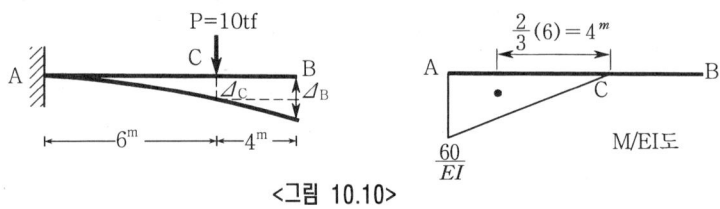

<그림 10.10>

**풀이** 먼저, C점에 대한 기울기와 처짐을 구하면

$\theta_C = AC$간의 $M/EI$도의 면적

$= \dfrac{1}{2} \times \dfrac{60}{EI} \times 6 = \dfrac{180}{EI}$ (tonf·m²) 시계방향

$\Delta_C = AC$간 $M/EI$도의 $C$점에 대한 1차 모멘트

$= \left(\dfrac{1}{2} \times \dfrac{60}{EI} \times 6\right) \cdot 4 = \dfrac{720}{EI}$ (tonf·m³)

또한, B점에 대한 기울기와 처짐을 구하면,

$\theta_B = AB$간의 $M/EI$도의 면적 $= \theta_C$

$\Delta_B = AC$간 $M/EI$도의 $B$점에 대한 1차 모멘트

$= \left(\dfrac{1}{2} \times \dfrac{60}{EI} \times 6\right) \cdot (4+4) = \dfrac{1440}{EI}$ (tonf·m³)

## 예제 10-5

그림과 같은 캔틸레버 보에서 $B$점의 처짐각($\theta_B$)와 처짐($\Delta_B$)를 구하시오.
(단, $EI$는 일정하다.)

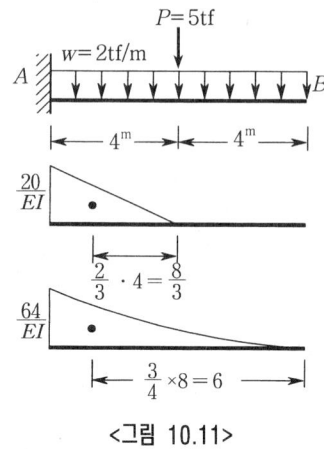

<그림 10.11>

**[풀이]** $\theta_B =$ AB간의 $M/EI$도의 면적 (집중하중 + 등분포하중)

$$= \frac{1}{2} \times \frac{20}{EI} \times 4 + \frac{1}{3} \times \frac{64}{EI} \times 8 = \frac{210.67}{EI} \quad (\text{tonf} \cdot \text{m}^2)$$

$\Delta_B =$ AB간 $M/EI$도의 $B$점에 대한 1차 모멘트

$$= \left(\frac{1}{2} \times \frac{60}{EI} \times 6\right) \cdot \left(\frac{8}{3} + 4\right) + \left(\frac{1}{3} \times \frac{64}{EI} \times 8\right) \cdot \left(\frac{3}{4} \times 8\right)$$

$$= \frac{266.67}{EI} + \frac{1024}{EI} = \frac{1290.67}{EI} \quad (\text{tonf} \cdot \text{m}^3)$$

## 10.5 탄성하중법과 공액보법

### 10.5.1 탄성하중법(elastic load method)

 탄성하중법은 단순보의 기울기나 처짐을 구하는데 사용하는 방법으로서, 모멘트면적법을 응용한 방법이다. 하중 ($q$), 전단력 ($S$) 및 휨모멘트 ($M$)사이의 관계식은 앞의 절 10.2 에서 다음 식과 같이 나타낼 수 있다.

$$\frac{dS}{dx} = -q, \quad S = -\int \omega dx, \quad M = \int S\,dx = -\int\int \omega dx dx \quad \cdots\cdots\cdots (10.12)$$

 탄성곡선에 대한 곡률과 휨모멘트 사이의 관계식인 식(10.4)로 부터 다음과 같은 관계식을 얻을 수 있다.

$$\frac{d^2y}{dx^2} = -\frac{M}{EI}, \quad \frac{dy}{dx} = -\int \frac{M}{EI}dx, \quad y = -\int\int \frac{M}{EI}dxdx \quad \cdots\cdots\cdots (10.13)$$

 위의 두 식을 비교하여 보면 수학적인 식의 형태는 유사함을 알 수 있다.
 즉, 보에 $M/EI$이라는 가상의 분포하중 강도가 작용하는 경우에 어느 점에서의 전단력 $V$와 휨모멘트 $M$을 구하면, 이 값은 실제의 하중 $q$가 작용하는 경우에 그 점에서의 기울기와 처짐의 크기와 같음을 나타내고 이러한 $M/EI$이라는 가상의 하중을 탄성하중(elastic load)이라 한다. 단순보에서 이러한 탄성하중을 재하시켜 가상 전단력과 휨모멘트를 구하여 실제 단순보의 기울기와 처짐을 구하는 방법을 탄성하중법(elastic load method)이라 하며 다음과 같이 요약할 수 있다 :
 (1) 하중을 받은 단순보의 어떤 점에서의 처짐각은 $M/EI$도를 하중으로 재하시킨 가상의 단순보에서 바로 그 점의 전단력과 같다.
 (2) 하중을 받은 단순보의 어떤 점에서의 처짐은 $M/EI$도를 하중으로 재하시킨 가상의 단순보에서 바로 그 점의 휨모멘트와 같다.

또한, 탄성하중법을 적용할 때, (+)$M/EI$도를 하향의 하중으로 재하시킨 가상의 단순보에서, (+)전단력은 시계방향의 기울기를, (+)모멘트는 하향의 처짐을 나타내는 것이다.

### 예제 10-6

아래 그림과 같은 단순보의 기울기와 처짐들을 계산하여라. (단, $EI$는 일정)

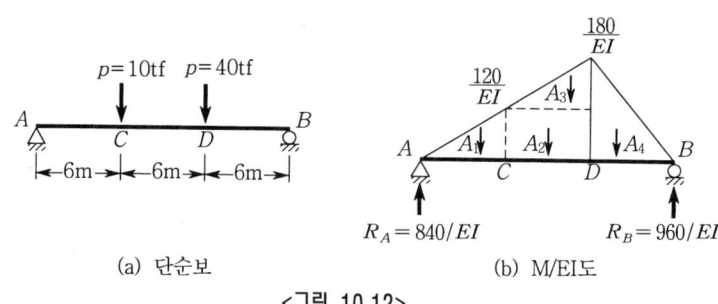

(a) 단순보       (b) M/EI도

<그림 10.12>

**풀이** $\sum M_B = R_A \times 18 - 10 \times 12 - 40 \times 6 = 0$

$\therefore R_A = 20$ (tonf)

$\sum V = R_A - 10 - 40 + R_B = 0$

$\therefore R_B = 30$ (tonf)

$M_C = R_A \times 6 = 20 \times 6 = 120$ (tonf·m)

$M_D = R_A \times 12 - 10 \times 6 = 180$ (tonf·m)

(1) 처짐각

| $A_i$ | $x_i$ | $M_B = A_i x_i$ |
|---|---|---|
| $\frac{1}{2}(6)\left(\frac{120}{EI}\right) = 360/EI$ | $\frac{1}{3} \times 6 + 12 = 14$ | $5040/EI$ |
| $(6)\left(\frac{120}{EI}\right) = 720/EI$ | $\frac{1}{2} \times 6 + 6 = 9$ | $6480/EI$ |
| $\frac{1}{2}(6)\left(\frac{60}{EI}\right) = 180/EI$ | $\frac{1}{3} \times 6 + 6 = 8$ | $1440/EI$ |
| $\frac{1}{2}(6)\left(\frac{180}{EI}\right) = 540/EI$ | $\frac{2}{3} \times 6 = 4$ | $2160/EI$ |
| $\sum A_i = 1800/EI$ | | $\sum M_B = 15120/EI$ |

$EI\theta_A = M/EI$도의 지점 $A$의 전단력 = 반력 $R_A$

$\quad = \sum M_B / L = 15120/18 = 840$ (tonf·m²) 시계방향

$EI\theta_B = M/EI$도의 지점 $B$의 전단력 $= -R_B$

$\quad = -(\sum A_i - EI\theta_A) = -(1800 - 840) = -960$ (tonf·m²) 반시계방향

$EI\theta_C = M/EI$도를 하중으로 간주한 경우 $C$점의 전단력

$= R_A - A_1 = 840 - 360 = 420 \ (\text{tonf} \cdot \text{m}^2)$

$EI\theta_D = M/EI$도를 하중으로 간주한 경우 $D$점의 전단력

$= R_A - (A_1 + A_2 + A_3) = 840 - (360 + 702 + 180) = -420 \ (\text{tonf} \cdot \text{m}^2)$

(2) 처짐

$\Delta_A$와 $\Delta_B$는 지점이므로 처짐값은 0이다.

$\Delta_C = M/EI$도를 하중으로 간주한 경우 $C$점의 모멘트

$= R_A \times 6 - A_1 \times 2 = 840 \times 6 - 360 \times 2 = 4320 \ (\text{tonf} \cdot \text{m}^3)$

$\Delta_D = M/EI$도를 하중으로 간주한 경우 $D$점의 모멘트

$= R_A \times 12 - A_1 \times (2+6) - A_2 \times 3 - A_3 \times 2$

$= 840 \times 12 - 360 \times 8 - 720 \times 3 - 180 \times 2 = 4680 \ (\text{tonf} \cdot \text{m}^3)$

---

### 10.5.2 공액보법(conjugate-beam method)

탄성하중법은 단순보의 처짐을 계산하는데 직접 이용되지만 캔틸레버보, 내민보, 고정단보, 그리고 연속보 등에는 탄성하중에 의한 전단력과 휨모멘트가 실제 보의 기울기와 처짐에 대한 경계조건을 만족시키지 못하여 적용시킬 수가 없다.

그러나, 경계조건을 만족하도록 캔틸레버보의 고정단을 자유단으로 하고 자유단은 고정단으로 변환시켜 실제 보의 지지조건을 수정한 보를 공액보(conjugate beam)라고 한다.

공액보에 $M/EI$라는 탄성하중을 재하시켜서 탄성하중법을 그래도 적용하여 보의 기울기와 처짐을 구하는 방법을 공액보법이라고 한다.

이러한 공액보법은 1860년 Otto Mohr에 의해 처음 발표되었다.

공액보법을 사용하면, 모든 종류의 보에서 임의의 점의 기울기와 처짐을 계산 할 수 있게 된다. 즉,

실제보에서 점 $i$의 기울기 $\theta_i$ = 공액보에서 점 $i$의 전단력 $V_i$

실제보에서 점 $i$의 처짐 $\Delta_i$ = 공액보에서 점 $i$의 모멘트 $M_i$

(+)$M/EI$도를 하향의 하중으로 재하시킨 공액보에서 (+)전단력은 시계방향의 기울기를, (+)모멘트는 하향의 처짐을 나타낸다.

공액보는 실제보와 길이가 같고 처짐과 기울기를 구할 때 탄성하중법의 원리를 적용할 수 있도록 단부조건을 다음과 같이 변경시킨 가상의 보이다.

고정단 → 자유단,   자유단 → 고정단

내부 지점 → 내부힌지, 내부 지점 → 내부힌지

그림은 실제보와 이에 대응하는 공액보를 나타낸 것이다.

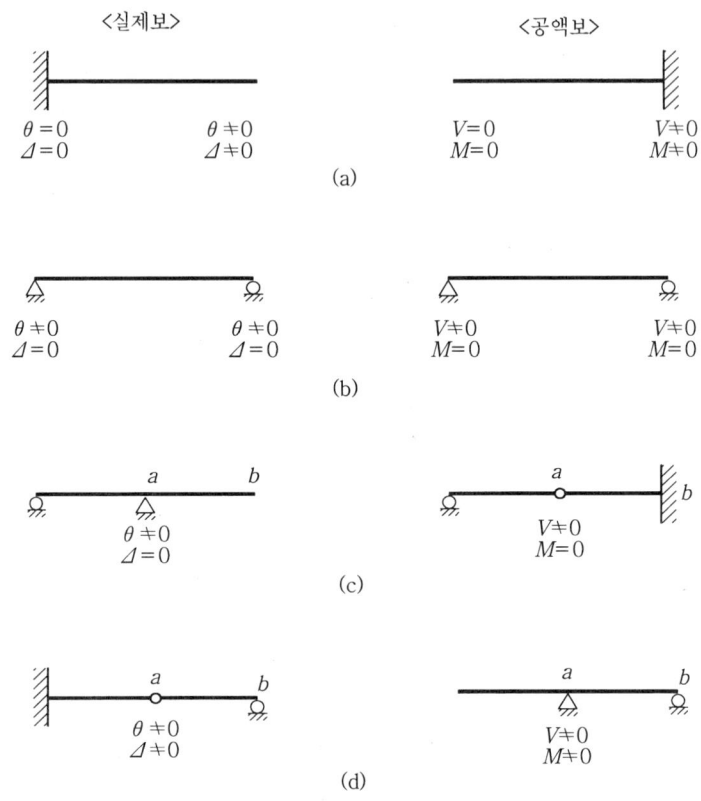

<그림 10.13> 실제보와 공액보

## 예제 10-7

아래의 단순보에서 지점(A, B점)의 처짐각과 중앙점의 처짐을 구하시오.

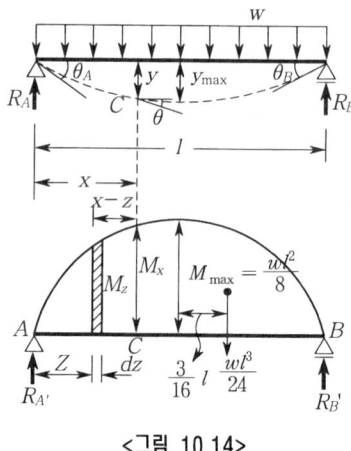

<그림 10.14>

**풀이** (1) 모멘트 면적법

① 처짐각 ($\theta$)

$$\theta = \frac{V}{EI} = \frac{1}{EI}(R_A' - A_{AC})$$

$$M_z = \frac{\omega l}{2} z - \frac{\omega}{2} z^2$$

$$R_A' = \frac{1}{2} \times \frac{2}{3} l \times M_{max} = \frac{1}{2} \times (\text{모멘트 면적})$$

$$= \frac{1}{2} \times \frac{2}{3} l \times \frac{\omega l^2}{8} = \frac{\omega l^3}{24}$$

$$A_{AC} = \int_0^x M_z dz = \int_0^x \left(\frac{\omega l}{2} z - \frac{\omega}{2} z^2\right) dz$$

$$= \left[\frac{\omega l}{2} \frac{z^2}{2} - \frac{\omega}{2} \frac{z^3}{3}\right]_0^x = \frac{\omega l}{4} x^2 - \frac{\omega}{6} x^3$$

$$\therefore \theta = \frac{1}{EI}\left(\frac{\omega l^3}{24} - \frac{\omega l}{4} x^2 + \frac{\omega}{6} x^3\right)$$

$$= \frac{\omega l^3}{24EI}\left\{1 - 6\left(\frac{x}{l}\right)^2 + 4\left(\frac{x}{l}\right)^3\right\}$$

$x=0$ 이면  $\theta_A = \frac{\omega l^3}{24EI}$

$x=l$ 이면  $\theta_B = \frac{\omega l^3}{24EI}$

② 처짐 ($y$)

$$y = \frac{1}{EI} M_x' = \frac{1}{EI}[R_A' x - A_{AC}(x-z)] = \frac{1}{EI}\left[R_A' x - \int_0^x M_z(x-z)\,dz\right]$$

$$= \frac{1}{EI}\left[\frac{\omega l^3}{24} x - \int_0^x \frac{1}{2} \omega z (l-z)(x-z)\,dz\right] = \frac{1}{EI}\left[\frac{\omega l^3}{24} x - \left(\frac{2\omega l}{24} x^3 - \frac{\omega}{24} x^4\right)\right]$$

$$= \frac{\omega l^4}{24EI}\left[\frac{x}{l} - 2\left(\frac{x}{l}\right)^3 + \left(\frac{x}{l}\right)^4\right]$$

$x = \frac{l}{2}$ 일 때 처짐은 최대이므로

$$\therefore y_{max} = \frac{5\omega l^4}{384EI}$$

(2) 공액보법

① 처짐각 ($\theta$)

하중에 의한 반력은 좌우 대칭이므로  $R_A = R_B = \frac{\omega l}{2}$

임의 점에 대한 휨모멘트 일반식은  $M_x = R_A x - \frac{\omega x^2}{2}$

$x = \frac{l}{2}$ 일 때 휨모멘트 값은 최대이므로

$$M_{\max(x=\frac{l}{2})} = \frac{\omega l}{2}\frac{l}{2} - \frac{\omega}{2}\left(\frac{l}{2}\right)^2 = \frac{\omega l^2}{8}$$

따라서, 하중에 의한 휨모멘트를 EI로 나눈 탄성하중(M/EI)을 재하시켜 임의점의 전단력과 휨모멘트를 구하면, 그 값이 임의점의 기울기와 처짐이다.

탄성하중에 의한 전체 단면적은

$$A = \frac{2}{3} bh = \frac{2}{3} \times l \times \frac{\omega l^2}{8} = \frac{\omega l^3}{12}$$

탄성하중에 의한 반력은 좌우 대칭이므로 단면적의 1/2이 된다.

$$R_A' = R_B' = \frac{\omega l^3}{12} \times \frac{1}{2} = \frac{\omega l^3}{24}$$

$$\therefore \theta_A = -\theta_B = \frac{V}{EI} = \frac{R_A'}{EI} = \frac{\omega l^3}{24EI}$$

② 처짐 ($y$)

$x=\frac{l}{2}$인 경우 탄성하중에 의한 단면적과 도심의 위치는

$$\overline{A} = \frac{2}{3} bh = \frac{2}{3} \times \frac{l}{2} \times \frac{\omega l^2}{8} = \frac{\omega l^3}{24}$$

$$\overline{x} = \frac{3}{8} b = \frac{3}{8} \times \frac{l}{2} = \frac{3}{16} l$$

$$y = \frac{1}{EI} M_x' = \frac{1}{EI}(R_A'x - \overline{A} \times \overline{x})$$

$$y_{\max(x=l/2)} = \frac{\omega l^3}{24EI} \times \frac{l}{2} - \frac{\omega l^3}{24EI} \times \frac{3}{16} l$$

$$= \frac{5\omega l^4}{384EI}$$

---

### 예제 10-8

다음의 Cantilever보의 B점과 C점의 처짐각과 처짐을 구하여라.

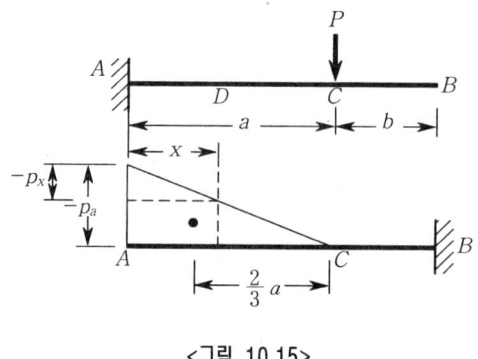

<그림 10.15>

**풀이** 하중에 의한 임의점의 휨모멘트와 단면적 일반식은 다음과 같다.

$$M_x = -P(a-x)$$
$$A_x = \frac{1}{2}(Pa)a - \frac{1}{2}P(a-x)(a-x)$$
$$= \frac{P}{2}(2a-x)x$$

(1) 처짐각 계산

$$\theta_x = \frac{V}{EI} = \frac{A_x}{EI} = \frac{P}{2EI}(2a-x)x$$

$x = a$이면  $\theta_C = \dfrac{Pa^2}{2EI}$

$x = a+b$이면  $\theta_B = \dfrac{Pa^2}{2EI}$  ($\because A_x$의 면적이 $x=a$인 경우와 동일)

(2) 처짐 계산

$x = a$일 때 공액보의 C점의 휨모멘트는

$$M_C = -\frac{1}{2}(-Pa) \times a \times \frac{2}{3}a = \frac{Pa^3}{3}$$

$$\therefore y_C = \frac{M_C}{EI} = \frac{Pa^3}{3EI}$$

$x = a+b$일 때 공액보의 B점의 휨모멘트는

$$M_B = -\frac{1}{2}(-Pa) \times a \times (\frac{2}{3}a + b) = \frac{Pa^2}{6}(2a+3b)$$

$$\therefore y_B = \frac{M_B}{EI} = \frac{Pa^2}{6EI}(2a+3b)$$

---

## 예제 10-9

아래의 단순보에서 지점(A, B점)의 처짐각과 D점의 처짐을 구하시오.

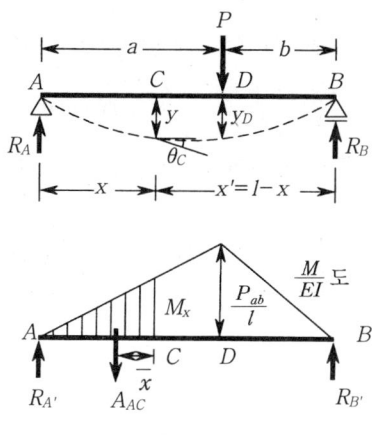

<그림 10.16>

**풀이** (1) 처짐각 계산

① $0 \leq x \leq a$일 때

$$\theta = \frac{1}{EI}(R_A{'} - A_{AC}), \quad M_x = \frac{Pb}{l}x$$

$$R_A{'} = \frac{1}{l}\left[\frac{1}{2} \times \frac{Pab}{l} \times a \times \left(b + \frac{a}{3}\right) + \frac{1}{2} \times \frac{Pab}{l} \times b \times \frac{2b}{3}\right]$$

$$= \frac{Pab}{6l}(a + 2b)$$

$$A_{AC} = \frac{1}{2} \times M_x \times x = \frac{1}{2} \times \frac{Pb}{l}x \times x = \frac{Pbx^2}{2l}$$

$$\therefore \theta = \frac{1}{EI}\left[\frac{Pab}{6l}(a+2b) - \frac{Pb}{2l}x^2\right]$$

$$= \frac{Pb}{6EIl}(l^2 - b^2 - 3x^2) \tag{1}$$

② $a \leq x \leq l$일 때

(a)식에 $x \to x'$, $b \to a$를 대입하면

$$\therefore \theta = -\frac{Pa}{6EIl}(l^2 - a^2 - 3x'^2) \tag{2}$$

$x = 0$이면 (1)식에서 $\quad \theta_A = \frac{Pb}{6EIl}(l^2 - b^2)$

$x' = 0$이면 (2)식에서 $\quad \theta_B = -\frac{Pa}{6EIl}(l^2 - a^2)$

(2) 처짐 계산

① $0 \leq x \leq a$일 때

$$y = \frac{1}{EI}(R_A{'}x - A_{AC}\bar{x}) = \frac{1}{EI}\left[\frac{Pab}{6l}(a+2b)x - \frac{Pbx^2}{2l}\frac{x}{3}\right]$$

$$= \frac{Pb}{6EIl}x(l^2 - b^2 - x^2) \tag{3}$$

② $a \leq x \leq l$일 때 식(3)에 $x \to x'$ $b \to a$를 대입하면

$$y = \frac{Pa}{6EIl}x'(l^2 - a^2 - x'^2) \tag{4}$$

$a > b$인 경우 최대처짐은 처짐각이 0인 지점이므로

(c)식에서 $\dfrac{dy}{dx} = \dfrac{Pb}{6EIl}(l^2 - b^2 - 3x^2) = 0 \quad \therefore x = \sqrt{\dfrac{l^2 - b^2}{3}}$

$x$값을 식(3)에 대입하면 $\quad \therefore y_{max} = \dfrac{Pb}{27EIl}\sqrt{3(l^2 - b^2)^3}$

$x = a$를 식(3)에 대입하면 $\therefore y_D = \dfrac{Pa^2b^2}{3EIl}$

## 예제 10-10

아래의 단순보에서 지점(A, B점)의 처짐각을 구하시오.

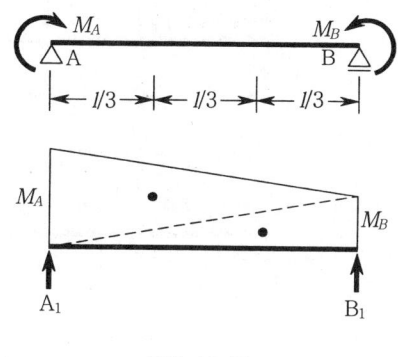

<그림 10.17>

**풀이** $\sum M_B = 0$ 에서

$$R_{A1} = \frac{1}{l}\left(\frac{1}{2} \times M_A \times l \times \frac{2}{3}l + \frac{1}{2} \times M_B \times l \times \frac{1}{3}l\right)$$

$$= \frac{l}{6}(2M_A + M_B)$$

$\sum M_A = 0$ 에서

$$R_{B1} = \frac{1}{l}\left(\frac{1}{2} \times M_A \times l \times \frac{1}{3}l + \frac{1}{2} \times M_B \times l \times \frac{2}{3}l\right)$$

$$= \frac{l}{6}(M_A + 2M_B)$$

$$\therefore \theta_A = \frac{R_{A1}}{EI} = \frac{l}{6EI}(2M_A + M_B) \qquad (1)$$

$$\therefore \theta_B = \frac{R_{B1}}{EI} = -\frac{l}{6EI}(M_A + 2M_B) \qquad (2)$$

$B_1$점의 전단력이 부(-)이기 때문에 (1), (2)식에서

$$M_A = \frac{2EI}{l}(2\theta_A + \theta_B), \qquad -M_B = \frac{2EI}{l}(\theta_A + 2\theta_B)$$

### 예제 10-11

아래의 단순보에서 각점의 처짐각과 C, D점의 처짐을 구하시오.

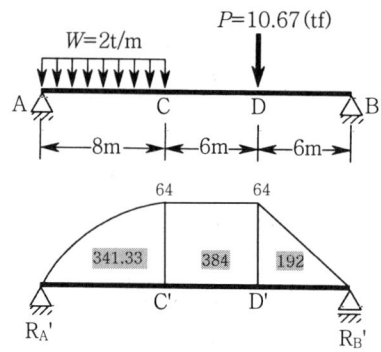

<그림 10.18>

**풀이** (1) 하중에 대한 단면력을 구하면

$$\sum M_B = R_A \times 20 - (2 \times 8 \times 16 + 10.67 \times 6) = 0$$

$$R_A = 16.0 \text{ (tonf)}$$

$$\sum V = \sum P - (R_A + R_B) = 0$$

$$\therefore R_B = (16 + 10.67) - 16.0 = 10.67 \text{ (tonf)}$$

$$M_C = R_A \times 8 - (2 \times 8) \times \frac{8}{2} = 64.0 \text{ (tonf} \cdot \text{m)}$$

$$M_D = R_B \times 6 = 64.0 \text{ (tonf} \cdot \text{m)}$$

(2) 탄성하중에 대한 단면력을 구하면

$$\sum M_{B'} = 0$$

$$R_{A'} = \frac{1}{20} - \left[\frac{2}{3} \times 8 \times 64 \times \left(\frac{3}{8} \times 8 + 12\right) + 6 \times 64 \times (3+6) + \frac{1}{2} \times 6 \times 64 \times \left(\frac{2}{3} \times 6\right)\right]$$

$$= 467.2 \text{ (tonf} \cdot \text{m}^2)$$

$$R_{B'} = \sum P - R_{A'} = 450.13 \text{ (tonf} \cdot \text{m}^2)$$

$$\therefore \theta_A = \frac{S_{A'}}{EI} = \frac{R_{A'}}{EI} = \frac{467.2}{EI} \text{ (rad)}$$

$$\therefore \theta_C = \frac{S_C}{EI} = = \frac{R_{A'} - 341.33}{EI} = \frac{125.87}{EI} \text{ (rad)}$$

$$\therefore \theta_D = \frac{S_{D'}}{EI} = \frac{R_{A'} - (341.33 + 384)}{EI} = \frac{-258.13}{EI} \text{ (rad)}$$

$$\therefore \theta_B = \frac{S_{B'}}{EI} = \frac{-R_{B'}}{EI} = \frac{-450.13}{EI} \text{ (rad)}$$

$$M_C' = R_A' \times 8 - 341.33 \times \left(\frac{3}{8} \times 8\right) = 2713.61 \text{ (tonf} \cdot \text{m}^3)$$

$$\therefore y_C = \frac{M_C'}{EI} = \frac{2713.61}{EI} \text{ (m)}$$

$$M_D' = R_B' \times 6 - 192 \times \left(\frac{1}{3} \times 6\right) = 2316.78 \text{ (tonf} \cdot \text{m}^3)$$

$$\therefore y_D = \frac{M_D'}{EI} = \frac{2316.78}{EI} \text{ (m)}$$

## 예제 10-12

다음 내민보의 각점의 처짐각과 C점의 처짐을 구하여라.

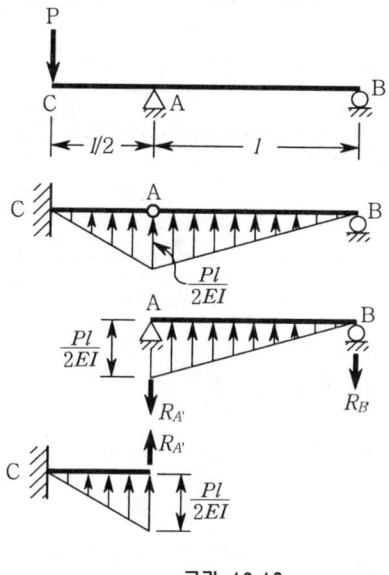

<그림 10.19>

**풀이** $\sum M_{B'} = 0$ 에서

$$\sum M_{B'} = R_{A'} \times l - \frac{1}{2} \times l \times \frac{Pl}{2EI} \times \frac{2}{3}l = 0$$

$$\therefore R_{A'} = \frac{Pl^2}{6EI}$$

$\sum V = 0$ 에서

$$R_{B'} = \frac{1}{2} \times l \times \frac{Pl}{2EI} - R_{A'} = \frac{Pl^2}{12EI}$$

$$\theta_A = -S_{A'} = -R_{A'} = -\frac{Pl^2}{6EI}$$

$$\theta_B = S_{B'} = R_{B'} = \frac{Pl^2}{12EI}$$

$$\theta_C = S_C = -R_{A'} - \left(\frac{1}{2} \times \frac{l}{2} \times \frac{Pl}{2EI}\right) = -\frac{7Pl^2}{24EI}$$

$$y_C = M_C = R_{A'} \times \frac{l}{2} + \left[\frac{1}{2} \times \frac{l}{2} \times \frac{Pl}{2EI} \times \left(\frac{2}{3} \times \frac{l}{2}\right)\right]$$

$$= \frac{Pl^3}{12EI} + \frac{Pl^3}{24EI} = \frac{Pl^3}{8EI}$$

### 예제 10-13

다음 내민보의 각점의 처짐각과 C점의 처짐을 구하여라.

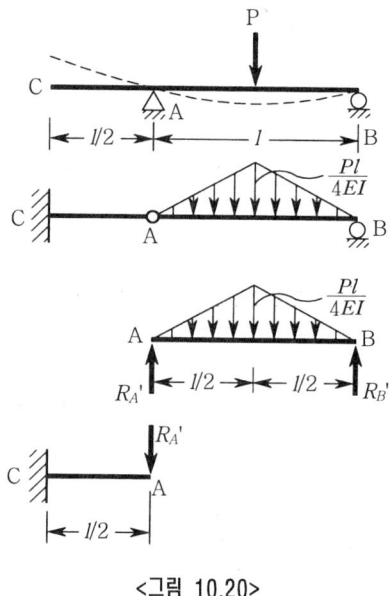

<그림 10.20>

**풀이** 재하상태가 대칭이므로 탄성하중에 의한 반력을 구하면,

$$R_{A'} = R_{B'} = \frac{1}{2} \times \frac{Pl}{4EI} \times \frac{l}{2} = \frac{Pl^2}{16EI}$$

$$\therefore \theta_A = S_{A'} = R_{A'} = \frac{Pl^2}{16EI}$$

$$\therefore \theta_B = -S_{B'} = -R_{B'} = -\frac{Pl^2}{16EI}$$

$$\therefore \theta_C = S_{A'} = R_{A'} = \frac{Pl^2}{16EI}$$

탄성하중에 의한 C점의 모멘트를 구하면,

$$M_C = -R_{A'} \times \frac{l}{2} = -\frac{Pl^2}{16EI} \times \frac{l}{2} = -\frac{Pl^3}{32EI}$$

$$\therefore y_C = M_C = -\frac{Pl^3}{32EI}$$

## 예제 10-14

아래의 내민보에서 C점의 처짐각과 처짐, D점의 처짐을 구하여라.
(단, $EI = 3.0 \times 10^3 \, \text{tonf} \cdot \text{m}^2$)

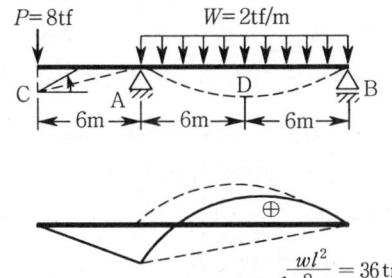

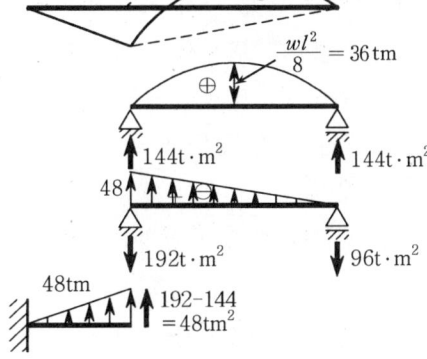

<그림 10.21>

**풀이**  $\sum M_B = R_A \times 12 - 8 \times 18 - 2 \times 12 \times 6 = 0$

$\therefore R_A = 24 \, (\text{tonf})$

$\sum V = R_A + R_B - (8 + 2 \times 12) = 0$

$\therefore R_B = 8 \, (\text{tonf})$

아래 그림의 공액보에서

$S_C = \frac{1}{2} \times 6 \times 48 + 48 = 192 \, (\text{tonf} \cdot \text{m}^2)$

$M_D = 144 \times 6 - \frac{1}{2}\left(\frac{2}{3} \times 12 \times 36\right)\left(\frac{3}{8} \times 6\right) - 96 \times 6 + \left(\frac{1}{2} \times 6 \times 24\right)\left(\frac{6}{3}\right) = 108 (\text{tonf} \cdot \text{m}^3)$

$\therefore \theta_C = \frac{S_C}{EI} = \frac{192}{3000} = 0.064 (\text{rad})$

$\therefore y_D = \frac{M_D}{EI} = \frac{108}{3000} = 0.036 (m) = 3.6 \, (\text{cm})$

$M_C = \frac{1}{2} \times 6 \times 48 \times \left(\frac{2}{3} \times 6\right) + 48 \times 6 = 864 \, (\text{tonf} \cdot \text{m}^3)$

$\therefore y_C = \frac{M_C}{EI} = \frac{864}{3000} = 0.288 (\text{m}) = 28.8 \, (\text{cm})$

## 10.6 가상일의 원리와 캐스틸리아노 정리

### 10.6.1 가상일의 원리

가상일의 방법(method of virtual work)은 구조물에 작용한 하중에 의해 하여진 외적인 일은 그 구조물에 저장된 내적인 탄성에너지와 같다는 에너지 보존의 법칙에 근거를 둔 방법이다. 이 방법은 어떤 종류의 구조물에서든지 처짐을 계산할 수 있는 에너지 방법의 하나이며, 단위하중법(unit-load method)이라고도 한다.

이 방법은 트러스, 보, 그리고 라멘의 처짐 계산에 똑같이 적용할 수 있으며, 특히 트러스의 처짐을 구할 때는 가장 효과적인 방법이라고 할 수 있다.

가상일의 방법을 설명하기 위해서는 다음과 같은 가정 하에서 성립한다.
① 외력과 내력(단면력)은 평형을 이룬다.
② 재료는 탄성한도를 넘지 않는다.
③ 지점의 이동은 없다.

탄성 구조물에서 外力이 하는 가상일을 $\delta W_e$, 內力이 하는 가상일을 $\delta W_i$ 라고 하면

$$\delta W_e = \delta W_i \quad 혹은 \quad \delta W_e + \delta W_i = 0 \quad \cdots\cdots (10.14)$$

외력의 가상 일로서

가상변위 $\delta \Delta_i$ 를 생각하는 경우 : $\delta W_e = \sum_{i}^{n} P_i \cdot \delta \Delta_i$

가상힘 $\delta P_i k$를 생각하는 경우 : $\delta W_e = \sum_{i}^{n} \delta P_i \cdot \Delta_i$

외력의 가상일은 변형 에너지 (srrain energy)로서 구조물 내부에 저장되므로

$$\delta W_e = \delta U \quad 혹은 \quad \delta W_e - \delta U = 0 \quad \cdots\cdots (10.15)$$

여기서, $\delta U$는 가상변위 $\delta \Delta_i$ 혹은 가상 힘 $\delta P_i$에 의해서 발생하는 변형 에너지이다.

$\delta U$는 엄밀하게 보충 변형 에너지 (comple-mentary strain energy)이나 선형 구조물에서는 구별하지 않아도 된다. 임의의 가상변위 혹은 가상힘으로는 단위량 1로 한다.

또한, 탄성체에 있어서 가상변위는 구조물의 경계조건(구속조건)을 만족하는 것이어야 한다. 내력의 가상일에 대해서는 내력의 가상변위는 외력의 가상변위와 대응하고, 내력의 가상 힘은 외력의 가상힘과 서로 대응하고, 내력의 실제 변위나 힘도 역시 외력의 실제의 변위와 힘과는 반드시 대응해야 한다.

힘과는 변위를 대신해서 응력과 변형률도 표시하면

가상변위가 주어졌을 때 : $\delta U = \int_v \sum (\sigma \cdot \delta\varepsilon + \tau \cdot \delta\gamma)dV$ ·············· (10.16a)

가상 힘이 주어졌을 때 : $\delta U = \int_v \sum (\delta\sigma \cdot \varepsilon + \delta\tau \cdot \gamma)dV$ ·············· (10.16b)

축력 $N$과 휨모멘트 $M$이 작용하는 부재에서 주어진 가상변위에 대응하는 축력, 휨모멘트를 $\overline{N}, \overline{M}$이라고 하면, 위의 식 $\delta\varepsilon$은

$$\delta\varepsilon = \delta\frac{\varepsilon}{E} = \frac{\varepsilon}{E}\left(\frac{N}{A} + \frac{M}{I}y\right) = \frac{1}{E}\left(\frac{\overline{N}}{A} + \frac{\overline{M}}{I}y\right)$$ ·············· (10.17)

따라서, 부재 길이방향의 좌표를 S라고 하면

$$\delta U = \int_L ds \int_A \sigma \cdot \frac{1}{E}\left(\frac{\overline{N}}{A} + \frac{\overline{M}}{I}y\right)dA$$

$$= \int_L \frac{\overline{N}}{EA} Nds + \int_L \frac{\overline{M}}{EI} Mds$$ ·············· (10.18)

가상 힘을 주었을 때도 $\delta U$는 같은 결과가 된다. 따라서, 식 (10.16)은 다음과 같이 된다.

$$\sum P_i \cdot \delta\Delta_i = \int \frac{N\overline{N}}{EA} ds$$ ·············· (10.19)

$$\sum \delta P_i \cdot \delta\Delta_i = \int \frac{N\overline{N}}{EA} ds$$ ·············· (10.20)

가상힘 $\delta P_i$로서 단위하중 1을 사용하면 위의 식은 아래와 같이 된다.

$$\Delta_i = \int \frac{N\overline{N}}{EA} ds + \int \frac{M\overline{M}}{EI} ds$$ ·············· (10.21)

이를 단위하중법이라고 한다.

여기서, 변위 Δ는 단위 수직하중에 의해 발생하는 하중방향의 처짐(δ) 혹은 단위 모멘트에 의한 모멘트 방향의 회전각(θ)이 될 수도 있다.

또한, 전단력의 영향을 고려하는 경우에는 식 (10.17)의 에 다음 식 $\int \frac{kV\overline{V}}{GA}ds$를 추가하면 된다. 여기서 G는 전단 탄성계수이고 $k$는 단면 형상계수이다.

트러스의 경우 $\Delta_i$는 식 (10.17)의 첫째항 즉 축방향력만 고려하면 되고, 보의 경우는 둘째항 즉 휨모멘트만 고려하면 된다. 아치나 라멘의 경우는 두 항을 모두 고려한다.

## 예제 10-15

가상일의 원리를 이용하여 아래의 Cantilever보 자유단의 처짐각과 처짐을 구하여라.

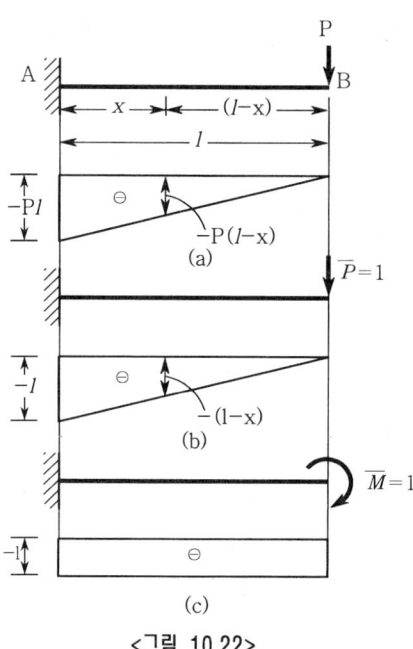

<그림 10.22>

**풀이** 그림 (a)에서 $M_x = -P(l-x)$

그림 (b)에서 $M_L = l-x$

그림 (c)에서 $M_m = -1$

(1) 처짐각 계산

$$\theta_B = \int_A^B \frac{MM_m}{EI} dx = \frac{1}{EI} \int_0^l P(l-x)(-1) dx = \frac{P}{EI} \int_0^l (l-x) dx$$

$$= \frac{P}{EI} \left[ lx - \frac{x^2}{2} \right]_0^l = \frac{P}{EI} \left[ l^2 - \frac{l^2}{2} \right] = \frac{Pl^2}{2EI}$$

(2) 처짐계산

$$y_B = \int_A^B \frac{MM_L}{EI} dx = \frac{1}{EI} \int_0^l P(l-x)(l-x) dx = \frac{P}{EI} \int_0^l (l-x)^2 dx$$

$$= \frac{P}{EI} \left[ l^2 x - lx^2 + \frac{x^3}{3} \right]_0^l = \frac{P}{EI} \left[ \frac{l^3}{3} \right] = \frac{Pl^3}{3EI}$$

## 예제 10-16

가상일의 원리를 이용하여 아래의 Cantilever보 자유단의 처짐각과 처짐을 구하여라.

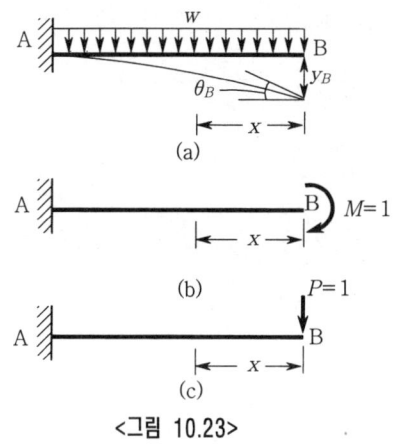

<그림 10.23>

**풀이** 그림 (a)에서

$$M_x = -\frac{\omega x^2}{2}$$

그림 (b)에서

$$M_m = -1$$

그림 (c)에서

$$M_L = -x$$

(1) 처짐각 계산

$$\theta_B = \int_B^A \frac{MM_m}{EI}\,dx = \int_0^l \frac{1}{EI}\left(-\frac{\omega x^2}{2}\right)(-1)\,dx = \frac{\omega}{2EI}\left[\frac{1}{3}x^3\right]_0^l = \frac{\omega l^3}{6EI}$$

(2) 처짐계산

$$y_B = \int_B^A \frac{MM_L}{EI}\,dx = \int_0^l \frac{1}{EI}\left(-\frac{\omega x^2}{2}\right)(-x)\,dx = \frac{\omega}{2EI}\left[\frac{1}{4}x^4\right]_0^l = \frac{\omega l^4}{8EI}$$

## 예제 10-17

아래의 단순보에서 각점의 처짐각과 C, D점의 처짐을 구하시오.

**풀이** 그림 (a)에서 $M = M_x = \frac{\omega l}{2}x - \frac{\omega}{2}x^2$

그림 (b)에서 $M_m = M - \frac{1}{l}x = 1 - \frac{1}{l}x$

(1) 처짐각 ($\theta_A$)의 계산

$$\theta_A = \int \frac{MM_m}{EI} dx \text{에서}$$

$$\therefore \theta_A = \int_0^l \frac{1}{EI} \left( \frac{\omega l}{2} x - \frac{\omega}{2} x^2 \right) \left( 1 - \frac{1}{l} x \right) dx$$

$$= \frac{\omega}{2EIl} \int_0^l (l^2 x - 2lx^2 + x^3) dx$$

$$= \frac{\omega}{2EIl} \left[ l^2 \frac{x^2}{2} - 2l \frac{x^3}{3} + \frac{x^4}{4} \right]_0^l$$

$$= \frac{\omega}{2EIl} \left( \frac{l^4}{2} + \frac{l^4}{4} - \frac{2l^4}{3} \right) = \frac{\omega l^3}{24EI}$$

(2) 처짐 ($y_{max}$) 계산

$$y_{max} = \int \frac{MM_L}{EI} dx$$

그림 (c)에서  $M_L = \frac{1}{2} x$

$$\therefore y_{max} = 2 \int_0^{l/2} \frac{1}{EI} \left( \frac{\omega l}{2} x - \frac{\omega x^2}{2} \right) \left( \frac{x}{2} \right) dx = \frac{\omega}{2EI} \int_0^{l/2} (l^2 x - x^3) dx$$

$$= \frac{\omega}{2EI} \left[ l \frac{x^3}{3} - \frac{x^4}{4} \right]_0^{l/2} = \frac{\omega}{2EI} \left[ l \times \frac{1}{3} \times \left( \frac{l}{2} \right)^3 - \frac{1}{4} \times \left( \frac{l}{2} \right)^4 \right]$$

$$= \frac{5\omega l^4}{384EI}$$

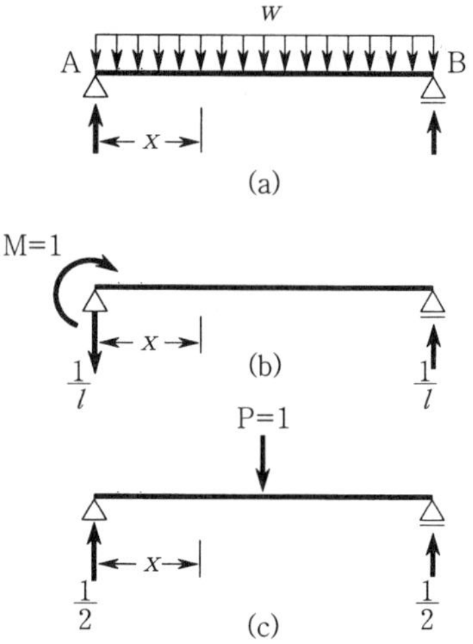

<그림 10.24>

### 예제 10-18

아래의 단순보에서 A점의 처짐각과 C점의 처짐을 구하시오.

**풀이** 그림 (a)에서  $M_x = \frac{Pb}{l} x$   $\quad 0 < x < a$

$\quad\quad\quad\quad\quad\quad\quad M_x = \frac{Pa}{l} x$   $\quad a < x < b$

그림 (b)에서  $M_m = 1 - \frac{1}{l} x$   $\quad 0 < x < a$

$\quad\quad\quad\quad\quad\quad\quad M_m = \frac{1}{l} x$   $\quad a < x < b$

그림 (c)에서  $M_L = \frac{b}{l} x$   $\quad 0 < x < a$

$\quad\quad\quad\quad\quad\quad\quad M_L = \frac{a}{l} x$   $\quad a < x < b$

(1) 처짐각 계산

$$\theta = \int_0^l \frac{MM_m}{EI} dx \text{에서}$$

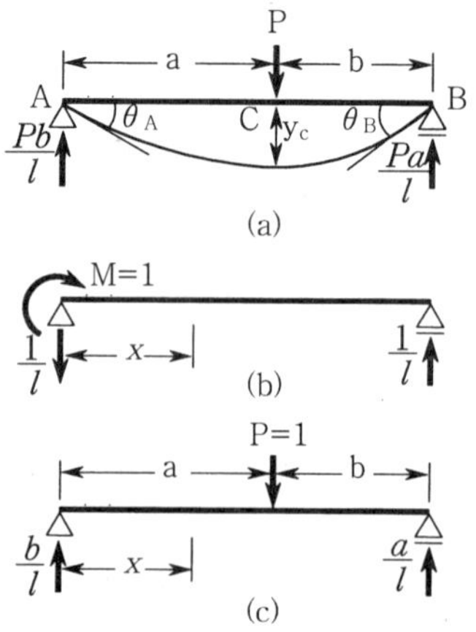

<그림 10.25>

$$\theta_A = \int_0^a \frac{MM_m}{EI}dx + \int_0^b \frac{MM_m}{EI}dx$$

$$= \frac{1}{EI}\int_0^a \left(\frac{Pb}{l}x\right)\left(1-\frac{1}{l}x\right)dx + \frac{1}{EI}\int_0^b \left(\frac{Pa}{l}x\right)\left(\frac{1}{l}x\right)dx$$

$$= \frac{Pb}{EIl^2}\int_0^a (lx-x^2)dx + \frac{Pa}{EIl^2}\int_0^b x^2 dx$$

$$= \frac{Pb}{EIl^2}\left[\frac{lx^2}{2}-\frac{x^3}{3}\right]_0^a + \frac{Pa}{EIl^2}\left[\frac{x^3}{3}\right]_0^b$$

$$= \frac{Pb}{6EIl}(l^2-b^2)$$

(2) 처짐 계산

$$y = \int \frac{MM_L}{EI}dx \text{에서}$$

$$y_C = \int_0^a \frac{MM_L}{EI}dx + \int_0^b \frac{MM_L}{EI}dx$$

$$= \frac{1}{EI}\int_0^a \left(\frac{Pb}{l}x\right)\left(\frac{b}{l}x\right)dx + \frac{1}{EI}\int_0^b \left(\frac{Pa}{l}x\right)\left(\frac{a}{l}x\right)dx$$

$$= \frac{Pb^2}{EIl^2}\int_0^a x^2 dx + \frac{Pa^2}{EIl^2}\int_0^b x^2 dx = \frac{Pb^2}{EIl^2}\left[\frac{x^3}{3}\right]_0^a + \frac{Pa^2}{EIl^2}\left[\frac{x^3}{3}\right]_0^b$$

$$= \frac{Pb^2 a^3}{3EIl^2} + \frac{Pa^2 b^3}{3EIl^2} = \frac{Pa^2 a^2}{3EIl^2}(a+b)$$

$$= \frac{Pa^2 b^2}{3EIl}$$

---

### 예제 10-19

그림 (a)와 같은 라멘의 A점 수평변위, 수직변위, 처짐각을 구하여라. 단, 축방향력과 전단력은 무시한다.

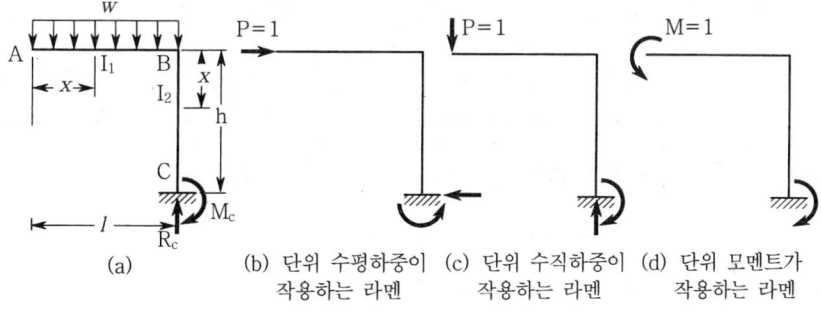

<그림 10.26>

**풀이** 가상일의 방법을 이용한다.

(1) A점의 수평변위 $y_{AH} = \sum \int \frac{M\overline{M}}{EI}dx$

| 부재 | 기준점 | $I$ | $M_x$〔그림 (a)〕 | $\overline{M}_x$〔그림 (a)〕 | $M_x \overline{M}_x$ |
|---|---|---|---|---|---|
| A~B | A | $I_1$ | $-\dfrac{\omega}{2}x^2$ | 0 | 0 |
| B~C | B | $I_2$ | $-\dfrac{\omega l^2}{2}$ | $1 \cdot x$ | $-\dfrac{\omega l^2}{2}x$ |

$$\therefore y_{AH} = \int_0^h \frac{-\omega l^2 x/2}{EI_2} dx = -\frac{1}{2EI_2}\left[\frac{\omega l^2 x^2}{2}\right]_0^h$$

$$= -\frac{\omega l^2 h^2}{4EI_2} \quad (\leftarrow 방향)$$

※ (—)값이 나오면 가상하중의 방향과 반대로 생긴다.

(2) A점의 수직변위 $y_{AV} = \sum \int \dfrac{M\overline{M}}{EI} dx$

| 부재 | 기준점 | $I$ | $M_x$〔그림 (a)〕 | $\overline{M}_x$〔그림 (c)〕 | $M_x \overline{M}_x$ |
|---|---|---|---|---|---|
| A~B | A | $I_1$ | $-\dfrac{\omega}{2}x^2$ | $-1 \cdot x$ | $\dfrac{\omega x^2}{2}$ |
| B~C | B | $I_2$ | $-\dfrac{\omega l^2}{2}$ | $-1 \cdot l$ | $\dfrac{\omega l^2}{2}$ |

$$\therefore y_{AV} = \frac{1}{EI_1}\int_0^l \frac{\omega x^3}{2}dx + \frac{1}{EI_2}\int_0^h \frac{\omega l^3}{2}dx$$

$$= \frac{1}{EI_1}\frac{\omega l^4}{8} + \frac{1}{EI_2}\frac{\omega l^3}{2}\cdot h \quad (\downarrow 방향)$$

(3) A점의 처짐각 $\theta_A = \sum \int \dfrac{M\overline{M}}{EI} dx$

| 부재 | 기준점 | $I$ | $M_x$〔그림 (a)〕 | $\overline{M}_x$〔그림 (d)〕 | $M_x \overline{M}_x$ |
|---|---|---|---|---|---|
| A~B | A | $I_1$ | $-\dfrac{\omega}{2}x^2$ | $-1$ | $\dfrac{\omega x^2}{2}$ |
| B~C | B | $I_2$ | $-\dfrac{\omega l^2}{2}$ | $-1$ | $-\dfrac{\omega l^2}{2}x$ |

$$\therefore \theta_A = \frac{1}{EI_1}\int_0^l \frac{\omega x^2}{2}dx + \frac{1}{EI_2}\int_0^h \frac{\omega l^2}{2}dx$$

$$= \frac{1}{EI_1}\frac{\omega l^3}{6} + \frac{1}{EI_2}\frac{\omega l^2 h}{2}$$

## 예제 10-20

그림 (a)와 같은 라멘의 B점 수평변위와 C점의 처짐각을 구하시오.

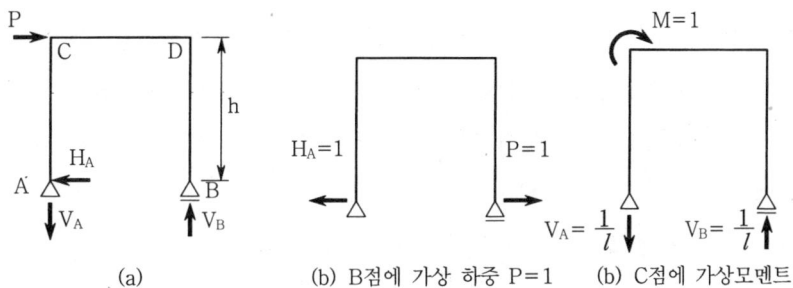

<그림 10.27>

**풀이** 그림 (a)에서

$$H_A = P, \quad V_A = \frac{Ph}{l}, \quad V_B = \frac{Ph}{l}$$

그림 (b)에서

$$H_A = 1$$

그림 (c)에서

$$V_A = \frac{1}{l}, \quad V_B = \frac{1}{l}$$

| 부재 | 기준점 | $M_x$ 〔그림 (a)〕 | $\overline{M}_x$ 〔그림 (b)〕 | $\overline{M}_x$ 〔그림 (c)〕 |
|---|---|---|---|---|
| A~C | A | $H_A x = Px$ | $H_A x = x$ | |
| C~D | C | $H_A h - V_A x = Ph - \frac{Ph}{l} x$ | $H_A h = h$ | $1 - \frac{1}{l} x$ |
| B~D | B | 0 | $1x = x$ | 0 |

$$y_{BH} = \int \frac{M\overline{M}}{EI} dx \quad [그림\ (a),\ (b)]$$

$$= \frac{1}{EI} \int_0^h Px\ x\,dx + \frac{1}{EI} \int_0^l \left(Ph - \frac{Ph}{l} x\right) h\,dx$$

$$= \frac{Ph^3}{3EI} + \frac{Ph^2 l}{3EI} - \frac{Ph^2 l}{2EI l^2}$$

$$= \frac{Ph^3}{3EI} + \frac{Ph^2 l}{2EI}$$

$$\theta_C = \int \frac{M\overline{M}}{EI} dx \quad [그림\ (a),\ (c)]$$

$$= \int_0^l \frac{1}{EI} \left(Ph - \frac{Ph}{l} x\right)\left(1 - \frac{x}{l}\right) dx = \frac{1}{EI} \int_0^l \left(Ph - \frac{Phx}{l} - \frac{Phx}{l} + \frac{Phx^2}{l^2}\right) dx$$

$$= \frac{1}{EI} \left[Phx - \frac{2Phx^2}{2l} + \frac{Phx^3}{3l^2}\right]_0^l = \frac{1}{EI} \left[Phl - Phl + \frac{Phl}{3}\right]$$

$$= \frac{Phl}{3EI}$$

### 10.6.2 캐스틸리아노 정리(theory of Castigliano)

선형 탄성체인 보에 외력 P가 서서히 가해져 재하점에 최종처럼 δ가 일어났을 때, 외력이 하는 일 $W_e$는 외력의 최종값 P와 변위의 최종값 δ와의 곱의 1/2이다. 작용외력이 0에서 최종값에 도달하는 사이에, 이에 따라 부재 내부에 발생하는 응력도 0에서 점차 증가해서 최종값에 도달한다. 이 때 탄성체의 내부일 $W_i$, 즉 변형에너지(strain energy) U는

$$U = \int \frac{M^2}{2EI} ds + \int \frac{N^2}{2AE} ds + \int \frac{kV^2}{2AG} ds \quad \quad (10.22)$$

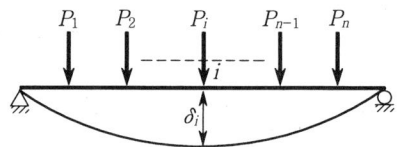

<그림 10.28>

그림 10.24과 같은 보에 다수의 外力 $P_1, P_2, \cdots, P_i \cdots P_n$이 작용하여 탄성변형을 일으켜 정지하고 있을 때, 그 가운데 임의의 外力 $P_i$이 작용점의 변위 $\delta_i$에 대해서 알아본다.

$\delta_i$는 겹침의 법칙에 따라 外力 $P_1, P_2, \cdots P_i, \cdots P_n$이 각각 단독으로 작용할 때 I점의 변위의 합과 같다. 그림 10.24에서 외력 $P_1, P_2, \cdots P_i, \cdots P_n$이 각각 단독으로 작용할 때의 i점의 변위를 각각 $\delta_1, \delta_2, \cdots, \delta_i, \cdots \delta_n$라고 하면, $P_1, P_2, \cdots, P_i \cdots P_n$이 동시에 작용할 때의 i점의 변위 $\delta_i$는

$$\delta_i = \delta_{i1}P_1 + \delta_{i2}P_2 + \cdots + \delta_{ii}P_i + \delta_{i\in}P_n \quad \quad (10.23)$$

$P_i$의 값을 미소량 $dP_i$만큼 증가시킨 경우의 전 外力이 하는 일 $dW_e$는

$$dW_e = P_1(\delta_{1i}dP_i) + P_2(\delta_{2i}dP_i) + \cdots + P_i(\delta_{ii}dP_i)$$
$$+ \frac{1}{2}(dP_i)(\delta_{ii}dP_i) + \cdots + P_n(\delta_{\equiv}dP_i) \quad \quad (10.24)$$

위의 식에서 $1/2(dP_i)(\delta_{ii}dP_i)$는 미소 항이므로, 생략하면 위의 식은 다음과 같이 된다.

$$dW_e = (\delta_{1i}P_1 + \delta_{2i}P_2 + \cdots + \delta_{ii}P_i + \cdots + \delta_{n_i}P_n)(dP_i) \quad \quad (10.25)$$

상반작용의 정리에 의해서 $\delta_{ti} = \delta_{i_t}$이므로

$$\frac{dW_e}{dP_i} = \delta_{1i}P_1 + \delta_{2i}P_2 + \cdots + \delta_{ii}P_i + \cdots + \delta_{i_n}P_n = \delta_i \quad \quad (10.26)$$

$$\therefore \delta_i = \frac{dW_e}{dP_i}$$

외력일 $W_e$는 내력일 $W_i$와 같고, 또한 내력일은 변형 에너지 $U$와 같고 $P_i$만의 변수이므로 미분기호로서 다음과 같이 표현할 수 있다.

$$\delta_i = \frac{\partial U}{\partial P_i} \quad \cdots\cdots\cdots (10.27)$$

또한,

$$\delta_i = \frac{\partial U}{\partial P_i} = \int \frac{M}{EI}\frac{\partial M}{\partial P_i}ds + \int \frac{N}{AE}\frac{\partial N}{\partial P_i}ds + \int \frac{kV}{AG}\frac{\partial V}{\partial P_i}ds \cdots (10.28)$$

위의 식으로부터 선형 탄성체가 다수의 외력 작용하에 탄성변형을 일으켜 평형을 이루고 있을 때, "임의점 $i$의 점에 작용하고 있는 $P_i$의 작용방향의 변위 $\delta_i$는 변형 방정식 $U$를 $P_i$로 편미분한 것과 같다"는 중요한 정리가 성립되며, 이를 Castigliano 제 2 정리라고 한다.

$\overline{M_1}, \overline{N_1}, \overline{V_1}$ 및 $\overline{M_2}, \overline{N_2}, \overline{V_2}$를 각각 $P_1=1$ 및 $P_2=1$에 의한 단면력 이라고 한다면, 전하중 $P_1, P_2, \cdots$가 작용시의 각 단면력은

$$M = \overline{M_1}P_1 + \overline{M_2}P_2 + \cdots + \overline{M_i}P_i + \cdots + \overline{M_n}P_n$$
$$N = \overline{N_1}P_1 + \overline{N_2}P_2 + \cdots + \overline{N_i}P_i + \cdots + \overline{Nn}P_n$$
$$V = \overline{V_1}P_1 + \overline{V_2}P_2 + \cdots + \overline{V_i}P_i + \cdots + \overline{V_n}P_n$$

따라서,

$$\frac{\partial M}{\partial P_i} = \overline{M_i} \;,\quad \frac{\partial N}{\partial P_i} = \overline{N_i} \;,\quad \frac{\partial V}{\partial P_i} = \overline{V_i} \quad \cdots\cdots (10.29)$$

따라서, 식(10.29)는 다음과 같은 가상일의 식이 된다.

$$\delta = \int_0^l \frac{M\overline{M}}{EI}dx + \int_0^l \frac{\overline{N}N}{EA}dx + \int_0^l \frac{\overline{kV}V}{EA}dx \quad \cdots (10.30)$$

그러므로 Castigliano 제2 정리와 가상일의 원리는 그 출발점은 다르지만, 그 결과는 같고 표현이 다를 뿐이다. 또한, $P_i$의 작용점에 변위가 없을 때는 $\frac{\partial U}{\partial P_i}=0$이 되며 이 식을 최소일의 원리(Principle of lrast work) 라고 하며, 구조물에 반력방향의 지점이동이 없는 경우, 하중재하에 의해서 생기는 지점반력은 변형 에너지가 최소가 되는 값을 갖게 된다.

Castigliano의 제1 정리 $\quad \frac{\partial U}{\partial \delta_i} = P_i$

Castigliano의 제2 정리 $\quad \frac{\partial U}{\partial P_i} = \delta_i$

## 예제 10-21

Castigliano의 제2정리를 이용하여 다음의 Cantilever보 자유단의 처짐각과 처짐을 구하여라.

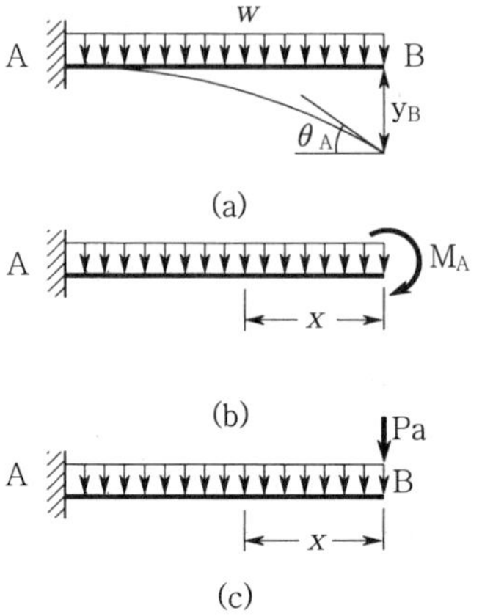

**풀이** 그림 (a)에서

$$M_x = -\frac{\omega x^2}{2}$$

그림 (b)에서

$$M_m = -M_A - \frac{\omega x^2}{2}$$

그림 (c)에서

$$M_L = -P_a x - \frac{\omega x^2}{2}$$

(1) 처짐각 ($\theta_B$) 계산

$$\theta = \int \frac{\partial M_m}{\partial M_A} \frac{M}{EI} dx$$

그림 (b)에서 $\frac{\partial M_m}{\partial M_A} = -1$, $M_A = 0$으로 놓으면

$$\theta_B = \int_0^l \frac{1}{EI}(-1)\left(-\frac{\omega x^2}{2}\right)dx = \frac{\omega}{2EI}\left[\frac{x^3}{3}\right]_0^l = \frac{\omega l^3}{6EI}$$

(2) 처짐 ($y_B$) 계산

$$y = \int \frac{\partial M_L}{\partial P_a} \frac{M}{EI} dx, \quad \text{그림 (c)에서} \quad \frac{\partial M_L}{\partial P_a} = -x, \quad M_L\text{에서} \quad P_a = 0\text{으로 놓으면}$$

$$y_B = \int_0^l \frac{1}{EI}(-x)\left(-\frac{\omega x^2}{2}\right)dx = \frac{\omega}{2EI}\left[\frac{x^4}{4}\right]_0^l = \frac{\omega l^4}{8EI}$$

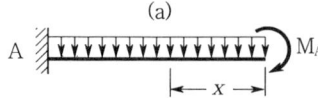

(a)

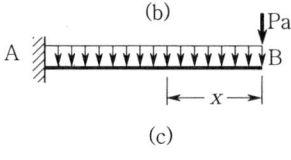

(b)

(c)

<그림 10.29>

## 예제 10-22

그림 (a)와 같은 트러스의 D점의 처짐을 구하라. (단, $E = 2.0 \times 10^6 \text{kgf/cm}^2$)

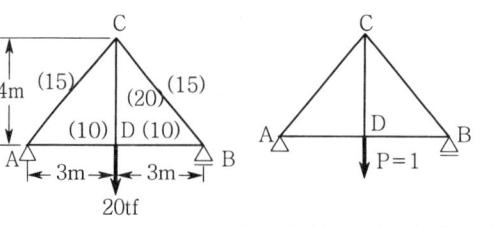

(a)　　(b) 처짐을 구하고자 하는 점에　(c) 처짐을 구하고자 하는 점에
　　　　　가상하중 P=1을 실은 트러스　　가상하중 Pn을 추가시킨 트러스

<그림 10.30>

**풀이** (1) 가상일의 방법

트러스의 변위계산은 $y=\sum\dfrac{l}{AE}(S\overline{S})$식을 이용하며, 결과는 다음 표와 같다.

| 부재 | 길이 $l$ ($cm$) | 단면적 $A$ ($cm^2$) | $\dfrac{l}{AE}$ | $S$ ($kg$) | $\overline{S}$ | $y$ ($cm$) |
|---|---|---|---|---|---|---|
| AD | 300 | 10 | 0.0000150 | 7500 | +0.375 | 0.042 |
| BD | 300 | 10 | 0.0000150 | 7500 | 0.375 | 0.042 |
| AC | 500 | 15 | 0.0000167 | -12500 | -0.625 | 0.130 |
| BC | 500 | 15 | 0.0000167 | -12500 | -0.625 | 0.130 |
| CD | 400 | 20 | 0.00001 | 20000 | 1.000 | 0.200 |
| $\Sigma$ | | | | | | 0.544 |

$\therefore\ y_b = 0.544\ (cm)\ (\downarrow 방향)$

(2) Castigliano의 방법

주어진 구조물의 구하고자 하는 점에 가상하중 $P_n$을 싣고 부재력을 계산한 뒤, $P_n$으로 편미분한다.

| 부재 | $\dfrac{l}{AE}$ | $S$ | $\dfrac{\partial S}{\partial P_n}$ | $\dfrac{l}{AE}S\dfrac{\partial S}{\partial P_n}$ |
|---|---|---|---|---|
| AB | 0.0000150 | $7500+0.375\,P_n$ | 0.375 | 0.042 |
| BD | 0.0000150 | $7500+0.375\,P_n$ | 0.375 | 0.042 |
| AC | 0.0000167 | $-12500-0.625\,P_n$ | -0.625 | 0.130 |
| BC | 0.0000167 | $-12500-0.625\,P_n$ | -0.625 | 0.130 |
| CD | 0.00001 | $20000+1.0\,P_n$ | 1.0 | 0.200 |
| $\Sigma$ | | | | 0.544 |

$\therefore\ y_D = \sum\dfrac{l}{AE}S\dfrac{\partial S}{\partial P_n} = 0.544\ (cm)$

■ 보의 처짐각과 처짐

| | 하중상태 | 처짐각 | 처짐 |
|---|---|---|---|
| 1 | A에서 $l/2$ 위치에 $P$, 단순보 AB | $\theta_A = -\theta_B$<br>$\dfrac{Pl^3}{16EI}$ | $y_{max} = \dfrac{Pl^3}{48EI}$ |
| 2 | A로부터 $a$, B로부터 $b$ 위치에 $P$, 단순보 AB | $\theta_A = \dfrac{Pab}{6EIl}(l+b)$<br>$\theta_B = -\dfrac{Pab}{6EIl}(l+a)$ | $y_C = \dfrac{Pa^2b^2}{3EIl}$ |
| 3 | 등분포하중 $w$, 단순보 AB | $\theta_A = -\theta_B$<br>$\dfrac{\omega l^3}{24EI}$ | $y_{max} = \dfrac{5\omega l^4}{384EI}$ |
| 4 | 삼각분포하중 $w$, 단순보 AB | $\theta_A = \dfrac{7\omega l^3}{360EI}$<br>$\theta_B = -\dfrac{8\omega l^3}{360EI}$ | $y_{max} = 0.0062 \times \dfrac{\omega l^4}{EI}$ |
| 5 | 양단모멘트 $M_A$, $M_B$, 단순보 AB | $\theta_A = \dfrac{l}{6EI}(2M_A + M_B)$<br>$\theta_B = -\dfrac{l}{6EI}(M_A + 2M_B)$ | $M_A = M_B M \ y_{max} = \dfrac{Ml^2}{8EI}$ |
| 6 | A단 모멘트 $M_A$, 단순보 AB | $\theta_A = \dfrac{M_A l}{3EI} \quad \theta_B = -\dfrac{M_A l}{6EI}$ | |
| 7 | 캔틸레버 A고정, B자유단에 $P$ | $\theta_B = \dfrac{Pl^2}{2EI}$ | $y_B = \dfrac{Pl^3}{3EI}$ |
| 8 | 캔틸레버, A로부터 $a$, B로부터 $b$에 $P$ | $\theta_C = \theta_B$<br>$\dfrac{Pa^2}{2EI}$ | $y_B = \dfrac{Pa^2}{6EI}(3l-a)$ |
| 9 | 캔틸레버, A에서 $l/2$에 $P$ | $\theta_C = \theta_B$<br>$\dfrac{Pl^2}{8EI}$ | $y_B = \dfrac{5Pl^3}{48EI}$ |
| 10 | 캔틸레버 등분포하중 $w$ | $\theta_B = \dfrac{\omega l^3}{6EI}$ | $y_B = \dfrac{\omega l^4}{8EI}$ |

| | 하중상태 | 처짐각 | 처짐 |
|---|---|---|---|
| 11 | (고정 A, 분포하중 $w$ 왼쪽 반, C 중앙, B 자유단, $l/2, l/2$) | $\theta_C = \theta_B$ $\dfrac{\omega l^3}{48EI}$ | $y_B = \dfrac{7\omega l^4}{384EI}$ |
| 12 | (고정 A, 분포하중 $w$ 오른쪽 반, $l/2, l/2$, B 자유단) | $\theta_B = \dfrac{7\omega l^3}{48EI}$ | $y_B = \dfrac{41\omega l^4}{384EI}$ |
| 13 | (고정 A, 삼각분포하중 $w$, 길이 $l$, B 자유단) | $\theta_B = \dfrac{\omega l^3}{24EI}$ | $y_B = \dfrac{\omega l^4}{30EI}$ |
| 14 | (고정 A, B단 모멘트 $M$, 길이 $l$) | $\theta_B = \dfrac{Ml}{EI}$ | $y_B = \dfrac{Ml^2}{2EI}$ |
| 15 | (고정 A, 중앙 C 모멘트 $M$, $l/2, l/2$, B 자유단) | $\theta_B = \dfrac{Ml}{2EI}$ | $y_B = \dfrac{3Ml^2}{8EI}$ |
| 16 | (고정 A, 중앙 C 집중하중 $P$, $l/2$, B 단순지지) | $\theta_B = -\dfrac{Pl^2}{32EI}$ | $y_C = \dfrac{7Pl^3}{768EI}$ |
| 17 | (고정 A, 등분포하중 $w$, B 단순지지) | $\theta_B = -\dfrac{\omega l^3}{8EI}$ | $y_{\max} = \dfrac{\omega l^4}{185EI}$ |
| 18 | (고정 A, 중앙 집중하중 $P$, $l/2$, 고정 B) | | $y_{\max} = \dfrac{\omega l^4}{192EI}$ |
| 19 | (고정 A, 등분포하중 $w$, 고정 B) | | $y_{\max} = \dfrac{\omega l^4}{384EI}$ |
| 20 | (고정 A, B단 모멘트 $M$, B 단순지지) | $\theta_B = -\dfrac{Ml}{4EI}$ | |

## 연습문제

**1.** 그림과 같은 캔틸레버 보의 $\theta_A$ 및 $y_A$를 구하시오. (단, EI는 일정)

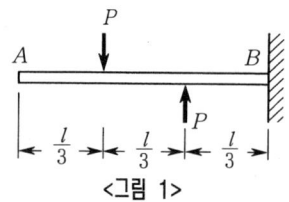
<그림 1>

**풀이**  $\theta_A = \dfrac{-Pl^2}{6EI}$

$y_A = \dfrac{10Pl^3}{81EI}$

**2.** 그림과 같이 굴곡강성이 변하는 캔틸레버 보의 $\theta_C$, $y_C$, $\theta_B$, $y_B$를 구하여라.

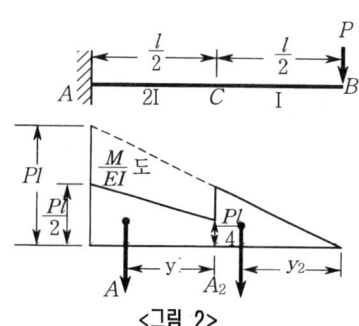
<그림 2>

**풀이**  $\theta_C = \dfrac{3Pl^2}{16EI}$

$y_C = \dfrac{5Pl^3}{96EI}$

$\theta_B = \dfrac{5Pl^2}{16EI}$

$y_B = \dfrac{9Pl^3}{48EI}$

**3.** 그림과 같은 캔틸레버 보의 자유단에 하중 P와 C점에 모멘트 M이 작용하는 경우 자유단에 발생하는 $\theta_A$ 및 $y_A$를 구하시오. (단, EI는 일정)

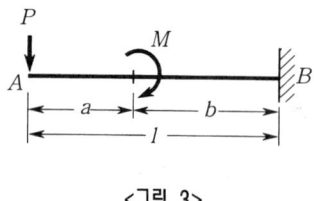
<그림 3>

**풀이**  $\theta_A = \dfrac{Pl^2}{2EI} - \dfrac{Mb}{EI}$

$y_A = \dfrac{Pl^3}{3EI} - \dfrac{Mb}{EI}\left(a + \dfrac{b}{2}\right)$

**4** 그림과 같이 굴곡강성이 변하는 단순보의 $\theta_A, \theta_C, \theta_D$ 및 $y_D$를 구하여라(단, $EI$는 일정)

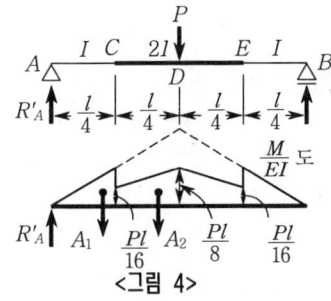

<그림 4>

풀이
$\theta_A = \dfrac{5Pl^2}{128EI}$
$\theta_C = \dfrac{3Pl^2}{128EI}$
$\theta_D = 0$
$y_D = \dfrac{3Pl^3}{256EI}$

**5** 그림과 같이 단순보의 D점에 하중이 작용할 때 C점 및 D점의 처짐각과 처짐을 구하시오. (단, $E = 2.0 \times 10^6 \text{ kgf/cm}^2$)

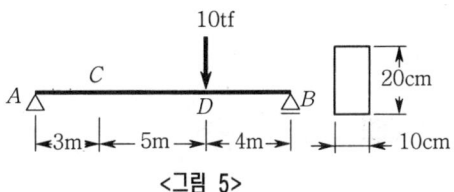

<그림 5>

풀이
$\theta_C = 0.043 \ (rad)$
$\theta_D = -0.027 \ (rad)$
$y_C = 14.88 \ (cm)$
$y_D = 15.27 \ (cm)$

**6** 그림과 같은 내민보의 C점에 모멘트하중이 작용할 때 C점의 처짐각과 처짐을 구하시오. (단, $EI$는 일정)

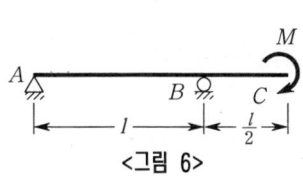

<그림 6>

풀이
$\theta_C = \dfrac{5Ml}{6EI}$
$y_C = \dfrac{7Ml^2}{24EI}$

**7** 그림과 같은 Gerber 보에 등분포하중이 작용할 때 B점의 처짐각과 처짐을 구하시오. (단, $EI$는 일정)

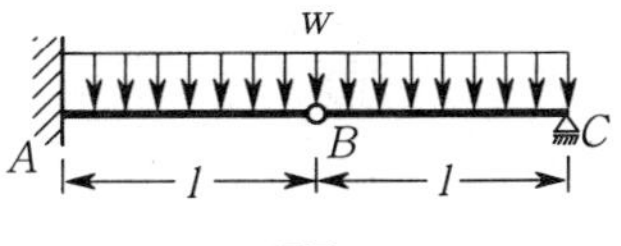

<그림 7>

풀이
$\theta_B = \dfrac{5wl^3}{12EI}$
$y_C = \dfrac{7wl^4}{24EI}$

**8** 그림과 같은 Truss의 B점에 수평하중이 작용할 때 B점의 수평변위와 수직변위를 구하시오. (단, EA는 일정)

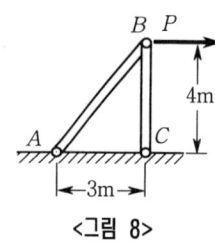
<그림 8>

**풀이**  $y_{BH} = \dfrac{16P}{3EA}$

$y_{BV} = \dfrac{21P}{EA}$

**9** 다음 그림과 같은 Truss에서 C점의 수직처짐을 구하시오.
(단, $A = 50\text{cm}^2$, $E = 2.0 \times 10^6 \text{ kgf/cm}^2$)

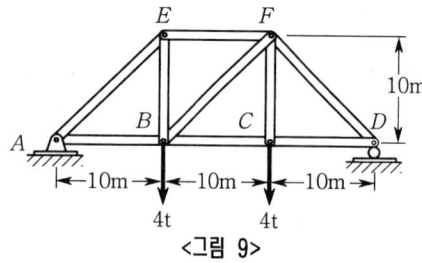
<그림 9>

**풀이**  $y_{CV} = 0.235\text{cm}$

**10** 다음 그림과 같은 Rahmen의 D점의 처짐각과 E점의 수평처짐을 구하시오.(단, EI는 일정)

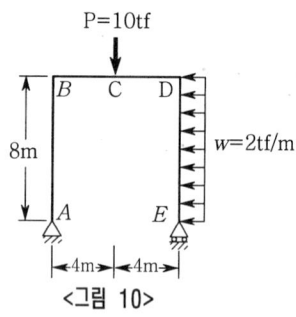
<그림 10>

**풀이**  $\theta_D = \dfrac{-301.33}{EI}$

$y_{EH} = \dfrac{9258.67}{EI}$

**11** 다음 그림과 같은 단순보계 Rahmen의 B점과 C점의 수평처짐을 구하시오. (단, EI는 일정)

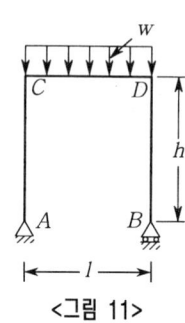
<그림 11>

**풀이**  $y_{BH} = \dfrac{whl^3}{12EI}$

$y_{CH} = \dfrac{whl^3}{24EI}$

**12** 다음 그림과 같은 단순보계 Arch의 A점의 처짐각과 수평처짐 그리고 C점의 수직처짐을 구하시오. (단, EI는 일정)

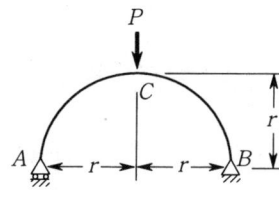

**풀이** 
$\theta_A = \dfrac{Pr^2}{2EI}(\dfrac{\pi}{2}-1)$

$y_{AH} = -\dfrac{Pr^3}{2EI}$ (우측)

$y_{AV} = \dfrac{Pr^3}{2EI}(\dfrac{3\pi}{4}-2)$

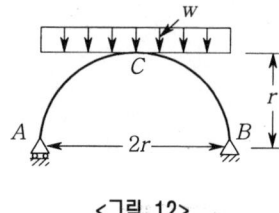

**풀이**
$\theta_A = \dfrac{\pi wr^3}{8EI}$

$y_{AH} = \dfrac{2wr^4}{3EI}$ (좌측)

$y_{AV} = \dfrac{wr^4}{2EI}(\dfrac{\pi}{4}-\dfrac{1}{3})$

<그림 12>

# 제11장 부정정 구조

11.1 개 요

11.2 변위일치법(method of consistent displacement)

11.3 3연모멘트법(three-moment method)

11.4 처짐각법(slope-deflection method)

11.5 모멘트 분배법(Moment distributed method)

# Chapter 11 부정정 구조

## 11.1 개 요

평면구조물이 평형을 이루기 위해서는 3개의 평형방정식($\sum V = 0$, $\sum H = 0$, $\sum M = 0$)을 만족시켜야만 한다. 3개의 평형방정식만으로 구조물의 반력과 내력 등을 모두 구할 수 있는 구조물을 정정 구조라 하고, 평형방정식만으로는 구할 수 없는 독립적인 반력이나 내력성분이 있는 구조를 부정정 구조라 한다.

부정정 구조물은 정정 구조와 비교해서 다음과 같은 중요한 장점을 갖고 있다.
① 하중에 저항할 수 있는 강성이 크므로 처짐이 작고, 외관이 수려하다.
② 최대 휨응력이 작아 단면을 줄일 수 있어 경제적인 설계가 가능하다.
③ 부정정 보는 안전도(safety) 측면에서 유리하다.

또한, 부정정 구조물의 단점으로는 아래와 같다.
① 해석과정이 정정구조에 비해 상당히 복잡하다.
② 지점침하, 제작오차 또는 온도변화 등에 의한 변형이 구조물의 내력에 영향을 준다.

그러나, 전자계산기의 발달과 풍부한 시공 경험으로 단점은 극복할 수 있으므로 현재는 부정정 구조물의 장점 때문에 사용 용도가 계속 확대되는 추세에 있다.

부정정 구조물의 해석방법을 크게 나누면 응력법과 변위법으로 나눌 수 있다.

응력법(force method)은 부정정력(redundant forces)을 미지수로 선택하여 구조해석을 하는 방법으로서 변위일치법(method of consistent deformation), 유연도법(flexibility method) 또는 적합법(compatibility method)이라고도 한다. 맥스웰-모르의 방법, 최소일의 방법(method of least work)과 3모멘트방법(three moment equation)등이 응력법에 속한다.

변위법(displacements method)은 응력법과는 달리 절점변위(nodal displacements)를 미지수로 선택하여 구조해석을 하는 방법으로서, 강성도법(stiffness method) 또는 평형법(equilibrium method)이라고도 부른다. 처짐각법(slope-deflection method), 모멘트분배법(moment distribution method)등이 변위법에 속한다.

부정정 구조물의 기본적인 해석방법과 대상 구조물을 열거하면 아래와 같다.

(1) 변위일치의 방법(method of consistent displacements)

   부정정트러스, 연속보, 라멘

(2) 최소일의 방법(method of least work)

   부정정트러스, 연속보, 라멘

(3) 삼연모멘트법(three-moment equation)

   연속보

(4) 처짐각법(slope-deflection method)

   연속보, 라멘

(5) 모멘트분배법(moment distribution method)

   연속보, 라멘

## 11.2 변위일치법(method of consistent displacement)

변위일치법은 탄성처짐에 관한 이론을 그대로 적용하여 부정정구조물을 해석하는 방법이며, 기본원리는 회전지점은 상하로 움직이지 않으므로 처짐이 없고 고정지점은 처짐 및 처짐각이 모두 없다는 경계조건을 이용하여 간단한 부정정 구조를 해석하는 방법이다.

<그림 11.1>  경계조건 (boundary condition)

## (1) 1차 부정정 구조물

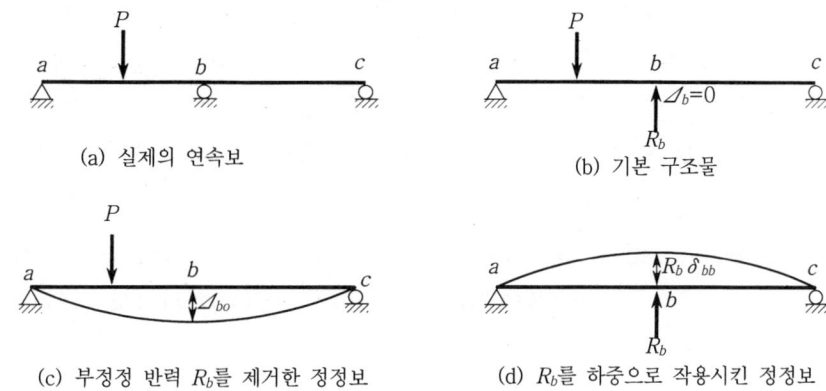

<그림 11.2>  변위일치의 방법

그림 11.2 (a)에 있는 2경간 연속보는 4개의 미지 반력 요소가 존재하나 평형방정식의 수는 3개이므로 1차 부정정보가 된다. 이 연속보에서 B점의 지점반력 $R_b$을 부정정력(redundant force)으로 선택한 후, $R_b$방향의 구속을 제거시키면 그림 11.2 (b)와 같은 정정 기본구조물(primary structure)을 만들 수 있다.

실제의 연속보에서 적합조건은 B지점의 수직변위가 없으므로 $\Delta_b = 0$이며, 이 기본구조물은 겹침의 원리에 의해 그림 11.2 (c)와 (d)의 합으로 표시할 수 있다.

그림 11.2 (c)에 부정정반력 $R_b$을 제거하면 하중 $P$에 의해서 $b$ 점에는 $\Delta_{b0}$라는 하향의 처짐이 일어나고, 그림 11.2 (d)와 같이 지점반력 $R_b$를 상향의 하중으로 작용시킨다면 그 상향의 처짐 $R_b(\delta_{bb})$가 발생한다. $\Delta_b = 0$이라는 적합조건 때문에 $\Delta_{b0}$와 $R_b(\delta_{bb})$은 같은 값이라야만 된다. 따라서, 겹침의 원리가 적용되는 범위 내에서 적합조건으로 부터 다음과 같은 적합방정식(compatibility equation)이 성립된다.

$$\Delta_b = \Delta_{b0} + R_b \delta_{bb} = 0 \quad \cdots\cdots\cdots\cdots\cdots\cdots\cdots\cdots\cdots\cdots\cdots\cdots\cdots\cdots\cdots\cdots\cdots\cdots\cdots \quad (11.1)$$

여기서, $\Delta_b$ = 기본구조물에서 모든 원인에 의한 $b$점의 처짐
$\Delta_{b0}$ = 기본구조물에서 하중에 의한 $b$점의 처짐
$\delta_{bb}$ = 기본구조물에서 부정정반력 $R_b = 1$에 의한 $b$점의 처짐

식(11.1)에서 처짐 $\Delta_{b0}$나 $\delta_{bb}$는 정정구조물의 처짐이므로 공액보법이나 가상일의

방법 등 어떤 방법을 사용하여도 모두 구할 수 있는 값이며, 처짐 $\varDelta_{b0}$나 $\delta_{bb}$를 식 (11.1)에 대입하면 미지의 부정정반력 $R_b$를 직접 구할 수 있다. 그리고 나머지 반력과 단면력들은 정역학적 평형방정식을 사용하여 모두 구할 수 있다.

이와 같이 처짐에 관한 적합방정식으로 부터 미지의 부정정력을 계산하는 방법을 변위일치의 방법(method of consistent displacement)이라고 한다.

또한, 이러한 방법은 반력과 같은 부정정력을 미지수로 놓고 풀기 때문에 응력법(force method)이라 하며, 부정정력 $R_b$의 계수 $\delta_{bb}$가 유연도이기 때문에 유연도법(flexibility method)이라고도 하고, 부정정력을 풀기 위한 기본식이 변위에 관한 적합방정식이기 때문에 적합법(compatibility method)이라고도 한다.

■ 처짐각을 이용하는 방법

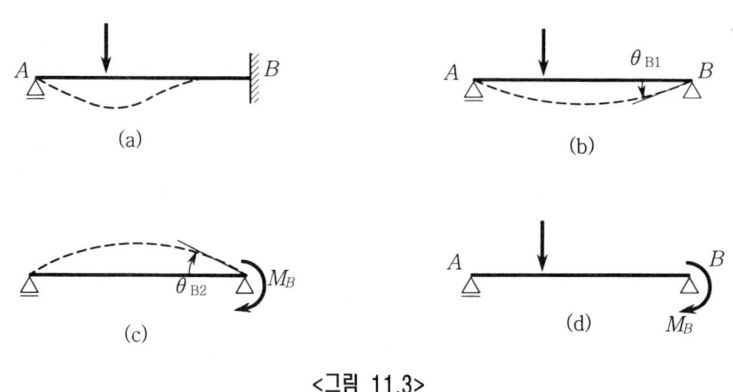

<그림 11.3>

(a) 그림에서 B점은 고정단이므로 처짐각은 없다.

∴ $\theta_B = 0$

(b) 그림에서 B점이 회전지점이면 하중에 의해 처짐각 $\theta_{B1}$이 생긴다.

그러나, 실제보 (a)에서 보는 바와 같이 B점에 처짐각이 생기지 않는 것은 그림 (c)에서와 같이 가상의 모멘트 $M_B$가 작용하여 $\theta_{B2}$가 발생하기 때문이다.

∴ $\theta_{B1} = \theta_{B2}$

이 식으로 미지의 Moment $M_B$를 구하면 그림 (d)와 같은 정정보가 된다.

### (2) 2차 부정정 구조물

그림 11.4(a)에 있는 3경간 연속보는 5개의 미지 반력 요소가 존재하여 2차 부정정보가 된다. 여기서 부정정력으로 선택할 수 있는 미지수 들은 각 점의 지점반력 $R_a$, $R_b$, $R_c$, $R_d$와 중간지점의 모멘트 $M_b$와 $M_c$이며, 2차 부정정이므로 이중 2개만 선택하면 된다.

이 3경간 연속보에서 그림 11.4(b)와 같이 B점의 지점반력 $R_b$와 C점의 지점반력 $R_c$를 부정정력으로 선택한 후, $R_b$방향과 $R_c$방향의 구속을 제거시키면 정정 기본 구조물을 만들 수 있다.

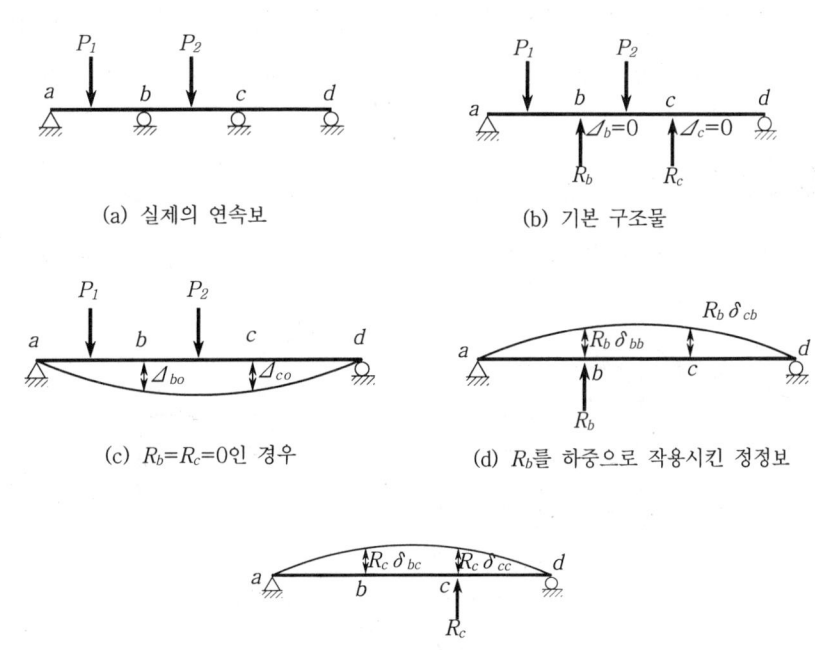

(a) 실제의 연속보

(b) 기본 구조물

(c) $R_b=R_c=0$인 경우

(d) $R_b$를 하중으로 작용시킨 정정보

(e) $R_c$를 하중으로 작용시킨 정정보

<그림 11.4>  2차 부정정보의 변위일치

앞의 1차 부정정에서 설명한 것과 같이 그림 11.4(b)의 기본구조물은 겹침의 원리에 의해 그림 11.2(c)와 (d), 및 (e)를 합친 것과 같은 나타낼 수 있다.

따라서, 2개의 적합조건으로 부터 다음과 같은 적합방정식이 성립된다.

$$\Delta_b = \Delta_{b0} + R_b \delta_{bb} + R_c \delta_{bc} = 0$$
$$\Delta_c = \Delta_{c0} + R_b \delta_{cb} + R_c \delta_{cc} = 0 \quad \cdots\cdots (11.2)$$

여기서, $\Delta_i$ = 기본구조물에서 모든 원인에 의한 $i$점의 처짐
$\Delta_{i0}$ = 기본구조물에서 하중에 의한 $i$점의 처짐
$\delta_{ij}$ = $i$점에 부정정반력 $R_j=1$을 작용시킨 경우 $i$점의 처짐

$\delta_{ij}$에서 앞의 첨자는 변위가 생긴 위치를 나타내고, 뒤의 첨자는 하중의 작용위치를 나타내며 유연도계수(flexibility coefficient)라고도 한다.

또한, Maxwell의 상반처짐의 법칙에 의해서 항상 $\delta_{ij} = \delta_{ji}$가 성립된다.

식(11.2)에서 처짐요소 $\Delta_{b0}, \Delta_{c0}$, 및 $\delta_{bb}$는 공액보법 이나 가상일의 방법으로 구할 수 있는 값이며, 지점부의 처짐 $\Delta_b$나 $\Delta_c$는 일반적으로 0이다.

이와같이 식(11.2)에서 2개의 미지반력, $R_b$와 $R_c$를 구하면 정정구조가 되므로 나머지 반력과 단면력들은 정역학적 평형방정식을 사용하여 모두 구할 수 있다.

### 예제 11-1

그림과 같은 부정정 보를 변위일치법으로 해석하고, 단면력도를 그리시오.

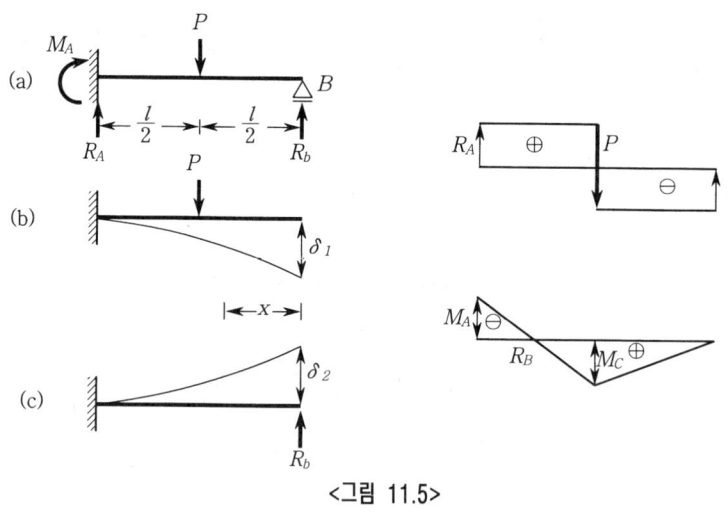

<그림 11.5>

**풀이** 처짐을 이용하여 미지반력을 구한다.

(1) 지점반력

B점은 지점이므로 $\delta_B = 0$에 의하여

$$\delta_B = \delta_1 + \delta_2 = 0 \quad \cdots \cdots (a)$$

그림 (b)에서 하중 $P$가 작용할 때

$$\delta_1 = \frac{5Pl^3}{48EI} \quad \cdots \cdots (b)$$

그림 (c)에서 미지반력 $R_B$가 작용할 때

$$\delta_2 = -\frac{R_B l^3}{3EI} \quad\cdots\cdots\cdots\cdots\cdots\cdots\cdots\cdots\cdots\cdots\cdots\cdots\cdots\cdots\cdots\cdots\cdots\cdots\cdots\cdots\cdots\cdots\cdots\text{(c)}$$

식(b)와 식(c)을 식(a)에 대입하면,

$$\delta_B = \delta_1 + \delta_2 = \frac{5Pl^3}{48EI} - \frac{R_B l^3}{3EI} = 0$$

$$\therefore R_B = \frac{5}{16}P$$

1차 부정정에서 1개의 미지반력 값을 알았으므로 이하는 정정해석법과 같다.

$\sum V = R_A + R_B - P = 0$ 에서

$$\therefore R_A = P - R_B = \frac{11}{16}P$$

$\sum M_A = M_A + P \cdot \frac{l}{2} - R_B \cdot l = 0$ 에서

$$\therefore M_A = -\frac{1}{2}Pl + \frac{5}{16}Pl = -\frac{3}{16}Pl$$

(2) 전단력

$0 \leq x \leq \frac{l}{2}$ : $S_x = R_A = \frac{11}{16}P$

$$\therefore S_A = \frac{11}{16}P$$

$\frac{l}{2} \leq x \leq l$ : $S_x = R_A - P = -\frac{5}{16}P$

$$\therefore S_B = -\frac{5}{16}P$$

(3) 휨모멘트

$0 \leq x \leq \frac{l}{2}$ : $M_x = R_B \cdot x = \frac{5}{16}P \cdot x$

$$\therefore M_C = \frac{5}{16}P\frac{l}{2} = \frac{5}{32}Pl$$

$\frac{l}{2} \leq x \leq l$ : $M_x = R_B \cdot x - P \cdot \left(x - \frac{l}{2}\right)$

$$\therefore M_A = \frac{5}{16}Pl - \frac{Pl}{2} = -\frac{3}{16}Pl$$

---

### 예제 11-2

그림과 같은 부정정 보를 변위일치법으로 해석하고, 단면력도를 그리시오.

**풀이** 처짐을 이용하여 미지반력을 구한다.

(1) 지점반력

B점은 지점이므로 $\delta_B = 0$에 의하여

$\delta_B = \delta_1 + \delta_2 = 0$ ······················(a)

그림 (b)에서 등분포하중 $w$가 작용할 때

$\delta_1 = \dfrac{\omega l^4}{8EI}$ ······················(b)

그림 (c)에서 미지반력 $R_B$가 작용할 때

$\delta_2 = -\dfrac{R_B l^3}{3EI}$ ······················(c)

식(b)와 식(c)을 식(a)에 대입하면,

$\delta_B = \delta_1 + \delta_2 = \dfrac{\omega l^4}{8EI} - \dfrac{R_B l^3}{3EI} = 0$

$\therefore R_B = \dfrac{3}{8}\omega l$

미지반력 값을 알았으므로 이하는 정정해석법과 같다.

$\sum V = R_A + R_B - \omega l = 0$에서

$\therefore R_A = \dfrac{5}{8}\omega l$

$\sum M_A = M_A + \omega \cdot l \cdot \dfrac{l}{2} - R_B \cdot l = 0$에서

$\therefore M_A = -\dfrac{\omega l^2}{8}$

(2) 전단력

$S_x = R_A - \omega \cdot x = \dfrac{5}{8}\omega l - \omega x$

$\therefore S_A = S_{(x=0)} = \dfrac{5}{8}\omega l$

$\therefore S_B = S_{(x=l)} = \dfrac{5}{8}\omega l - wl = -\dfrac{3}{8}wl = -R_B$

$S = 0$인 점 : $\dfrac{5}{8}\omega l - wl = 0$ $\therefore x = \dfrac{5}{8}l$ (A점에서)

(3) 휨모멘트

$M_x = M_A + R_A \cdot x - \dfrac{wx^2}{2} = -\dfrac{wl^2}{8} + \dfrac{5wl}{8}x - \dfrac{wx^2}{2}$

$\therefore M_{A(x=0)} = -\dfrac{wl^2}{8}$

$\therefore M_{\max(x=\frac{5l}{8})} = -\dfrac{wl^2}{8} + \dfrac{5wl}{8} \times (\dfrac{5}{8}l) - \dfrac{w}{2}(\dfrac{5l}{8})^2 = \dfrac{9}{128}\omega l^2$

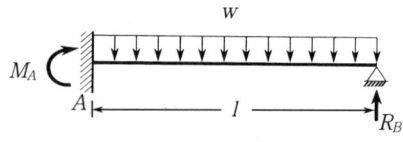
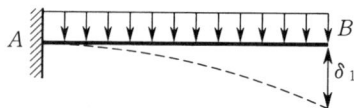
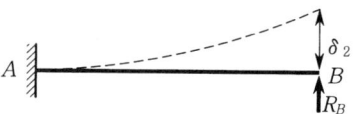
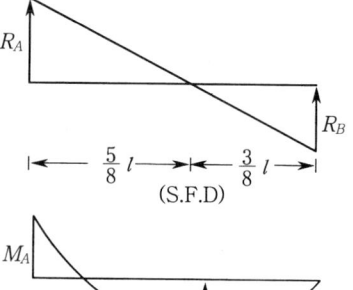
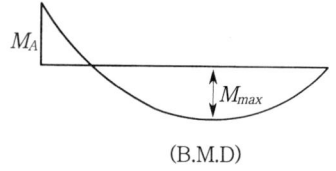

<그림 11.6>

### 예제 11-3

다음 그림과 같은 부정정보를 응력법으로 해석하시오(단, EI는 일정하다).

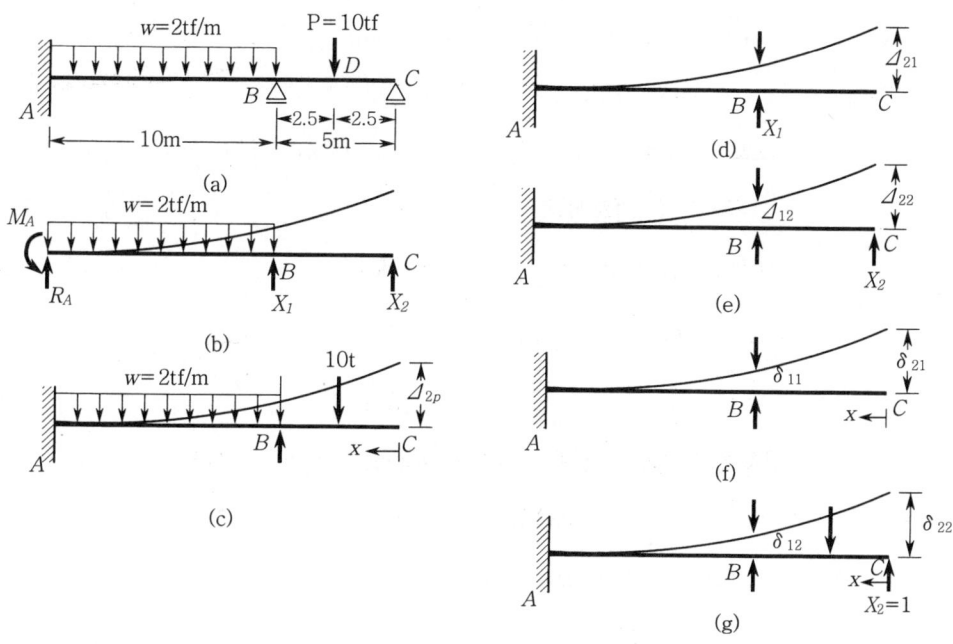

<그림 11.7>

**풀이** 이 구조물은 2차 부정정보이므로 2개의 부정정력을 선택해야 한다.

이 보의 부정정력으로는 B점과 C점의 수직 반력 $R_B$, $R_C$을 선택하였으며, 이 경우의 적합방정식은 아래와 같이 된다.

$\Delta_{1p} + \delta_{11}R_B + \delta_{12}R_C = 0$

$\Delta_{2p} + \delta_{21}R_B + \delta_{22}R_C = 0$

위의 식에서 $\Delta_{ij}$와 $\delta_{ij}$는 단위하중법을 사용하여 구하며, 계산의 편의상 다음과 같은 표를 만들어 계산한다.

| 부재 | 원점 | 적분구간 | M | $m_1$ | $m_2$ |
|---|---|---|---|---|---|
| DC | C | 0~2.5 | 0 | 0 | x |
| BD | C | 2.5~5.0 | $-10(x-5) = -10x+25$ | 0 | x |
| AB | C | 5.0~15.0 | $-10(x-2.5) - 2(x-5) \cdot \frac{(x-5)}{2} = -x^2$ | x-5 | x |

위의 표에서 $M$은 기본구조물에 기지의 하중만이 작용할 경우의 모멘트이고 (그림 11.7(c) 참조), $m_1$과 $m_2$는 기본 구조물에 $R_B$방향과 $R_C$방향으로 단위하중 $P=1$이 작용할 때의 모멘트이다(그림 11.7(f,g)참조).

따라서,

$$EI\Delta_{1p} = \int m_1 M dx = \int_5^{15}(-x^2)(x-5)dx$$
$$= (-)6916.7$$

$$EI\Delta_{2p} = \int M \cdot m_2 dx = \int_{2.5}^{5}(-10x+25) \cdot (x)dx + \int_5^{15}(-x^2) \cdot (x)dx$$
$$= (-)12630.2$$

$$EI\delta_{11} = \int m_1^2 dx = \int_5^{15}(x-5)^2 dx = 333.3$$

$$EI\delta_{12} = EI\delta_{21} = \int m_1 m_2 dx = \int_5^{15}(x-5) \cdot (x)dx = 583.3$$

$$EI\delta_{22} = \int m_2^2 dx = \int_0^{15}(x)^2 dx = 1125.0$$

변위값을 적합방정식에 대입하여 계산하면 다음과 같다.

$$\frac{1}{EI}(-6916.7 + 333.3R_B + 583.3R_C) = 0$$

$$\frac{1}{EI}(-12630.2 + 583.3R_B + 1125.0R_C) = 0$$

위의 식을 연립으로 풀면

$R_B = 11.924$(tonf) (상향)

$R_C = 5.044$(tonf) (상향)

또한, 정역학적 평형방정식 $\sum V = 0$, $\sum M_A = 0$ 을 이용하여 반력 $R_A$와 $A$점의 모멘트 $M_A$를 구하면 다음과 같다.

$\sum V = 0$ : $R_A = 20 + 10 - 11.924 - 5.044 = 13.032$ (tonf) (상향)

$\sum M_A = 0$ : $M_A = (-20)(5) + (-10)(12.5) + (11.924)(10) + (5.044)(15)$
$= -30.1$ (tonf·m)

$M_B = (5.044)(5) - (10)(2.5) = 0.22$ (tonf·m)

---

### 예제 11-4

그림과 같은 부정정 보를 변위일치법으로 해석하고, 단면력도를 그리시오.

**풀이** (1) 지점반력

탄성하중을 그림 (c)와 같이 취급하면

$$R_{A1} = \frac{l}{6}(2M_A + M_B), \quad R_{B1} = \frac{l}{6}(M_A + 2M_B)$$

$$R_{A2} = \frac{a+2b}{6l} Pab, \quad R_{B2} = \frac{2a+b}{6l} Pab$$

적합조건은 A, B점이 고정단이므로
처짐각은 0이므로

$$\theta_A = \theta_{A1} + \theta_{A2} = 0$$

$$\theta_B = \theta_{B1} + \theta_{B2} = 0$$

$$\theta_A = \frac{R_A}{EI}$$

$$= \frac{1}{EI}\left(\frac{2M_A + M_B}{6} l + \frac{a+2b}{6l} Pab\right) = 0$$

$$\theta_B = -\frac{R_B}{EI}$$

$$= -\frac{1}{EI}\left(\frac{M_A + 2M_B}{6} l + \frac{2a+b}{6l} Pab\right) = 0$$

위의 두 식을 연립으로 풀면

$$M_A = -\frac{Pab^2}{l^2}, \quad M_B = -\frac{Pa^2b}{l^2}$$

그림 (b)에서

$$\sum M_B = M_A + R_A \cdot l - P \cdot b - M_B = 0$$

$$\therefore R_A = \frac{Pb^2}{l^3}(l+2a)$$

$$\sum V = R_A + R_B - P = 0$$

$$\therefore R_B = \frac{Pa^2}{l^3}(l+2b)$$

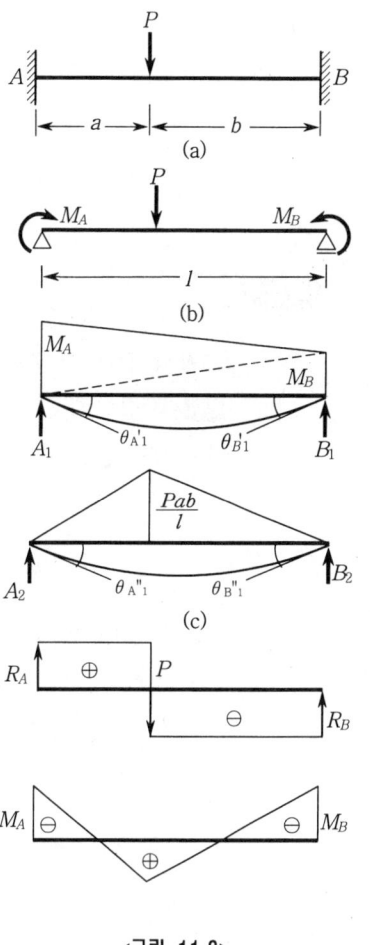

<그림 11.8>

(2) 전단력

$$0 \leq x \leq a : S_x = R_A = \frac{Pb^2}{l^3}(l+2a)$$

$$\therefore S_A = \frac{Pb^2}{l^3}(l+2a)$$

$$a \leq x \leq l : S_x = R_A - P = -R_B$$

$$\therefore S_B = -\frac{Pa^2}{l^3}(l+2b)$$

(3) 휨모멘트

$$0 \leq x \leq a : M_x = R_A \cdot x + M_A = \frac{Pb^2}{l^3}(l+2a) \cdot x - \frac{Pab^2}{l^2}$$

$$x = a : M_C = R_A \cdot a + M_A = \frac{2Pa^2b^2}{l^3}$$

$$x = \frac{l}{2} \quad : \quad M_{\left(x=\frac{l}{2}\right)} = \frac{2P\left(\frac{l}{2}\right)^2\left(\frac{l}{2}\right)^2}{l^3} = \frac{Pl}{8}$$

$$a \leq x \leq l \quad : \quad M_x = R_A \cdot x - P \cdot (x-a) + M_A = R_B \cdot x + M_B$$

$$= \frac{Pa^2}{l^3}(l+2b) \cdot x - \frac{Pa^2 b}{l^2}$$

---

### 예제 11-5

그림과 같은 부정정 보를 변위일치법으로 해석하고, 단면력도를 그리시오.

**풀이** 지점반력

대칭 구조이므로 $M_A = M_B$, $R_A = R_B$ 이다.
탄성하중을 그림 (c)와 같이 취급하면

$$R_{A1} = R_{B1} = \frac{1}{2} M_A \cdot l$$

$$R_{A2} = R_{B2} = \frac{2}{3} \cdot \frac{l}{2} \cdot \frac{\omega l^2}{8} = \frac{\omega l^3}{24}$$

적합조건은 A, B점이 고정단이므로
처짐각은 0이므로

$$\theta_A = \theta_{A1} + \theta_{A2} = 0$$

$$\theta_A = \frac{1}{EI}\left(\frac{M_A l}{2} + \frac{\omega l^3}{24}\right) = 0$$

$$\therefore M_A = -\frac{\omega l^2}{12} = M_B$$

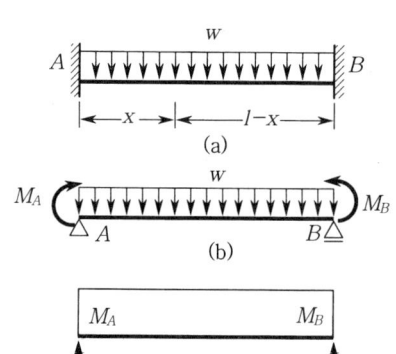

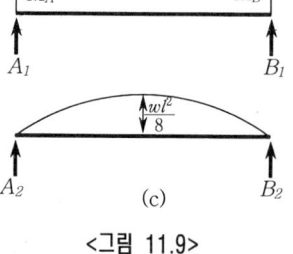

<그림 11.9>

그림 (b)에서 $\sum M_B = M_A + R_A \cdot l - \frac{wl^2}{2} - M_B = 0$

$$\therefore R_A = \frac{wl}{2} = R_B$$

(2) 전단력

$$S_x = R_A - wx = \frac{wl}{2} - wx$$

$x=0$ 인 경우 : $S_A = R_A = \frac{wl}{2}$

$x=l$ 인 경우 : $S_B = -\frac{Pa^2}{l^3}(l+2b)$

$S=0$ 는 $\frac{wl}{2} - wx = 0$ 에서 $x = \frac{l}{2}$

(3) 휨모멘트

$$M_x = M_A + R_A \cdot x + \frac{wx^2}{2}$$

$$= -\frac{wl^2}{12} + \frac{wl}{2} \cdot x - \frac{wx^2}{2}$$

$x = \frac{l}{2}$ 인 경우 최대 휨모멘트가 발생한다.

$$M_{(x=\frac{l}{2})} = -\frac{wl^2}{12} + \frac{wl}{2}\cdot\left(\frac{l}{2}\right) - \frac{w}{2}\cdot\left(\frac{l}{2}\right)^2 = \frac{\omega l^2}{24}$$

$$\therefore M_{max} = M_{(x=\frac{l}{2})} = \frac{\omega l^2}{24}$$

### 예제 11-6

아래 그림과 같은 라멘을 해석하시오. (단, EI는 일정하다)

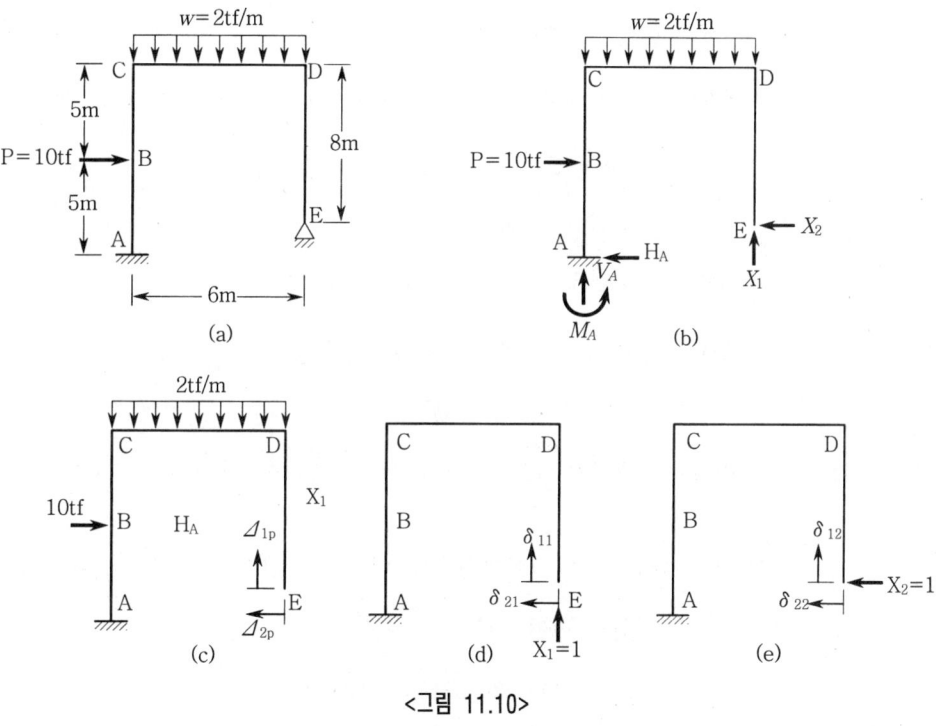

<그림 11.10>

**풀이** 이 구조물은 2차 부정정라멘이므로 2개의 부정정력을 선택해야 한다. 여기서는 부정정력으로 $E$점에서의 수직반력과 수평반력을 선택하였다. 그림 11.10(b) 경우의 적합방정식은 다음과 같다.

$$\Delta_{1p} + \delta_{11}X_1 + \delta_{12}X_2 = 0$$
$$\Delta_{2p} + \delta_{21}X_1 + \delta_{22}X_2 = 0$$

위의 식에서 $\Delta_{ij}$와 $\delta_{ij}$는 단위하중법을 사용하여 구하며, 계산의 편의상 다음과 같은 표를 만들어 계산한다.

| 부재 | 원점 | 적분구간 | $M$ | $m_1$ | $m_2$ |
|---|---|---|---|---|---|
| $DE$ | $E$ | $0\sim 8$ | $0$ | $0$ | $x$ |
| $CD$ | $D$ | $0\sim 6$ | $-x^2$ | $x$ | $8$ |
| $BC$ | $C$ | $0\sim 5$ | $-36$ | $6$ | $8-x$ |
| $AB$ | $B$ | $0\sim 5$ | $-36-10x$ | $6$ | $3-x$ |

위의 표에서 $M$은 기본구조물에 기지의 하중이 작용할 때의 모멘트이고, $m_1$이나 $m_2$는 기본구조물에 부정정력 $X_1$과 $X_2$방향으로 단위하중이 작용할 때의 모멘트이다.

$$EI\varDelta_{1p} = \int m_1 M dx = \int_0^6 (-x^3)dx + \int_0^5 (-216)dx + \int_0^5 (-216-60x)dx$$
$$= (-)\,3234.0$$

$$EI\varDelta_{2p} = \int m_2 M dx = \int_0^6 [-8x^2]dx + \int_0^5 [-36(8-x)+(-36-10x)(3-x)]dx$$
$$= \int_0^6 [-8x^2]dx + \int_0^5 [10x^2+42x-396]dx$$
$$= (-)\,1614.33$$

$$EI\delta_{11} = \int m_1^2 dx = \int_0^6 x^2 dx + 2\int_0^5 36 dx = 432.0$$

$$EI\delta_{12} = \int m_1 m_2 dx = EI\delta_{21} = \int_0^6 8x dx + \int_0^5 [6(8-x)+6(3-x)]dx$$
$$= 324.0$$

$$EI\delta_{22} = \int m_2^2 dx = \int_0^8 x^2 dx + \int_0^6 64 dx + \int_0^5 [(8-x)^2+(3-x)^2]dx$$
$$= 728.0$$

이렇게 계산된 값을 적합방정식에 대입하여 연립방정식을 세우면 다음과 같다.

$$\frac{1}{EI}[-3234+432X_1+324X_2]=0$$
$$\frac{1}{EI}[-1614.33+324X_1+728X_2]=0$$

그러므로, 부정정력 $X_1$, $X_2$는 다음과 같다.

$\quad X_1 = 8.74$ tonf $(\uparrow)$, $\quad X_2 = -1.67$ tonf $(\leftarrow)$

정역학적 평형방정식을 이용하여 나머지 반력을 구하면 다음과 같다.

$\quad \sum F_X = 0 : R_{AX} = 10 - 1.67 = 8.33$ (tonf) $(\leftarrow)$
$\quad \sum F_Y = 0 : R_{AY} = 12 - 8.74 = 3.26$ (tonf) $(\uparrow)$
$\quad \sum M_E = 0 : M_A = 50 + (12)(3) - (8.74)(6) - (1.67)(2) = 30.22$ (tonf·m) $(\circlearrowright)$

## 11.3 3연모멘트법(three-moment method)

3연모멘트 정리는 임의의 연속된 3개 지점에서 방정식을 유도하여 부정정여력(지점모멘트)을 구하는 방법으로 크레뻬이롱(Clapeyron, 佛, 1857)이 고안한 식으로 크레뻬이롱의 3연모멘트 정리(Clapeyron's theorem of 3-moments)라 한다.

3연모멘트 정리는 아래와 같은 연속보에서 지점모멘트를 부정정력 ($M_B$)으로 취하면 부정정력의 수만큼 식을 세울 수 있고, 부정정 연속보에서 부정정력만 알 수 있으면 모든 단면력은 정역학으로 해석할 수 있다.

일반적으로 3연모멘트 정리는 2개 이상의 경간을 가진 연속보에서 3지점의 모멘트(부정정력) 관계식으로 연속보 중에서 인접하는 임의의 2경간의 3지점모멘트의 관계를 1차 연립방정식으로 나타낸 것이다.

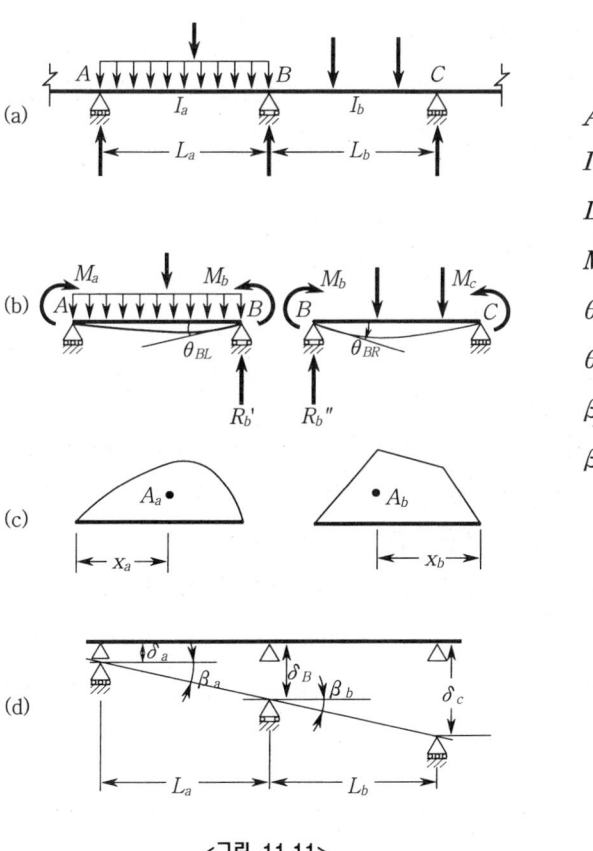

$A$, $B$, $C$ : 支點
$I_1$, $I_2$ : 단면2차모멘트
$L_1$, $L_2$ : 경간길이
$M_A$, $M_B$, $M_C$ : 굽힘모멘트
$\theta_{BL}$ : 지점 B의 좌측부 회전각
$\theta_{BR}$ : 지점 B의 우측부 회전각
$\beta_a$ : AB구간 침하에 의한 부재각
$\beta_b$ : BC구간 침하에 의한 부재각

<그림 11.11>

그림 11.11과 같은 연속보에 하중이 작용할 때 지점에 부정정력으로 지점모멘트가 발생하며, 이 지점모멘트를 구하면 지점에 모멘트 하중이 작용하는 단순보 이론

으로 해석할 수 있다. 즉, 3연모멘트 정리는 부정정력인 지점모멘트를 구하는 것이다.

그림 11.11(b)의 연속보에서 지점 A,B,C의 처짐곡선은 연속되어 있다. 실제 보의 축은 보의 지점 B를 지나 연속된 것이므로 이 경우 적합조건식은 아래와 같다.

$$\theta_{BL} = -\theta_{BR} \quad \cdots\cdots\cdots\cdots\cdots\cdots\cdots\cdots\cdots\cdots\cdots\cdots\cdots\cdots\cdots\cdots\cdots\cdots\cdots\cdots\cdots\cdots\cdots \text{(a)}$$

그림 11.11(b)을 그림 11.11(c)과 같이 분리하여 생각할 수 있으며 $\theta_{BL}$, $\theta_{BR}$를 세분해서 고려하면 다음과 같다.

$\theta_{BL} = \theta_{BR} =$ 지점모멘트에 의한 처짐각 + 하중에 의한 처짐각

따라서,

$$\therefore \theta_{BL} = \frac{-(M_A + 2M_B)L_1}{6EI_1} + \theta_{BA}$$

$$\therefore \theta_{BR} = \frac{2(M_B + 2M_C)L_2}{6EI_2} + \theta_{BC} \quad \cdots\cdots\cdots\cdots\cdots\cdots\cdots\cdots\cdots\cdots \text{(b)}$$

여기서, 식(b)에서 우측 두번째항 $\theta_{BA}$는 A~B구간을 단순보로 고려한 경우 하중에 의해 발생되는 B점에서 A점 방향의 처짐각이며, $\theta_{BC}$는 B~C구간을 단순보로 고려한 경우 하중에 의해 발생되는 B점에서 C점 방향의 처짐각이다.

식(b)를 식(a)에 대입하여 정리하면

$$-\frac{(M_A + 2M_B)L_1}{6EI_1} + \theta_{BA} = \frac{2(M_B + 2M_C)L_2}{6EI_2} + \theta_{BC} \quad \cdots\cdots\cdots\cdots\cdots \text{(c)}$$

식(c)를 정리하면 다음과 같다.

$$M_A\left(\frac{L_1}{I_1}\right) + 2M_B\left(\frac{L_1}{I_1} + \frac{L_2}{I_2}\right) + M_C\left(\frac{L_2}{I_2}\right) = 6E(\theta_{BA} - \theta_{BC}) \quad \cdots\cdots\cdots \text{(11.3)}$$

위의 식(11.3)은 연속된 3개의 굽힘모멘트들간의 관계를 나타내기 때문에 3모멘트식(three moment equation)이라 한다. 처짐각을 나타내는 $\theta_{BA}, \theta_{BC}$의 값은 11장의 처짐각 공식 혹은 처짐각 표를 이용하면 편리하다.

만약 모든 경간에 대해 단면2차모멘트 $I$값이 같으면 식(11.3)은 아래와 같다.

$$M_A L_1 + 2M_B(L_1 + L_2) + M_C L_2 = 6E(\theta_{BA} - \theta_{BC}) \quad \cdots\cdots\cdots\cdots\cdots\cdots \text{(d)}$$

또한, 그림 (d)와 같이 A, B, C점에 원래 지점보다 침하가 생기면 부등침하에 의한 처짐각 $\beta_a$, $\beta_b$가 발생하게 된다. 부등침하에 의한 처짐각은 아래와 같다.

$$\beta_a = \frac{\delta_b - \delta_a}{L_a} \quad , \quad \beta_b = \frac{\delta_c - \delta_b}{L_b} \quad \cdots\cdots\cdots\cdots\cdots\cdots\cdots\cdots\cdots\cdots\cdots\cdots \text{(e)}$$

식(11.3)에 식(e)를 추가하여 정리하면

$$M_A\left(\frac{L_1}{I_1}\right) + 2M_B\left(\frac{L_1}{I_1} + \frac{L_2}{I_2}\right) + M_C\left(\frac{L_2}{I_2}\right) = 6E(\theta_{BA} - \theta_{BC}) + 6E(\beta_a - \beta_b) \quad (11.4)$$

식(11.4)가 지점침하를 고려한 3연모멘트의 일반식이다.

## 예제 11-7

아래의 연속보를 3연모멘트법에 의해 해석하시오.

**풀이** 연속보의 B점에 3연모멘트의 정리를 사용하여 식(11.3)에 적용하여 풀면

$$2\left(\frac{l}{I} + \frac{l}{I}\right)M_B = 6E(\theta_{BA} - \theta_{BC})$$

$$4M_Bl = 6EI\left(-\frac{Pl^2}{16EI} - \frac{Pl^2}{16EI}\right)$$

$$\therefore M_B = -\frac{3}{16}Pl$$

(1) 지점반력

그림(b)의 좌측보에 힘의 평형식을 적용하면,

$$\sum M_B = R_A l - P\frac{l}{2} - M_B = 0$$

$$\therefore R_A = \frac{P}{2} + \frac{M_B}{l} = \frac{P}{2} - \frac{3}{16}P = \frac{5}{16}P$$

$$\therefore R_C = R_A = \frac{5}{16}P \text{ (대칭구조)}$$

$$\therefore R_B = R_{B1} + R_{B2} = \frac{P}{2} - \frac{M_B}{l} + \frac{P}{2} - \frac{M_B}{l}$$

$$= \frac{22}{16}P$$

(2) 전단력

(AB 구간) $0 \leq x \leq \frac{l}{2}$ : $S_x = R_A = \frac{5}{16}P$

$\frac{l}{2} \leq x \leq l$ : $S_x = R_A - P = -\frac{11}{16}P$

(BC 구간) $0 \leq x \leq \frac{l}{2}$ : $S_x = R_{B2} = \frac{11}{16}P$

$\frac{l}{2} \leq x \leq l$ : $S_x = R_{B2} - P = -\frac{5}{16}P$

(3) 휨모멘트

$0 \leq x \leq \frac{l}{2}$ : $M_x = R_A \cdot x = \frac{5}{16}P \cdot x$

$$\therefore M_D = \frac{5}{16}P \cdot \frac{l}{2} = \frac{5}{32}Pl$$

$\frac{l}{2} \leq x \leq l$ : $M_x = R_A \cdot x - P\left(x - \frac{l}{2}\right) = \frac{5}{16}P \cdot x - P\left(x - \frac{l}{2}\right)$

$$\therefore M_B = \frac{5}{16}Pl - P\left(l - \frac{l}{2}\right) = -\frac{3}{16}Pl$$

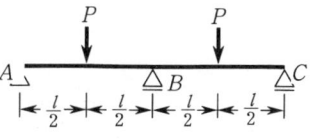
(a)

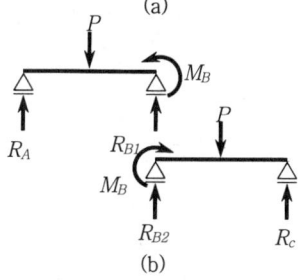
(b)

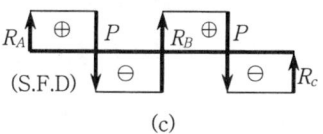
(c)

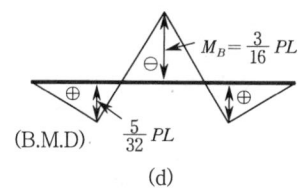
(d)

<그림 11.12>

## 예제 11-8

아래의 연속보를 3연모멘트법에 의해 해석하시오.

**풀이** 3연모멘트에 의해 풀면 $M_A = M_C = 0$

$$2\left(\frac{l}{I} + \frac{l}{I}\right)M_B = 6E(\theta_{BA} - \theta_{BC})$$

$$4M_B l = 6EI\left(-\frac{\omega l^3}{24EI} - \frac{\omega l^3}{24EI}\right)$$

$$\therefore M_B = -\frac{\omega l^2}{8}$$

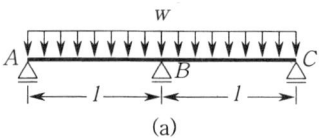

(a)

(1) 지점반력

$$R_A = \frac{\omega l}{2} + \frac{M_B}{l} = \frac{\omega l}{2} - \frac{\omega l}{8} = \frac{3}{8}\omega l$$

$$R_C = R_A = \frac{3}{8}\omega l$$

$$R_B = R_{B1} + R_{B2} = \frac{\omega l}{2} - \frac{M_B}{l} + \frac{\omega l}{2} - \frac{M_B}{l} = \frac{5}{4}\omega l$$

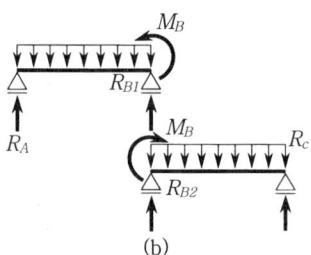

(b)

(2) 전단력

$$S_x = R_A - \omega x = \frac{3}{8}\omega l - \omega x$$

$$S_A = S_{x=0} = \frac{3}{8}\omega l$$

$$S_B = S_{x=l} = \frac{3}{8}\omega l - \omega l = -\frac{5}{8}\omega l$$

$$\frac{3}{8}\omega l - \omega x = 0k \quad \therefore x = \frac{3}{8}l \text{ (전단력=0)}$$

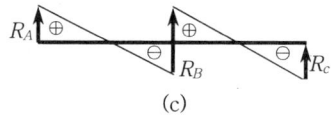

(c)

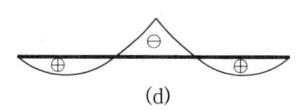

(d)

&lt;그림 11.13&gt;

(3) 휨모멘트

$$M_x = R_A \cdot x - \frac{\omega x^2}{2} = \frac{3}{8}\omega l \cdot x - \frac{\omega x^2}{2}$$

$$\therefore M_B = M_{x=l} = \frac{3}{8}\omega l \cdot l - \frac{\omega}{2}l^2 = -\frac{\omega l^2}{8}$$

$$\therefore M_{\max} = M_{x=\frac{3}{8}l} = \frac{3}{8}\omega l \cdot \frac{3}{8}l - \frac{\omega}{2}\left(\frac{3}{8}l\right)^2 = \frac{9\omega l^2}{128}$$

## 예제 11-9

아래의 연속보를 3연모멘트법에 의해 해석하시오.

**풀이** 3연모멘트에 의해 풀면 $M_A = M_C = 0$

그림 (a)에서

$$2\left(\frac{8}{I}+\frac{8}{I}\right)M_B = 6E(\theta_{BA}-\theta_{BC})$$

$$\theta_{BA}=-\frac{Pl^2}{16EI}, \quad \theta_{BC}=\frac{\omega l^3}{24EI}$$

$$32M_B = 6EI\left(-\frac{Pl^2}{16EI}-\frac{\omega l^3}{24EI}\right)$$

$$\therefore M_B = \frac{6}{32}\left(-\frac{4\times 8^2}{16}-\frac{0.8\times 8^3}{24}\right)$$

$$= -6.2 \text{ (tonf·m)}$$

그림 (b)에서

(1) 지점반력

$$R_A = \frac{P}{2}+\frac{M_B}{l} = \frac{4}{2}+\frac{(-6.2)}{8} = 1.225 \text{(tonf)}$$

$$R_C = \frac{\omega l}{2}+\frac{M_B}{l} = \frac{1}{2}\times 0.8\times 8 - \frac{6.2}{8} = 2.425 \text{(tonf)}$$

$$R_B = R_{B1}+R_{B2} = \frac{P}{2}-\frac{M_B}{l}+\frac{\omega l}{2}-\frac{M_B}{l} = 6.75 \text{(tonf)}$$

(2) 전단력

$$S_{A\sim D} = R_A = 1.225 \text{ (tonf)}$$

$$S_{D\sim B} = R_A - P = 1.225 - 4 = -2.775 \text{(tonf)}$$

$$S_{B\sim C} = R_A - P + R_B - \omega\cdot x = 3.975 - 0.8x \quad (x=4.97\text{m},\ S=0)$$

$$S_B = S_{x=0} = 3.975 \text{ (tonf)}$$

$$S_C = S_{x=8} = 3.975 - 0.8\times 8 = -2.425 \text{ (tonf)}$$

(3) 휨모멘트

$$M_D = R_A\times 4 = 1.225\times 4 = 4.9 \text{ (tonf·m)}$$

$$M_{\max} = M_{x=3.03} = R_C\times 3.03 - 0.8\times 3.03\times\frac{3.03}{2} = 3.68 \text{ (tonf·m)}$$

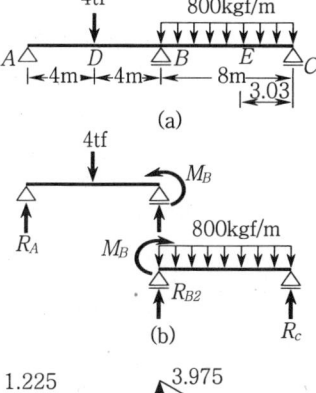

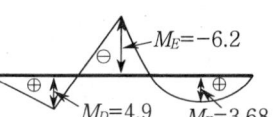

<그림 11.14>

## 예제 11-10

아래의 연속보를 3연모멘트법에 의해 해석하시오.

**풀이** B점에서 3연모멘트를 취하면 $M_A = M_0 = 0$

$$2\left(\frac{l}{I}+\frac{l}{I}\right)M_B + \frac{l}{I}M_C = 6E(\theta_{BA}-\theta_{BC})$$

$$4M_B + M_C = \frac{6EI}{l}\left(-\frac{Pl^2}{16EI}-\frac{Pl^2}{16EI}\right) = -\frac{12}{16}Pl \quad \cdots ①$$

C점에서 $\theta_c = 0$

$$\frac{l}{I}M_B + 2\left(\frac{l}{I} + \frac{l_0}{I_0}\right)M_C + \frac{l_0}{I_0}M_0 = 6E(\theta_{CB} - \theta_{CD})$$

$$M_B + 2M_C = \frac{6EI}{l}\left(-\frac{Pl^2}{16EI}\right) = -\frac{6}{16}Pl \quad \cdots\cdots\cdots ②$$

①식×2-②식　　$7M_B = -\frac{9}{8}Pl$

$$\therefore M_B = -\frac{9}{56}Pl, \quad M_C = -\frac{6}{56}Pl$$

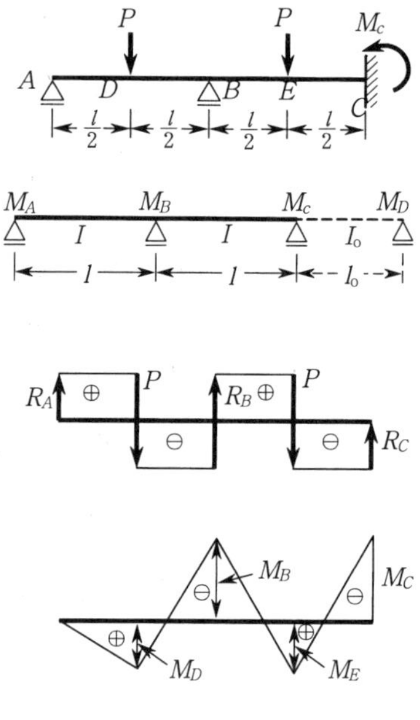

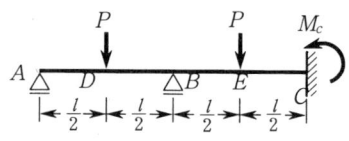

(1) 지점반력

$$R_A = \frac{P}{2} + \frac{M_B}{l} = \frac{P}{2} - \frac{9}{56}P = \frac{19}{56}P$$

$$R_B = \frac{P}{2} - \frac{M_B}{l} + \frac{P}{2} + \frac{M_C - M_B}{l}$$

$$= \frac{P}{2} - \frac{9}{56}P + \frac{P}{2} - \frac{6}{56}P + \frac{9}{56}P = \frac{68}{56}P$$

$$R_C = \frac{P}{2} + \frac{M_B - M_C}{l} = \frac{P}{2} - \frac{9}{56}P + \frac{6}{56}P = \frac{25}{56}P$$

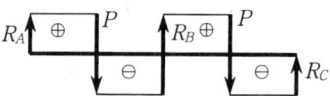

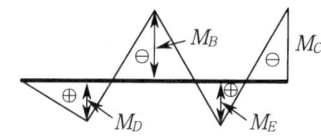

(2) 전단력

$$S_{A \sim D} = R_A = \frac{19}{56}P$$

$$S_{D \sim B} = R_A - P = -\frac{37}{56}P$$

$$S_{B \sim E} = R_A - P + R_B = \frac{31}{56}P$$

$$S_{E \sim C} = R_A - P + R_B - P = -\frac{25}{56}P$$

<그림 11.15>

(3) 휨모멘트

$$M_D = R_A \cdot \frac{l}{2} = \frac{19}{56}P \cdot \frac{l}{2} = \frac{19}{112}Pl$$

$$M_B = R_A \cdot l - P \cdot \frac{l}{2} = -\frac{9}{56}Pl$$

$$M_E = R_C \cdot \frac{l}{2} + M_C = \frac{25}{112}Pl - \frac{6}{56}Pl = \frac{13}{112}Pl$$

---

### 예제 11-11

아래의 연속보를 3연모멘트법에 의해 해석하시오.

**풀이** B점에서 3연모멘트 식을 적용하면

$$2\left(\frac{l}{I} + \frac{l}{I}\right)M_B + \frac{l}{I}M_C = 6E(\theta_{BA} - \theta_{BC})$$

$$\theta_{BA} = -\frac{\omega l^3}{24EI}, \quad \theta_{BC} = \frac{\omega l^3}{24EI}$$

$$4M_B + M_C = \frac{6EI}{l}\left(-\frac{\omega l^3}{24EI} - \frac{\omega l^3}{24EI}\right) = -\frac{\omega l^2}{2} \quad \cdots\cdots\cdots ①$$

C점에서 3연모멘트 식을 적용하면

$$\frac{l}{I}M_B + 2\left(\frac{l}{I}\right)M_C = 6E(\theta_{CB} - \theta_{CD}),$$

$$\theta_{CB} = -\frac{\omega l^3}{24EI}, \quad \theta_{CD} = 0$$

$$M_B + 2M_C = \frac{6EI}{l}\left(-\frac{\omega l^3}{24EI}\right) = -\frac{\omega l^2}{4} \quad \cdots\cdots\cdots\cdots ②$$

식①과 식②를 연립하여 풀면

$$\therefore M_B = -\frac{3\omega l^2}{28}, \quad M_C = -\frac{2\omega l^2}{28}$$

---

### 예제 11-12

그림에 있는 연속보를 3연모멘트 방정식을 적용하여 해석하여라.(단, $E$와 $I$는 일정하다)

**풀이** A점에서 3연모멘트를 취하면,

$$\frac{l_0}{I_0}M_0 + 2\left(\frac{l_0}{I_0} + \frac{l_1}{I}\right)M_A + \frac{l_1}{I}M_B = 6E(\theta_{AA'} - \theta_{AB})$$

$$l_0 = I_0 = M_0 = \theta_{AA'} = 0, \quad \theta_{AB} = \frac{Pab}{6EIl}(l+b)$$

$$2\left(\frac{0}{I} + \frac{6}{I}\right)M_A + \frac{6}{I}M_B = 6E\left[0 - \frac{36 \cdot 4 \cdot 2}{6EI \cdot 6}(6+2)\right]$$

$$12M_A + 6M_B = -384 \quad \cdots\cdots\cdots\cdots ①$$

B점에서 3연모멘트를 취하면,

$$\frac{l_1}{I}M_A + 2\left(\frac{l_1}{I} + \frac{l_2}{I}\right)M_B + \frac{l_2}{I}M_C = 6E(\theta_{BA} - \theta_{BC})$$

$$M_C = 0, \quad \theta_{BA} = -\frac{Pab}{6EIl}(l+a), \quad \theta_{BC} = \frac{wl^3}{24EI}$$

$$\frac{6}{I}M_A + 2\left(\frac{6}{I} + \frac{8}{I}\right)M_B = 6E\left[\left(-\frac{36 \cdot 4 \cdot 2}{6EI \cdot 6}(6+4) - \frac{3 \cdot 8^3}{24EI}\right)\right]$$

$$6M_A + 28M_B = -864 \quad \cdots\cdots\cdots\cdots ②$$

식①과 식②를 연립으로 풀면,

$$M_A = -18.56 \ (\text{tonf} \cdot \text{m}),$$

$$M_B = -26.88 \ (\text{tonf} \cdot \text{m})$$

$M_A$와 $M_B$를 구하였으므로 나머지는 정역학적으로 풀면 된다.

## 11.4 처짐각법(slope-deflection method)

### 11.4.1 처짐각방정식

연속보나 라멘과 같은 구조물의 해석에 사용되는 변위(절점회전각, 부재회전각)를 미지수로 선택하여 미지 변위의 수 만큼의 평형방정식(equilibrium equation)을 세워 해석하므로 변위법(displacement method) 또는 평형법(equilibrium method)의 일종이다.

처짐각법은 Heinrich Mande-Mandelra와 Otto Mohr에 의해 트러스의 2차응력을 계산하기 위하여 처음 개발되었으며, 1915년 G.A.Maney는 이 방법을 수정하여 연속보와 라멘 구조물의 해석에 이용하였고 요각법이라고도 한다.

처짐각법에 사용되는 처짐각방정식(slope-deflection equation)은 한 부재의 재단모멘트(member end moment)와 변형의 관계를 나타낸 식으로 그 부재의 양단의 회전각, 양단을 잇는 현의 회전각, 그 부재에 작용하는 하중에 의한 고정단모멘트 등의 항으로 표시한다.

또한, 이 처짐각 방정식은 모멘트 면적법에 의거해서 유도된 것이며, 휨모멘트에 의해서 일어나는 변형은 고려하고 축응력과 전단변형의 영향은 매우 작아 무시한다.

처짐각법은 단면의 균일, 비균일을 막론하고 어떠한 연속보나 부정정 라멘의 해석에도 적용될 수 있으나 이 절은 각 부재 안에서는 단면이 균일한 경우만을 다루기로 한다.

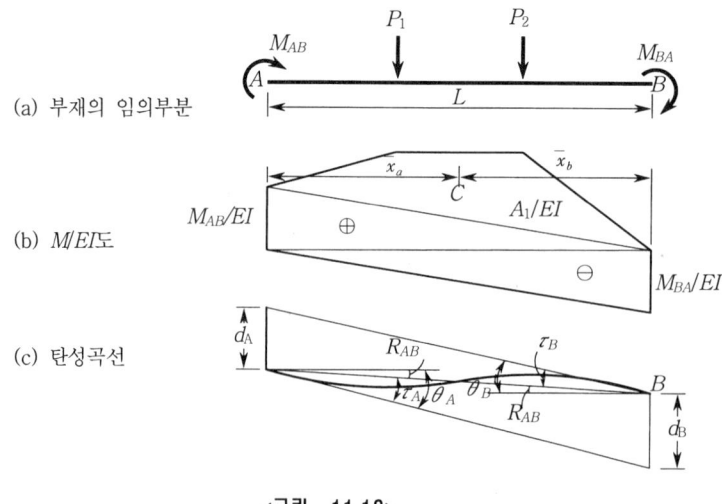

<그림 11.18>

그림 11.18(a) 임의의 하중을 받는 보, 또는 라멘의 일부분인 $AB$에서 하중과 단부의 모멘트를 표시한 것이다. 여기서 $E$와 $I$는 일정하다고 가정하였다. 단모멘트 $M_{AB}$와 $M_{BA}$는 미지이므로 부재의 단에서 시계방향을 (+)로 정하기로 한다.

그림 11.18(b)는 단모멘트 $M_{AB}$와 $M_{BA}$ 그리고 작용하중에 의한 단순보 모멘트를 각각 겹쳐 표시한 것이다. 여기서 단순보 모멘트의 면적을 $A_1$, A와 B점으로부터 도심까지의 거리를 각각 $\bar{x}_a$와 $\bar{x}_b$로 표시하였다.

그림 11.18(c)는 부재가 하중을 받아 휘어진 모양을 나타낸 것이다. $\theta_A$, $\theta_B$는 A점과 B점의 접선과 부재 AB의 원위치가 이루는 교각, 즉 $a$절점과 $b$절점의 회전각이다.

그리고 $R_{AB}$는 부재각으로 부재의 양단 A와 B를 잇는 현이 시계방향으로 회전하였을 때 (+)로 가정한 것이다.

그림11.18(c)에서 변위 $d_A$와 $d_B$는 모멘트면적 제2정리로부터 다음과 같이 구할 수 있다.

$$d_A = \left(\frac{M}{EI}\right)_{AB} \times \bar{x}_a = -\frac{L^2}{6EI} M_{AB} + \frac{L^2}{3EI} M_{BA} - \frac{A_1 \bar{x}_a}{EI} \quad \text{............(a)}$$
$$d_B = \left(\frac{M}{EI}\right)_{AB} \times \bar{x}_b = \frac{L^2}{3EI} M_{AB} - \frac{L^2}{6EI} M_{BA} + \frac{A_1 \bar{x}_b}{EI}$$

여기서, 각 항의 부호들은 그림(c)의 탄성곡선에서 각 모멘트가 $d_A$와 $d_B$의 증감에 미치는 영향을 고려하면 쉽게 이해할 수 있다. 그림(c)에서 나타낸 각과 변형은 아주 작은 값들이므로 다음의 관계가 성립한다.

$$\frac{d_A}{L} = \tau_b = \theta_B - R_{AB} \quad \text{............(b)}$$
$$\frac{d_B}{L} = \tau_a = \theta_A - R_{AB}$$

식 (b)에 $L$을 곱하고 $d_a$와 $d_b$를 각각 식 (a)의 좌변에 대입한 다음에 $M_{ab}$와 $M_{ba}$에 관하여 연립으로 풀면 다음과 같은 식을 얻는다.

$$M_{AB} = \frac{2EI}{L}(2\theta_A + \theta_B - 3R_{AB}) + \frac{2}{L^2}[\bar{x}_a - 2\bar{x}_b]A_1 \quad \text{............(c)}$$
$$M_{BA} = \frac{2EI}{L}(2\theta_B + \theta_A - 3R_{AB}) + \frac{2}{L^2}[2\bar{x}_a - \bar{x}_b]A_1$$

식 (c)에서 각 방정식의 최종항은 하중항이다. 왜냐하면 $A_1$은 단순보 $ab$내의 작용하중에 의한 단순보 모멘트이기 때문이다. 가령, $\theta_a = \theta_b = R_{ab} = 0$이라면 이는 양단고정보 $ab$의 경우가 된다. 따라서 식 (c)의 최종항들은 바로 고정단모멘트 (fixed end moment)와 같다. 고정단 모멘트를 $FEM$이라고 표기한다면,

$$FEM_{AB} = \frac{2}{L^2}[\overline{x}_a - 2\overline{x}_b]A_1 \quad \cdots\cdots\cdots\cdots\cdots\cdots\cdots\cdots\cdots\cdots\cdots\cdots\cdots\cdots\cdots (e)$$

$$FEM_{BA} = \frac{2}{L^2}[2\overline{x}_a - \overline{x}_b]A_1$$

식 (c)에서 다음과 같이 부재 AB인 강도계수(stiffness factor)를 정의하기로 한다.

$$K_{AB} = \left(\frac{I}{L}\right)_{AB} \quad \cdots\cdots\cdots\cdots\cdots\cdots\cdots\cdots\cdots\cdots\cdots\cdots\cdots\cdots\cdots\cdots\cdots\cdots\cdots (11.5)$$

이 강도계수는 강도의 상대값을 나타내는 것이다. 식 (a)와 식 (b)를 식 (c)에 대입하면 다음과 같은 일반적인 방정식을 얻을 수 있다.

$$M_{AB} = 2EK_{AB}(2\theta_A + \theta_B - 3R_{AB}) + FEM_{AB} \quad \cdots\cdots\cdots\cdots\cdots\cdots\cdots\cdots (11.6)$$

여기서, A는 고려하는 근단을, B는 원단을 나타내는 기호이다. 식 (11.6)을 처짐각방정식(slope-deflection equation)이라고 한다.

그러나, 실제 계산시에는 식을보다 간편하게 사용하기 위하여 식(11.6)의 $2EK_{AB}$의 값을 AB부재의 강비를 나타내는 $k_{ab}$로 사용한다.

$$M_{AB} = k_{ab}(2\theta_A + \theta_B - 3R_{AB}) + FEM_{AB}$$

■절점 횡변위가 있는 경우

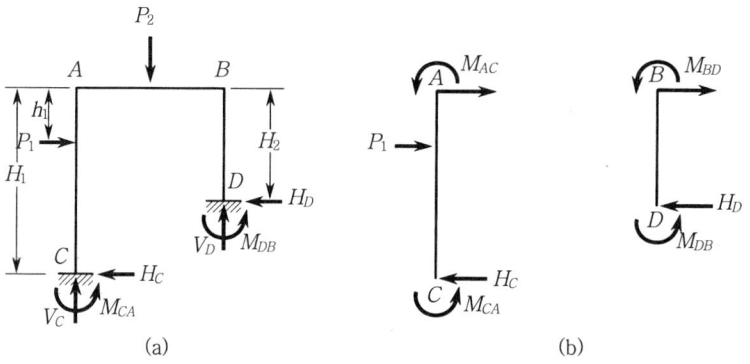

<그림 11. 19> 횡변위가 있는 라멘

그림 11.19(a)와 같이 부정정 라멘에 하중이 작용하는 경우 지점 C, D는 고정되어 있지만 절점 A, B는 수평방향으로 이동하게 된다. 이 수평변위의 크기를 우측 방향의 $\Delta$라고 하면,

$$R_{AC} = \frac{\Delta}{H_1}, \quad R_{BD} = \frac{\Delta}{H_2} \quad \cdots\cdots\cdots\cdots\cdots\cdots\cdots\cdots\cdots\cdots\cdots\cdots\cdots\cdots (f)$$

따라서, 부재 AC, BD에 대해서는 아래의 처짐각 방정식이 사용되어야 한다.

$$M_{AC} = 2EK_{AC}(2\theta_A + \theta_C - 3R_{AC}) + FEM_{AC}$$
$$M_{BD} = 2EK_{BD}(2\theta_B + \theta_D - 3R_{BD}) + FEM_{BD} \quad \cdots\cdots\cdots\cdots\cdots (g)$$

미지수인 Δ를 알기 위하여 절점에 대한 평형조건식 이외의 라멘 전체의 수평력에 대한 조건식 즉,

$$\sum H = P_1 - H_C - H_D = 0 \quad \cdots\cdots\cdots\cdots\cdots\cdots\cdots\cdots\cdots\cdots\cdots (11.7)$$

의 전단력 방정식(shear equation) 또는 층방정식이 필요하다.

또한, 그림11.19(b)에서 부재 AC, BD의 자유물체도에 대한 정역학적 평형조건식을 적용하여 각 수평 전단력을 구하면 다음과 같다.

$$\sum M_A = M_{AC} + M_{CA} + P_1 \cdot h_1 - H_C \cdot H_1 = 0$$

$$\therefore H_C = \frac{P_1 \cdot h_1}{H_1} + \frac{M_{AC} + M_{CA}}{H_1}$$

$$\sum M_B = M_{BD} + M_{DB} - H_D \cdot H_2 = 0$$

$$\therefore H_D = \frac{M_{BD} + M_{DB}}{H_2}$$

### 11.4.2 처짐각 기본방정식

**(1) 양단절점**

$$M_{AB} = 2EK_{AB}(2\theta_A + \theta_B - 3R) - FEM_{AB}$$

$$M_{BA} = 2EK_{BA}(\theta_A + 2\theta_B - 3R) + FEM_{AB}$$

여기서, $E$ : 탄성계수

$K$ : 강도 $\left(\dfrac{I}{l}\right)$

$R$ : 부재각 $\left(\dfrac{\delta}{L}\right)$

$FEM_{AB}$, $FEM_{BA}$ : 고정단모멘트

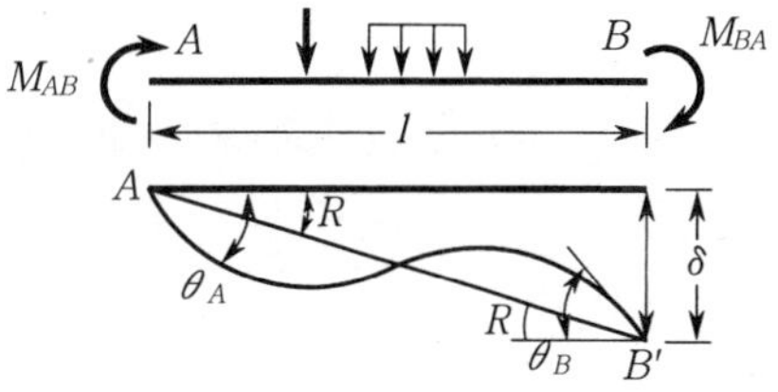

<그림 11.20>

**(2) 일단고정, 타단 절점의 경우**

① A점 고정, B점 절점

$$M_{AB} = 2EK_{AB}(\theta_B - 3R) - FEM_{AB}$$

$$M_{BA} = 2EK_{BA}(2\theta_B - 3R) + FEM_{AB}$$

② A점 절점, B점 고정

$$M_{AB} = 2EK_{AB}(2\theta_A - 3R) - FEM_{AB}$$

$$M_{BA} = 2EK_{BA}(\theta_A - 3R) + FEM_{AB}$$

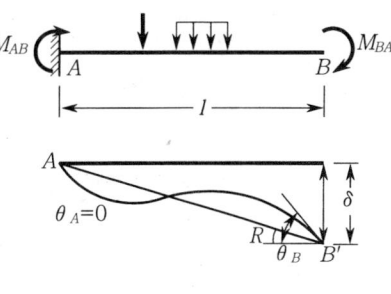

<그림 11.21>

(3) 일단절점, 타단활절(hinge) 또는 이동단의 경우

① A점 절점, B점 활절(hinge)
$M_{AB} = 2EK_{AB}(1.5\theta_A - 1.5R) - FEM_{AB}$
$M_{BA} = 0$

② B점 절점, A점 활절(hinge)
$M_{AB} = 0$
$M_{BA} = 2EK_{AB}(1.5\theta_B - 1.5R) + FEM_{AB}$

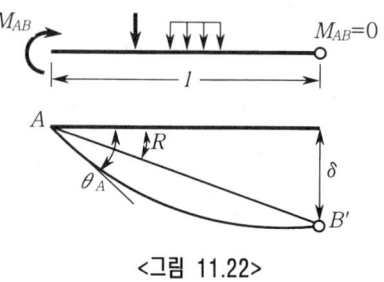

<그림 11.22>

### 11.4.3 평형조건식

(1) 절점 방정식(Joint equilibrium equation)

절점에 모인 재단모멘트의 합은 0이 되어야 한다.
절점 방정식은 절점수만큼 방정식이 생긴다.
$\sum M_B = 0 \quad M_{BA} + M_{BC} = 0$
$\sum M_C = 0 \quad M_{CB} + M_{CD} = 0$

(2) 층방정식(Story equilibrium equation)

각층에서 전단력의 합은 0이다.
$P = -\left(\dfrac{M_{AB} + M_{BA}}{h} + \dfrac{M_{CD} + M_{DC}}{h}\right)$
$\therefore M_{AB} + M_{BA} + M_{CD} + M_{DC} + Ph = 0$

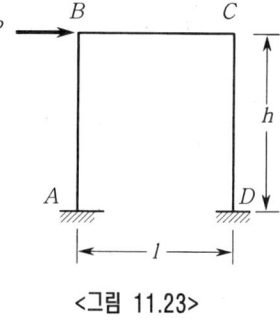

<그림 11.23>

(3) 처짐각법의 계산과정

① 강비와 고정단 모멘트 계산
② 처짐각 방정식(재단모멘트)을 세운다.
③ 절점방정식 또는 층방정식(라멘)을 세운다.
④ 방정식을 풀어 미지수(절점각, 부재각)를 구한다.
⑤ 미지수를 처짐각방정식에 대입하여 재단모멘트를 구한다.
⑥ 재단모멘트를 사용하여 지점반력을 구한다.

■ 하중에 따른 보의 고정단 모멘트(Fixed End Moment : FEM)

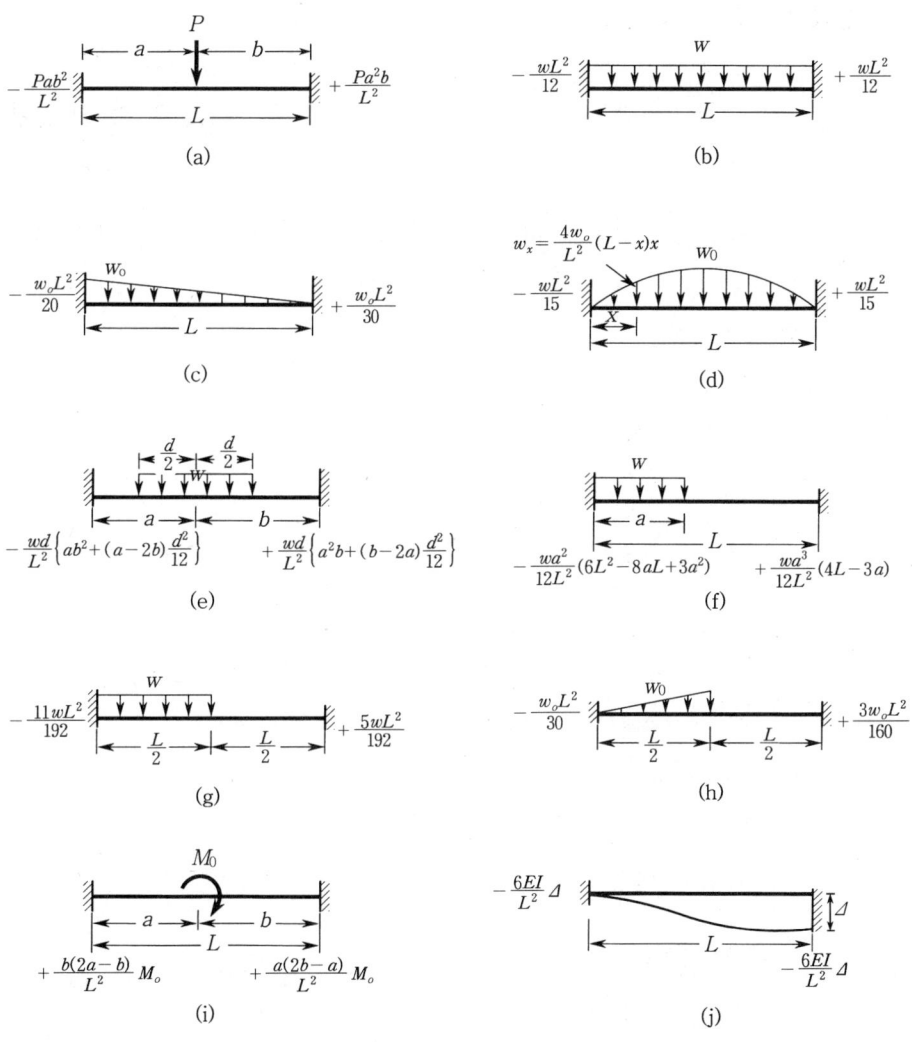

<그림 11.24>  고정단 모멘트

### 예제 11-13

아래 2경간 연속보의 재단모멘트와 반력을 처짐각법으로 구하시오.

**풀이** 경계조건을 고려하면

$M_A = M_C = 0, \ R = 0$

$\theta_B = $ 미지수1개

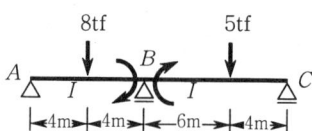

<그림 11. 25>

(1) 강도계산

$K_{BA} = \dfrac{I}{8}, \quad K_{BC} = \dfrac{I}{10}, \ (K_o = K_{BA} : \text{기준강도})$

(2) 강비계산

$k_{ba} = \dfrac{K_{BA}}{K_o} = 1, \quad k_{bc} = \dfrac{K_{BC}}{K_o} = \dfrac{I}{10} \times \dfrac{8}{I} = 0.8$

(3) 고정단 모멘트

$FEM_{BA} = \dfrac{3PL}{16} = \dfrac{3 \times 8 \times 8}{16} = 12 \ (\text{tonf} \cdot \text{m})$

$FEM_{BC} = -\dfrac{Pab}{2l^2}(l+b) = -\dfrac{5 \times 6 \times 4}{2 \times 10 \times 10}(10+4) = -8.4 \ (\text{tonf} \cdot \text{m})$

(4) 처짐각방정식

$M_{BA} = 2EK_{BA}(1.5\theta_B - 1.5R) + FEM_{BA} = 1.5\theta_B + 12$

$M_{BC} = 2EK_{BC}(1.5\theta_B - 1.5R) + FEM_{BC} = 1.2\theta_B - 8.4$

(5) 절점방정식

$\sum M_B = M_{BA} + M_{BC} = 1.5\theta_B + 12 + 1.2\theta_B - 8.4 = 0$

$\therefore \theta_B = -\dfrac{3.6}{2.7}$

(6) 재단모멘트

$M_{BA} = -1.5 \times \dfrac{3.6}{2.7} + 12 = 10 \ (\text{tonf} \cdot \text{m})$

$M_{BC} = -1.2 \times \dfrac{3.6}{2.7} - 8.4 = -10 \ (\text{tonf} \cdot \text{m})$

(7) 지점반력

$R_A = R_{AB}' - \dfrac{M_{BA}}{l} = \dfrac{8}{2} - \dfrac{10}{8} = 2.75 \ (\text{tonf})$

$R_B = R_{BA}' + \dfrac{M_{BA}}{l} + R_{BC}' - \dfrac{M_{BC}}{l} = \dfrac{8}{2} + \dfrac{10}{8} + \dfrac{5 \times 4}{10} - \dfrac{(-10)}{10} = 8.25 \ (\text{tonf})$

$R_C = R_{CB}' - \dfrac{M_{BC}}{l} = \dfrac{5 \times 6}{10} - \dfrac{10}{10} = 2 \ (\text{tonf})$

## 예제 11-14

아래 2경간 연속보의 재단모멘트와 반력을 처짐각법으로 구하시오.

**풀이** 경계조건을 고려하면

$M_C = 0$, $\theta_A = 0$, $R = 0$

$\theta_B =$ 미지수 1개

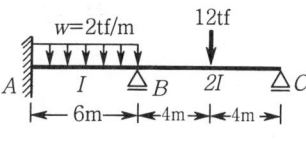

<그림 11. 26>

(1) 강도계산

$$K_{BA} = \frac{I}{6}, \quad K_{BC} = \frac{2I}{8} \quad (K_o = K_{BA} : 기준강도)$$

(2) 강비계산

$$k_{ab} = k_{ba} = \frac{K_{BA}}{K_o} = 1, \quad k_{bc} = \frac{K_{BC}}{K_o} = \frac{2I}{8} \times \frac{6}{I} = 1.5$$

(3) 고정단 모멘트

$$FEM_{AB} = -\frac{\omega L^2}{12} = -\frac{2 \times 6 \times 6}{12} = -6 \text{ (tonf} \cdot \text{m)}$$

$$FEM_{BA} = 6 \text{(tonf} \cdot \text{m)}$$

$$FEM_{BC} = -\frac{3PL}{16} = -\frac{3 \times 12 \times 8}{16} = -18 \text{ (tonf} \cdot \text{m)}$$

(4) 처짐각방정식

$$M_{AB} = 2EK_{AB}(2\theta_A + \theta_B - 3R) + FEM_{AB} = k_{ab}(\theta_B) + FEM_{AB} = \theta_B - 6$$

$$M_{BA} = 2EK_{BA}(\theta_A + 2\theta_B - 3R) + FEM_{BA} = k_{ba}(2\theta_B) + FEM_{BA} = 2\theta_B + 6$$

$$M_{BC} = 2EK_{BC}(1.5\theta_B - 1.5R) + FEM_{BC} = k_{bc}(1.5\theta_B) + FEM_{BC} = 2.25\theta_B - 18$$

(5) 절점방정식

$$\sum M_B = M_{BA} + M_{BC} = 2\theta_B + 6 + 2.25\theta_B - 18 = 0$$

$$\therefore \theta_B = \frac{12}{4.25}$$

(6) 재단모멘트

$$M_{AB} = \frac{12}{4.25} - 6 = -3.18 \text{ (tonf} \cdot \text{m)}$$

$$M_{BA} = \frac{2 \times 12}{4.25} + 6 = 11.65 \text{ (tonf} \cdot \text{m)}$$

$$M_{BC} = \frac{2.25 \times 12}{4.25} - 18 = -11.65 \text{ (tonf} \cdot \text{m)}$$

(7) 지점반력

$$R_A = R_{AB}' - \frac{M_{AB} + M_{BA}}{l} = 4.59 \text{ (tonf)}$$

$$R_B = R_{BA}' + \frac{M_{AB} + M_{BA}}{l} + R_{BC}' - \frac{M_{BC}}{l} = 14.87 \text{ (tonf)}$$

$$R_C = R_{CB}' + \frac{M_{BC}}{l} = \frac{12}{2} - \frac{11.65}{8} = 4.54 \text{ (tonf)}$$

### 예제 11-15

아래의 라멘에서 재단모멘트와 반력을 처짐각법으로 구하시오.

**풀이** 대칭 라멘이므로 절점 B, C점이 지점인 3경간 연속보로 취급하면 편리하다.
또한, 경계조건을 고려하면

$$M_A = M_D, \quad M_B = M_C, \quad R = 0$$
$$\theta_A = \theta_D = 0, \quad \theta_B = -\theta_C$$

(1) 강도계산

$$K_{AB} = K_{BA} = \frac{I}{h} = \frac{I}{4}, \quad K_{BC} = K_{CB} = \frac{I}{l} = \frac{2I}{6}$$

($K_o = K_{BC}$ : 기준강도)

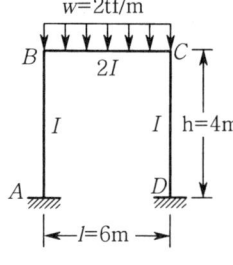

<그림 11. 27>

(2) 강비계산

$$k_{ab} = k_{ba} = \frac{K_{BA}}{K_o} = \frac{I}{4} \times \frac{6}{2I} = 0.75, \quad k_{bc} = k_{cb} = \frac{K_{BC}}{K_o} = 1$$

(3) 고정단 모멘트

$$FEM_{BC} = -\frac{\omega L^2}{12} = -\frac{2 \times 6^2}{12} = -6 \ (\text{tonf} \cdot \text{m})$$

$$FEM_{CB} = \frac{\omega L^2}{12} = \frac{2 \times 6^2}{12} = 6 \ (\text{tonf} \cdot \text{m})$$

(4) 처짐각방정식

$$M_{AB} = 2EK_{AB}(2\theta_A + \theta_B - 3R) + FEM_{AB} = k_{ab}(\theta_B) = 0.75\theta_B$$
$$M_{BA} = 2EK_{BA}(\theta_A + 2\theta_B - 3R) + FEM_{AB} = k_{ba}(2\theta_B) = 1.5\theta_B$$
$$M_{BC} = 2EK_{BC}(2\theta_B + \theta_C - 3R) + FEM_{BC} = k_{bc}(2\theta_B - \theta_B) + L_{BC} = \theta_B - 6$$

(5) 절점방정식

$$\sum M_B = M_{BA} + M_{BC} = 1.5\theta_B + \theta_B - 6 = 0$$
$$\therefore \theta_B = 2.4$$

(6) 재단모멘트

$$M_{AB} = 0.75 \times 2.4 = 1.8 \ (\text{tonf} \cdot \text{m}) = M_{DC}$$
$$M_{BA} = 1.5 \times 2.4 = 3.6 \ (\text{tonf} \cdot \text{m}) = -M_{CD}$$
$$M_{BC} = 2.4 - 6 = -3.6 \ (\text{tonf} \cdot \text{m}) = M_{CB}$$

(7) 지점반력

$$R_A = R_D = \frac{\omega \cdot L}{2} = \frac{2 \times 6}{2} = 6 \ (\text{tonf}) \ (\uparrow)$$

$$\sum M_B = M_{AB} + M_{BA} + H_A \cdot h = 0$$

$$\therefore H_A = -\frac{M_{AB} + M_{BA}}{h} = -\frac{5.4}{4} \ (\text{tonf})$$

## 예제 11-16

아래의 라멘에서 재단모멘트를 처짐각법으로 구하시오.

**풀이** 경계조건을 고려하면

$\theta_A = \theta_C = 0$, R=0

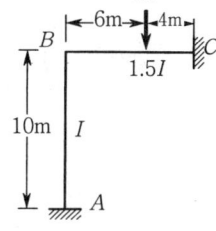

<그림 11.28>

(1) 강도계산

$$K_{BA} = \frac{I}{10}, \quad K_{BC} = \frac{1.5I}{10}$$

($K_o = K_{BA}$ : 기준강도)

(2) 강비계산

$$k_{ab} = k_{ba} = \frac{K_{BA}}{K_o} = 1, \quad k_{bc} = \frac{K_{BC}}{K_o} = \frac{1.5I}{10} \times \frac{10}{I} = 1.5$$

(3) 고정단 모멘트

$$FEM_{BC} = -\frac{Pab^2}{L^2} = -\frac{8 \times 6 \times 4^2}{10^2} = -7.68 \text{ (tonf} \cdot \text{m)}$$

$$FEM_{CB} = \frac{Pa^2b}{L^2} = \frac{8 \times 6^2 \times 4}{10^2} = 11.52 \text{ (tonf} \cdot \text{m)}$$

(4) 처짐각방정식

$M_{AB} = 2EK_{AB}(\theta_B - 3R) = \theta_B$

$M_{BA} = 2EK_{BA}(2\theta_B - 3R) = 2\theta_B$

$M_{BC} = 2EK_{BC}(2\theta_B - 3R) - 7.68 = 3\theta_B - 7.68$

$M_{CB} = 2EK_{CB}(\theta_B - 3R) + 11.52 = 1.5\theta_B + 11.52$

(5) 절점방정식

$\sum M_B = M_{BA} + M_{BC} = 2\theta_B + 3\theta_B - 7.68 = 0$

∴ $\theta_B = 1.536$

(6) 재단모멘트

$M_{AB} = \theta_B = 1.536 \text{ (tonf} \cdot \text{m)}$

$M_{BA} = 2\theta_B = 3.072 \text{ (tonf} \cdot \text{m)}$

$M_{BC} = 3 \times 1.536 - 7.68 = -3.072 \text{ (tonf} \cdot \text{m)}$

$M_{CB} = 1.5 \times 1.536 + 11.52 = 13.824 \text{ (tonf} \cdot \text{m)}$

## 예제 11-17

아래의 라멘에서 처짐각법으로 재단모멘트를 구하시오.(단, I는 일정)

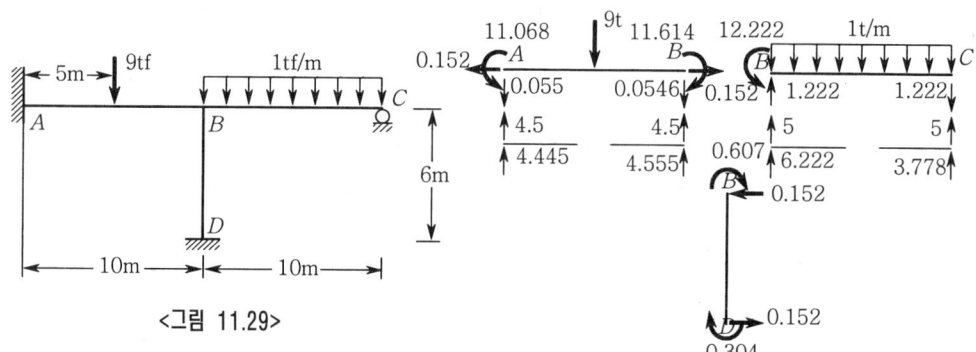

<그림 11.29>

**풀이** 경계조건을 고려하면, $\theta_A = \theta_D = 0$, R=0

(1) 강도계산

$$K_{BA} = \frac{I}{10}, \quad K_{BC} = \frac{I}{10}, \quad K_{BD} = \frac{I}{6} \; (K_o = K_{BA} : \text{기준강도})$$

(2) 강비계산

$$k_{ab} = k_{bc} = \frac{K_{BA}}{K_o} = \frac{K_{BC}}{K_o} = 1, \quad k_{bd} = \frac{K_{BD}}{K_o} = \frac{I}{6} \times \frac{10}{I} = 1.67$$

(3) 고정단 모멘트

$$FEM_{AB} = -\frac{Pab^2}{L^2} = -\frac{9 \times 5 \times 5^2}{10^2} = -11.25 \; (\text{tonf} \cdot \text{m})$$

$$FEM_{BA} = \frac{Pa^2b}{L^2} = \frac{9 \times 5^2 \times 5}{10^2} = 11.25 \; (\text{tonf} \cdot \text{m})$$

$$FEM_{BC} = -\frac{\omega L^2}{12} = -\frac{1 \times 10^2}{12} = -8.33 \; (\text{tonf} \cdot \text{m})$$

$$FEM_{CB} = \frac{\omega L^2}{12} = \frac{1 \times 10^2}{12} = 8.33 \; (\text{tonf} \cdot \text{m})$$

(4) 처짐각방정식

$$M_{AB} = 2EK_{AB}(\theta_B) + FEM_{AB} = k_{ab}(\theta_B) - 11.25 = \theta_B - 11.25$$

$$M_{BA} = 2EK_{BA}(2\theta_B) + FEM_{AB} = k_{ba}(2\theta_B) + 11.25 = 2\theta_B + 11.25$$

$$M_{BC} = 2EK_{BC}(2\theta_B + \theta_C) + FEM_{BC} = k_{bc}(2\theta_B + \theta_C) - 8.33 = 2\theta_B + \theta_C - 8.33$$

$$M_{CB} = 2EK_{BC}(\theta_B + 2\theta_C) + FEM_{CB} = k_{bc}(\theta_B + 2\theta_C) + 8.33 = \theta_B + 2\theta_C + 8.33$$

$$M_{BD} = 2EK_{BD}(2\theta_B) = k_{bd}(2\theta_B) = 3.34\theta_B$$

$$M_{DB} = 2EK_{BD}(\theta_B) = k_{bd}(\theta_B) = 1.67\theta_B$$

(5) 절점방정식

$$\sum M_B = M_{BA} + M_{BC} + M_{BD} = 2\theta_B + 11.25 + 2\theta_B + \theta_C - 8.33 + 3.34\theta_B = 0$$

$$7.34\theta_B + \theta_C + 2.92 = 0 \quad \cdots\cdots\cdots\cdots\cdots\cdots\cdots\cdots\cdots\cdots\cdots\cdots\cdots\cdots ①$$

$$\sum M_C = M_{CB} = \theta_B + 2\theta_C + 8.33 = 0 \quad \cdots\cdots\cdots\cdots\cdots\cdots\cdots\cdots ②$$

①×2 − ② 하여 B점과 C점의 처짐각을 구하면

$$\therefore \theta_B = 0.398, \quad \theta_C = -4.256$$

(6) 재단모멘트

$$M_{AB} = \theta_B - 11.25 = 0.182 - 11.25 = -11.068 \text{ (tonf·m)}$$

$$M_{BA} = 2\theta_B + 11.25 = 2 \times 0.182 + 11.25 = 11.614 \text{ (tonf·m)}$$

$$M_{BC} = 2\theta_B + \theta_C - 8.33 = 2 \times 0.182 - 4.256 - 8.33 = -12.222 \text{ (tonf·m)}$$

$$M_{CB} = \theta_B + 2\theta_C + 8.33 = 0.182 - 2 \times 4.256 + 8.33 = 0 \text{ (tonf·m)}$$

$$M_{BD} = 3.34\theta_B = 3 \times 0.182 = 0.608 \text{ (tonf·m)}$$

$$M_{DB} = 1.67\theta_B = 1.67 \times 0.182 = 0.304 \text{ (tonf·m)}$$

(7) 각 지점의 반력

$$R_A = 4.445 \text{ (tonf)} (\uparrow)$$

$$R_C = 3.778 \text{ (tonf)} (\uparrow)$$

$$R_D = 10.777 \text{ (tonf)} (\uparrow)$$

$$H_A = 0.152 \text{ (tonf)} (\leftarrow)$$

$$H_D = 0.152 \text{ (tonf)} (\rightarrow)$$

$$M_A = 11.068 \text{ (tonf·m)} (\text{반시계방향})$$

$$M_D = 0.304 \text{ (tonf·m)} (\text{시계방향})$$

### 예제 11-18

아래의 2경간 연속보의 재단모멘트와 반력을 처짐각법으로 구하시오.

**풀이** 경계조건을 고려하면

$$M_A = -M_D, \quad M_B = -M_C \quad \theta_A = \theta_D = 0, \quad \theta_B = \theta_C$$

기둥에서 부재각 $R$이 발생한다.

$R$ : 미지수 2개

따라서 위와 같은 조건에 의하여 절점방정식과 층방정식을 세운다.

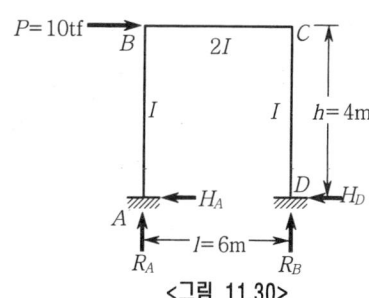

<그림 11.30>

(1) 강도계산

$$K_{BA} = \frac{I}{4}, \quad K_{BC} = \frac{2I}{6}, \quad (K_o = K_{BC} : 기준강도)$$

(2) 강비계산

$$k_{ab} = k_{ba} = \frac{K_{BA}}{K_o} = \frac{I}{4} \times \frac{6}{2I} = 0.75, \quad k_{bc} = \frac{K_{BC}}{K_o} = 1$$

(3) 고정단 모멘트

하중 $P$가 B점에 올 경우에는 고정단 모멘트 계산이 필요없고 층방정식에만 적용한다.

(4) 처짐각방정식

$$M_{AB} = 2EK_{AB}(2\theta_A + \theta_B - 3R) - FEM_{AB} = k_{ab}(\theta_B - 3R) = 0.75\theta_B - 2.25R$$

$$M_{BA} = 2EK_{BA}(\theta_A + 2\theta_B - 3R) + FEM_{BA} = k_{ba}(2\theta_B - 3R) = 1.5\theta_B - 2.25R$$

$$M_{BC} = 2EK_{BC}(2\theta_B + \theta_C - 3R) - FEM_{BC} = k_{bc}(2\theta_B + \theta_C) = 3\theta_B$$

(5) 평형조건식

① 절점방정식

$$\sum M_B = M_{BA} + M_{BC} = 1.5\theta_B - 2.25R + 3\theta_B = 0$$

$4.5\theta_B - 2.25R = 0$ ················································································· ⓐ

② 층방정식(전단력방정식)

$$M_{AB} + M_{BA} + M_{CD} + M_{DC} + P \cdot h = 0$$

$$2(M_{AB} + M_{BA}) = -P \cdot h$$

$$2(0.75\theta_B - 2.25R + 1.5\theta_B - 2.25R) = -10 \times 4$$

$4.5\theta_B - 9R = -40$ ················································································· ⓑ

ⓐ, ⓑ식에서 $\theta_B = 2.96, \quad R = 5.93$

(6) 재단모멘트

$$M_{AB} = 0.75 \times 2.96 - 2.25 \times 5.93 = -11.1 \text{ (tonf·m)} = M_{DC}$$

$$M_{BA} = 1.5 \times 2.96 - 2.25 \times 5.93 = -8.9 \text{ (tonf·m)} = M_{CD}$$

$$M_{BC} = 3 \times 2.96 = 8.9 \text{ (tonf·m)} = M_{CB}$$

(7) 지점모멘트

$$M_A = -11.1 \text{ (tonf·m)}$$

$$M_B = 8.9 \text{ (tonf·m)}$$

$$M_C = -8.9 \text{ (tonf·m)}$$

$$M_D = 11.1 \text{ (tonf·m)}$$

(8) 지점반력

$$R_A = -\frac{M_{BC}}{l} = -\frac{8.9}{6} = -1.48 \text{ (tonf)} (\downarrow)$$

$$R_B = \frac{M_{BC}}{l} = \frac{8.9}{6} = 1.48 \text{ (tonf)} (\uparrow)$$

$$H_A = -\frac{M_{AB} + M_{BA}}{h} = -\frac{P}{2} = -5 \text{ (tonf)} (\leftarrow)$$

$$H_B = \frac{M_{DC} + M_{CD}}{h} = \frac{P}{2} = 5 \text{ (tonf)} (\leftarrow)$$

### 예제 11-19

아래의 라멘에서 재단모멘트를 처짐각법으로 구하시오.

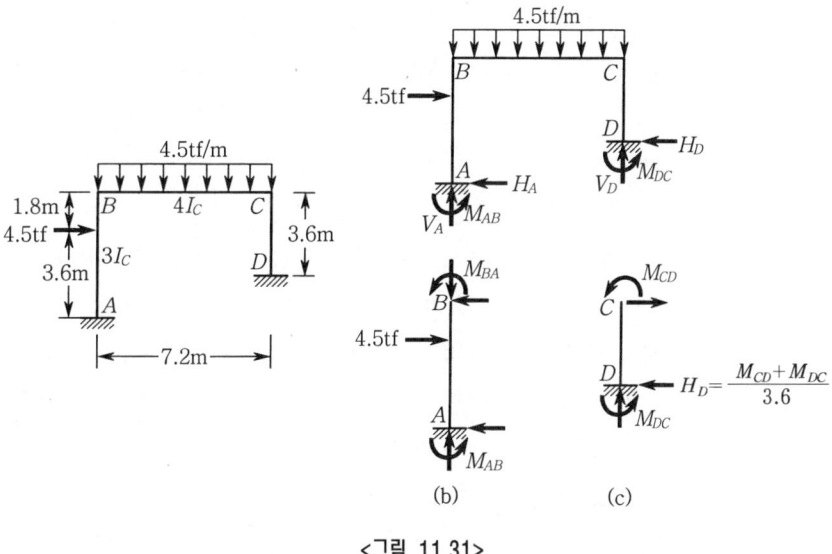

<그림 11.31>

**풀이** 경계조건을 고려하면, $\theta_A = \theta_D = 0$

횡방향 하중에 의한 횡변위가 발생하며, 현의 회전각은

$R_{ab} = \dfrac{\varDelta}{5.4} = 2R$ 이라면, $R_{cd} = \dfrac{\varDelta}{3.6} = 3R$ 이 된다.

(1) 강도계산

$$K_{BA} = \frac{3I}{5.4}, \quad K_{BC} = \frac{4I}{7.2}, \quad K_{BD} = \frac{3I}{3.6} \; (K_o = K_{BA} : \text{기준강도})$$

(2) 강비계산

$$k_{ab} = \frac{K_{BA}}{K_o} = 1, \; k_{bc} = \frac{K_{BC}}{K_o} = \frac{4I}{7.2} \times \frac{5.4}{3I} = 1, \; k_{cd} = \frac{K_{CD}}{K_o} = \frac{3I}{3.6} \times \frac{5.4}{3I} = 1.5$$

(3) 고정단 모멘트

$$FEM_{AB} = -\frac{Pab^2}{L^2} = -\frac{4.5 \times 3.6 \times 1.8^2}{5.4^2} = -1.80 \text{ (tonf·m)}$$

$$FEM_{BA} = \frac{Pa^2b}{L^2} = \frac{4.5 \times 3.6^2 \times 1.8}{5.4^2} = 3.60 \text{ (tonf·m)}$$

$$FEM_{BC} = -\frac{\omega L^2}{12} = -\frac{4.5 \times 7.2^2}{12} = -19.44 \text{ (tonf·m)}$$

$$FEM_{CB} = \frac{\omega L^2}{12} = \frac{4.5 \times 7.2^2}{12} = 19.44 \text{ (tonf·m)}$$

(4) 처짐각방정식

$$M_{AB} = 2EK_{AB}(\theta_B - R_{ab}) + FEM_{AB} = k_{ab}(\theta_B - 2R) - 1.80 = \theta_B - 2R - 1.80$$

$$M_{BA} = 2EK_{BA}(2\theta_B - 3R) + FEM_{AB} = k_{ab}(2\theta_B - 2R) + 3.60 = 2\theta_B - 2R + 3.60$$

$$M_{BC} = 2EK_{BC}(2\theta_B + \theta_C) + FEM_{BC} = k_{bc}(2\theta_B + \theta_C) - 19.44 = 2\theta_B + \theta_C - 19.44$$

$$M_{CB} = 2EK_{BC}(\theta_B + 2\theta_C) + FEM_{CB} = k_{bc}(\theta_B + 2\theta_C) + 19.44 = \theta_B + 2\theta_C + 19.44$$

$$M_{CD} = 2EK_{BD}(2\theta_C - 3R) = k_{cd}(2\theta_C - 3R) = 3\theta_C - 4.5R$$

$$M_{DC} = 2EK_{DC}(\theta_C - 3R) = k_{cd}(\theta_C - 3R) = 1.5\theta_C - 4.5R$$

(5) 평형조건식

① 절점방정식

$$\sum M_B = M_{BA} + M_{BC} = 2\theta_B - 2R + 3.60 + 2\theta_B + \theta_C - 19.44 = 0$$

$$4\theta_B + \theta_C - 2R - 15.84 = 0 \quad \cdots\cdots\cdots\cdots\cdots\cdots\cdots\cdots\cdots\cdots\cdots\cdots\cdots\cdots\cdots\cdots \text{ⓐ}$$

$$\sum M_C = M_{CB} + M_{CD} = \theta_B + 2\theta_C + 19.44 + 3\theta_C - 4.5R = 0$$

$$\theta_B + 5\theta_C - 4.5R + 19.44 = 0 \quad \cdots\cdots\cdots\cdots\cdots\cdots\cdots\cdots\cdots\cdots\cdots\cdots\cdots\cdots \text{ⓑ}$$

② 층방정식(전단력방정식)

$$\sum H = 4.5 - H_A - H_D = 0$$

$$= 4.5 - \left(\frac{4.5 \times 1.8}{5.4} - \frac{M_{AB} + M_{BA}}{5.4}\right) - \left(-\frac{M_{CD} + M_{DC}}{3.6}\right) = 0$$

$$6\theta_B + 13.5\theta_C - 35R + 36 = 0 \quad \cdots\cdots\cdots\cdots\cdots\cdots\cdots\cdots\cdots\cdots\cdots\cdots\cdots \text{ⓒ}$$

식ⓐ, 식ⓑ 및 식ⓒ를 연립하여 풀면 아래와 같다.

$$\therefore \theta_B = 5.2, \quad \theta_c = -4.9015, \quad \theta_c = 0.0294$$

(6) 재단모멘트

$$M_{AB} = \theta_B - 2R - 1.80 = 3.341 \text{ (tonf·m)}$$

$$M_{BA} = 2\theta_B - 2R + 3.6 = 13.941 \text{ (tonf·m)}$$

$$M_{BC} = 2\theta_B + \theta_C - 19.44 = -13.941 \text{ (tonf·m)}$$

$$M_{CB} = \theta_B + 2\theta_C + 19.44 = 14.837 \text{ (tonf·m)}$$

$$M_{CD} = 3\theta_C - 4.5R = 14.837 \text{ (tonf·m)}$$

$$M_{DC} = 1.5\theta_C - 4.5R = 7.485 \text{ (tonf·m)}$$

## 예제 11-20

아래의 2경간 연속보의 재단모멘트와 반력을 처짐각법으로 구하시오.

**풀이** 경계조건을 고려하면

$M_A = M_D$, $M_B = M_C$, $R = 0$
$\theta_A = -\theta_D$, $\theta_B = -\theta_C$,

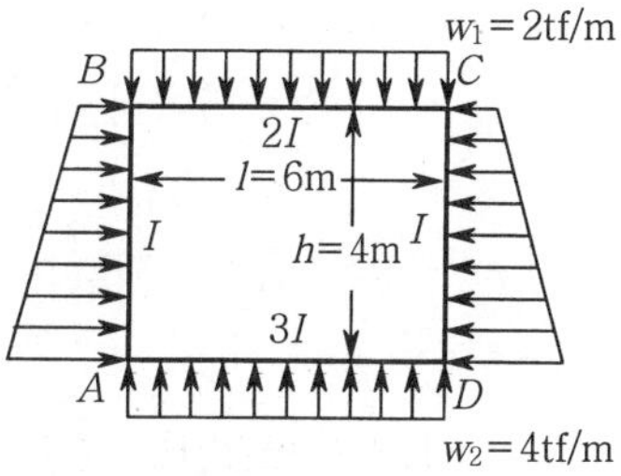

(1) 강도계산

$$K_{AB} = \frac{I}{h} = \frac{I}{4}, K_{BC} = \frac{2I}{l} = \frac{2I}{6}, K_{AD} = \frac{I}{l} = \frac{3I}{6},$$

($K_o = K_{AB}$ : 기준강도)

(2) 강비계산

$$k_{ab} = 1, \quad k_{bc} = \frac{2I}{6} \times \frac{4}{I} = 1.33, \quad k_{ad} = \frac{3I}{6} \times \frac{4}{I} = 2$$

<그림 11.32>

(3) 고정단 모멘트

$$FEM_{BC} = -\frac{\omega_1 L^2}{12} = -\frac{2 \times 6 \times 6}{12} = -6 \text{ (tonf·m)}$$

$$FEM_{AD} = \frac{\omega_2 L^2}{12} = \frac{4 \times 6 \times 6}{12} = 12 \text{ (tonf·m)}$$

$$FEM_{AB} = -\frac{h^2}{60}(2\omega_1 + 3\omega_2) = -\frac{4^2}{60}(2 \times 2 + 3 \times 4) = -4.27 \text{ (tonf·m)}$$

$$FEM_{BA} = \frac{h^2}{60}(3\omega_1 + 2\omega_2) = \frac{4^2}{60}(3 \times 2 + 2 \times 4) = 3.73 \text{ (tonf·m)}$$

(4) 처짐각방정식

$$M_{AB} = 2EK_{AB}(2\theta_A + \theta_B - 3R) + FEM_{AB} = 2\theta_A + \theta_B - 4.27$$
$$M_{AD} = 2EK_{AD}(2\theta_A + \theta_D - 3R) + FEM_{AD} = 2\theta_A + 12$$
$$M_{BA} = 2EK_{BA}(2\theta_B + \theta_A - 3R) + FEM_{BA} = 2\theta_B + \theta_A + 3.73$$
$$M_{BC} = 2EK_{BC}(2\theta_B + \theta_C - 3R) + FEM_{BC} = 1.33\theta_B - 6$$

(5) 절점방정식

$$\sum M_A = M_{AB} + M_{AD} = 2\theta_A + \theta_B - 4.27 + 2\theta_A + 12 = 0$$
$$\sum M_B = M_{BA} + M_{BC} = 2\theta_B + \theta_A + 3.73 + 1.33\theta_B - 6 = 0$$
$$\therefore \theta_A = -2.27, \quad \theta_B = 1.36$$

(6) 재단모멘트

$$M_{AB} = -2 \times 2.27 + 1.36 - 4.27 = -7.5 \text{ (tonf·m)}$$
$$M_{AD} = -2 \times 2.27 + 12 = 7.5 \text{ (tonf·m)}$$
$$M_{BA} = 2 \times 1.36 - 2.27 + 3.73 = 4.2 \text{ (tonf·m)}$$
$$M_{BC} = 1.33 \times 1.36 - 6 = -4.2 \text{ (tonf·m)}$$

(7) 지점모멘트

$$M_A = M_D = -7.5 \text{ (tonf·m)}, \quad M_B = M_C = -4.2 \text{ (tonf·m)}$$

### 11.5 모멘트 분배법(Moment distributed method)

모멘트분배법(Moment distributed method)은 1932년에 미국의 Hardy Cross가 고안해 낸 것으로서, 강절뼈대 구조물의 휨모멘트를 축차적 반복법에 의하여 비교적 간단하게 근사적으로 구해가는 방법이다.

응력법이나 처짐각법은 절점회전각과 현회전각을 더한 수 만큼의 미지수를 풀기 위하여 연립방정식을 풀어야 하는 어려움이 있으나, 모멘트분배법은 축차적인 반복에 의해서 계산을 함으로서 구하고자 하는 재단모멘트의 근사적인 값을 얻을 수 있다.

#### 11.5.1 휨강성도 또는 강성도계수

모멘트 분배법에서도 처짐각법에서 사용한 부호규약을 그대로 사용한다. 즉, 시계 방향의 재단 모멘트와 회전각을 양(+)으로 정의한다.

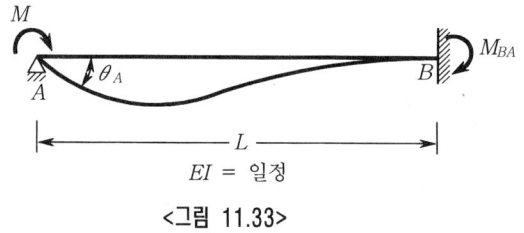

<그림 11.33>

그림과 같이 $A$단이 힌지, $B$단이 고정지점인 보를 예로 든다. $A$단에 모멘트 $M$을 가하면 힌지지점인 $A$단은 $\theta$만큼 회전하고, 고정단 $B$점에는 모멘트 $M_{BA}$가 발생된다.

여기서, $A$지점을 근단, $B$지점을 원단이라 한다. $M$과 $\theta$사이의 관계는 처짐각 방법으로부터 직접 유도할 수 있다.

$$M=\left(\frac{4EI}{L}\right)\theta = K_{AB} \quad \cdots\cdots\cdots (11.8)$$

여기서, $K_{AB}$는 휨강성도(bending stiffness)로서 부재의 한쪽 단인 $A$단이 단위각 만큼 회전하는데 필요한 모멘트로 정의된다. 즉, 휨강성도는 위의 식에서 $\theta=1$인 경우의 $M$값으로서 다음 식으로 나타낼 수 있다.

$$K_{AB} = \frac{4EI}{L} \quad \cdots\cdots\cdots (11.9)$$

부재의 휨강성도를 회전강성도(rotational stiffness) 또는 강성도계수라 한다.

## 11.5.2 전달율

그림 11.33에서 힌지단 $A$에서 모멘트 $M$을 가하면 고정단 $B$에는 모멘트 $M_{BA}$가 전달된다. 이러한 $M_{BA}$를 전달모멘트(carry-over moment)라 하고, 그 값은 다음과 같이 처짐각방정식에서 유도할 수 있으며, 전달모멘트=(전달율)×(분배모멘트) 이다.

$$M_{BA} = \left(\frac{2EI}{L}\right)\theta \quad \cdots\cdots (11.10)$$

식 (11.8)과 비교하면 $A$단에 작용시킨 작용모멘트 $M$과 $B$단으로 전달된 전달모멘트 $M_{BA}$의 관계는 다음과 같다.

$$M_{BA} = \frac{1}{2}M \quad \cdots\cdots (11.11)$$

근단인 힌지단에 모멘트 $M$이 작용하면 원단이 고정단인 경우에는 원단으로 작용모멘트 $M$의 1/2이 전달된다. 이와 같은 전달모멘트와 작용모멘트와의 비율 $\left(\dfrac{M_{BA}}{M}\right)$을 전달율(carry-over factor)이라 한다.

## 11.5.3 분배율

그림 11.34와 같은 3개의 부재로 된 자유물체도를 고려하면, 최초의 $B$절점에서의 고정단 모멘트의 대수합인 불균형모멘트 $M_u$로 인해서 $B$절점에 저항모멘트가 유발된다. 이들 분배모멘트의 합이 불균형모멘트 $M_u$와 같아질 때까지 $B$절점은 $\theta$만큼 회전한다.

절점 $B$의 자유물체도를 그려서 모멘트에 관한 평형조건을 고려하면 다음과 같다.

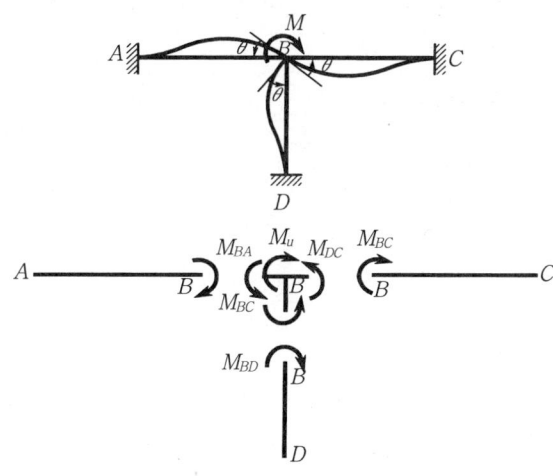

<그림 11.34> 모멘트 분배

$$\sum M_B = (M_{BA} + M_{BC} + M_{BD}) + M_U = 0 \quad \cdots\cdots (a)$$

여기서, θA=θC=θD=0이고, 절점 $B$가 강절이므로 각부재의 $B$단에서의 회전각은 모두 같다. 또한, 절점 $B$의 회전으로 각 부재의 $B$단에서 발생되는 분배모멘트는 처짐각방정식을 사용하여 다음과 같이 나타낼 수 있다.

$$M_{BA} = \left(\frac{4EI}{L}\right)_{BA} \theta = K_{BA}\theta_B$$

$$M_{BC} = \left(\frac{4EI}{L}\right)_{BC} \theta = K_{BC}\theta_B \quad \cdots\cdots (b)$$

$$M_{BD} = \left(\frac{4EI}{L}\right)_{BD} \theta = K_{BD}\theta_B$$

위의 식(b)를 식(a)에 대입하면 다음과 같다.

$$\theta_B(K_{BA} + K_{BC} + K_{BD}) = -M_U$$

$$\theta_B = -\frac{M_U}{(K_{BA} + K_{BC} + K_{BD})} \quad \cdots\cdots (c)$$

식(c)를 식(b)에 대입하면, B점에서 각 부재의 분배모멘트(distributed moment) $M_{Bi}$는 다음과 같이 나타낼 수 있다.

$$M_{Bi} = -\frac{K_{Bi}}{(K_{BA} + K_{BC} + K_{BD})} M_U \quad \cdots\cdots (d)$$

단 $i$는 그림 11.34에서 A, C, 및 D이다. 임의의 부재 $B_i$에서 B단의 분배모멘트를 일반식으로 나타내면 다음과 같다.

$$M_{Bi} = -\left(\frac{K_{Bi}}{\sum K_B}\right) M_U \quad \cdots\cdots (11.12)$$

여기서, $\sum K_B$는 절점 $B$에 모이는 모든 부재의 강도계수의 합이며 절점강도계수라고 한다.

부재 BI의 B단의 분배율(distributed factor)을 $DF_{Bi}$라고 하면 다음과 같다.

$$DF_{Bi} = \frac{K_{Bi}}{\sum K_B} \quad \cdots\cdots (11.13)$$

즉, 한 절점에서 어느 부재의 분배율은 그 부재의 휨강성도를 절점에 모이는 모든 부재 휨강성도의 합으로 나눈 값이다. 따라서, 그 절점에 모이는 모든 부재의 분배율의 합은 1이 된다.

### 11.5.4 고정단모멘트

양단이 고정된 보에 하중이 작용하는 경우에 고정단에 발생되는 모멘트를 고정단모멘트(fixed end moment)라 한다. 이러한 하중에 의한 고정단모멘트 이외에 양단고정보에서 지점침하나 가로흔들이(sidesway)로 인한 절점 이동에 의해 양단에 고정단모멘트가 발생될 수 있다.

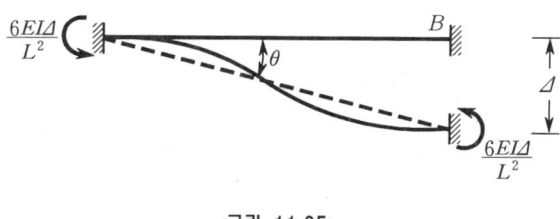

<그림 11.35>

이 경우에 보의 현 $AB$는 시계방향으로 $R=\Delta/L$만큼 회전한다. 재단모멘트에 관한 처짐각 방정식을 사용하면 양단에 발생되는 고정단모멘트를 다음과 같이 구할 수 있다.

$$FEM_{AB} = FEM_{BA} = -\frac{6EI\Delta}{L^2} = -\frac{6EI}{L}R \quad \cdots\cdots\cdots\cdots\cdots\cdots (11.14)$$

위의 식에서 절점 이동으로 인하여 부재가 회전하는 경우에 부재의 양단에 발생되는 고정단모멘트의 방향은 서로 같은 것을 알 수 있다.

### 11.5.5 수정 휨강성도

어떤 기지의 조건을 이용하여 강도계수를 적절하게 수정하면 모멘트분배법에 있어서 그 과정을 훨씬 간단하게 수행할 수 있게 된다. 그림 11.36(a), (b) 그리고 (c)는 절점 $i$에 외적모멘트 $M_0$이 작용할 때 각각 다른 세 가지 원단의 조건을 표시하여 본 것이다.

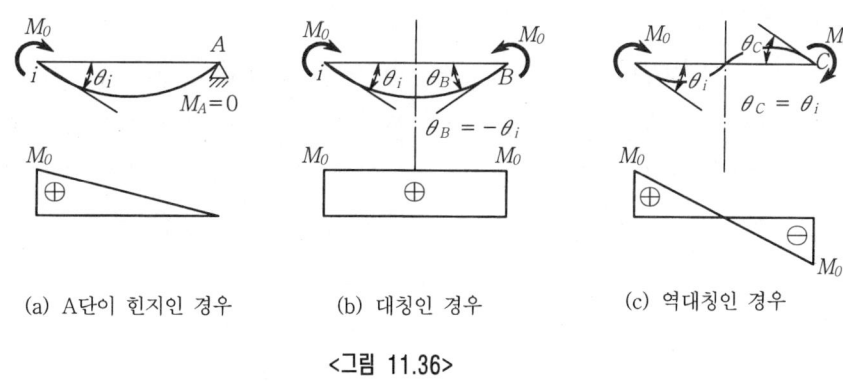

(a) A단이 힌지인 경우  (b) 대칭인 경우  (c) 역대칭인 경우

<그림 11.36>

(1) 한단이 힌지인 경우 ($i-A$의 경우)

$M_{Ai}=0$이므로

$$M_{iA}=2EK_{iA}(2\theta_i+\theta_A) \quad \cdots\cdots\cdots\cdots\cdots\cdots\cdots\cdots (a)$$

$$M_{Ai} = 2EK_{Ai}(2\theta_A + \theta_i) = 0 \quad \cdots\cdots (b)$$

식 (b)에서 $\theta_A = -\frac{1}{2}\theta_i$ 이므로 식(a)는

$$M_{iA} = 2EK_{iA}\left(2\theta_i - \frac{1}{2}\theta_i\right)$$

$$= 4E\left(\frac{3}{4}K_{iA}\right)\theta_i = 4EK_{iA}^R\theta_i$$

$$\therefore K_{iA}^R = \frac{3}{4}K_{iA} \quad \cdots\cdots (11.15)$$

(2) 대칭의 경우 ($i-B$의 경우)

$\theta_B = -\theta_i$ 이므로

$$M_{iB} = 2EK_{iB}(2\theta_i + \theta_B) = 2EK_{iB}(2\theta_i - \theta_i)$$

$$= 4EK_{iB}\left(\frac{1}{2}K_{iB}\right)\theta_i = 4EK_{iB}^R\theta_i$$

$$\therefore K_{iB}^R = \frac{1}{2}K_{iB} \quad \cdots\cdots (11.16)$$

(3) 역대칭인 경우 ($i-C$인 경우)

$\theta_C = \theta_i$ 이므로

$$M_{iC} = 2EK_{iC}(2\theta_i + \theta_C) = 2EK_{iC}(2\theta_i + \theta_i)$$

$$= 4E\left(\frac{3}{2}K_{iC}\right)\theta_i = 4EK_{iC}^R\theta_i$$

$$\therefore K_{iC}^R = \frac{3}{2}K_{iC} \quad \cdots\cdots (11.17)$$

### 11.5.6 불균형 모멘트

모멘트 분배법을 적용할 때 불균형모멘트의 범위에 관하여 좀 더 구체적인 설명을 추가하여 둘 필요가 있을 것 같다. 일반적으로 모멘트분배의 제 1순환에서 첫 절점에서의 불균형모멘트 $M_u$는 그 절점에서의 고정단모멘트(더 일반화시키면 처짐각 방정식으로 표시된 $M_{ij}$에서 기지의 항의 값)의 대수 합이고, 그 다음 절점부터는 그 절점에서의 고정단 모멘트의 대수합에다가 그 절점에 전달되어온 전달모멘트의 대수합을 합한 것이 불균형모멘트가 된다. 모멘트분배의 제 2순환부터는 각 절점에서의 불균형모멘트의 값은 그 절점에 전달된 전달모멘트의 대수합 뿐이다. 이들 불균형모멘트의 값은 모멘트분배의 순환을 거듭함에 따라서 기하급수적으로 작아져 간다. 이는 바로 절점 회전각들이 회전된 실제위치에 접근하여 가고 있다는 것을 의미하는 것이다.

### 모멘트분배법의 일반적인 해석 순서

① 각 부재의 강도를 구해 강비를 계산한다.
② 강비를 사용하여 분배율을 계산한다.(수정강도계수가 있는 경우 이를 고려)
③ 단에서의 고정단모멘트 $FEM$을 산출하여 분배율과 고정단 모멘트를 계산도표 위에 기입하고 절점마다 차례로 모멘트를 분배, 전달을 행한다.
④ 일반적으로 최외측 절점이나 불균형 $M$가 제일 큰 절점부터 moment 분배를 개시한다.

하중항과 고정단 모멘트의 관계는 다음과 같이 나타낼 수 있다.

〈고정단(C)과 힌지단(H)의 고정단 모멘트〉

| 하중상태 \ 단모멘트 | $C_{AB}$ | $C_{BA}$ | $H_{AB}$ | $H_{BA}$ |
|---|---|---|---|---|
| A ├ l/2 ┤P├ l/2 ┤ B | $\dfrac{Pl}{8}$ | $\dfrac{Pl}{8}$ | $\dfrac{3Pl}{16}$ | $\dfrac{3Pl}{16}$ |
| A ├a┤ ├ b ┤ B | $\dfrac{Pab^2}{l^2}$ | $\dfrac{Pa^2b}{l^2}$ | $\dfrac{Pab}{2l^2}(l+b)$ | $\dfrac{Pab}{2l^2}(l+a)$ |
| A 등분포하중 w B | $\dfrac{wl^2}{12}$ | $\dfrac{wl^2}{12}$ | $\dfrac{wl^2}{8}$ | $\dfrac{wl^2}{8}$ |
| A 삼각분포하중 w B | $\dfrac{wl^2}{20}$ | $\dfrac{wl^2}{30}$ | $\dfrac{wl^2}{15}$ | $\dfrac{7}{120}wl^2$ |
| A 사다리꼴 $P_2$~$P_1$ B | $\dfrac{l^2}{60}(3P_2+2P_1)$ | $\dfrac{l^2}{60}(2P_2+3P_1)$ | $\dfrac{l^2}{120}(8P_2+7P_1)$ | $\dfrac{l^2}{120}(7P_2+8P_1)$ |
| A ├l/2┤M B | $\dfrac{M}{4}$ | $\dfrac{M}{4}$ | $\dfrac{3M}{8}$ | $\dfrac{3M}{8}$ |

### 예제 11-21

아래의 연속보를 모멘트분배법을 사용하여 재단모멘트를 구하시오.

**풀이** (1) 강비 ($K$)

$$K_{BA} = \frac{I}{l} = \frac{I}{8} \quad K_{BC} = \frac{I}{10} \quad k = \frac{I}{8} / \frac{I}{10} = \frac{5}{4}$$

$$\therefore k_{ba} = 5 \quad k_{bc} = 4$$

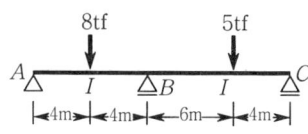

<그림 11.37>

(2) 분배율 ($DF$)

$$DF_{BA} = \frac{k_{ba}}{k_{ba} + k_{bc}} = \frac{5}{5+4} = \frac{5}{9}$$

$$DF_{BC} = \frac{k_{bc}}{k_{ba} + k_{bc}} = \frac{4}{5+4} = \frac{4}{9}$$

(3) 고정단 모멘트 ($FEM$)

$$FEM_{BA} = \frac{3Pl}{16} = \frac{3 \times 8 \times 8}{16} = 12 \, (\text{tonf} \cdot \text{m})$$

$$FEM_{BC} = -\frac{Pab}{2Pl^2}(l+b) = -\frac{5 \times 6 \times 4}{2 \times 10^2}(10+4) = -8.4 \, (\text{tonf} \cdot \text{m})$$

(4) 모멘트 분배

| 지 점 | A | B | | C |
|---|---|---|---|---|
| 부 재 | AB | BA | BC | CD |
| 강 비 |  | 5 | 4 |  |
| 분 배 율 |  | 5/9 | 4/9 |  |
| 하 중 항 | 0 | 12 | -8.4 | 0 |
| 분배모멘트 |  | -2 | -1.6 |  |
| 합 계 | 0 | 10 | -10 | 0 |

(5) 분배모멘트 계산

$$M_{BA} = -(12 - 8.4) \times \frac{5}{9} = -2 \, (\text{tonf} \cdot \text{m})$$

$$M_{BC} = -(12 - 8.4) \times \frac{4}{9} = -1.6 \, (\text{tonf} \cdot \text{m})$$

(6) 지점모멘트

$$\therefore M_B = -10 \, (\text{tonf} \cdot \text{m})$$

## 예제 11-22

아래의 연속보를 모멘트분배법을 사용하여 재단모멘트를 구하시오.

**풀이** (1) 강비 ($K$)

$$K_{BA} = \frac{I}{l} = \frac{I}{6}, \quad K_{BC} = \frac{2I}{8} \times \frac{3}{4} = \frac{3I}{16}$$

$$k = \frac{I}{6} / \frac{3I}{16} = \frac{8}{9} \quad \therefore k_{ba} = 8, \ k_{bc} = 9$$

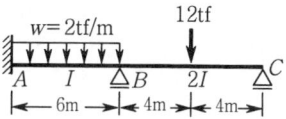

<그림 11.38>

(2) 분배율 ($DF$)

$$DF_{BA} = \frac{8}{8+9} = 0.47$$

$$DF_{BC} = \frac{9}{8+9} = 0.53$$

(3) 고정단 모멘트 ($FEM$)

$$FEM_{AB} = -\frac{\omega l^2}{12} = -\frac{2 \times 6 \times 6}{12} = -6 \ (\text{tonf} \cdot \text{m})$$

$$FEM_{BA} = 6 \ (\text{tonf} \cdot \text{m})$$

$$FEM_{BC} = -\frac{3Pl}{16} = -\frac{3}{16} \times 12 \times 8 = -18 \ (\text{tonf} \cdot \text{m})$$

(4) 모멘트 분배

| 지 점 | A | B | | C |
|---|---|---|---|---|
| 부 재 | AB | BA | BC | CB |
| 강 비 |  | 8 | 9 |  |
| 분 배 율 |  | 0.47 | 0.53 |  |
| 전 달 율 |  | ←1/2 | 0 |  |
| 하 중 항 | -6 | 6 | -18 | 0 |
| 분배모멘트 |  | 5.64 | 6.36 |  |
| 전달모멘트 | 2.82 |  |  |  |
| 합 계 | -3.18 | 11.64 | -11.64 |  |

(5) 재단모멘트

$$M_{AB} = -3.18 \ (\text{tonf} \cdot \text{m})$$

$$M_{BA} = 11.64 \ (\text{tonf} \cdot \text{m})$$

$$M_{BC} = -11.64 \ (\text{tonf} \cdot \text{m})$$

$$M_{CB} = 0 \ (\text{tonf} \cdot \text{m})$$

## 예제 11-23

아래의 연속보를 모멘트분배법을 사용하여 재단모멘트를 구하시오.

**풀이** (1) 강비($K$)

$$K_{BA} = \frac{I}{l} = \frac{2I}{8} \quad K_{BC} = \frac{I}{l} = \frac{1.5I}{12}$$

$$k = \frac{2I}{8} / \frac{1.5I}{12} = 2 \quad \therefore k_{ba} = 2 \quad k_{bc} = 1$$

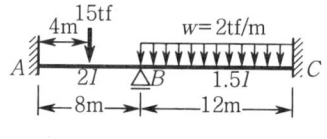

<그림 11.39>

(2) 분배율($DF$)

$$DF_{BA} = \frac{2}{2+1} = \frac{2}{3}$$

$$DF_{BC} = \frac{1}{2+1} = \frac{1}{3}$$

(3) 고정단 모멘트($FEM$)

$$FEM_{AB} = -\frac{Pab^2}{L^2} = -\frac{15 \times 4 \times 16}{8^2} = -15 \text{ (tonf} \cdot \text{m)}$$

$$FEM_{BA} = 15 \text{ (tonf} \cdot \text{m)}$$

$$FEM_{BC} = -\frac{\omega l^2}{12} = -\frac{2 \times 12^2}{12} = -24 \text{ (tonf} \cdot \text{m)}$$

$$FEM_{CB} = 24 \text{ (tonf} \cdot \text{m)}$$

(4) 모멘트 분배

| 지 점 | A | B | | C |
|---|---|---|---|---|
| 부 재 | AB | BA | BC | CB |
| 강 비 | | 2 | 1 | |
| 분 배 율 | | 2/3 | 1/3 | |
| 하 중 항 | -15 | 15 | -24 | 24 |
| 분배모멘트 | | 6 | 3 | |
| 전달모멘트 | 3 | | | 1.5 |
| 합 계 | -12 | 12 | -21 | 25.5 |

(5) 재단모멘트

$$M_{AB} = -12 \text{ (tonf} \cdot \text{m)}$$

$$M_{BA} = 21 \text{ (tonf} \cdot \text{m)}$$

$$M_{BC} = -21 \text{ (tonf} \cdot \text{m)}$$

$$M_{CB} = 25.5 \text{ (tonf} \cdot \text{m)}$$

## 예제 11-24

아래의 라멘을 모멘트분배법을 사용하여 재단모멘트를 구하시오.(예제 11.15 참조)

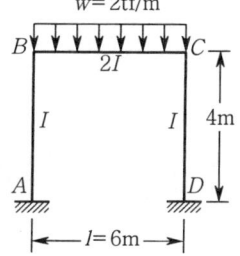 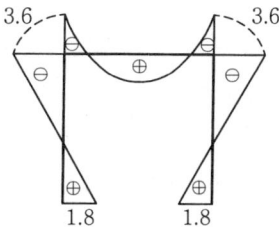

<그림 11.40>

**풀이** (1) 강비 – BC가 대칭

$$K_{BA}=\frac{I}{h}=\frac{I}{4}, \quad K_{BC}=\frac{1}{2}\times\frac{2I}{l}=\frac{I}{6}$$

$$k=\frac{I}{4}/\frac{I}{6}=\frac{3}{2} \quad \therefore k_{ba}=3 \quad k_{bc}=2$$

(2) 분배율($DF$)

$$DF_{BA}=\frac{3}{3+2}=0.6 \quad DF_{BC}=\frac{2}{3+2}=0.4$$

(3) 고정단 모멘트($FEM$)

$$FEM_{BC}=-\frac{\omega l^2}{12}=-\frac{2\times6\times6}{12}=-6 \ (\text{tonf}\cdot\text{m})$$

$$FEM_{CB}=6 \ (\text{tonf}\cdot\text{m})$$

(4) 모멘트 분배

| 지 점 | A | B | |
|---|---|---|---|
| 부 재 | AB | BA | BC |
| 강 비 |  | 3 | 2 |
| 분 배 율 |  | 0.6 | 0.4 |
| 하 중 항 | 0 | 0 | -6 |
| 분배모멘트 |  | 3.6 | 2.4 |
| 전달모멘트 | 1.8 |  |  |
| 합 계 | 1.8 | 3.6 | -3.6 |

(5) 재단모멘트

$$M_{AB}=1.8 \ (\text{tonf}\cdot\text{m})$$

$$M_{BA}=3.6 \ (\text{tonf}\cdot\text{m})=-M_{CD}$$

$$M_{BC}=-3.6 \ (\text{tonf}\cdot\text{m})=M_{CB}$$

## 예제 11-25

아래의 라멘을 모멘트분배법을 사용하여 재단모멘트를 구하시오.(예제 11.16 참조)

**풀이** (1) 강비($K$)

$$K_{BA}=\frac{I}{l}=\frac{I}{10} \quad K_{BC}=\frac{1.5I}{10}$$

$$k=\frac{I}{10}/\frac{1.5I}{10}=\frac{1}{1.5} \quad \therefore \ k_{ba}=1 \quad k_{bc}=1.5$$

(2) 분배율 ($DF$)

$$DF_{BA}=\frac{1}{1+1.5}=0.4 \ , \quad DF_{BC}=\frac{1.5}{1+1.5}=0.6$$

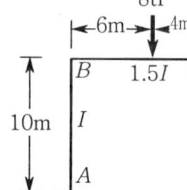

<그림 11.41>

(3) 고정단 모멘트($FEM$)

$$FEM_{BC}=-\frac{Pab^2}{L^2}=-\frac{8\times6\times4^2}{10^2}=-7.68 \ (\text{tonf}\cdot\text{m})$$

$$FEM_{CB}=\frac{Pa^2b}{L^2}=\frac{8\times6^2\times4}{10^2}=11.52 \ (\text{tonf}\cdot\text{m})$$

(4) 모멘트 분배

| 지 점 | A | B | | C |
|---|---|---|---|---|
| 부 재 | AB | BA | BC | CB |
| 강 비 |  | 1 | 1.5 |  |
| 분 배 율 |  | 0.4 | 0.6 |  |
| 하 중 항 | 0 | 0 | -7.68 | 11.52 |
| 분배모멘트 |  | 3.072 | 4.608 |  |
| 전달모멘트 | 1.536 |  |  | 2.304 |
| 합 계 | 1.536 | 3.072 | -3.072 | 13.824 |

(5) 재단모멘트

$M_{AB}=1.536 \ (\text{tonf}\cdot\text{m})$

$M_{BA}=3.072 \ (\text{tonf}\cdot\text{m})$

$M_{BC}=-3.072 \ (\text{tonf}\cdot\text{m})$

$M_{CB}=13.824 \ (\text{tonf}\cdot\text{m})$

## 예제 11-26

아래의 라멘을 모멘트분배법을 사용하여 재단모멘트를 구하시오.(예제 11.17 참조)

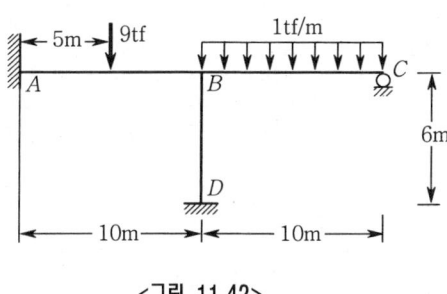

<그림 11.42>

**풀이** 경계조건을 고려하면, $\theta_A = \theta_D = 0$, R=0

(1) 강비계산($K$)

$$K_{BA} = \frac{I}{10}, \quad K_{BC} = \frac{3}{4} \times \frac{I}{10} = \frac{3I}{40}, \quad K_{BD} = \frac{I}{6} \ (K_o = K_{BA} : \text{기준강도})$$

$k_{ab} : k_{bc} : k_{bd} = 12I : 9I : 20I,$

(2) 분배율 ($DF$)

$$DF_{BA} = \frac{12}{12+9+20} = 0.2927$$

$$DF_{BC} = \frac{9}{12+9+20} = 0.2195$$

$$DF_{BD} = \frac{20}{12+9+20} = 0.4878$$

(3) 고정단 모멘트($FEM$)

$$FEM_{AB} = -\frac{PL}{8} = -\frac{9 \times 10}{8} = -11.25 \ (\text{tonf} \cdot \text{m})$$

$$FEM_{BA} = \frac{PL}{8} = \frac{9 \times 10}{8} = 11.25 \ (\text{tonf} \cdot \text{m})$$

$$FEM_{BC} = -\frac{\omega L^2}{12} = -\frac{1 \times 10^2}{12} = -8.33 \ (\text{tonf} \cdot \text{m})$$

$$FEM_{CB} = \frac{\omega L^2}{12} = \frac{1 \times 10^2}{12} = 8.33 \ (\text{tonf} \cdot \text{m})$$

(4) 모멘트분배계산 : 일반적으로 힌지지점부터 분배한다.

| 지 점 | A | B | | | C | D |
|---|---|---|---|---|---|---|
| 부 재 | AB | BA | BC | BD | CB | DB |
| 강 비 | | 12 | 9 | 20 | 1 | |
| 분 배 율 | | 0.2927 | 0.2195 | 0.4878 | 1 | |
| 하 중 항 | -11.25 | 11.25 | -8.33 | | 8.33 | |
| 분배모멘트 | | | | | -8.33 | |
| 전달모멘트 | | | -4.165 | | | |
| 분배모멘트 | | 0.364 | 0.273 | 0.607 | | |
| 전달모멘트 | 0.182 | | | | | 0.304 |
| 합 계 | -11.068 | 11.614 | -12.222 | 0.607 | 0 | 0.304 |

(5) 재단모멘트

$M_{AB} = -11.068 \ (\text{tonf} \cdot \text{m})$

$M_{BA} = 11.614 \ (\text{tonf} \cdot \text{m})$

$M_{BC} = -12.222 \ (\text{tonf} \cdot \text{m})$

$M_{CB} = 0 \ (\text{tonf} \cdot \text{m})$

$M_{BD} = 0.607 \ (\text{tonf} \cdot \text{m})$

$M_{DB} = 0.304 \ (\text{tonf} \cdot \text{m})$

## 예제 11-27

부정정보를 모멘트 분배법으로 해석하라.

**풀이** (1) 강도($K$)

$K_{AB} = \dfrac{3I}{7.5} = \dfrac{2}{5}I \rightarrow K_{AB}^R = \dfrac{3}{4} K_{AB} = \dfrac{3}{10} I \rightarrow 3K$

$K_{BC} = \dfrac{I}{5} \rightarrow 2K$

(2) 분배율($DF$)

$DF_{BA} = \dfrac{K_{AB}^R}{K_{AB}^R + K_{BC}} = \dfrac{3K}{3K + 2K} = 0.6$

$DF_{BC} = \dfrac{K_{BC}}{K_{AB}^R + K_{BC}} = \dfrac{2K}{3K + 2K} = 0.4$

$DF_{AB} = \dfrac{K_{AB}^R}{K_{AB}^R} = 1.0$

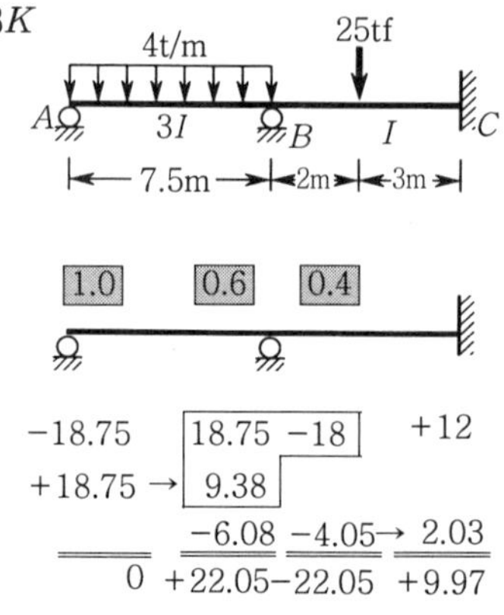

<그림 11.43>

(3) 고정단 모멘트($FEM$)

$$FEM_{AB} = -\frac{\omega l^2}{12} = -\frac{(4)(7.5)^2}{12} = -18.75 \text{ (tonf}\cdot\text{m)} \quad FEM_{BA} = 18.75 \text{ (tonf}\cdot\text{m)}$$

$$FEM_{BC} = -\frac{Pab^2}{L^2} = -\frac{25(2)(3)^2}{25} = -18 \text{(tonf}\cdot\text{m)}$$

$$FEM_{CB} = -\frac{Pa^2b}{12} = -\frac{25(2)(3)^2}{25} = 12 \text{(tonf}\cdot\text{m)}$$

### 예제 11-28

부정정보를 모멘트 분배법으로 해석하라. ($EI$ : 일정)

**풀이** 좌우대칭이므로 $\frac{1}{2}$ 만 해석

(1) 강도($K$)

$$K_{AB} = \frac{I}{6}, \quad K_{BC}^R = \frac{1}{2}\left(\frac{I}{6}\right) = \frac{I}{12}$$

(2) 분배율($DF$)

$$DF_{BA} = \frac{1/6}{1/6 + 1/12} = \frac{2}{3} = 0.667$$

$$DF_{BC} = \frac{1/12}{1/6 + 1/12} = \frac{1}{3} = 0.333$$

(3) 고정단 모멘트($FEM$)

$$FEM_{AB} = -\frac{Pab^2}{L^2} = -\frac{(16)(3)(3)^2}{36} = -12 \text{ (tonf}\cdot\text{m)}$$

$FEM_{BA} = 12$ (tonf·m)

$$FEM_{BC} = -\frac{\omega l^2}{12} = -\frac{(2)(6)^2}{12} = -6 \text{ (tonf}\cdot\text{m)}$$

$FEM_{CB} = 6$ (tonf·m)

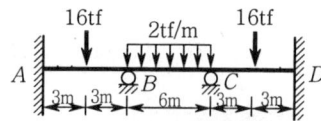

<그림 11.44>

### 예제 11-29

다음 라멘을 모멘트 분배법으로 해석하라. ($EI$ : 일정)

**풀이** (1) 강도($K$)

$$K_{AB} = K_{CD} = \frac{I}{5} \rightarrow 16K$$

$$K_{BC} = \frac{I}{8} \rightarrow K_{BC}^R = \frac{1}{2}K_{BC} = \frac{I}{16} \rightarrow 5K$$

(2) 분배율(DF)

$$DF_{BA} = \frac{16}{16+5} = 0.762$$

$$DF_{BC} = \frac{5}{16+5} = 0.238$$

(3) 고정단 모멘트(FEM)

$$FEM_{BC} = -\frac{Pab^2}{L^2} = -\frac{10(4)(4)^2}{64}$$

$$= -10 \text{ (tonf·m)}$$

$$FEM_{CB} = 10 \text{ (tonf·m)}$$

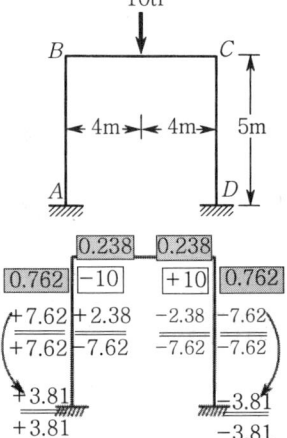

<그림 11.45>

### 예제 11-30

다음 부정정 구조물을 모멘트 분배법으로 해석하라.

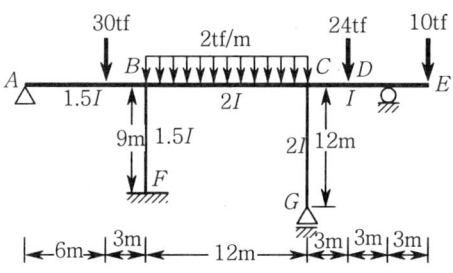

<그림 11.46>

**풀이** (1) 강도(K)

$$K^R_{AB} = \frac{3}{4}\left(\frac{1.5I}{9}\right) = \frac{I}{8}, \quad K_{BC} = \frac{2I}{12} = \frac{I}{6}, \quad K^R_{CD} = \frac{3}{4}\left(\frac{I}{6}\right) = \frac{I}{8}$$

$$K_{BF} = \frac{1.5I}{9} = \frac{I}{6}, \quad K^R_{CG} = \frac{3}{4}\left(\frac{2I}{12}\right) = \frac{I}{8}$$

여기서 $\frac{I}{8} = 3K$라면 $\frac{I}{6} = 4K$이다.

(2) 분배율(DF)

$$DF_{BA} = \frac{3}{3+4+4} = \frac{3}{11} = 0.272, \quad DF_{BC} = \frac{4}{11} = 0.364, \quad DF_{BF} = \frac{4}{11} = 0.364$$

$$DF_{CD} = \frac{3}{10} = 0.3, \quad DF_{CB} = \frac{4}{4+3+3} = 0.4, \quad DF_{CG} = \frac{3}{10} = 0.3$$

(3) 고정단 모멘트($FEM$)

$$FEM_{AB} = -\frac{30(6)(3)^2}{81} = -20 \ (\text{tonf} \cdot \text{m})$$

$$FEM_{BA} = \frac{30(6)^2(2)}{81} = 40 \ (\text{tonf} \cdot \text{m})$$

$$FEM_{BC} = -\frac{2(12)^2}{12} = -24 \ (\text{tonf} \cdot \text{m})$$

$$FEM_{CB} = \frac{2(12)^2}{12} = 24 \ (\text{tonf} \cdot \text{m})$$

$$FEM_{CD} = -\frac{PL}{8} = -\frac{24(6)}{8} = -18 \ (\text{tonf} \cdot \text{m})$$

$$FEM_{DC} = 18 \ (\text{tonf} \cdot \text{m})$$

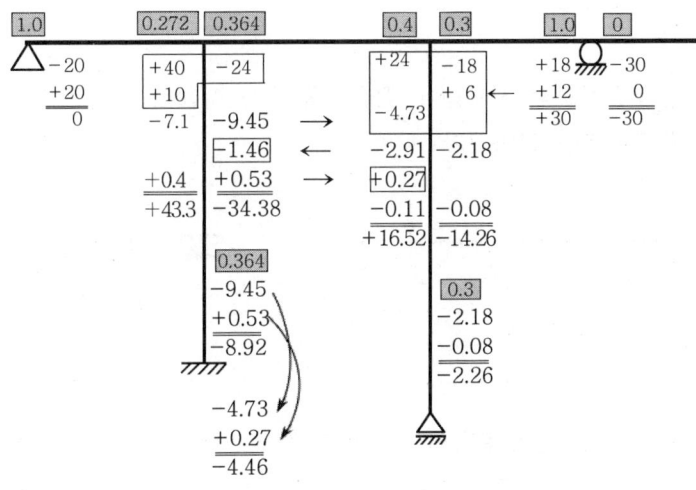

## 연습문제

**1** 다음의 부정정보에서 B점의 수직반력은 얼마인가?

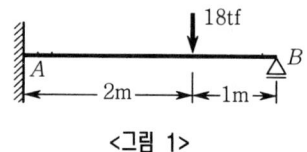

&lt;그림 1&gt;

**풀이** $R_B = 9.33$ (tonf)

**2** 다음의 부정정보의 자유단에 집중하중 P가 작용하는 경우 B점의 수직반력과 고정단 A점의 휨모멘트는 얼마인가?

&lt;그림 2&gt;

**풀이** $R_B = \dfrac{P}{2l}(3a+2l)$

$M_A = \dfrac{Pa}{2}$

**3** 다음의 부정정보에서 B점의 수직반력은 얼마인가?

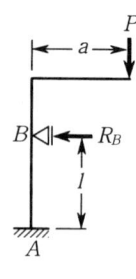

&lt;그림 3&gt;

**풀이** $R_B = \dfrac{3Pa}{2l}$

**4** 다음과 같이 양단고정 보에 등분포하중과 집중하중이 동시에 작용하는 경우 A점의 휨모멘트는 얼마인가?

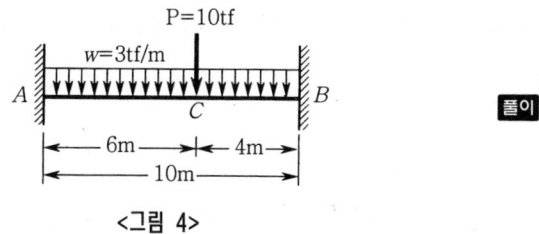

<그림 4>

풀이  $M_A = -34.60 \ (\text{tonf} \cdot \text{m})$

**5** 그림과 같은 양단고정의 부정정보에서 고정단 A점의 휨모멘트는 얼마인가?

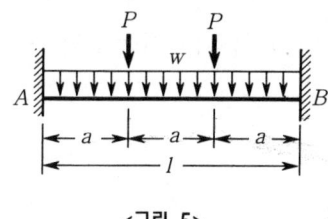

<그림 5>

풀이  $M_A = -\left(\dfrac{6Pa^3}{l^2} + \dfrac{wl^2}{12}\right)$

**6** 그림과 같은 부정정보에서 A점과 B점의 휨모멘트는 얼마인가?

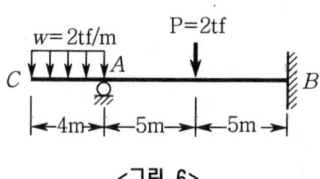

<그림 6>

풀이  $M_A = -16 \ (\text{tonf} \cdot \text{m})$
$M_B = -4.25 \ (\text{tonf} \cdot \text{m})$

**7** 그림과 같은 부정정보에서 3연모멘트법을 사용하여 A점의 휨모멘트를 구하시오.

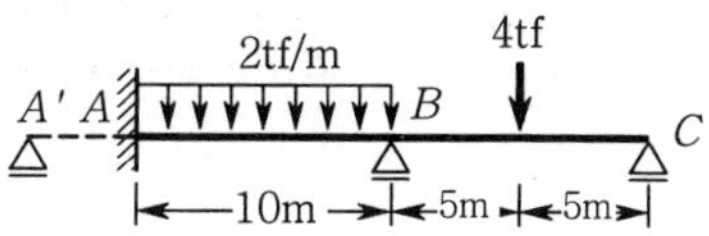

<그림 7>

풀이  $M_A = -19.28 \ (\text{tonf} \cdot \text{m})$

**8.** 그림과 같은 3경간 연속보의 변위가 B점이 5cm 아래로 침하하고 C점이 2cm 위로 상승할 때 B점의 휨모멘트를 구하시오. (단, $E = 2.0 \times 10^6 \, \text{kgf/cm}^2$, $I = 7.5 \times 10^3 \, \text{cm}^4$)

<그림 8>

**풀이** $M_B = 9.5 \, (\text{tonf} \cdot \text{m})$

**9.** 다음 Rahmen에서 부재 BA에 휨모멘트가 생기지 않게 하려면 하중 P의 크기는?

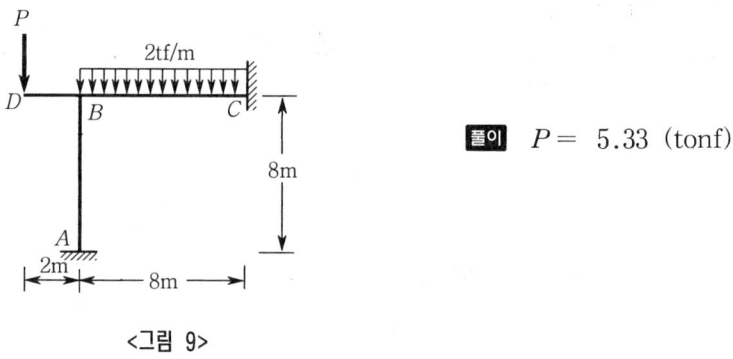

<그림 9>

**풀이** $P = 5.33 \, (\text{tonf})$

**10.** 아래 그림과 같은 Rahmen의 절점모멘트를 처짐각법과 모멘트 분배법으로 구하시오.

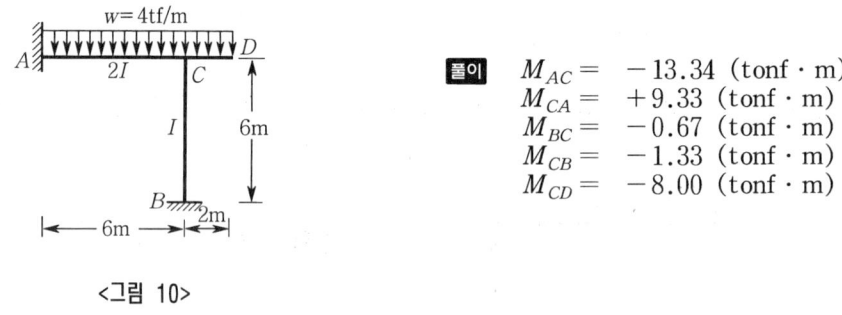

<그림 10>

**풀이**
$M_{AC} = -13.34 \, (\text{tonf} \cdot \text{m})$
$M_{CA} = +9.33 \, (\text{tonf} \cdot \text{m})$
$M_{BC} = -0.67 \, (\text{tonf} \cdot \text{m})$
$M_{CB} = -1.33 \, (\text{tonf} \cdot \text{m})$
$M_{CD} = -8.00 \, (\text{tonf} \cdot \text{m})$

**11.** 다음 그림과 같은 구조물에서 O점에 모멘트하중 8(tonf·m)가 작용할 때 C단의 모멘트 $M_{CO}$의 값은 얼마인가?

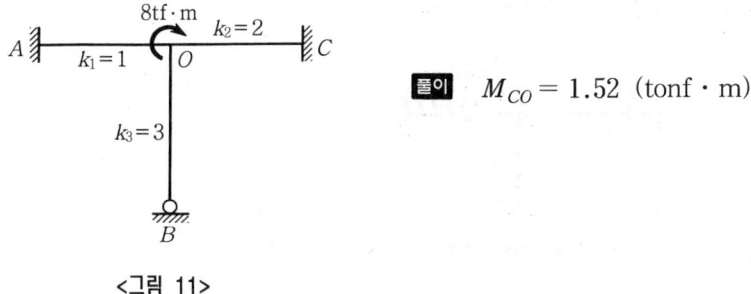

<그림 11>

풀이 $M_{CO} = 1.52$ (tonf·m)

**12** 아래 그림과 같은 Rahmen의 절점모멘트를 처짐각법과 모멘트 분배법으로 구하시오.

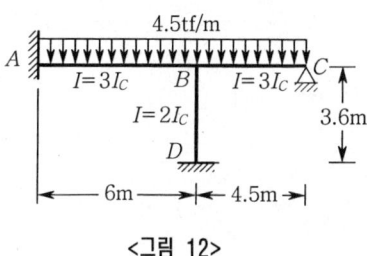

<그림 12>

풀이 $M_{AB} = -13.839$ (tonf·m)
$M_{BA} = -12.822$ (tonf·m)
$M_{BC} = +12.068$ (tonf·m)
$M_{CB} = 0$
$M_{BD} = +0.753$ (tonf·m)
$M_{DB} = +0.377$ (tonf·m)

**13** 아래 그림과 같은 Rahmen의 절점모멘트를 처짐각법을 이용하여 구하시오.

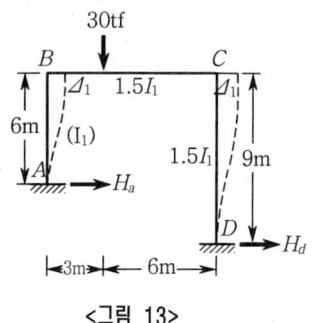

<그림 13>

풀이 $M_{AB} = 4.22$ (tonf·m)
$M_{BA} = 18.44$ (tonf·m)
$M_{BC} = -18.44$ (tonf·m)
$M_{CB} = 20.44$ (tonf·m)
$M_{CD} = -20.44$ (tonf·m)
$M_{DC} = -13.56$ (tonf·m)

**14** 아래와 같은 부정정 구조물을 해석하시오.

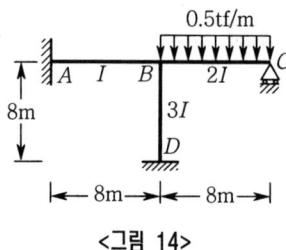

<그림 14>

**풀이**  $R_A = 0.44$ (tonf)
$R_B = 8.1$ (tonf)
$R_C = 3.15$ (tonf)
$R_D = 5.4$ (tonf)
$M_A = -11.7$ (tonf·m)
$M_D = 6.3$ (tonf·m)

# 참고문헌

1. (사) 한국도로교통협회, 「도로교 설계기준」, 2000.
2. (사) 한국콘크리트학회, 「콘크리트 구조 설계기준・해설」, 2000.
3. 곽윤근, 안성찬, 「공업역학」, 청문각, 1992. 2.
4. 김하식 외, 「재료역학」, 보문당, 1998. 12.
5. 박영석, 「구조역학」, 구미서관, 1997.
6. 박춘수, 「응용역학」, 형설출판사, 1998. 2.
7. 변동균 외, 「철근콘크리트」, 동명사, 2000. 8.
8. 송삼홍, 「재료역학」, 동명사, 1998. 2.
9. 신현묵, 「프리스트레스트 콘크리트」, 동명사, 2000. 8.
10. 신현묵, 「구조역학」, 학연사, 2000. 2.
11. 양창현, 「구조역학」, 청문각, 2000. 2.
12. 양창현, 「응용역학」, 청문각, 1995.
13. 이우현 외, 「구조역학」, 문운당, 1982.
14. 이희목, 「응용역학」, 구미서관, 2000.
15. 한국강구조학회, 「강구조공학」, 구미서관, 2000. 3.
16. 함능수, 임정순, 「응용역학」, 동명사, 1997. 1.
17. 土木工學槪論 敎科書硏究會, 「土木工學槪論 敎科書」, 1993. 10.
18. S. P. Timoshenko and J. M. Gere, 「재료역학」, 청문각, 1978.
19. ANTHONY E. ARMENAKAS, *Classical Structural Analysis*, McGraw-Hill, 1988.
20. Braja M.Das, Aslam Kassimali, Sedat Sami, *Engineering Mechanics Statics*, McGRAW-HILL, 1999.
21. E.P. Popov, *Mechanics of materials*, Prentice-Hall, 1978.
22. FERDINAND P. BEER, E.RUSSELL JOHNSTON, JR, *Mechanics of Materials*, McGRAW-HILL, 1995.
23. H. Ford, *Advanced Mechanics of Materials*, John Wiley & Sons, 1963.
24. H. L. Langhaar, *Energy Method in Applied Mechanics*, John Wiley & Sons, 1962.
25. J. T. Oden, E. A. Ripperger, *Mechanics of elastic structures*, McGraw-Hill, 1980.
26. NORRIS, WILBUR, UTKU, *Elementary Structural Analysis*, McGraw-Hill, 1976.
27. Russell C.Hibbeler, *Structural Analysis*, Macmillan Publishing Company, 1985.
28. S. P. Timoshenko and D. H. Young, *Engineering Mechanics*, McGraw-Hill, 1956.
29. S. P. Timoshenko and D. H. Young, *Theory of Structures*, McGraw-Hill, 1956.

30. S. P. Timoshenko and J. M. Gere, *Theory of Elastic Stability*, 2nd ed., McGraw-Hill, 1961.
31. S. P. Timoshenko and J. N. Goodier, *Theory of Elasticity*, 2nd ed., McGraw-Hill, 1951.
32. Tonias, *Bridge Engineering*, McGRAW-HILL, 1992.
33. (社) 日本道路協會, 「道路橋示方書・同解說」, 平成8年
34. 北田俊行, 「土木應用數學」, コロナ社, 1991.
35. 星谷勝, 「力學の構造物の應用」, 麗島出版社, 沼和51年
36. 靑木徹彦, 「構造力學」, コロナ社, 1986.
37. 石川敦, 香坂文夫, 「應用力學(改訂2版)」, オーム社, 1998.
38. 岩瀨敏昭, 「構造力學演習」, 現代工學社, 沼和55年

# Index

## ㄱ

| | |
|---|---|
| 가동지점 | 114 |
| 가상일의 방법 | 362 |
| 간접하중 | 140 |
| 강결 | 36, 228 |
| 강도계수 | 406 |
| 강비 | 406 |
| 강성도계수 | 420 |
| 개발계획 | 74 |
| 건축물 관리대장 | 75 |
| 건축한계 | 198 |
| 게르버보 | 114 |
| 게르버보의 영향선 | 183 |
| 격간장(panel length : $\lambda$) | 227 |
| 격점(panel point) | 36, 227 |
| 경간 | 124 |
| 고정단모멘트 | 405, 422 |
| 고정보 | 114 |
| 고정아치 | 284 |
| 고정지점 | 34, 114 |
| 고정하중 | 165 |
| 고층건물 | 167 |
| 곡률 | 337, 340 |
| 곡률반경 | 337, 340 |
| 곡률중심 | 340 |
| 곡선보 | 283 |
| 공액보 | 351 |
| 공액보법 | 351 |
| 공칭변형률 | 46 |
| 공칭응력 | 46 |
| 관성모멘트 | 90 |
| 교차법 | 22 |
| 교하공간 | 283 |
| 구속 | 33 |
| 국제단위계 | 10 |
| 굽힘모멘트 | 122 |
| 균질 | 52 |
| 극관성모멘트 | 103 |
| 극한응력 | 47 |
| 기둥 | 37, 301 |
| 기울기 | 335 |

## ㄴ

| | |
|---|---|
| 내력 | 12, 335 |
| 내민보(overhanging beam) | 114, 174, 176 |
| 내민보의 영향선 | 176 |
| 내적부정정 차수 | 116 |

## ㄷ

| | |
|---|---|
| 단면 1차 모멘트 | 80 |
| 단면 2차 극모멘트 | 103 |
| 단면 2차 모멘트 | 90 |
| 단면계수 | 97, 201 |
| 단면력 | 120 |
| 단면력의 부호규약 | 122 |
| 단면법 | 230 |
| 단면상승 모멘트 | 105 |
| 단면형상 | 284 |
| 단순보 | 114 |

| 단순보형등각라멘 | 267 |
| --- | --- |
| 단순보형부등각라멘 | 267 |
| 단순전단 | 68 |
| 단위하중법 | 362 |
| 단전단 | 69 |
| 단주 | 301, 303 |
| 대칭아치 | 284 |
| 도루래 | 188 |
| 도시고가교 | 263 |
| 도심 | 82 |
| 도해법 | 14 |
| 동역학 | 5 |
| 등각라멘 | 271 |
| 등변분포하중 | 119 |
| 등분포하중 | 119 |
| 등응력선 | 212 |

## ㄹ

| 라멘 | 37, 263 |
| --- | --- |
| 라미의 정리 | 31 |
| 라이즈비 | 284 |
| 링크 | 116 |

## ㅁ

| 모델링 | 119 |
| --- | --- |
| 모멘트 | 24 |
| 모멘트 면적법 | 346 |
| 모멘트면적 제1정리 | 347 |
| 모멘트면적 제2정리 | 347 |
| 모멘트분배법 | 420 |
| 모멘트팔 | 239 |
| 문형라멘 | 266 |
| 미소전단변형 | 135 |

## ㅂ

| 바닥틀 | 141 |
| --- | --- |
| 바리농의 정리 | 28 |
| 반력수 | 113 |
| 반력의 영향선 | 146 |
| 반복응력 | 73 |
| 벡터량 | 5 |
| 변곡점 | 277 |
| 변위 | 12, 404 |
| 변위법 | 383 |
| 변위일치법 | 384 |
| 변형 | 12 |
| 변형 에너지 | 362, 365 |
| 변형률 | 45, 49 |
| 변형률 경화 | 47 |
| 보 | 37 |
| 보의 축선 | 121 |
| 복부(web) | 221 |
| 복잡한 보 | 185 |
| 복재(web member : D, V) | 227 |
| 복전단 | 69 |
| 복합구조 | 116 |
| 부등각 라멘교 | 263 |
| 부재 | 35 |
| 부재력 | 241 |
| 부정정 | 115 |
| 부정정 구조 | 383 |
| 부정정보 | 115 |
| 분력 | 18 |
| 분배모멘트 | 422 |
| 분배율 | 422 |
| 불균질 | 55 |
| 불균형모멘트 | 421 |
| 불안정 | 115 |
| 불안정구조 | 222 |
| 비대칭아치 | 284 |
| 비례한도 | 47 |
| 비틀림 응력 | 71 |

## ㅅ

사용응력 ········································ 55
사재(diagonal member : D) ············ 227
사재의 영향선 ······························· 246
삼각함수 ·········································· 15
상로트러스 ···································· 228
3연모멘트 정리 ······························ 397
3힌지라멘 ·························· 273, 267, 275
3힌지아치 ····································· 284
상판(slab) ···································· 140
상현재의 영향선 ··························· 246
선형탄성 ········································ 48
섬유방향 ······································· 277
성수대교 ······································· 180
세장비 ·········································· 301
소성변형 ······································· 335
소성상태 ········································ 47
수직분력 ········································ 21
수직응력 ········································ 49
수직재(vertical member : V) ········· 227
수직전단응력 ································ 204
수평반력 ······································· 286
수평반력 H의 영향선 ···················· 292
수평분력 ········································ 21
수평전단응력 ································ 204
스칼라량 ·········································· 5
스트레인게이지 ······························ 45
슬래브 ············································ 37
시력도 ············································ 21

## ㅇ

아치(Arch) ······················· 37, 285, 283
아치리브 ······································· 284
아치의 라이즈 ······························· 284
아치의 축선 ·································· 284
아치크라운 ···································· 284
안전계수 ········································ 56
안정 ············································ 115

압력선 ·········································· 285
압축부재 ······························· 229, 271
압축응력 ········································ 49
역학 ················································· 3
역학적모델 ···································· 146
연력도 ···································· 23, 285
연속보 ·········································· 114
연행하중 ······························· 154, 155
영부재 ·········································· 244
영향선 ···································· 145, 146
온도응력 ······································· 283
와렌트러스 ···································· 233
외력 ······································· 12, 335
외적부정정 차수 ··························· 115
요각법 ·········································· 404
우력 ·············································· 33
우력모멘트 ···································· 120
운동방정식 ······································ 12
위험단면 ······································· 126
유연도계수 ···································· 388
유연도법 ······································· 386
유효 단면적 ·································· 255
유효길이 ······································· 320
응력 ·············································· 46
응력법 ·········································· 383
응력집중 ········································ 74
응력집중계수 ·································· 74
이동지점 ········································ 34
이동하중 ······································· 145
2련암거 ········································ 263
2면전단 ········································· 69
이상화시킨 모델 ··························· 120
이중적분법 ···························· 339, 340
인장부재 ······································· 229
인장응력 ········································ 49
2차부재 ······································· 253
2차응력 ······································· 228
2힌지아치 ···································· 284
1면전단 ········································· 69
1힌지아치 ···································· 284

| | |
|---|---|
| 입체트러스 …………………………………… 228 | 주응력 궤적 ………………………………… 212 |
| | 주형(main beam) …………………………… 140 |
| | 중간주 ……………………………………… 301 |
| **ㅈ** | 중력단위계 …………………………………… 10 |
| | 중립축 ……………………………………… 198 |
| 자유물체도 ……………………… 13, 36, 130 | 중심 ………………………………………… 82 |
| 장대교량 …………………………………… 179 | 중첩의 원리 …………………………… 131, 133 |
| 장력 ………………………………………… 287 | 지점구조 …………………………………… 113 |
| 장주 …………………………………… 301, 311 | 직접전단 …………………………………… 68 |
| 재료의 단위중량 …………………………… 134 | 짝힘 ………………………………………… 29 |
| 적합방정식 ………………………………… 385 | |
| 적합법 ……………………………………… 386 | |
| 전단력 ……………………………………… 121 | **ㅊ** |
| 전단력도(Shear-force diagram : S.F.D) ……… 124 | |
| 전단력의 영향선 …………………………… 149 | 차선하중 …………………………………… 163 |
| 전단변형 …………………………………… 135 | 처짐 ………………………………………… 335 |
| 전단중심 …………………………………… 88 | 처짐각 ……………………………………… 335 |
| 전단탄성계수 ………………………………… 48 | 처짐각방정식 …………………………… 404, 406 |
| 전달모멘트 ………………………………… 421 | 처짐각법 …………………………………… 404 |
| 전달원리 …………………………………… 12 | 처짐곡선 …………………………………… 335 |
| 전달율 ……………………………………… 421 | 최대부재력 ………………………………… 251 |
| 전도 ………………………………………… 25 | 최대전단력 ………………………………… 154 |
| 전압축응력 ………………………………… 304 | 최대휨모멘트 ……………………………… 157 |
| 절대최대전단력 …………………………… 156 | 최소일의 원리 ……………………………… 367 |
| 절대최대휨모멘트 ………………………… 160 | 층방정식 ………………………………… 407, 408 |
| 절점 ………………………………………… 36 | |
| 절점 방정식 ………………………………… 408 | |
| 절점법 ……………………………………… 230 | **ㅋ** |
| 정역학 ……………………………………… 5 | |
| 정정 ………………………………………… 115 | 캔틸레버라멘 ……………………………… 267 |
| 정정 구조 …………………………………… 383 | 캔틸레버보 …………………………… 114, 167 |
| 정정문형라멘 ……………………………… 267 | 캔틸레버트러스 …………………………… 240 |
| 정정보 ……………………………………… 115 | 케이블 ………………………………… 283, 285 |
| 정착형 ……………………………………… 180 | |
| 종형(stringer) ……………………………… 140 | |
| 좌굴 ………………………………………… 301 | **ㅌ** |
| 좌굴하중 ……………………………… 301, 311 | |
| 주단면 ……………………………………… 62 | 탄성계수 …………………………………… 45 |
| 주면 ………………………………………… 64 | 탄성곡선 ……………… 182, 183, 275, 335, 336 |
| 주부재 ……………………………………… 253 | 탄성변형 …………………………………… 335 |
| 주응력 ………………………………… 62, 197 | 탄성하중 …………………………………… 349 |
| | 탄성하중법 ………………………………… 349 |
| | 트러스 ………………………………… 37, 221 |

## ㅍ

- 트러스의 설계 ········································ 254
- 트러스주구 ············································ 141

- 파푸스의 제 1정리 ···································· 87
- 파푸스의 제 2 정리 ·································· 87
- 편심거리 ················································ 304
- 편심하중 ················································ 304
- 평면응력 ·················································· 59
- 평형방정식 ······························ 12, 31, 383
- 평형법 ··················································· 404
- 평형상태 ·················································· 31
- 표준 트럭하중 ······································· 163
- 표준열차하중 ········································· 159
- 표준트럭하중 ········································· 161
- 플랜지(flange) ······································· 221
- 플랫트러스 ············································ 249
- 플레이트 거더 ······································· 221
- 피로 ························································· 73
- 피로응력 ·················································· 73
- 피로파괴 ·················································· 56
- 피타고라스의 정리 ·································· 14

## ㅎ

- 하로트러스 ············································ 228
- 하중계 ··················································· 151
- 하중조합과 횡분배 ······························· 164
- 하중평형상태 ······························ 129, 130
- 하현재(lower chord member : L) ········ 227
- 하현재의 영향선 ··································· 246
- 합력 ························································· 13
- 항복 응력 ················································ 47
- 항복점 ····················································· 47
- 핵 ·························································· 309
- 핵거리 ··················································· 309
- 핵점 ······················································· 309
- 허용압축응력 ········································· 303
- 현수교 ··················································· 263
- 현수선 ··················································· 284
- 弦材(chord member : U, L) ················· 227
- 형 ·························································· 113
- 형상계수 ·················································· 74
- 활절 ························································· 36
- 회전강성도 ············································ 420
- 회전반경 ················································ 100
- 회전지점 ················································ 114
- 회전지점 ·················································· 34
- 회전효과 ·················································· 24
- 횡탄성계수 ·············································· 48
- 횡형(cross beam) ·································· 140
- 휨 응력 ················································· 197
- 휨강성도 ················································ 420
- 휨모멘트도(bending-moment diagram : BMD) ···· 124
- 휨모멘트의 영향선 ······························· 150
- 휨변형 ··················································· 135
- 힘의 3요소 ··············································· 4
- 힘의 분해 ················································ 18
- 힘의 합성 ················································ 13

- Castigliano 제2 정리 ···························· 367
- CGS단위 ··················································· 9
- Cosine법칙 ·············································· 15
- DB-24 ··················································· 161
- Green의 정리 ········································ 347
- Hooke의 법칙 ·········································· 47
- K-트러스 ··············································· 242
- Mohr의 응력원 ········································ 58
- Poisson비 ················································ 52
- Poisson수 ················································ 52
- Sine법칙 ·················································· 15
- Young계수 ·············································· 48
- $\pi$ 형라멘 ············································ 263

## 저자소개

**〈전 준 태〉**
- 중앙대학교 공과대학 토목공학과(공학사)
- 중앙대학교 대학원 토목구조전공
  (석사, 공학박사)
- 중앙대학교, 서울시립대학교 토목공학과 강사
- 일본 오사카 시립대학 토목공학과 연구교수
- 현) 인하공업전문대학 토목환경과 교수
  인천광역시 지방건설심의위원
  인천광역시 도시철도본부 자문위원
  서울시 도시기반본부 건설안전 자문위원
  환경관리공단 설계자문위원
  조달청 기술평가위원

**〈홍 창 국〉**
- 서울산업대학교 토목공학과(공학사)
- 중앙대학교 대학원 토목구조전공
  (석사, 공학박사)
- 경기도청 토목직 공무원
- 건설산업교육원 수석교수
- 안양과학대학 토목과 강사
- 중앙대학교 공과대학·건설대학 토목공학과 강사
- 현) 동해대학교 건설환경공학부 토목공학과 교수
  동해시 도시계획위원
  한국도로공사 영동건설사업소 자문위원

**〈이 대 형〉**
- 중앙대학교 공과대학 토목공학과(공학사)
- 중앙대학교 대학원 토목구조전공(공학석사)
- 중앙대학교 대학원 토목구조전공(공학박사)
- 중앙대학교 건설대학 토목공학과 강사
- 현) 경북도립 경도대학 건설환경공학과 조교수
  행정자치부 재해원인분석조사위원

# 응용역학

| 발행일 / | 2001년 3월 5일 | 초판 발행 |
|---|---|---|
| | 2002년 3월 10일 | 2쇄 |
| | 2005년 3월 10일 | 3쇄 |
| | 2007년 3월 10일 | 4쇄 |
| | 2008년 3월 10일 | 5쇄 |
| | 2012년 2월 28일 | 1차 개정 |
| | 2014년 3월 20일 | 2쇄 |
| | 2018년 4월 10일 | 2차 개정 |
| | 2020년 3월 10일 | 2쇄 |

저　자 / 전준태 · 홍창국 · 이대형
발행인 / 정용수
발행처 / 예문사
주　소 / 경기도 파주시 직지길 460(출판도시) 도서출판 예문사
T E L / 031) 955-0550
F A X / 031) 955-0660
등록번호 / 11-76호

정가 : 19,000원

- 이 책의 어느 부분도 저작권자나 발행인의 승인 없이 무단 복제하여 이용할 수 없습니다.
- 파본 및 낙장은 구입하신 서점에서 교환하여 드립니다.
- 예문사 홈페이지 http://www.yeamoonsa.com

ISBN 978-89-274-2676-9　　13530

이 도서의 국립중앙도서관 출판예정도서목록(CIP)은 서지정보유통지원시스템 홈페이지(http://seoji.nl.go.kr)와 국가자료공동목록시스템(http://www.nl.go.kr/kolisnet)에서 이용하실 수 있습니다. (CIP제어번호 : 2018008398)